计算机科学与技术丛书

极简51单片机

体系结构、程序设计 与案例开发

（汇编语言版）

向军◎编著

清华大学出版社

北京

内 容 简 介

本书结合大量实战案例，介绍了 MCS-51 单片机的体系结构、硬件和程序设计的基本方法。全书共分 10 章，内容包括 51 单片机的基本概念、51 单片机的汇编语言基础、51 单片机的并口和外部中断、51 单片机的人机接口、51 单片机的定时/计数器和串口、51 单片机资源的并行和串行扩展、模拟外设及其与 51 单片机的接口、51 单片机应用系统的设计与开发、C51 程序的编写和调试方法。在各章最后附有适量的基础知识练习和综合设计题，并提供了丰富的电子版教学资源，包括所有例题代码和习题参考解答、课程教学大纲和实验大纲、教学 PPT、部分重难点教学视频、相关芯片资料和工具软件等。

本书主要面向各级各类高等学校理工科专业，内容浅显易懂、逻辑性强，注重实践能力的培养。本书可作为高等学校本科和高职高专相关专业课程的教材和参考用书，也可供相关工程技术人员阅读和参考。

图书在版编目(CIP)数据

极简 51 单片机：体系结构、程序设计与案例开发：汇编语言版/向军编著.—北京：清华大学出版社，2024.5

(计算机科学与技术丛书)

ISBN 978-7-302-66402-4

Ⅰ.①极… Ⅱ.①向… Ⅲ.①单片微型计算机－高等学校－教材 Ⅳ.①TP368.1

中国国家版本馆 CIP 数据核字(2024)第 111272 号

策划编辑：盛东亮
责任编辑：钟志芳
封面设计：李召霞
责任校对：时翠兰
责任印制：刘海龙

出版发行：清华大学出版社
    网   址：https://www.tup.com.cn，https://www.wqxuetang.com
    地   址：北京清华大学学研大厦 A 座   邮   编：100084
    社 总 机：010-83470000   邮   购：010-62786544
    投稿与读者服务：010-62776969，c-service@tup.tsinghua.edu.cn
    质量反馈：010-62772015，zhiliang@tup.tsinghua.edu.cn
    课件下载：https://www.tup.com.cn,010-83470236
印 装 者：三河市铭诚印务有限公司
经 销：全国新华书店
开 本：186mm×240mm 印 张：24.25   字 数：544 千字
版 次：2024 年 7 月第 1 版   印 次：2024 年 7 月第 1 次印刷
印 数：1~1500
定 价：69.00 元

产品编号：104235-01

前言
PREFACE

单片机自从 20 世纪 70 年代推出以来,经过 50 多年的发展,由于其可靠性高、体积小巧、抗干扰能力强等特点,因此越来越广泛地应用于工业控制、智能仪器仪表、家用电器等领域。很多高校也都将其重新列入人才培养方案中的必修课程,并作为学习 ARM 嵌入式系统、FPGA 设计等更高级技术的前修课程。

目前关于单片机开发的参考书籍和资料有很多,但大多数要么是过于理论化,要么采用传统的先理论后实践的教学方法。此外,大多数参考资料都将内容重点放在 C51 语言的基础知识及程序设计方面。编者长期从事单片机和嵌入式系统的教学和科研工作,在多年的教学实践中,对单片机课程的教学大纲和教学内容做了深入的研讨和总结,结合电子信息类等相近专业的人才培养方案和相关课程对毕业要求指标的支撑,对 51 系列单片机和 MCU 课程讲授和学习内容的重点做了深入的分析。编者认为:相对于高端的嵌入式微处理器和系统,单片机硬件结构简单、汇编语言指令系统精简,特别适合作为学习微机原理及接口技术的首选机型。通过对汇编语言的学习,读者能够更深入地理解微机底层的工作原理,编写更为高效的应用程序,为高档微处理器的学习和复杂电子系统的设计打下扎实的基础。建议在单片机和 MCU 课程的教学过程中,将重点放在汇编语言的介绍,而在后续嵌入式系统等课程中再重点学习嵌入式 C 语言。

根据上述思想,编者编写了本书,主要介绍 51 单片机汇编语言程序设计。在此基础上,对 C51 的基本概念也用了一章的篇幅专门进行介绍。本书的主要特色如下。

(1) 案例式教学、阶梯式学习。

大部分章节在简要介绍相关必备知识(磨刀霍霍)的基础上,提供了大量实践案例,结合介绍 51 单片机的硬件体系结构和汇编语言程序设计方法。所有实践案例都在 Keil μVision 4.0 和 Proteus 8.15 版本上调试通过(小试牛刀),并且对所有案例所涉及的硬件和程序都有详尽的讲解(庖丁解牛)。对于难点内容和相关知识的高级应用,各章也给出了大量的实践案例,以便帮助读者做进一步提升(牛气冲天)。

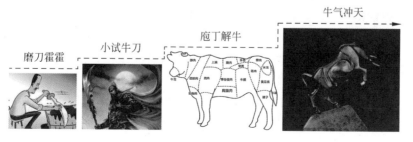

建议读者首先将各案例上机调试成功，再深入学习案例中相关的理论知识，这样有助于激发学习兴趣和培养学习的自信心。在此基础上，调试各章最后提供的综合案例和设计练习题目，对所学内容做进一步的巩固和提升，以便于读者综合实践能力的培养。

（2）内容组织合理，体系结构严密。

在传统的资料中，首先都有专门章节全面介绍单片机内部的体系结构和汇编语言指令系统。对于初学者来说，其中很多概念晦涩难懂，也无法立即体验到实际应用效果，造成了严重的学习障碍。本书在前面2章只是对51单片机体系结构和汇编语言中的部分常用指令做了简要介绍，更多的内容融入后续各章的实践案例中，结合案例进行深入学习。

（3）语言浅显易懂，表述逻辑严密。

编者有高校学报编辑工作背景，因此在语言描述、文字表达等方面具备深厚的文字基础。本书内容与初学者的认知过程相适应，文字表述浅显易懂、内容组织逻辑性强。

本书的主要内容分为10章。

第1章介绍51单片机的基本概念和51单片机的体系结构，其中重点是存储器结构及相关概念。

第2章介绍51单片机汇编语言基础，主要包括51单片机汇编语言程序和指令的基本格式、汇编语言程序中数据的表示方法、51单片机的指令系统中几类常用的指令、单片机中汇编语言指令和程序的执行过程、机器周期和指令周期的基本概念、汇编语言程序调试和原理图仿真工具软件的基本用法。

第3章介绍51单片机的并口与外部中断，主要包括并口的基本结构和使用方法，结合案例介绍指令系统中的位操作指令、条件转移指令、循环移位指令和分支与循环程序的基本结构及编写方法、堆栈的概念和子程序的设计方法、中断的基本概念和51单片机的外部中断。

第4章介绍51单片机系统中常用的人机接口器件及简单人机接口的设计和实现方法，包括LED数码管和矩阵键盘的基本工作原理及其与单片机的接口电路和汇编语言程序设计方法。在此基础上，也结合案例介绍了现代单片机系统中广泛使用的点阵和液晶显示控制技术。

第5章介绍51单片机的定时/计数器和串口，这是51单片机中集成的两大重要资源，主要内容包括定时计数和串行通信的基本概念、51单片机中定时/计数器和串口的基本结构及程序控制方法。

第6章介绍51单片机资源的并行扩展技术，主要包括存储器和并口扩展的基本方法。在此基础上，结合案例介绍了8155扩展芯片的基本使用方法。

第7章介绍51单片机资源的串行扩展技术，主要介绍了广泛使用的3种串行扩展总线协议和接口，包括各种协议的基本概念、单片机实现各种总线接口的基本方法，并通过大量案例介绍了几种典型串行总线接口芯片的基本用法。

第8章介绍51单片机系统中的模拟外设，主要包括DAC和ADC的基本概念和原理、DAC0832和ADC0809的典型应用及其与51单片机的接口设计方法。在此基础上，也结合

第 7 章的内容介绍了采用串行总线接口的 MAX1241 和 PCF8591 芯片的基本使用方法。

第 9 章简要介绍 51 单片机应用系统设计和开发的基本方法，主要包括应用系统的基本组成、隔离和驱动技术，并结合两个综合案例介绍了应用系统设计和开发的基本步骤与方法。

第 10 章简要介绍 C51 程序的基本概念及简单程序的编写方法，主要包括 C51 程序的基本结构和调试方法、C51 程序中的数据类型、存储类型和变量、基本运算、指针与绝对地址访问、函数与中断服务函数。

本书所有内容全部由编者一人撰写而成，确保知识体系的完整性和前后内容的连贯性。在编写过程中也参阅了大量文献，对本书所列参考文献中的各位作者表示衷心感谢。由于时间仓促，书中难免有不足之处，恳请读者批评指正。

随书附赠主要教学资源（请扫描封底书圈二维码，免费注册登录下载）：
（1）例题和综合设计题代码；
（2）思考练习题参考解答；
（3）教学 PPT；
（4）课程大纲、实验大纲、实验讲义；
（5）重难点讲解微课视频；
（6）部分芯片手册。

编　者

2024 年 2 月

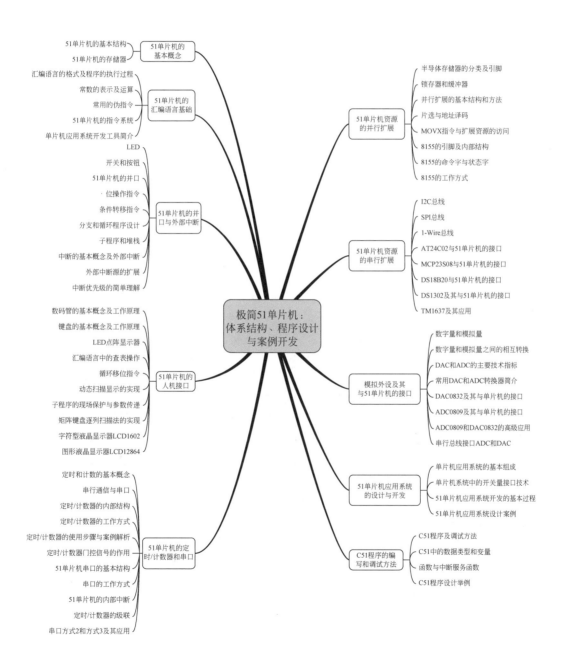

极简51单片机：体系结构、程序设计与案例开发

51单片机的基本概念
- 51单片机的基本结构
- 51单片机的存储器

51单片机的汇编语言基础
- 汇编语言的格式及程序的执行过程
- 常数的表示及运算
- 常用的伪指令
- 51单片机的指令系统
- 单片机应用系统开发工具简介

51单片机的并口与外部中断
- LED
- 开关和按钮
- 51单片机的并口
- 位操作指令
- 条件转移指令
- 分支和循环程序设计
- 子程序和堆栈
- 中断的基本概念及外部中断
- 外部中断源的扩展
- 中断优先级的简单理解

51单片机的人机接口
- 数码管的基本概念及工作原理
- 键盘的基本概念及工作原理
- LED点阵显示器
- 汇编语言中的查表操作
- 循环移位指令
- 动态扫描显示的实现
- 子程序的现场保护与参数传递
- 矩阵键盘逐列扫描法的实现
- 字符型液晶显示器LCD1602
- 图形液晶显示器LCD12864

51单片机的定时/计数器和串口
- 定时和计数的基本概念
- 串行通信与串口
- 定时/计数器的内部结构
- 定时/计数器的工作方式
- 定时/计数器的使用步骤与案例解析
- 定时/计数器门控信号的作用
- 51单片机串口的基本结构
- 串口的工作方式
- 51单片机的内部中断
- 定时/计数器的级联
- 串口方式2和方式3及其应用

51单片机资源的并行扩展
- 半导体存储器的分类及引脚
- 锁存器和缓冲器
- 并行扩展的基本结构和方法
- 片选与地址译码
- MOVX指令与扩展资源的访问
- 8155的引脚及内部结构
- 8155的命令字与状态字
- 8155的工作方式

51单片机资源的串行扩展
- I2C总线
- SPI总线
- 1-Wire总线
- AT24C02与51单片机的接口
- MCP23S08与51单片机的接口
- DS18B20与51单片机的接口
- DS1302及其与51单片机的接口
- TM1637及其应用

模拟外设及其与51单片机的接口
- 数字量和模拟量
- 数字量和模拟量之间的相互转换
- DAC和ADC的主要技术指标
- 常用DAC和ADC转换器简介
- DAC0832及其与单片机的接口
- ADC0809及其与单片机的接口
- ADC0809和DAC0832的高级应用
- 串行总线接口ADC和DAC

51单片机应用系统的设计与开发
- 单片机应用系统的基本组成
- 单片机系统中的开关量接口技术
- 51单片机应用系统开发的基本过程
- 51单片机应用系统设计案例

C51程序的编写和调试方法
- C51程序及调试方法
- C51中的数据类型和变量
- 函数与中断服务函数
- C51程序设计举例

目 录
CONTENTS

视频目录
VIDEO CONTENTS

第1章

51 单片机的基本概念

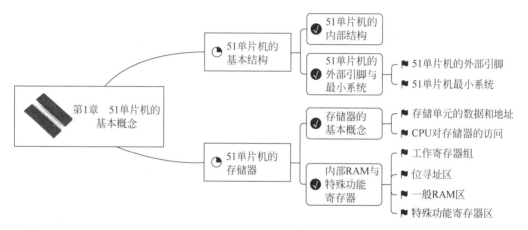

自 20 世纪 70 年代推出以来,单片机作为微型计算机的一个重要分支,经过 50 多年的发展,已经在各行各业得到了广泛的应用。单片机具有可靠性高、体积小巧、抗干扰能力强等特点,因此广泛应用于工业控制、智能仪器仪表、家用电器等领域。

在众多的单片机型号中,国内目前广泛使用的是 Intel 公司的 MCS-51 系列单片机,以及在此基础上由 Atmel 公司开发的 AT89 系列单片机,由 STC(Hefei Macrosilicon Technology Co.,ITd.,宏晶微电子科技股份有限公司,简称宏晶科技)推出的 STC89 系列单片机。图 1-1 为这后两种型号单片机的外观。

图 1-1　AT89 和 STC89 系列单片机的外观

本章将首先对 MCS-51 系列单片机的基本概念、内部结构和外部引脚以及存储器系统做简要介绍，为后面各章的学习打基础。

1.1 51 单片机的基本结构

单片机（Single Chip Microprocessor）又称微控制器（Micro-Controller Unit，MCU），是将微型计算机中的微处理器、存储器和各种资源（输入/输出接口、定时器/计数器、串行接口、中断系统等电路）集成在一块电路芯片上形成的微型计算机（简称微机）。

MCS-51 系列单片机（简称 51 单片机）是 Intel 公司 1980 年推出的高性能 8 位单片机，包含 51 和 52 两个子系列。基本的 51 单片机具有如下主要特点：

(1) 8 位 CPU，片内采用单总线结构，采用单一的＋5 V 电源；

(2) 片内带振荡器，主频为 1.2～12 MHz；

(3) 指令系统中提供了 111 条指令；

(4) 程序存储器和片外数据存储器的最大容量和寻址空间分别为 64 KB；

(5) 128 个位寻址存储单元，具有较强的位处理能力；

(6) 内部集成了 4 个 8 位并口、1 个全双工串口、2/3 个 16 位定时器/计数器、5/6 个中断源。

表 1-1 给出了 51 单片机内部集成的所有资源情况。

表 1-1　51 单片机内部集成的所有资源情况

系列	片内存储器					定时/计数器	并口	串口	中断源
	片内 ROM				片内 RAM				
	无	ROM	EPROM	Flash ROM					
51 子系列	8031	8051 (4KB)	8751 (4KB)	8951 (4KB)	128B	2×16b	4×8b	1	5
52 子系列	8032	8052 (8KB)	8752 (8KB)	8952 (8KB)	256B	3×16b	4×8b	1	6

注意：为了区别，本书后面都用大写字母 K 表示 2^{10}，而 10^3 用小写字母表示，例如 2 KB、1 kHz。

1.1.1　51 单片机的内部结构

作为一台完整的微机，51 单片机内部集成了构成微机的所有 3 大部件，其内部结构组成如图 1-2 所示。

与普通微机一样，51 单片机内部的微处理器（Center Processing Unit，CPU）也包括运算器和控制器两部分，用于控制单片机各部件协同工作，实现具体的算术和逻辑运算。其中运算器主要包括算术逻辑单元（Arithmetic & Logic Unit，ALU）、累加器（Accumulator，ACC）、辅助寄存器 B、暂存器、程序状态字寄存器 PSW 等；控制器主要包括定时及控制逻辑电路、指令寄存器和部分特殊功能寄存器(程序计数器、数据指针寄存器、堆栈指针)等。

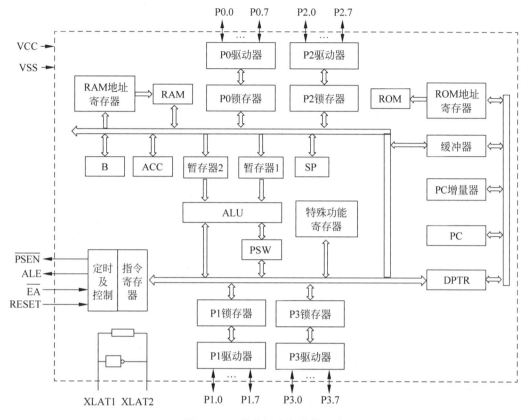

图 1-2 51 单片机内部结构组成

51 单片机芯片内部集成了一些内部资源和功能部件，主要包括由 ROM(Read-Only Memory，只读存储器)和 RAM(Random Access Memory，随机存取存储器)构成的存储器、4 个并行输入/输出接口(简称并口)P0～P3、一个串行 I/O 接口(简称串口)、2 个(51 子系列)或 3 个(52 子系列)定时/计数器以及由 5 个(51 子系列)或 6 个(52 子系列)中断源构成的中断系统等。所有这些内部资源都映射到一些称为特殊功能寄存器的特定 RAM 单元，在程序中可以通过与访问 RAM 单元一样的方法进行它的访问和控制。

上述各部件通过内部总线(Bus)与 CPU 连接起来，实现相互之间的信息传送。

1.1.2 51 单片机的外部引脚与最小系统

在应用系统中，51 单片机通过引脚与外部电路和各种设备相连接，实现对外部设备的控制，从而构成完整的单片机应用系统。

1. 51 单片机的外部引脚

51 单片机实质上是一个集成电路芯片，与所有的芯片一样，通过引脚与外部电路相连

接。51 单片机的外部引脚如图 1-3(a)所示，在电路仿真软件 Proteus 中，用图 1-3(b)所示
电路符号表示(软件中的仿真图使用原图，不作修改)。

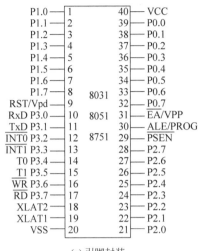

(a) 引脚封装

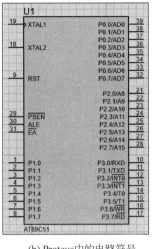

(b) Proteus中的电路符号

图 1-3　51 单片机的引脚和电路符号

51 单片机共有 40 条外部引脚，根据功能及其与外部电路的连接，可以分为如下几
大类。

（1）电源引脚。

电源引脚 VCC 和 VSS，用于外接直流电源，为单片机内部电路供电。

（2）外接晶振引脚。

XTAL1 和 XTAL2，连接外部晶体振荡器(简称晶振)电路，用于输入时钟脉冲。51 单
片机内部所有电路都将该时钟脉冲作为时间基准，在统一的时钟脉冲作用下，有条不紊地执
行程序并实现期望的功能和测控任务。

（3）I/O 引脚。

51 单片机的 I/O 引脚主要是与内部 4 个并口相连接的，共 32 个引脚，其中每个并口对
应 8 个引脚。通过这些引脚实现 51 单片机内部电路与外部扩展资源和设备之间的连接及
数据交换。

（4）控制引脚。

控制引脚用于对 51 单片机的运行状态和运行过程进行某些控制。51 单片机的主要控
制引脚有如下几个：

- RST：当 51 单片机振荡器工作时，该引脚上出现持续两个机器周期的高电平，就可
  实现复位操作，使 51 单片机恢复到初始状态。上电时，考虑到振荡器有一定的起振
  时间，该引脚上的高电平必须持续 10 ms 以上才能保证有效复位。
- ALE：地址锁存信号输出端，开机后连续不断地输出脉冲，在访问外部扩展资源(例
  如 51 单片机外部扩展的 ROM 和 RAM)时用于实现地址的锁存。

- $\overline{\text{PSEN}}$：在访问片外 ROM 时，输出选通信号。
- $\overline{\text{EA}}$：片外 ROM 选用端，具体功能及用法将在后面介绍。

2. 51 单片机最小系统

单片机是通过运行程序实现具体的功能和测控任务的。所谓最小系统，指的是能够保证单片机正常启动/复位运行所需连接的最小外部电路和硬件系统。

51 单片机要能正常启动（硬启动或者复位启动），通过引脚需要连接的外部电路主要有电源电路、复位电路和时钟电路。典型的电路连接如图 1-4 所示。

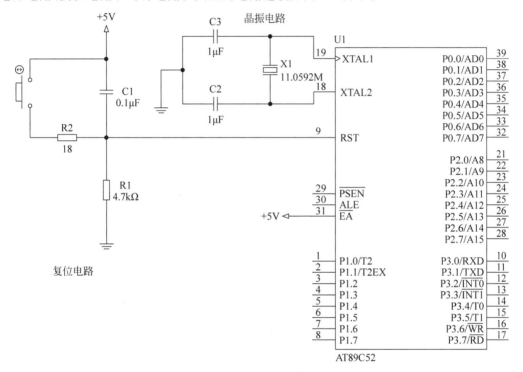

图 1-4　51 单片机最小系统的电路连接

（1）电源电路。

一般是外部 5 V 直流电源通过 51 单片机的 VCC 和 VSS(GND)送入，为 51 单片机内部的所有电路供电。

（2）时钟电路。

51 单片机的典型工作时钟频率为 12 MHz 或 6 MHz，外部晶振电路（近似为 12 MHz 或 6 MHz）在通电后连续不断地产生时钟脉冲，由 51 单片机的 XTAL1 和 XTAL2 引脚送入。

（3）复位电路。

51 单片机的复位电路可以有两种典型的电路结构，如图 1-5 所示。图 1-5(a)所示为上电复位电路，在该图中，51 单片机刚启动（也就是系统刚通电）时，由于电容电压不能跳变，在 RST 引脚上得到一个高电平。之后，电源不断向电容充电，使得 RST 端电平逐渐下降。

如果 RST 引脚上高电平持续的时间达到 10 ms,则 51 单片机内部电路进行复位操作,使系统进入复位状态。在 RST 端变为低电平后,系统进入正常工作状态。

图 1-5(b)所示为手动复位电路。在 51 单片机运行过程中,如果需要暂时停止当前的程序运行,使 51 单片机复位回到初始状态并重新开始运行,可以按下图中的复位按钮。51 单片机原来处于正常工作状态,因此 RST 端为低电平,电容上已经充满电,电容两端电压等于电源电压 VCC。一旦按下按钮,则电容立即通过 200Ω 电阻放电,使 RST 引脚上的电平不断上升。松开按钮后,电压又向电容充电,使 RST 端电平不断下降。如果按钮按下使得 RST 端的高电平至少保持 10 ms 时间,则 51 单片机内部电路进行复位操作。

复位操作后,51 单片机进入初始状态。在此状态下,内部的累加器 ACC、PSW、DPTR 都初始化为全零(即 00H),但 SP 中的数据初始化为 07H,4 个并口 P0～P3 初始化为全 1(即 0FFH)。

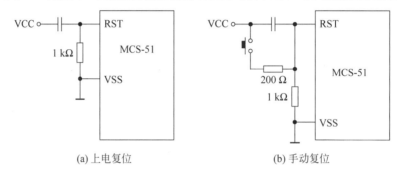

(a) 上电复位   (b) 手动复位

图 1-5　复位电路的电路结构

1.2　51 单片机的存储器

51 单片机中的存储器包括程序存储器和数据存储器。程序存储器用于存放程序、固定常数和数据表,其中保存的信息在运行过程中保持不变,一般用 ROM 实现。数据存储器用作工作区,存放系统工作过程中的数据和程序中的临时变量,运行过程中其中的数据会不断变化,一般用 RAM 实现。

大多数型号的 51 单片机在芯片内部已经集成了一定容量的 ROM 和 RAM。如果不够用,可以在 51 单片机外部用存储芯片为系统增加希望容量的存储器。因此,51 单片机的存储器包括内部 ROM、外部 ROM、内部 RAM 和外部 RAM,被称为 4 个物理地址空间。

对于不同系列和型号的 51 单片机,集成的内部 ROM 容量各不相同,而内部 RAM 分别有 128 字节(51 子系列)和 256 字节(52 子系列),参见表 1-1。此外,所有型号的 51 单片机外部都最多可以扩展 64 KB 的 ROM 和 64 KB 的 RAM。

1.2.1　存储器的基本概念

不管是 ROM 还是 RAM,都是由若干存储单元构成。存储器中包含的单元数,称为存储器的容量。51 单片机存储器中的每个存储单元可以保存 8 位二进制数据,称为一字节

(Byte,用 B 表示),其中每位二进制数据称为一比特或位(bit,用 b 表示)。访问时,可以同时将一字节数据读出或者存入指定的单元,对某些特殊的单元,也可以对其中的每位二进制代码单独进行读写访问。

1. 存储单元的数据和地址

存储单元中保存的可以是程序代码或数据。在运行过程中,需要从指定的单元读取程序代码或数据,将程序运行的结果数据保存到指定的存储单元。这就需要采用合适的方式让单片机中的 CPU 找到指定的存储单元。为此,给每个存储单元指定一个编号,称为存储单元的字节地址(Address)。显然,每个单元应该具有不同的编号和唯一的、固定不变的字节地址,这样的单元又称为字节单元。

一般用一个表表示整个 ROM 或 RAM 存储器,表中的每一行代表一字节单元,如图 1-6 所示。在格子内部标注的是该存储单元中保存的数据。由于每个单元都是字节单元,因此每个单元中保存的数据都是 8 位二进制(在数据后面附加后缀 B)或者 2 位十六进制数据(在数据后面附加后缀 H)。在格子旁边标注的是该存储单元的地址。一般来说,各存储单元的地址为从上往下连续递增或递减。

0100H	12H (00010010B)
0101H	98H (10011000B)
0102H	3CH (00111100B)
0103H	05H (00000101B)

图 1-6 存储单元的数据和地址

51 单片机最多可以有 64 KB 的外部 ROM 和外部 RAM,因此每个 ROM 或 RAM 单元的地址都需要用 16 位二进制数表示。16 位二进制数有 $2^{16}=65536=64$ K 种编码组合,每种编码组合作为一个单元的地址。为了简化书写,在图 1-6 中将这些地址分别用等价的 4 位十六进制数据表示。

对于内部 RAM,由于只有 128 字节或 256 字节,因此每个单元的地址都只用 8 位二进制数或者 2 位十六进制数表示。

2. CPU 对存储器的访问

不管是 ROM 还是 RAM,其中各单元都可以保存指令代码或者系统运行过程中的各种数据。在 CPU 执行程序的过程中,需要频繁地对存储器进行访问操作,也就是将新的数据存入指定的存储单元(存储器写),或者将存储单元中保存的信息取出来送到指定位置(存储器读)。

在进行存储器访问时,一个关键的操作是如何找到希望访问的存储单元。每次操作访问,CPU 都必须将所需访问的单元地址送到存储器,而这些地址事先保存在一些特殊的位置,例如 PC、DPTR 和工作寄存器 R0 及 R1 中。

程序计数器(Program Counter,PC)中保存的 16 位二进制数据是作为需要访问的 ROM 单元地址使用的。单片机在执行程序的过程中,任何时刻都由 PC 给出指令所在的 ROM 单元地址,单片机据此找到 ROM 单元,从中取出接下来需要执行的指令代码。

一般情况下,程序中的各条语句(或者指令)顺序存放在 ROM 若干连续的单元中。在程序运行过程中,CPU 每次从内部或外部 ROM 中取出一字节的指令代码,PC 中保存的 ROM 单元地址会在时钟脉冲的作用下自动递增 1。在当前指令执行完毕后,单片机中的

CPU 就能够根据 PC 中的地址自动找到下一个 ROM 单元,从中读取出下一条需要执行的指令代码。

需要说明的是,在 51 单片机中,所有的内部和外部 ROM 单元都是根据 PC 中提供的地址进行访问。对给定的 51 单片机,如果程序代码可以全部存入内部 ROM,只需要使用内部 ROM,不需要设计和使用外部 ROM,此时必须将 51 单片机的 $\overline{EA}$ 引脚接电源。否则,如果应用程序比较长,内部 ROM 不够用,就必须为 51 单片机系统扩展外部 ROM,并将程序存入其中。此时,51 单片机只使用外部 ROM,必须将 51 单片机的 $\overline{EA}$ 引脚接地。51 单片机在运行过程中,根据 $\overline{EA}$ 引脚的高低电平,即可确定是访问片内还是片外 ROM,再根据 PC 提供的地址找到指定的单元。

与 PC 类似,数据指针(Data Pointer,DPTR)中保存的也是 16 位二进制数据,但在大多数情况下,该数据是作为外部 RAM 单元的地址。在程序执行过程中,需要访问外部 RAM 单元时,必须事先将单元的地址存入 DPTR。

除了 ROM 和外部 RAM 以外,51 单片机中还有一定容量的内部 RAM。由于内部 RAM 单元的地址只有 8 位,因此可以由 8 位的工作寄存器 R0 或 R1 提供 8 位地址,或者在指令中直接给出需要访问的内部 RAM 单元地址。有关 R0 和 R1 将在后面介绍。

由此可见,51 单片机中的内部 ROM 和外部 ROM 单元采用相同的方法进行访问,而内部 RAM 和外部 RAM 的访问方法有所区别,因此说 51 单片机中的存储器有 3 个相对独立的逻辑地址空间,如图 1-7 所示。

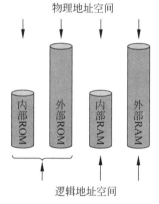

图 1-7　51 单片机的存储空间

1.2.2　内部 RAM 与特殊功能寄存器

51 单片机分为两个子系列,即 51 子系列和 52 子系列。两个子系列的主要区别在于内部 RAM 单元的容量不同,分别有 128 个和 256 个单元。这些内部 RAM 单元在程序中频繁使用。根据作用和访问方式等的区别,一般将所有的 RAM 单元分为 4 组,如图 1-8 所示。

1. 工作寄存器组

地址在 00H～1FH 的共 32 个内部 RAM 单元称为工作寄存器。这些寄存器分为 4 组,每组包括地址连续的 8 字节单元,依次用名称 R0～R7 表示。

工作寄存器 R0 和 R1 一般用于提供访问内部 RAM 单元的 8 位地址,或者外部 RAM 单元地址的低 8 位;R6 和 R7 用作循环程序的计数变量;其他几个可用于存放程序中的一些临时变量。

在程序运行过程中,任何时刻只能使用 4 组工作寄存器中的一组,具体使用哪一组由程序状态字(Program Status Word,PSW)寄存器(以下简称 PSW)中 D3 和 D4 这两位二进制

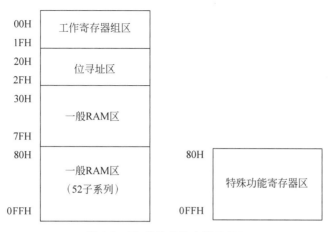

图 1-8　51 单片机的内部 RAM

的编码组合指定。PSW 相当于一个存储单元,其中保存的 8 位二进制数的每位具有不同的含义,如图 1-9 所示。

D7	D6	D5	D4	D3	D2	D1	D0
C	AC	F0	RS1	RS0	OV	-	P

图 1-9　PSW 中各位二进制数的含义

这里首先介绍其中的 RS0 和 RS1。这两位用于指定当前程序运行过程中正在使用的是哪一组工作寄存器,具体对应关系如表 1-2 所示。

表 1-2　RS1 和 RS0 的组合与工作寄存器组的选择

RS1	RS0	工作寄存器组	RS1	RS0	工作寄存器组
0	0	0 组(00H～07H)	1	0	2 组(10H～17H)
0	1	1 组(08H～0FH)	1	1	3 组(18H～1FH)

2. 位寻址区

地址在 20H～2FH 的共 16 个内部 RAM 单元可以像工作寄存器一样实现字节访问,也可以对单元中的每个二进制位单独进行访问操作,称为位操作。例如,将一位二进制代码 0 或 1 保存到指定单元中的某一位中。

在位寻址区的 16 字节单元中,每个单独的二进制位称为位单元,因此共有 128 个位单元。与字节单元类似,对每个位单元规定一个地址,称为位地址。每个位地址仍然用 8 位二进制数据表示,其排列顺序是:按字节地址从小到大、每个单元从低位到高位的顺序安排位地址。表 1-3 给出了位寻址区中各单元的位地址。

在程序中需要对某个位单元进行位操作访问时,可以直接给出该位单元的地址,也可以采用"字节地址.位号"的格式指定需要访问的位单元。例如,位单元 20H.0 表示字节地址为 20H 的字节单元中的 D0 位,该位单元的位地址为 00H,也可以在程序中直接给出。

表 1-3   位寻址区中各单元的位地址

字节地址	位单元							
	D7	D6	D5	D4	D3	D2	D1	D0
20H	07H	06H	05H	04H	03H	02H	01H	00H
21H	0FH	0EH	0DH	0CH	0BH	0AH	09H	08H
22H	17H	16H	15H	14H	13H	12H	11H	10H
23H	1FH	1EH	1DH	1CH	1BH	1AH	19H	18H
24H	27H	26H	25H	24H	23H	22H	21H	20H
25H	2FH	2EH	2DH	2CH	2BH	2AH	29H	28H
26H	37H	36H	35H	34H	33H	32H	31H	30H
27H	3FH	3EH	3DH	3CH	3BH	3AH	39H	38H
28H	47H	46H	45H	44H	43H	42H	41H	40H
29H	4FH	4EH	4DH	4CH	4BH	4AH	49H	48H
2AH	57H	56H	55H	54H	53H	52H	51H	50H
2BH	5FH	5EH	5DH	5CH	5BH	5AH	59H	58H
2CH	67H	66H	65H	64H	63H	62H	61H	60H
2DH	6FH	6EH	6DH	6CH	6BH	6AH	69H	68H
2EH	77H	76H	75H	74H	73H	72H	71H	70H
2FH	7FH	7EH	7DH	7CH	7BH	7AH	79H	78H

3. 一般 RAM 区

地址在 30H～7FH 的共 80 字节单元称为一般 RAM 区，这些单元用于存放程序中的临时变量和中间结果数据，只能实现字节操作，不能进行位操作。

对 52 子系列的单片机，一般 RAM 区共 208 字节单元，地址范围为 30H～0FFH。因此内部 RAM 总的单元数为 32+16+208＝256。对 51 子系列的单片机，一般 RAM 区只有 80 字节单元，因此内部 RAM 字节单元共有 32+16+80＝128 个。

4. 特殊功能寄存器区

除了上述单元以外，地址位于 80H～0FFH 的某些单元（不是所有单元）称为特殊功能寄存器（Special Function Register，SFR），这些寄存器用于实现对 51 单片机内部各种资源的访问和控制，具有专门的用途，程序中一般不用于存放其他的数据。

51 单片机内部所有的特殊功能寄存器参见附录 A，这些寄存器在后面将会详细介绍，这里首先对基本的用法及需要注意的问题做一个概括。

（1）每个特殊功能寄存器对应一个内部 RAM 单元，字节地址都在 80H～0FFH。但并不是所有这些地址单元都用作特殊功能寄存器。

（2）字节地址可以被 8 整除（即 8 位地址的最低 3 位全为 0）的特殊功能寄存器都可进行位操作访问，其他特殊功能寄存器只能进行字节访问。

（3）对所有的字节单元和位单元，在程序中一般用专门的符号表示，因此这些字节地址和位地址不需要记忆，而重点是熟悉每个单元的表示符号和名称。

（4）前面介绍过的 DPTR、累加器 A、辅助寄存器 B、PSW 等，实际上都是特殊功能寄存器,或者说都映射到内部 RAM 单元,因此可以很方便地在程序中采用与存储器单元一样的方法进行访问。

本章小结

本章介绍了 51 单片机的基本概念,通过本章的学习,对 51 单片机有一个初步了解,为后续章节的学习打下基础。

1. 51 单片机的基本结构

(1) 51 单片机内部集成了构成一台微机所需的所有部件,包括 CPU、一定容量的存储器和各种接口电路(内部资源)。

(2) 51 单片机通过相应的引脚连接外部的电源电路、时钟电路、复位电路等,即可构成一个能够正常工作的微机,称为单片机的最小系统。

2. 51 单片机的存储器

在微机中,存储器用于存放程序代码和运行过程中的各种实时数据。51 单片机的存储器包括 4 种,即内部/外部 ROM 和 RAM,构成 4 个物理地址空间。

(1) 存储器分为 ROM 和 RAM,在系统中一般将程序存放在 ROM 中,而在运行过程中的动态数据一般存放在 RAM 中。分析和设计时,特别注意相关的基本概念,例如存储单元、单元的地址、单元中存放的数据、存储器的容量等。

(2) 在 51 单片机中,内部和外部 ROM 用相同的方法进行访问,而内部 RAM 和外部 RAM 的访问方法有区别。访问 ROM 时,由 PC 提供存储单元的地址;访问内部 RAM 时,由 R0 或 R1 提供地址或者在指令中直接给出 8 位地址;访问外部 RAM 时,由 DPTR 提供 16 位地址,或者由 R0 或 R1 提供低 8 位地址。

(3) 51 单片机的外部 ROM 和外部 RAM 容量最大可以达到 64 KB,但内部 RAM 只有 128 或 256 字节。

(4) 在程序中,大量涉及对内部 RAM 单元的操作访问。内部 RAM 分为 4 个区,位于不同区的单元分别具有不同的作用,在访问方式上也有所区别。

(5) 51 单片机内部集成的每个内部资源(例如串口、定时/计数器)都映射到若干特定的特殊功能寄存器上。在程序中,可以采用与访问片内 RAM 单元一样的方法进行访问,从而实现对各种内部资源的控制。

思考练习

1-1 填空题

(1) 在 51 单片机最小系统中,外部的时钟电路接在_____和_____引脚,复位电路接在_____引脚。

(2) 如果程序都存放在外部 ROM 单元,应将 51 单片机的 $\overline{EA}$ 引脚接_____。

（3）51单片机的存储器采用哈佛结构，其内部包括_____个物理地址空间或_____个逻辑地址空间。

（4）PC中存放的是_____的地址，DPTR中存放的是_____的地址。

（5）51单片机内部RAM单元的8位地址，或者外部RAM单元的低8位地址一般放在工作寄存器_____或_____中。

（6）51单片机复位后，PC=_____，因此复位后执行的第一条指令存放在地址为_____的ROM单元。

（7）51单片机的工作寄存器有_____个，分为第0～3组共4组。单片机复位后PSW=00H，因此默认情况下使用第_____组工作寄存器。

（8）51单片机中既可进行字节操作，也可进行位操作的内部RAM单元地址范围为_____。

（9）位单元2BH.6的位地址为_____。

（10）在SP、TCON、TMOD和SBUF这4个特殊功能寄存器中，可以进行位寻址的是_____，其字节地址为_____。

1-2　选择题

（1）51单片机系统最多有（　　）内部RAM单元，（　　）外部RAM单元。
　　A. 1　　　　　　　　B. 128　　　　　　　　C. 256　　　　　　　　D. 65536

（2）51单片机中，内部和外部ROM单元的地址都为（　　）位。
　　A. 4　　　　　　　　B. 8　　　　　　　　C. 16　　　　　　　　D. 32

（3）51单片机中，内部RAM和外部RAM单元的地址分别为（　　）位和（　　）位。
　　A. 4　　　　　　　　B. 8　　　　　　　　C. 16　　　　　　　　D. 32

（4）51单片机在访问片内RAM时，可以用于提供单元地址的是（　　）。
　　A. PC　　　　　　　B. R0　　　　　　　　C. R7　　　　　　　　D. DPTR

（5）51单片机从内部ROM或外部ROM读取指令代码时，都是由（　　）提供ROM单元的地址。
　　A. PC　　　　　　　B. R0　　　　　　　　C. R7　　　　　　　　D. DPTR

（6）下列字节地址单元可以进行位操作访问的是（　　）。
　　A. 02H　　　　　　　B. 12H　　　　　　　C. 22H　　　　　　　D. 32H

（7）当PSW=0CH时，程序中所用工作寄存器R7在内部RAM单元中的地址为（　　）。
　　A. 07H　　　　　　　B. 0FH　　　　　　　C. 17H　　　　　　　D. 1FH

1-3　简述51单片机芯片集成的内部资源有哪些。

1-4　什么是最小系统，51单片机的最小系统主要包括哪些电路？

1-5　画图总结51单片机存储器的分类及组成。

1-6　51单片机中的存储器有4个物理地址空间，而逻辑上只有3个地址空间，简述这句话的含义。

1-7　简要总结51单片机内部RAM的4个区域中单元访问方式上的区别。

1-8　查阅资料，了解单片机和嵌入式MCU的典型产品及其应用。

第 2 章

51 单片机的汇编语言基础

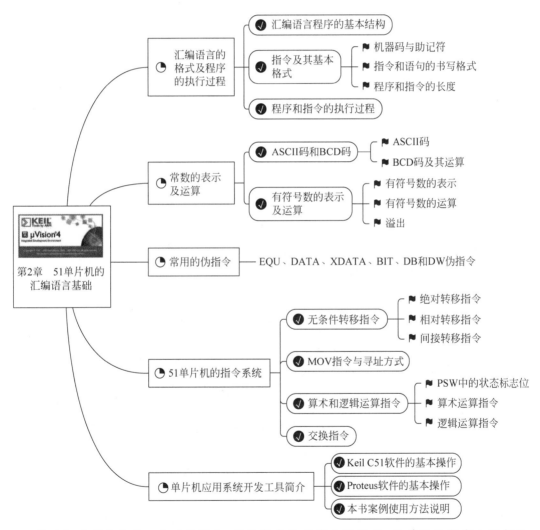

- 第2章 51单片机的汇编语言基础
  - 汇编语言的格式及程序的执行过程
    - ✔ 汇编语言程序的基本结构
    - ✔ 指令及其基本格式
      - ⚑ 机器码与助记符
      - ⚑ 指令和语句的书写格式
      - ⚑ 程序和指令的长度
    - ✔ 程序和指令的执行过程
  - 常数的表示及运算
    - ✔ ASCII码和BCD码
      - ⚑ ASCII码
      - ⚑ BCD码及其运算
    - ✔ 有符号数的表示及运算
      - ⚑ 有符号数的表示
      - ⚑ 有符号数的运算
      - ⚑ 溢出
  - 常用的伪指令
    - EQU、DATA、XDATA、BIT、DB和DW伪指令
  - 51单片机的指令系统
    - ✔ 无条件转移指令
      - ⚑ 绝对转移指令
      - ⚑ 相对转移指令
      - ⚑ 间接转移指令
    - ✔ MOV指令与寻址方式
    - ✔ 算术和逻辑运算指令
      - ⚑ PSW中的状态标志位
      - ⚑ 算术运算指令
      - ⚑ 逻辑运算指令
    - ✔ 交换指令
  - 单片机应用系统开发工具简介
    - ✔ Keil C51软件的基本操作
    - ✔ Proteus软件的基本操作
    - ✔ 本书案例使用方法说明

单片机实质上都是一个功能强大、结构复杂的数字电路系统,与普通的数字电路相比,一个重要的区别在于能够通过程序对实现的功能进行灵活控制。例如,一个简单的计数器

在硬件电路确定后,计数值就确定了。但是,如果用单片机实现,就可以通过执行不同的程序实现对计数值的灵活设置,而不用修改硬件电路。

由此可见,单片机就是利用软件和硬件相结合的方法,实现更复杂强大的功能。一个完整的单片机系统,不仅要有硬件电路,也需要根据期望实现的功能编写程序,对硬件电路进行控制。

在进行单片机系统开发的过程中,单片机控制程序的编写和调试主要采用两种编程语言,即汇编语言和C51。相对于高档的嵌入式CPU,51单片机内部集成的资源较少、功能相对简单,特别适合汇编语言程序的学习入门,因此本书主要介绍51单片机汇编语言程序的基本概念,本章将结合几类简单的汇编语言指令介绍51单片机汇编语言程序的基本编写方法。

2.1 汇编语言的格式及程序的执行过程

汇编语言(Assembly Language)是用来替代机器语言进行程序设计的语言,由助记符、保留字和伪指令等构成,很容易记忆、识别和读写。用汇编语言编写的程序称为汇编语言程序(Assembler Language Program,ALP)。

与高级语言一样,用汇编语言编写的程序无法由计算机硬件识别和运行,必须将其转换为机器语言,这一转换过程称为汇编(Compile)和链接,类似于高级语言的编译和链接。在编写好汇编语言程序后,一般用专门的汇编程序实现汇编和链接,将其转换为单片机能够存储、识别和处理的机器语言程序。

采用汇编语言编程,可以直接操作单片机内部的各种硬件资源(例如工作寄存器、片内RAM单元等),能清晰直观地描述数据处理过程,可以在时间和空间上充分发掘硬件功能的潜力。汇编语言程序精练高效,在某些应用场合(例如设备驱动程序、底层硬件控制等)得到了大量应用。

2.1.1 汇编语言程序的基本结构

下面首先给出一个最基本的51单片机汇编语言程序的框架结构:

```
        ORG  0000H
        LJMP  MAIN
        ORG  0100H
MAIN:  …                        ;实现具体功能的应用程序代码放在这里
        END
```

与C语言程序一样,51单片机的汇编语言程序也是由很多语句(Statement)构成。一般来说,程序中的每一行称为一条语句,每条语句对应一条指令(Instruction)。

在所有的51单片机汇编语言程序中,第一条指令一定是ORG 0000H指令,在该指令后面是一条无条件转移指令(例如LJMP、AJMP等)。执行这条指令后,CPU将自动跳转到标号MAIN所在的指令。从MAIN位置开始存放实现具体功能的、真正的用户应用程序(即主程序),而指令 ORG 0100H 用于指定主程序在 ROM 中存放的起始位置,其中的 0100H 可以根据 ROM 中各单元的分配和占用情况,任意设为一个比较大的地址,例如 0200H、1000H 等。

如果程序中还需要子程序等其他程序模块,可以将其放在主程序后面,但必须在 END 语句之前。END 必须是程序中最后一条语句,表示程序到此结束。

2.1.2 指令及其基本格式

汇编语言程序中的每一条语句都由指令再附加变量名或标号以及注释构成。根据其在程序所起的作用不同,指令分为伪指令和可执行指令。

伪指令(Pseudo Instruction)只是为汇编过程起一些辅助说明解释和指示的作用,汇编时不会转换得到对应的机器语言目标代码,或者说不占用 ROM 空间。前面介绍的 ORG 和 END 都是伪指令。

可执行指令(Executable Instruction)代表 51 单片机能够实现的基本操作(例如数据的移动、两个数据的加减运算等),每条指令经过汇编后都将转换为用若干位二进制数据表示的机器语言代码,并保存到 ROM 单元中。前面程序框架中的 LJMP 指令就是一条可执行指令。

1. 机器码与助记符

在计算机中,所有信息都必须用二进制数据表示,才能够存储到存储器中,并由 CPU 硬件电路实现识别和处理。汇编语言中所有的指令和语句也必须要用二进制数据形式表示,这些二进制数据被称为指令的机器码(Machine Code)。

机器码表示的指令很难记忆和使用,为此在汇编语言程序中一般采用有意义的英文单词表示和书写指令,这些英文单词或者其拼接组合和缩写称为指令的助记符(Mnemonic,帮助记忆的符号)。

采用助记符形式书写的指令和程序,通过汇编过程即可翻译为机器码,汇编后得到的程序称为目标程序(Object Program、Target Program)或机器语言程序(Machine Language Program)。

例如,前面介绍的 LJMP 指令助记符是 Long(长)和 Jump(跳转、转移)两个英文单词的缩写拼接组合,该指令称为长转移指令,经过汇编后,得到 3 字节的机器码,依次为 02H、01H 和 00H。

2. 指令和语句的基本格式

不管是助记符还是机器码形式的指令,一般都包括操作码和操作数两部分。操作码(Operation Code)用于规定指令所完成的操作;而操作数(Operand)是操作的对象。操作数可能是一个具体的常数数据,也可能是操作数据所在的存储单元地址或标号及各种符号。例如,在指令

```
LJMP  MAIN
```

中,LJMP 为操作码助记符,标号 MAIN 为指令的操作数。该条指令经过汇编后将得到

3字节的指令机器码，其中第一字节02H为操作码，后面两字节01H和00H合起来得到一个16位的二进制数据0100H，是这条指令的操作数。

在51单片机的汇编语言程序中，一般来说一条指令构成一条语句。一条完整语句的基本格式如下：

[标号：]　操作码　[操作数1]　[,操作数2]　[;注释]

其中，标号代表指令所在地址，一般由1~8个有意义的英文字母或数字构成，并且以冒号结尾；注释可以没有，如果需要，必须以英文分号开头。注意方括号中的内容为可选项，不是所有指令都有。

在51单片机中，每条指令必须有操作码，而不同的指令中操作数的个数各不相同，有些指令需要两个操作数，还有一些指令只需要一个操作数。如果一条指令有多个操作数，各操作数之间必须用英文逗号分隔，并且操作数与操作码之间必须至少有一个空格。

3. 程序和指令的长度

一个汇编语言程序是由很多语句或指令构成的。在将其汇编为机器码后，每条指令的机器码所需占用的ROM单元个数不同。一条指令的操作码和操作数总的字节数（或者占用的ROM单元数）称为该条指令的长度。

51单片机中所有指令的长度都在1~3字节。例如，指令MOV A,30H的长度为2字节，机器码0E5H和30H，分别为指令的操作码和操作数。

在同一个程序中，所有指令汇编后的机器码都将按照其在程序中书写的位置顺序存放在若干连续的ROM单元中。一个程序中所有指令占用的总的单元数，称为该程序的长度或程序大小，一般表示为多少字节。例如，一个程序的长度为2KB，表示该程序在ROM中共占用了 $2 \times 2^{10} = 2048$ 字节单元。

下面举一个完整的汇编语言程序例子，该程序实现的功能不用关心，只用于说明上述概念。完整的源程序如下：

地址	ROM单元	指令
0000H	02H	LJMP MAIN
0001H	01H	
0002H	00H	
⋮		
0100H	E4H	CLR A
0101H	24H	ADD A,#10
0102H	0AH	
0103H	64H	XRL A,#0FH
0104H	0FH	
0105H	04H	INC A
0106H		

```
            ORG    0000H
            LJMP   MAIN
            ORG    0100H
    MAIN:   CLR    A
            ADD    A, #10
            XRL    A, #0FH
            INC    A
            END
```

上述程序经汇编得到目标程序，在ROM中的存放格式如图2-1所示。其中，从地址0000H开始的3个ROM单元中依次存放指令LJMP MAIN的机器码。从MAIN标号开始的主程序共有4条可执行指令，转换为机器码后从0100H单元开始存放，连续占用6个单元。

图2-1　程序在ROM中的存放格式

如果从 LJMP 指令所在的第一个 ROM 单元开始计算,该程序一共占用了 262 个单元,因此程序的长度为 262 字节。

2.1.3　程序和指令的执行过程

汇编语言程序经过汇编和链接后,生成的机器语言程序即可存放到 ROM 中。在 51 单片机系统运行过程中,CPU 根据 PC 中保存的单元地址,不断从 ROM 单元取出程序中的各条指令,依次加以执行,从而实现程序的功能。

51 单片机复位或刚启动时,PC=0000H,因此程序都是从第一个 ROM 单元中存放的指令开始运行,CPU 执行其中的 LJMP 指令后,跳转到主程序,再逐一执行程序中的各条指令,直到程序结束。

1. 指令的执行过程

程序中每条指令的执行都包括两个基本的过程,首先 CPU 从 ROM 中取出指令的机器码,这一过程简称为取指令;之后由 CPU 执行该指令,实现指令规定的操作和运算,这一过程称为执行指令。

CPU 每次从 ROM 中取出一字节的指令机器码,在 51 单片机时钟电路产生的时钟脉冲作用下,PC 将自动加 1,以指向 ROM 的下一字节单元。在执行完当前指令后,根据 PC 中的内容即可自动找到程序中下一条指令所存放的 ROM 单元,再重复取出并执行该条指令。CPU 就这样连续不断地从 ROM 中取出指令、执行指令,并顺序执行相应的操作和运算,直到程序结束。

如果遇到程序中的转移指令或子程序调用与返回等操作指令,则 CPU 在取出该条指令时,PC 也是自动递增,指向转移指令下面的指令。之后,CPU 在执行这些指令的过程中,将指令中的操作数送给 PC,从而强制修改 PC 中的内容,使其指向转移的目标单元,从而控制程序执行流程跳转到程序中指定的位置继续执行。

2. 机器周期和指令周期

通电后,时钟电路就连续不断地产生时钟脉冲并送入单片机内部,单片机系统中的所有操作都以该时钟脉冲作为基本的时间刻度。显然,时钟脉冲频率越高、时钟周期(时钟频率的倒数)越小,执行所有操作的节奏就越快,单片机的工作速度就越高。对于 51 单片机,典型的时钟频率近似为 6 MHz 或 12 MHz。对于高档的 STM32F407 单片机,工作频率可以达到 168 MHz。

机器周期指的是单片机的基本操作周期,也就是单片机完成一项基本操作(例如从 ROM 读取一字节指令的机器码)所需的时间。对 51 单片机,机器周期等于 12 个时钟周期。假设时钟频率为 12 MHz,则一个机器周期正好为 1 μs。

指令周期指的是 CPU 从 ROM 读取一条指令,并执行该指令所需的时间。不同的指令要求实现的功能各不相同,指令的长度不同,执行所需的时间也不一样,因此每条指令具有不同的指令周期,但是所有指令的指令周期都以机器周期为单位表示。

例如,所有加减运算指令的指令周期都为 1,意味着执行这些指令只需要一个机器周期或者 12 个时钟周期。乘除运算指令的指令周期为 4,意味着需要 4 个机器周期才能完成一次乘除运算，因此指令的执行速度要慢得多。在附录 B 所示的指令系统表中，列出了 51 单片机中所有指令的指令周期，需要时可以查阅。

2.2 常数的表示及运算

在汇编语言的各条指令中，大量出现各种常数，这些常数在程序中的不同位置分别具有不同的含义。例如，在汇编语言程序中，常数可以是一个存储器单元的地址，也可以是参加运算的数据等。

不管表示的含义如何，汇编语言程序中的常数都可以采用各种进制书写，常用的是二进制、十进制和十六进制。这里对书写时需要注意的主要问题做一些总结。

（1）在汇编语言程序中，二进制和十六进制常数后面必须分别有后缀 B 和 H，如果没有后缀，默认为十进制。同样的数字代码，视为不同的进制数据时，表示的大小是各不相同的。例如，若将代码 10 视为二进制、十六进制和十进制数据，表示的大小分别为十进制的 2、16 和 10。

（2）在汇编语言程序中，除非特别声明，数据的位数一般默认指的是该常数用二进制表示时的位数。例如两位十六进制数据 25H 重新表示为等价的二进制数为 00100101B，因此一般称该常数为 8 位二进制数据，或者字节数据。

（3）如果常数用十六进制形式表示，当其最高位为 A～F 这 6 个字母（分别表示十进制的 10～15）时，必须在前面另外添加一个 0，以便与程序中的标号、变量和常量名相区分，但此时添加的 0 不计位数。例如，0A2H 转换为二进制数据为 10100010B，这是一个字节数据，其位数也只有 8 位。

（4）汇编语言程序中所有的英文字母习惯都用大写。

2.2.1 ASCII 码和 BCD 码

在日常生活中，广泛采用十进制形式。但是，在计算机中，所有的信息（十进制数字代码、大小写英文字母、正负号等）都必须用二进制代码的形式进行表示、存储、运算和处理。

对于具有大小概念的十进制数据，可以通过"除基取余"的方法将其转换为二进制数据，再将二进制数据中每 4 位一组对应转换为一位十六进制数据。反之，将其他进制数转换为十进制数，可以采用"按权累加"的方法转换为是十进制数。用这种方法表示十进制数，得到的二进制数称为自然二进制数或者普通二进制数。为了简化转换方法，在计算机中，还广泛采用其他的编码方法表示数字、数据和各种字符。最常用的就是 ASCII 码和 BCD 码。

1. ASCII 码

ASCII 码的全称是美国信息交换标准代码（American Standard Code for Information Interchange），这是一种对 Windows 键盘上 128 个字符的编码表示，其中包括 0～9 这 10 个十进制数字代码、大小写英文字母、各种运算符号等。

在 ASCII 码中，各种字符都用 7 位二进制形式表示，因此最多可以表示 128 个字符。考虑到计算机的内存单元、内部的寄存器和运算器等大都是 8 位或 16 位等，一般在 7 位编码的前面再添加一位二进制 0 码,从而得到 8 位的 ASCII 码。

例如,常用的 0～9 数字代码的 ASCII 码为 30H～39H,英文字母 A 和 a 的 ASCII 码分别为 41H 和 61H,空格字符的 ASCII 码为 20H 等。

在程序中,如果需要将某字符的 ASCII 码作为指令的操作数,可以在操作数位置直接写该字符的 ASCII 码,也可以将该字符用单引号括起来作为操作数。例如,在指令中的操作数为'A',表示实际的操作数为 41H。

2. BCD 码及其运算

BCD 码的全称为二进制编码的十进制数。这种编码只能用于十进制数的表示,并且规定一位十进制数 0～9 依次用 4 位二进制的编码组合 0000B～1001B 表示。对多位十进制数,只需要将各位十进制数分别用 4 位编码组合表示,再按照顺序拼接起来即可。

例如,十进制数 23 的 BCD 码为 00100011B。在程序中,为了简化书写,可以将得到的 8 位二进制形式的 BCD 码再等价转换为两位十六进制形式,得到 23H。

由此可见,BCD 码本质上是对十进制数的一种二进制编码方法,但在程序中如果写为十六进制形式,只需要在十进制数后面加上后缀 H 即可,转换过程中不需要做任何计算,极大地方便了将数转换为单片机能够识别和处理的二进制形式的过程。

需要注意的是,在单片机内部运算过程中,BCD 码的运算规则与普通二进制数的运算完全一样,这将导致运算结果可能不正确。例如,用 BCD 码进行 15+28 的运算,首先将两个数用 BCD 码表示为 15H=00010101B、28H=00101000B。之后按照普通的二进制规则进行运算,运算过程如下:

```
      0  0  0  1  0  1  0  1
  +)  0  0  1  0  1  0  0  0
  ─────────────────────────
      0  0  1  1  1  1  0  1
```

得到的运算结果为 00111101B。如果将该运算结果视为自然二进制数,表示的十进制大小为 61,结果不正确。实际上,该结果也不是合法的 BCD 码,因为其中高 4 位 0011 表示十进制数 3,但低 4 位不表示任何一位十进制数。

为了得到正确的结果,需要在上述运算完毕后对结果进行调整。调整的方法是:

• 如果运算结果的低 4 位超过了 1001B,或者低 4 位有进位,则将结果再加上 06H;
• 如果运算结果的高 4 位超过了 1001B,或者高 4 位有进位,则将结果再加上 60H;
• 如果以上条件都满足,则将结果加 66H;
• 如果以上条件都不满足,则不做调整。

对上面的例子,由于运算结果的低 4 位为 1101B>1001B,因此将上述结果再加上 06H 得

```
      0  0  1  1  1  1  0  1
  +)  0  0  0  0  0  1  1  0
  ─────────────────────────
      0  1  0  0  0  0  1  1
```

做了上述调整后,将结果视为 BCD 码,表示正确的十进制数 43。

2.2.2　有符号数的表示及运算

实际系统中处理的数据可能是正数或负数，像这样有正负之分的数（例如温度数据）称为有符号数（Signed Number），而将没有正负之分的常数（例如学号、成绩）称为无符号数（Unsigned Number）。对有符号数来说，数的绝对值大小和正负都必须用二进制形式表示，这样的常数称为机器数（Machine Number）。为了方便，在程序中也可以像普通数学一样表示有符号数，即在数前面带上正负号，这样表示的有符号数称为真值（Truth Value），汇编过程中真值将被自动转换为机器数。

1. 有符号数的表示

在计算机中，有符号数的机器数默认用补码表示，与之相关的还有原码和反码。在这3种形式的机器数中，都是用二进制最高位表示数的正负，规定 0 码表示正数、1 码表示负数。除了最高位以外，所有低位用来表示数的绝对值大小。3种不同形式机器数的主要区别在于表示有符号数绝对值大小的方法不同。

假设机器数总的二进制位数为 n，其中最高位用来表示数的正负，剩下的低 $n-1$ 位表示数的绝对值大小。对于正数，不管是原码、反码还是补码，低 $n-1$ 位都直接表示数的大小。例如，$+1$ 的 8 位原码、反码和补码都为 00000001B，写成十六进制形式为 01H。但是，对于负数的原码、反码和补码来说，低 $n-1$ 位表示输的绝对值大小的方法有所区别。

(1) 在负数的原码中，低 $n-1$ 位直接表示数的大小。例如，-1 的 8 位原码为 10000001B，写为十六进制形式为 81H。

(2) 在负数的反码中，低 $n-1$ 位逐位取反后才表示数的大小。例如，-1 的 8 位反码为 11111110B＝0FEH。

(3) 在负数的补码中，低 $n-1$ 位逐位取反加 1 后才表示数的大小。例如，-1 的 8 位补码为 11111111B＝0FFH。

51 单片机是 8 位单片机，直接处理的所有数据都是 8 字节数据。当有符号数用这样的8 位二进制补码表示时，首先需要区分是正数还是负数。对正数，直接转换为 8 位二进制数，其中最高位 D7 一定为 0；对负数，D7 位一定为 1，将其绝对值大小再用后面 7 位取反加1 表示。

例如，有符号数 -20 的补码为 11101100B＝0ECH，其中最高 1 码表示负数，后面 7 位取反后得到 0010011B，再加 1 得到 0010100B＝20。再如，正数 $+20$ 的补码为 00010100B，为简化书写，程序中可以表示为等价的十六进制形式 14H。

2. 有符号数的运算

在计算机中，采用补码表示有符号数的主要目的是将减法运算转换为加法运算，从而能够用一套加法电路同时实现加减运算。实现的依据是最简单的数学恒等变换，即

$$X = Y - Z = Y + (-Z)$$

根据这一规则将两个数 Y 和 Z 的相减运算转换为 Y 和 $-Z$ 的加法，其中 Y 和 $-Z$ 可能是正数或负数，因此必须用机器数补码表示。在计算机中进行这两个补码的相加运算后，得

到的结果也是原结果 X 的补码。如果需要分析得到结果的真值 X，只需要手工将补码再转换为真值即可。下面举例说明。

假设要用 8 位补码实现运算 $2-3$，根据上述数学规则，该运算等价于 $(+2)+(-3)$。因此，首先将两个数 $+2$ 和 -3 分别用 8 位补码表示，得到 00000010B 和 11111101B。之后，列出如下加法运算竖式模拟计算机中的运算：

$$
\begin{array}{r}
0\ 0\ 0\ 0\ 0\ 0\ 1\ 0 \\
+)\ 1\ 1\ 1\ 1\ 1\ 1\ 0\ 1 \\
\hline
1\ 1\ 1\ 1\ 1\ 1\ 1\ 1
\end{array}
$$

将上述运算结果视为补码，从而得到结果的真值为 -1。

3. 溢出和进位

根据上述原理进行某些数的运算时，运算结果将出现错误。例如，在 8 位的单片机中实现 $-100-50$ 的运算，首先将其转换为加法运算 $(-100)+(-50)$，其中 -100 和 -50 的 8 位补码分别为 10011100B 和 11001110B。之后列出如下运算竖式：

$$
\begin{array}{r}
1\ 0\ 0\ 1\ 1\ 1\ 0\ 0 \\
+)\ 1\ 1\ 0\ 0\ 1\ 1\ 1\ 0 \\
\hline
1\ 0\ 1\ 1\ 0\ 1\ 0\ 1\ 0
\end{array}
$$

从而在计算机中得到的运算结果为 01101010B。注意，由于计算机只有 8 位，运算结果最高位的进位无法作为结果保存，将自然丢失，手工分析时也必须直接忽略。

将上述结果视为补码，表示的有符号数为 $+106$，显然这是错误的。造成上述错误的根本原因在于运算结果超出了有限位数的补码能够表示的范围。

一个无符号数中所有的二进制位都用于表示数的大小，因此能够表示的最小值和最大值分别为 $0\sim255$ 共 256 个不同的整数。由于 8 位有符号数中的最高位只是用于区分数的正负，表示数的绝对值大小只用了低 7 位二进制，因此 8 位补码能够表示的有符号数的范围为 $-128\sim+127$，其中最小值 -128 的 8 位补码为 80H，最大值 $+127$ 的 8 位补码为 7FH。

对有符号数的运算，当结果超过了指定位数的补码能够表示的范围时，运算结果将出现错误，这种情况称之为溢出（Overflow）。一旦出现溢出，运算结果一定是错误的，因此在单片机中必须判断什么时候会出现溢出，并记录下这一特征。

与溢出的概念类似的是进位（Carry）。进位指的是在两个多位的二进制数进行加法运算时，从低位到高位进行加法运算的过程中，最高位出现的进位。这两个概念是有区别的。溢出指的是有符号数（一般是补码）运算结果超出范围；而进位可以认为是两个无符号数相加时结果超出范围。两个数进行加法运算时，有进位不一定会出现溢出，出现溢出时也不一定会有进位。

例如，用 8 位补码进行 $(-20)+32$ 的运算，-20 和 $+32$ 的补码分别为 11101100B 和 00100000B，运算竖式为

```
    1 1 1 0 1 1 0 0
+)  0 0 1 0 0 0 0 0
————————————————————
  1 0 0 0 0 1 1 0 0
```

其中最高位有进位。将多余的进位自然舍弃后得到结果的 8 位补码为 00001100B，表示正确结果为 +12，没有溢出。

2.3　常用的伪指令

在汇编语言程序中，伪指令用于为汇编过程提供一些辅助说明和必要的指示信息，定义程序中所需的一些常量符号和变量等。除了前面介绍过的 ORG 和 END 以外，在 51 单片机的汇编语言程序中还广泛使用如下伪指令。

2.3.1　EQU 伪指令

EQU 伪指令的功能是将程序中具有特殊含义和专门用途的常数或者表达式的值赋给一个名字，该名字称为符号常量，在程序中用来代表所赋的常数值。例如，如下伪指令：

```
NUM EQU 10
```

定义了一个符号常量 NUM，并将其赋值为右侧的常数操作数 10。之后程序中的如下指令：

```
MOV R6,#NUM
```

将 NUM 代表的常数值 10 赋给工作寄存器 R6，等价于如下指令：

```
MOV R6,#10
```

在程序中，一般在程序的开始将一些特殊的常数定义为符号常量，在后面的程序直接使用。此外，EQU 伪指令的操作数也可以是一个表达式。例如，如下伪指令：

```
LEN    EQU  (10＋4)/2
```

在汇编后将被替换为

```
LEN    EQU  7
```

需要注意的是，在程序中用每条 EQU 伪指令可以分别定义一个符号常量，但各条伪指令定义的符号常量名称不能相同。或者说，一个符号常量的值不能在同一个程序中多次定义。

2.3.2　DATA 和 XDATA 伪指令

DATA 和 XDATA 伪指令都称为数据地址赋值伪指令，一般用于为指定的内部或外部 RAM 字节单元定义一个有意义的名称，称为符号地址或地址常量。例如，如下两条伪指令：

```
BUF     DATA    30H
DPORT   XDATA   7FFFH
```

定义了两个符号地址 BUF 和 DPORT,分别代表地址为 30H 的内部 RAM 单元和地址为 7FFFH 的外部 RAM 单元。

在程序中,用 DATA 伪指令定义的符号地址有两种基本的用法,即在前面加上或不加 "#"号。例如,对前面定义的符号地址 BUF,如下两条指令:

```
MOV  R0, # BUF
MOV  R1,BUF
```

汇编后将分别被替换为如下两条不同功能的指令:

```
MOV  R0, # 30H
MOV  R1,30H
```

具体实现的功能将在后面章节详细介绍。

用 XDATA 伪指令定义的符号地址代表的是外部 RAM 单元,这些单元的地址都是 16 位 的,因此一般将这些符号地址赋给 DPTR。例如,如下指令:

```
MOV  DPTR, # DPORT
```

等价于

```
MOV  DPTR, #7FFFH
```

2.3.3　BIT 伪指令

BIT 伪指令的基本功能是将位于位寻址区或特殊功能寄存器区中的某个位单元命名为 一个有意义的名字,称为符号位地址或位地址常量。例如,

```
KDOWN    BIT  00H
```

将位地址为 00H 的位单元(也就是 20H 字节单元中的 D0 位)命名为位变量 KDOWN,程序 中即可用该名称实现对该位单元的位操作。

2.3.4　DB 和 DW 伪指令

DB 和 DW 伪指令的功能分别是定义若干 8 位和 16 位二进制数据,并将这些数据依次 保存到若干连续的 ROM 单元中,这些数据构成一个表变量,类似于 C 语言中的数组。 例如,

```
TAB:  DB 1,2,3,4
```

定义了表 TAB,其中有 4 个操作数。注意用 DB 和 DW 伪指令定义的变量名后面必须有冒号。

在汇编后得到的目标程序中，上述指令中的 4 个操作数将依次保存到 ROM 中连续的 4 字节单元，其中第一个单元的地址在程序后面可以通过表名称 TAB 找到。例如，如下指令：

```
MOV   DPTR, ＃TAB
```

将表 TAB 所在 ROM 单元的地址存入 DPTR，在程序中即可将 DPTR 作为指针，以访问表中的各项数据。

需要强调的是，EQU、DATA、XDATA 和 BIT 伪指令中的操作数不会占用存储单元，指令本身也不会汇编为机器代码。而 DB 和 DW 伪指令中定义的每个操作数都将占用 ROM 单元，并且可以根据需要用 ORG 伪指令指定单元的位置。

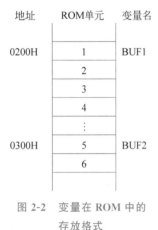

图 2-2 变量在 ROM 中的
存放格式

例如，在下面的程序段中：

```
         ORG   0200H
BUF1:    DB    1,2,3,4
         ORG   0300H
BUF2:    DB    5
         DB    6
```

定义了两个表变量 BUF1 和 BUF2。BUF1 中的 4 个数据将从地址为 0200H 开始的 ROM 单元依次存放，而 BUF2 中的数据将存放到 0300H 单元。由于最后一条指令前面没有 ORG 伪指令，因此此常数 6 将连续存放到下一个单元。上述程序段汇编后，对应 ROM 单元中各数据的存放格式（存储器分配图）如图 2-2 所示。

需要强调的是，利用 DB 和 DW 伪指令定义的表数据是和程序代码一起放在单片机的 ROM 中，而不是放在 RAM 中的。

2.4 51 单片机的指令系统

51 单片机硬件电路能够实现的功能和基本操作是确定的，所有这些基本操作对应的所有可执行指令的集合称为 51 单片机的指令集（Instruction Set），又称为指令系统（Instruction System）。

51 单片机共有 111 条指令，这些指令一般根据实现的功能和操作分为数据传送类指令、算术运算指令、逻辑运算指令、控制转移指令、位操作指令。附录 B 给出了 51 单片机所有的指令，这些指令将在后续章节中逐一介绍。本章首先介绍几类最基本和常用的指令。

2.4.1 无条件转移指令

无条件转移指令用于控制程序执行流程的切换，执行后无条件地跳转到指令中由操作数给定的目标指令。常用的无条件转移指令有长转移（Long Jump）指令 LJMP、绝对转移

(Absolute Jump)指令 AJMP、短转移(Short Jump)指令 SJMP 和间接转移指令 JMP。

1. 绝对转移指令

LJMP 和 AJMP 指令实际上都属于绝对转移指令,在指令的操作数中直接给出需要转移的目标指令所在 ROM 单元的地址。在程序中执行这两条指令时,将目标指令所在 ROM 单元的地址存入 PC,从而控制 CPU 在执行完转移指令后,立即无条件地跳转到目标指令继续运行。

为了便于编写和阅读程序,程序中一般在目标指令语句中定义一个标号,然后将该标号作为 LJMP 和 AJMP 指令的操作数。在汇编和程序调入 ROM 后,标号所在的语句或指令存入 ROM 单元的位置就确定了,LJMP 和 AJMP 指令中的操作数将被自动替换为标号所在目标指令的地址。

例如,前面给出的程序框架中有如下指令:

```
LJMP    MAIN
```

其中,标号 MAIN 作为操作数,表示该条转移指令执行后将跳转到 MAIN 所在的语句,而在该条语句前面用 ORG 伪指令指定 MAIN 语句从地址为 0100H 的 ROM 单元开始存放,因此 LJMP 指令汇编后得到 3 字节的机器码 02H、01H、00H,其中后面 2 字节为操作数 0100H。

两条绝对转移指令的主要区别在于允许跳转的范围不同。LJMP 指令的操作数必须是 16 位,可以跳转到 ROM 的任何位置。AJMP 指令的操作数只能有 11 位有效数据,跳转指令和目标指令所在 ROM 单元地址的高 5 位必须相同,因此跳转的最大距离(转移指令和目标指令之间相隔的单元数)为 $2^{11}=2K=2048$。

例如,有如下程序段:

```
        ORG   0000H
        AJMP  MAIN
        ORG   1100H
  MAIN: …
```

汇编后,将提示"aa.asm(7): error A51: TARGET OUT OF RANGE",意思是跳转的目标指令超出范围。因为其中 AJMP 指令和跳转的目标指令(即标号 MAIN 所在的语句)分别存放在地址为 0000H 和 1100H 单元,这两个单元的地址高 5 位分别为 00000B 和 00010B,二者不相同。

2. 相对转移指令

SJMP 指令是短转移指令,又称为相对转移指令。在编写程序时,与 LJMP 和 AJMP 指令一样,在 SJMP 指令的操作数位置直接给出跳转目标指令的标号。

在汇编后生成的机器码中,SJMP 指令用 2 字节表示,其中第一字节为操作码,第二字节为操作数。SJMP 指令的操作数为 1 字节的有符号数,表示的是 SJMP 所在的下一个 ROM 单元与跳转的目标单元之间的相对距离(称为偏移量)。如果偏移量为正数,表示向地址较大的单元跳转(向后跳转),跳转的目标指令位于 SJMP 指令的后面;如果偏移量为负数，则表示向地址较小的单元跳转，跳转的目标指令位于 SJMP 指令的前面。

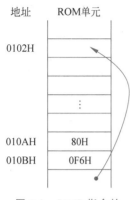

图 2-3　SJMP 指令的
跳转功能

由于有符号数用补码表示时，能够表示的数的大小范围为 $-128 \sim +127$，因此 SJMP 指令只能控制向前最多跳转 128 个单元，向后最多跳转 127 个单元。

例如，假设 SJMP 指令存放在地址为 010AH 和 010BH 的两个 ROM 单元，如图 2-3 所示。其中，80H 为 SJMP 指令的操作码，而 0F6H 为操作数，将其视为补码表示十进制数 -10。

在 CPU 从 ROM 中取出 SJMP 指令的 2 字节机器码后，PC 将自动指向程序中的下一条指令，即 PC=010CH。因此执行完 SJMP 指令后，CPU 将当前 PC 中的地址叠加上偏移量，从而控制程序的执行流程跳转到 010CH+(-10)=0102H 的 ROM 单元，继续执行程序中的其他指令。

在程序中，SJMP 指令一个典型的用法如下：

```
HERE:   SJMP HERE
```

或者

```
SJMP    $
```

其中，"$"代表 SJMP 指令本身，因此执行完 SJMP 指令后，又将跳转回这条指令继续重复运行，从而控制实现停机或者暂停程序运行的功能。

3. 间接转移指令

间接转移指令 JMP 只有如下一种写法：

```
JMP    @A + DPTR
```

其中，转移的目标地址由累加器 A 和数据指针 DPTR 相加得到。

在程序中，用 JMP 指令可以实现多分支转移。这种情况下，在 ROM 某段连续的单元中依次存放若干条绝对转移或相对转移指令，并将这些指令所在 ROM 单元的起始地址事先存入 DPTR，将一个合适的相对偏移量存入 A，即可控制 JMP 跳转到对应的 ROM 单元，再执行其中存放的转移指令跳转到不同的目标位置。

例如，有如下程序段：

```
        ORG    0100H
        MOV    A, #4
        MOV    DPTR, #TAB
        JMP    @A + DPTR
TAB:    SJMP   0150H
        SJMP   0160H
        SJMP   0170H
        ......
```

汇编后得到的目标程序在 ROM 中的存放如图 2-4 所示。

上述程序段中的第 3 条指令将 TAB 标号所在 ROM 单元的地址 0106H 存入 DPTR,和累加器 A 中的 4 相加后得到 010AH,作为 JMP 指令的操作数。因此执行 JMP 指令后,将跳转到地址为 010AH 的 ROM 单元。由于从 010AH 单元开始存放的是一条相对转移指令 SJMP 0107H,因此执行后将跳转到 0107H 单元。

显然,在执行 JMP 指令之前向 A 中存入不同的值,即可通过 JMP 指令跳转到不同的 SJMP 指令,进一步跳转到相应的 SJMP 指令指定的目标单元,从而通过两次跳转实现多分支转移。

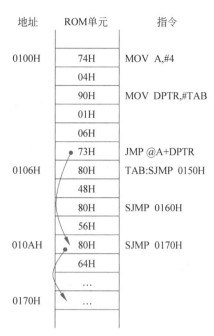

图 2-4 JMP 指令的多分支转移功能

2.4.2 MOV 指令与寻址方式

在单片机中,运算和操作的数据可能保存在存储器的某个单元中,而根据程序的要求,可能需要将其传送或者移动到指定的其他位置。这样的操作可通过数据传送指令实现。利用数据传送指令可以将数据在内部或外部 RAM 单元之间进行传送,也可以从 ROM 单元中读取所需的数据,或者将一个给定常数保存到指定的单元。这里首先介绍内部 RAM 单元之间的数据传送,实现这类操作的是 MOV 指令。

MOV 指令都是双操作数指令,其中第一个操作数称为目的操作数,第二个操作数称为源操作数,分别用于指定数据搬移的目标位置和源位置。两个操作数都可以分别在内部 RAM 的工作寄存器组区、位寻址区、一般 RAM 区和特殊功能寄存器区。位于不同位置的操作数,在指令中给定操作数的方法也不一样。指令获取操作数的方法,或者在指令中给定操作数的方法,称为操作数的寻址(Addressing)方式。

下面根据目的操作数所在的位置和采用寻址方式的不同,对常用的 MOV 指令进行介绍。

1. 目标位置为工作寄存器

目标位置为工作寄存器情况下,MOV 指令的目的操作数直接给出所用工作寄存器的名称 R0～R7,而源操作数可以采用立即寻址、直接寻址,也可以是累加器 A。这 3 种情况的书写格式如下:

```
MOV   Rn,#data
MOV   Rn,dir
MOV   Rn,A
```

(1) 第一条指令的源操作数采用立即寻址,需要传送的 8 位二进制数据 data 放在"#"

后作为源操作数，称为立即数。例如，如下指令实现的功能是将操作数 30H 传送到工作寄存器 R7。

```
MOV  R7,#30H
```

在程序中，一定要注意立即数的大小范围。如果是无符号数，必须在 0～255；如果是有符号数，不能超过 −128～+127 的范围。例如，如下指令在汇编时将会报错，因为立即数 300 转换为二进制形式为 100101100，有效位数超过了 8 位，无法存入 8 位的工作寄存器 R7 中。

```
MOV  R7,#300
```

（2）在第二条指令中，dir 必须是无符号数，其取值范围为 00H～0FFH，表示源操作数位于地址为 dir 的内部 RAM 单元中。这种写法称为直接寻址。

例如，如下指令实现的功能是将内部 RAM 中地址为 30H 的单元中的数据传送到工作寄存器 R7。其中 30H 前面没有"#"号，因此并不是需要传送的数据本身，而是作为 RAM 单元的地址，真正传送的是该 RAM 单元中的数据。

```
MOV  R7,30H
```

（3）在第 3 条指令中，源操作数在累加器 A 中，指令中直接写累加器的名称 A。如果指令中的操作数为累加器 A，在汇编得到的机器码中没有对应的操作数，而是将其作为指令操作码的一部分，因此一般不分析其寻址方式。

2. 目标位置为内部 RAM 单元

在目标位置为内部 RAM 单元的情况下，目的操作数采用直接寻址方式，直接给出目的操作数所在内部 RAM 单元的 8 位地址。根据源操作数寻址方式的不同，又有如下几种具体书写格式：

```
MOV  dir,#data
MOV  dir, dir
MOV  dir, A
MOV  dir, Rn
MOV  dir, @Ri
```

（1）前面 2 条指令的源操作数分别采用立即寻址和直接寻址，第 3 条指令将累加器 A 中的 8 位数据传送到指定的内部 RAM 单元。

例如，如下指令将常数 0C0H 存入地址为 50H 的内部 RAM 单元。注意"0C0H"中最高位 0 不算操作数的位数。

```
MOV  50H,#0C0H
```

而如下指令将内部 RAM 中 30H 单元中的数据传送到 50H 单元。

```
MOV  50H,30H
```

（2）第 4 条指令中的源操作数 Rn 可以是 R0～R7 这 8 个工作寄存器中的某一个,该指令将指定工作寄存器中的数据传送到目的操作数 dir 指定的 RAM 单元。源操作数采用的这种寻址方式称为寄存器寻址,表示操作数在指定的某个工作寄存器中,指令中直接给出该工作寄存器的名字。

（3）第 5 条指令的源操作数为"@Ri",其中的 Ri 只能是 R0 或 R1。执行时首先将 R0 或 R1 中的 8 位数据作为地址,找到内部 RAM 中的单元,再从该单元中读出源操作数,送到目的操作数 dir 指定的另外一个 RAM 单元。这种寻址方式是以工作寄存器 R0 或 R1 中的数据作为地址,间接找到操作数所在的 RAM 单元,所以称为寄存器间接寻址,R0 或 R1 称为间址寄存器。

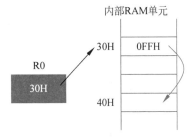

图 2-5　间接寻址过程示意图

例如,如下两条指令将内部 RAM 中地址为 30H 单元中的数据传送到地址为 40H 的单元,其寻址过程如图 2-5 所示。

```
MOV   R0,#30H
MOV   40H,@R0
```

需要注意的是,工作寄存器也是内部 RAM 单元,但在 MOV 指令中两个操作数不能同时为工作寄存器,也就是说不能用一条 MOV 指令在两个工作寄存器之间直接传送数据。例如,如下指令是错误的。

```
MOV   R0,R1
```

如果程序中确实需要将 R1 中的数据传送到 R0,可以用如下 3 条指令之一实现:

```
MOV   R0,01H
MOV   00H,R1
MOV   00H,01H
```

其中,00H 和 01H 是第一组工作寄存器中 R0、R1 在内部 RAM 中的单元地址。

3．目标位置为特殊功能寄存器

每个特殊功能寄存器对应一个内部 RAM 单元,并且都有各不相同的名称。如果 MOV 指令的操作数在这些特殊功能寄存器中,可以采用直接寻址,即在指令中直接写出这些特殊功能寄存器对应 RAM 单元的地址。此外,更方便的做法是直接写出该特殊功能寄存器的名称。

例如,如下两条指令:是完全等价的,其中 90H 为特殊功能寄存器 P1 在内部 RAM 中的地址,两条指令的源操作数采用的都是直接寻址。

```
MOV   A,P1
MOV   A,90H
```

在进行特殊功能寄存器访问时,有以下两种特殊情况:

（1）累加器 A 也是特殊功能寄存器,在大多数指令中作为操作数时都有两种写法,可以直接在操作数位置写 A,也可以写为 ACC。当直接用 A 作为操作数时,该操作数在汇编后的机器码中不会有对应的操作数,因此这种情况不分析其寻址方式。例如,如下指令汇编后得到 2 字节的机器码为 74H、0FFH,分别为指令的操作码和源操作数。

```
MOV  A,♯0FFH
```

如果操作数写为 ACC,在汇编后得到的机器码中,对应的操作数将替换为累加器所在特殊功能寄存器区中的单元地址 0E0H。例如,如下指令:

```
MOV  ACC,♯0FFH
```

实现的功能也是将立即数 0FFH 存入累加器 A 中,但汇编后的机器码共有 3 字节,即 0E5H、0E0H 和 0FFH,依次为指令的操作码、目的操作数和源操作数。由于目的操作数是累加器 A 所在 RAM 单元中(位于特殊功能寄存器区)的地址,因此寻址方式为直接寻址。

（2）DPTR 也是特殊功能寄存器,当 DPTR 作为指令的目的操作数时,源操作数只能采用立即寻址,并且必须是 16 位立即数。例如,如下指令将一个常数装入 DPTR。这条指令也是 51 单片机中唯一一条实现 16 位数据传送的指令。

```
MOV  DPTR,♯1234H
```

2.4.3　算术和逻辑运算指令

算术和逻辑运算是所有微机和单片机能够实现的基本运算操作,在指令系统中都相应地提供了实现基本算术和逻辑运算的指令。这里对常用的算术和逻辑运算指令分析与使用过程中需要注意的问题和相关概念做概括介绍。

1. PSW 中的状态标志位

大多数 MOV 指令执行后都不影响标志位,而各种算术和逻辑运算指令执行后都将影响标志位,这些标志位分别位于 PSW 中的 D7、D6、D2 和 D0 位,依次是 C、AC、OV 和 P,参见 1.2.2 节中的图 1-9。

标志位的作用是记录和保存运算结果的特征,每一位分别记录运算的一项特征状态。

（1）C 称为进位标志位。当加减运算结果有进位或借位时,单片机内部的硬件会自动将该位设置为 1,即 C=1。

（2）AC 称为辅助进位(Auxiliary Carry)标志位。当两个数据进行加减运算时,如果低 4 位向高 4 位有进位或进位,则设置 AC=1。

（3）OV 称为溢出标志位。当两个 8 位有符号数的加减运算结果超过 8 位有符号数补码能够表示的范围(−128～+127)时,出现溢出,此时 OV=1。

（4）P 称为奇偶(Parity)标志位。当程序中前面的指令执行后,存入累加器 A 的 8 位二进制数中有奇数(1、3、5、7)个 1 码时,标志位 P=1。

例如,执行66H+0ACH的运算,先将两个数据用8位二进制数表示,再列出如下竖式:

```
        0 1 1 0 0 1 1 0
  +)    1 0 1 0 1 1 0 0
      ─────────────────
      1 0 0 0 1 0 0 1 0
```

其中,结果的最高位1为进位,因此C=1;由于低4位向高4位有进位,因此AC=1;由于第8位结果中有2(奇数)个1,因此P=0。此外,将两个加数视为有符号数的补码时,由最高符号位可知一个加数为正数,一个为负数。两个不同符号的数相加,结果都不会溢出,因此OV=0。

2. 算术运算指令

在51单片机中,基本的算术运算指令有ADD、ADDC、SUBB、MUL和DIV指令。此外,还有INC指令实现加1(递增)运算、DEC指令实现减1(递减)运算、DA指令实现BCD码运算结果的调整。与MOV指令一样,这些指令中的每个操作数都可以采用各种不同的寻址方式,从而每条指令都有多种不同的写法。

(1) **ADD**指令实现两个数据的加法运算,目的操作数只能是累加器A,而源操作数可以采用立即寻址、寄存器寻址、直接寻址和寄存器间接寻址。

例如,如下指令将累加器A中原来的数据与立即数30H相加,得到8位二进制形式结果再存回A。

```
ADD   A, ♯30H
```

而如下指令将累加器A中原来的数据与地址为30H的内部RAM单元中的数据相加,得到的和再存回A。

```
ADD   A,30H
```

(2) **ADDC**和**SUBB**指令分别实现带进位的加法运算和带借位的减法运算。这两条指令的操作数能够采用的寻址方式与ADD指令完全相同。所谓带进位和借位的加减运算,指的是不仅要将指令中的两个操作数相加减,还要将结果再与当前的C标志位相加减。

例如,执行如下指令时,如果C=1(是由程序中执行这条SUBB指令前面的指令后设置的),则实现的运算为A−R0−1,再将结果存回A,同时根据运算过程有无借位重新设置C为0或1。如果执行该指令时C=0,则实现的运算为A−R0。

```
SUBB   A,R0
```

(3) **MUL**和**DIV**指令实现乘法和除法运算,这两条指令的操作数只能是AB(注意A和B之间没有逗号和空格),分别实现A×B和A÷B的运算。16位乘积的高8位和低8位分别存入B和A,除法运算的商和余数分别存入A和B。

例如,如下程序段:

```
MOV   A, #20
MOV   B, #15
MUL   AB
DIV   AB
```

执行完 MUL 指令后的结果为 A＝2CH，B＝01H，将 B 和 A 中的结果分别作为高 8 位和低 8 位，合起来表示乘积为 012CH＝300。接下来执行 DIV 指令时，将 A 中的 2CH＝44 作为被除数，将 B 中的 01H＝1 作为除数，相除后得到结果为 A＝2CH，B＝0。

（4）**INC** 和 **DEC** 分别称为递增和递减指令。这两条指令都只有一个操作数，每执行一次，分别将指令中的操作数加 1 或者减 1。两条指令中的操作数可以采用寄存器寻址、寄存器间接寻址和直接寻址，也可以是 A 或者 DPTR，但两条指令的操作数都不能采用立即寻址，DEC 指令的操作数不能是 DPTR。

（5）在进行加法和减法运算时，结果可能有进位或借位，多余的进位或借位无法保存，分析时必须直接忽略。

（6）ADD、ADDC 和 SUBB 指令执行后要影响所有的 4 个状态标志位；INC A 和 DEC A 指令只影响 P 标志位，不影响 C、AC 和 OV 标志位；MUL 和 DIV 指令只影响 C 和 OV 标志。

对于乘法运算指令，执行后 C 标志位一定为 0。当乘积超过 255 时，暂存器 B 中乘积的高 8 位不为 0，此时溢出标志位 OV＝1；否则 OV＝0。对于除法运算指令，当 B 中的除数为 0 时，执行后 C 和 OV 标志被置位；否则 C 和 OV 都被复位。

（7）如果参加加法运算的操作数为 BCD 码，为了得到正确的 BCD 码结果，在执行 ADD 或 ADDC 指令之后，必须用 **DA** 指令对结果进行调整。

30H	66H
31H	14H
32H	70H
33H	55H
34H	36H
35H	70H

图 2-6 多位 BCD 码
　　　　的运算

DA 指令只需要一个操作数，并且必须为累加器 A。该指令实现的具体操作是：检测该条指令前面执行加法运算指令之后的 C 和 AC 标志位是否为 1，或者累加器 A 中运算结果的高 4 位和低 4 位是否大于 9（用十六进制表示就是高低 4 位是否为 A～F）。如果是，将结果再加上 60H 或者 06H，从而调整得到正确的结果。

例如，假设内部 RAM 中从地址为 30H 开始的单元中存放有两个 16 位 BCD 码，如图 2-6 所示，分别表示两个十进制数 1466 和 5570。要求将这两个 BCD 码数相加，结果存入 34H 和 35H 单元，则可编写如下程序段：

```
MOV   A,30H
ADD   A,32H
DA    A
MOV   34H,A
MOV   A,31H
ADDC  A,33H
DA    A
MOV   35H,A
```

上述程序中,第二条指令执行后的结果为 A=70H+66H=0D6H。由于高 4 位为 D,因此接下来执行 DA 指令时,将 A 中的结果再加 60H,调整得到 A=36H(注意忽略多余的进位),再存入 34H 单元,并且将 C 标志位置为 1。

由于中间的两条 MOV 指令不影响任何标志位,因此上述操作后得到的 C=1 将一直保存到执行 ADDC 指令。此时继续执行 ADDC 指令,得到 A=14H+55H+1=6AH。由于结果的低 4 位为 A,则继续执行第二条 DA 指令时,将结果加 06H 调整,得到 A=6AH+06H=70H,再存入 35H 单元。

将 34H 和 35H 中保存的结果 7036H 视为 BCD 码,正好表示原来两个 BCD 码代表的十进制数的和,即 1466+5570=7036。

3. 逻辑运算指令

51 单片机中的逻辑运算指令主要有 ANL、ORL、XRL、CPL 和 CLR,这些指令分别用于实现两个二进制数据的逻辑与、逻辑或、逻辑异或运算,将 A 中的二进制数据逐位取反或者清零。

三条基本的逻辑运算指令 **ANL**、**ORL** 和 **XRL** 都是双操作数指令,目的操作数可以是累加器 A 或采用直接寻址的内部 RAM 单元。当目的操作数为 A 时,源操作数可以采用立即寻址、寄存器寻址、寄存器间接寻址、直接寻址;当目的操作数采用直接寻址时,目的操作数只能是 A 或采用立即寻址。

CPL 和 **CLR** 指令只有一个操作数,并且必须是累加器 A,分别实现将 A 中的数据按位取反(逻辑非运算)和清零操作。

需要说明以下几点:

(1)用这些逻辑运算指令实现逻辑运算,操作数都是 8 字节数据。对 8 位二进制数据逐位进行运算,各位之间不存在类似进位和借位之类的关系。

(2)在 51 单片机测控系统中,根据各种逻辑运算的运算规则和真值表,利用这些指令可以实现很多特殊的操作。下面列举一些典型的用法。

- 利用 ANL 指令实现将一个数据中指定的一些位清零,称为屏蔽指定的位。例如,不管累加器 A 中原来的高低 4 位分别是什么二进制代码,如下指令执行后,A 中的高 4 位都一定变为 0 码,而低 4 位都保持不变,从而将原来 A 中的高 4 位实现屏蔽。

```
ANL    A,#0FH
```

- 利用 ORL 指令实现将一个数据中指定的一些位设置为 1,称为置位。例如,不管累加器 A 中原来的高低 4 位分别是什么二进制代码,如下指令执行后,A 中的低 4 位都一定全部变为 1 码,而高 4 位都保持不变。

```
ORL    A,#0FH
```

- 利用 XRL 指令实现将一个数据中指定的一些位取反。例如,不管累加器 A 中原来的各位是什么二进制代码,如下指令执行后,A 中的高 4 位都保持不变,而低 4 位中的每一位都将取反。

```
XRL    A,#0FH
```

需要注意的是,利用 XRL 指令实现的是将 8 位二进制操作数中的部分二进制位取反。如果要将所有 8 位取反,可以将其先传送到累加器 A,再用 CPL A 指令实现。

2.4.4　交换指令

在数据传送指令中,有几条指令是实现类似数据的移动和传送操作的,称为交换指令。在程序中,利用这些指令可以实现一些特殊的操作和运算。

SWAP 指令只有一个操作数,并且只能是累加器 A。该指令实现的功能是将累加器 A中 8 位二进制数据的高/低 4 位交换。

假设 A=23H,则如下指令执行后,A=32H。

```
SWAP   A
```

XCHD 指令实现的功能是将指令中两个操作数中的低 4 位交换。该指令只有一种写法,即

```
XCHD   A,@Ri
```

其中,目的操作数必须是累加器 A,源操作数是采用寄存器间接寻址的内部 RAM 单元。

假设 A=34H,R0=40H,内部 RAM 中地址为 40H 的单元中存放的数据为 5BH,则如下指令执行后,A=3BH,内部 RAM 中 40H 单元的数据变为 54H。

```
XCHD   A,@R0
```

XCH 指令的目的操作数只能是累加器 A,而源操作数可以采用寄存器寻址、直接寻址或寄存器间接寻址。指令实现的功能是将两个操作数交换,即将原来的源操作数传送到目的操作数,将原来的目的操作数传送到源操作数。

假设 A=34H,R0=40H,内部 RAM 中地址为 40H 的单元中存放的数据为 5BH,则执行指令后,A=5BH,内部 RAM 中 40H 单元的数据变为 34H。

```
XCH    A,@R0
```

由此可见,XCHD 和 XCH 指令执行后,源操作数和目的操作数都将发生改变,而指令系统中其他大多数指令执行后,都只影响目的操作数,源操作数保持不变。

下面举一个综合应用例子。例如有如下程序段:

```
MOV    A,#'1'
ANL    A,#0FH
SWAP   A
MOV    B,A
MOV    A,#'2'
ANL    A,#0FH
ORL    A,B
```

在上述程序段中,第一条指令将数字代码1的ASCII码31H存入A,之后用ANL指令将其高4位屏蔽得到01H,再将其高/低4位交换得到10H存入寄存器B。同理,接下来的两条指令将数字代码2的ASCII码32H屏蔽高4位后得到结果02H存入A。最后,利用ORL指令将A和B中两个数据进行逻辑或运算,得到结果A=12H。

如果将上述结果12H视为BCD码,则表示12,其中两位十进制数的ASCII码分别为31H和32H。由此可见,上述程序段实现的功能是将两位十进制数12的ASCII码转换为BCD码。

2.5 单片机应用系统开发工具简介

在本课程的学习和单片机应用系统的设计开发过程中,都要用到 Keil C51 软件和Proteus 软件。Keil C51 是德国 Keil Software 公司出品的 51 系列兼容单片机程序开发系统,提供了包括 C 编译器、宏汇编、连接器、库管理和一个功能强大的仿真调试器等在内的完整开发方案,通过一个集成开发环境(μVision)将这些部分组合在一起。

Proteus 是世界上著名的 EDA 工具(仿真软件),从原理图布图、代码调试到单片机与外围电路协同仿真,一键切换到 PCB 设计,真正实现了从概念到产品的完整设计,是迄今为止世界上唯一将电路仿真软件、PCB 设计软件和虚拟模型仿真软件三合一的设计平台。

2.5.1 Keil C51 软件的基本操作

在单片机系统的设计和开发过程中,Keil C51 主要用于实现单片机汇编语言和 C51 程序的编辑和调试,并生成 HEX 文件。这里以 Keil μVision 4 版本为例,介绍软件中的基本操作步骤。

1. 新建工程

首先在硬盘上合适位置新建一个空白文件夹,用于存放后面各案例的原理图和程序代码。之后,单击 Project 菜单下的 New μVision Project 菜单命令,在弹出的对话框中,找到刚创建的文件夹,输入工程文件名,再单击“保存”按钮。注意 Keil C51 中的工程文件名后缀为 .uvproj。

在接下来的对话框中,通过左侧的 Data base 列表框,选择单片机型号。在实际的应用系统开发过程中,尽量与系统中所选用的型号一致。单击 OK 按钮后将弹出对话框,提示是否将标准的 8051 启动代码复制到工程中,单击“否”按钮不复制添加启动文件。

之后回到主窗口,如图 2-7 所示。主窗口的左侧是文件夹及工程列表,右侧为程序编辑区。

2. 汇编语言程序的编写和调试

在 Keil C51 软件中,可以直接进行程序的编写、汇编和调试。如果程序中需要访问和操作单片机的硬件资源,就需要将目标程序下载到硬件系统中进行调试运行。这里先介绍在 Keil C51 软件中调试程序的基本方法。

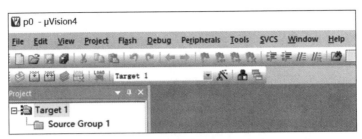

图 2-7　新建工程后的 Keil C51 主窗口

（1）新建汇编语言程序。

单击 File 菜单中的 New 命令或工具栏中的 New 按钮新建程序文件。此时，在窗口右侧的编辑区顶部将显示 Text1。这是默认的程序文件名，单击"保存"按钮将其重新命名，并将文件保存到指定文件夹。注意汇编语言程序的文件名后缀必须是 .asm。

（2）将源程序添加到工程中。

程序编写完毕并保存后，在窗口左侧的工程列表中，右击 Source Group1，在弹出的快捷菜单中选择 Add Files to Group...命令，在弹出的对话框中找到程序文件，将其添加到工程中。注意在对话框下面的"文件类型"框中选择 Asm Source File 选项，才能在文件列表中找到汇编语言程序文件。

（3）工程编译。

程序文件添加到工程中后，选择 Project 菜单下的 Build Target 命令，或者单击工具栏中的 Build 按钮编译工程。如果有错误，根据提示修改程序再重新编译，直到没有错误。

需要注意的是，在 Keil C51 窗口右侧的程序编辑区可以同时打开多个程序文件。但是如果没有添加到工程中，则不会被编译。

（4）进入调试模式。

单击 Debug 菜单下的 Start/Stop Debug Session 选项，或者单击工具栏上的同名按钮，进入程序调试模式。默认情况下，进入调试模式时，主窗口中将出现很多子窗口，如图 2-8 所示。

- Registers（寄存器）子窗口显示的是工作寄存器 R0～R7 和部分特殊功能寄存器，在这里可以观察程序运行过程中这些寄存器内容的变化。单击子窗口下面的 Project标签，可以返回观察工程文件。
- 右侧中间的子窗口显示源程序（例如图中的 p3.asm），右上角的子窗口显示反汇编（Disassembly）程序，其中可以观察到源程序中每条指令的机器码及其所存放的内存单元地址。
- 在右下角的 Call Stack 子窗口位置，通过单击下面的 Locals、Watch1、Memory 1 等标签，可以观察程序运行过程中相关存储单元、程序中的变量等。对汇编语言程序，常用的是 Memory 1 标签，单击该标签，在上方 Address 文本框中输入地址，即可显示从该地址开始存储单元中的数据。注意，对于内部 RAM、外部 RAM 和 ROM，地址前面应分别加上前缀"d:""x:"和"c:"，并且还要注意输入地址的进制。
- 左下角的 Command 子窗口用于显示调试过程的一些命令和提示信息。

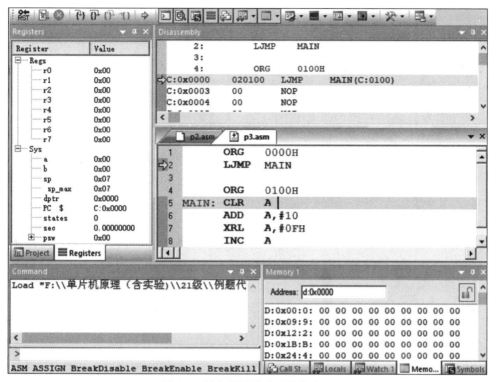

图 2-8　进入调试模式时的主窗口

通过 Debug 菜单中的菜单命令、窗口左上角的运行控制工具栏按钮或者快捷键,可以实现程序的全速运行(Run)、单步运行、运行到光标处(Run to Cursor Line),也可以设断点运行。

3. HEX 文件的生成

要将 Keil C51 软件中编译成功的目标程序下载到硬件电路系统的单片机芯片中,必须将程序通过编译生成 **HEX** 文件。为了生成 HEX 文件,只需要在编译工程时做一些设置即可。具体步骤如下:

- 在工程列表中选中 Target1,之后在 Project 菜单中,选择 Options for Target…命令。
- 在弹出的工程配置对话框中,如图 2-9 所示,单击 Output 标签,勾选 Create HEX File 选项。

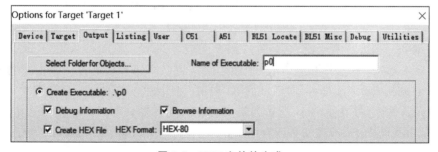

图 2-9　HEX 文件的生成

做好上述设置后，重新编译工程，即可在工程文件夹中找到所生成的 HEX 文件，文件的后缀为.hex，文件名为工程文件名，注意不是源程序文件名。

2.5.2　Proteus 软件的基本操作

利用 Proteus 可以实现单片机应用系统硬件设计和原理图绘制，并将 Keil 软件中生成的 HEX 文件加载到原理图的单片机芯片中，从而实现硬件设计以及硬/软件联合仿真调试。

有关 Proteus 软件中绘制原理图的基本方法，可以参考相关资料。这里以 Proteus 8.15 SP1 为例，介绍为实现单片机系统硬/软件联合调试所需的基本操作步骤。

1. 工程的创建

启动 Proteus 后，单击工具栏上的 New 按钮，进入新建工程向导（New Project Wizard：Start）。在向导的第一个对话框中，为工程适当命名（后缀为.pdsprj）并设置工程存放路径（Path）。一般将路径设置为与前面 Keil C51 工程位于同一个文件夹。

在新建工程向导后面的各对话框中，依次分别选择创建原理图（Create a Schematic）、不创建 PCB 图（PCD Layout）、不创建固件工程（No Firmware Project）。注意在第二个对话框中选择创建原理图后，需要进一步选择绘制原理图的模板（Template），在下面的列表中任意选择一个即可。

通过上述向导，新建了一个工程，并自动创建了一个空白的原理图。此时的 Proteus 窗口如图 2-10 所示，其中最右侧是原理图编辑区，单击左侧的 P 或者 L 按钮，可以选择原理图中需要调入的元器件。窗口最左侧是工具箱工具栏。

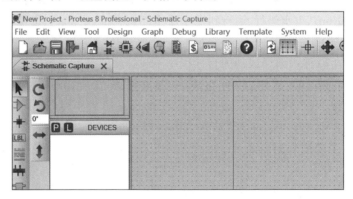

图 2-10　Proteus 窗口

2. 元器件的调入

这里为介绍基本的操作步骤，向原理图中只放置一个单片机芯片。单击 P 按钮，在弹出的 Pick Devices（拾取元器件）对话框的 Keyword 框中输入需要的元器件型号，则系统会自动检索元器件库，并在 Result 框中列出所有相关的元器件和芯片。单击选中期望的芯片，再单击对话框中的 OK 按钮关闭对话框，回到主窗口中，在原理图编辑区单击，即可将选中的芯片添加到原理图中。

需要注意以下两点：

(1) 在检索元器件时，对话框中可能会列出很多检索结果。一定要仔细看其中每个芯片的功能说明，找到正确的芯片。例如，输入 8031，检索结果如图 2-11 所示，在 5 个检索结果中，后面两个不是 8051 系列微控制器。

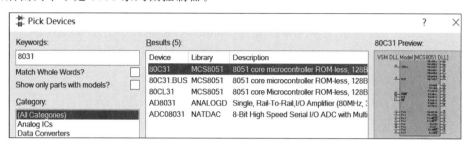

图 2-11 "拾取元器件"对话框

(2) 有些元器件没有仿真模型，在对话框的左上角将显示提示信息 No Simulator Model(无仿真模型)，如图 2-12 所示。这些元器件在后面的仿真运行过程中，不会实现其功能，也就无法实现整个电路的仿真。此时，可以通过查阅元器件手册，用另一个实现同样(或类似)功能的元器件替代。

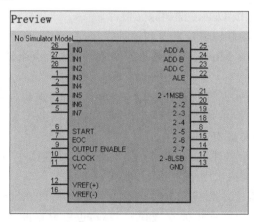

图 2-12 没有仿真模型的元器件

为便于使用，这里列出在绘制原理图时 Proteus 中的常用元器件库，如表 2-1 所示。

表 2-1 Proteus 常用元器件库

元件库分类	元器件名称	元件库分类	元器件名称
Analog ICs	三端稳压电源、时基电路、基准电源、运算放大器、V/F 转换器、比较器	Connectors	接插件
		Data Converters	A/D、D/A 转换器、温度传感器
Capacitors	电容	Diodes	二极管、稳压管
CMOS 4000 series	CMOS 4000 系列门电路	Electromechanical	电机

元件库分类	元器件名称	元件库分类	元器件名称
Inductors	电感线圈、变压器	Simulator Primitives	交流电源、直流电源、信号源、逻辑门电路
Memory ICs	存储器件		
Microprocessor ICs	微处理器	Speakers & Sounds	扬声器、蜂鸣器
Miscellaneous	天线、电池、晶振、熔断器、交通信号灯	Switches & Relays	开关、按钮、继电器
		Switching Devices	开关器件
Operational Amplifiers	运算放大器	Thermionic Valves	压力变送器、热电偶
		Transistors	三极管
Optoelectronics	数码管、液晶显示器、发光二极管	TTL 74 series	74 系列门电路
		TTL 74ALS series	74ALS 系列门电路
Resistors	电阻		

3. 原理图的绘制

原理图的绘制包括调入和连接元器件、设置元器件参数、添加信号线标签等。

（1）元器件的放置、调整与编辑。

单击元件列表中所需要放置的元器件，然后将鼠标移至原理图编辑窗口中单击一下，再移动鼠标到合适的位置单击，此时该元器件就被放置在原理图窗口。若要删除已放置的元器件，单击该元器件，然后按 Delete 键删除元器件。

电路原理图中，除元器件还需要电源和地等终端（Terminal）。为此，单击窗口左侧工具栏中的快捷按钮 Terminals Mode，在出现的各种终端列表中点击选择需要的元器件终端放置到电路原理图中。

双击需要设置参数的元器件，将出现 Edit Component（编辑元器件）窗口，在该窗口中可以设置元器件的参数。以单片机 AT89C52 芯片为例，双击该芯片后将出现如图 2-13 所示窗口，其中可以设置的参数有：

- Part Reference：元器件引用代号、元器件编号。原理图中各元器件的编号默认根据调入原理图的顺序依次编号为 U1、U2、…。
- Part Value：元器件参数或元器件名称。每个元器件在元器件库中都有唯一的名称，根据该名称可以在库中搜索查找元器件，也可以据此查阅相关芯片或元器件的手册资料。
- PCB Package：芯片的封装形式。
- Program File：需要加载的程序文件。
- Clock Frequency：单片机的晶振频率，默认为 12 MHz。

在上述各参数中，有些行右侧有 Hidden（隐藏）选项，勾选后，可以隐藏对应的参数而不显示在原理图中。此外，如果单击选中对话框右下角的 Edit all properties as text（以文本方式编辑所有属性），将在对框图中部位置出现 All Properties（所有属性）文本框，其中将列出元器件的所有属性，每一行设置一项属性参数，如图 2-14 所示。

（2）电路元器件的连接。

为了将原理图中的两个元器件引脚连接起来以构成完整电路，可以先单击其中的一个

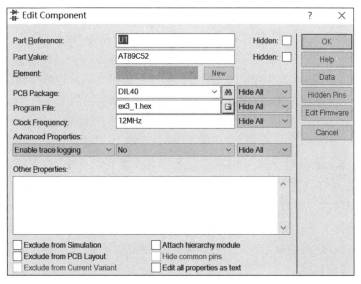

图 2-13　AT89C52 芯片的 Edit Component 窗口

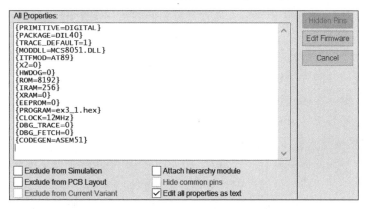

图 2-14　以文本方式编辑所有属性

引脚,再移动鼠标,此时会在该引脚上引出一根导线。

　　如果想要自动绘出直线路径,只需点击另一个连接点;如果希望自行决定走线路径,只需在希望的拐点处单击;如果需要连接的导线不是水平线或竖线而是任意角度的斜线,可以在窗口上部工具栏中找到并单击 Wire Autorouter(自动布线器)按钮。

　　需要注意的是,在原理图中两条交叉的连线不一定是连接导通的。如果确实需要将两根连线接通,可以单击这两根线的交叉点,此时在该位置将出现一个小黑点。

　　(3)绘制总线与总线分支。

　　在单片机系统原理图中,有地址总线、数据总线和控制总线等,这样的总线一般用一根粗线表示,代表其中含有若干根导线,如图 2-15 所示。

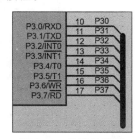

图 2-15　总线的绘制

为了在 Proteus 中绘制出这样的总线，需要单击窗口左侧工具栏中的 Buses Mode（总线模式）按钮，再利用与上述绘制普通信号连接线类似的方法，通过"单击-移动-双击"的步骤即可在原理图中绘制出总线。

总线绘制完以后，有时需要将相关元器件的各引脚通过普通的连线接到总线上，这些线称为总线分支。为了使电路图显得专业和美观，各总线分支通常绘制为与总线呈 45°角并且相互平行的斜线。注意，此时一定要把自动布线器快捷按钮松开，总线分支的走向只取决于鼠标指针的拖动。

假设需要将某元器件的某根引脚通过总线分支连接到总线上，首先要在合适的位置绘制好总线，之后在元器件的引脚上单击并拖动鼠标到总线上再单击即可。

一般来说，要将多个引脚连接到总线上，如果所需的多条总线分支走向一致并且是相互平行的，可以在绘制好一条总线分支后，在其他总线分支的起始点位置双击，即可快捷地绘制好所有的总线分支。在绘制多条平行线时也可采用这种快捷方法，以便提高电路图绘制的效率。

（4）放置信号线标签。

在图 2-15 中，每根总线分支上都有标注 P30、P31 等，这些标注称为信号线标签（Wire Label）。在电路图中，如果有多根信号连线具有相同的信号线标签，意味着这些连线是相互连接导通的。在绘制比较复杂的电路时，为了使原理图简洁清晰，一般都采用这种方法，而不是在原理图中绘制出连线。

放置信号线标签的方法如下：右击选中信号线，在弹出的快捷菜单中选择 Place Wire Label（放置信号线标签）菜单命令，再在弹出的对话框中输入信号线标签即可。如果需要修改已经添加的信号线标签，可以在快捷菜单中选择 Edit Wire Label（编辑导线标签）菜单命令，在弹出的对话框输入信号线的标签。

如果多根信号线的标签具有一定规律，例如图 2-15 中各总线分支的信号线标签，可以用快捷方法快速添加这些信号线标签。具体操作步骤如下：

- 按键盘上的 a 键（注意大小写和输入法的中英文切换），弹出如图 2-16 所示 Property Assignment Tool（属性分配工具）对话框。

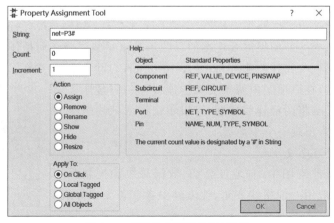

图 2-16　"属性分配工具"对话框

- 在 String 文本框中,以"net＝ ∗∗∗ ♯"的格式设置信号线标签,其中" ∗∗∗ "可任意取为一个有意义的字符串,例如图中的 P3;"♯"代表可变的整数,在 Count 和 Increment 文本框中可以设置这些整数的起始值和递增量。
- 确保单击选中 Assign 和 On Click 两个选项。

上述设置的含义是:当在原理图中依次单击各信号线时,信号线标签将依次命名为 P30、P31、…。当所有以 P3 开头的标签添加完毕后,再按一次 a 键,弹出同样的对话框,单击其中的 Cancel 按钮,关闭对话框,并结束这一组标签的设置。

4. 程序的加载和调试

原理图绘制好后,需要加载程序文件即可启动运行。为此,双击原理图中的单片机,在弹出的属性编辑对话框中,单击 Program File 框右侧的按钮,在打开的对话框中找到 Keil C51 软件中生成的 HEX 文件,即可完成程序加载。

加载程序后,在 Proteus 窗口中选择 Debug 菜单下的 Start VSM Debugging 命令,可以进入调试模式。通过单击窗口左下角的工具按钮或者选择 Debug 菜单中的菜单命令可以启动/步进/暂停/停止运行。选择 Stop VSM Debugging 命令,将退出调试模式。

进入调试模式后,可以通过 Debug 菜单下面的 8051 CPU 子菜单打开相应的窗口,如图 2-17 所示,以便显示和观察单片机内部寄存器和片内 RAM 中各单元的内容。

图 2-17(a)为单片机内部的寄存器,这些寄存器包括 8 个工作寄存器、PC 和部分特殊功能寄存器等,都用相应的寄存器名列出,所以在调试程序时主要用到该窗口。

图 2-17(b)和(c)列出了单片机所有的内部 RAM 单元,分别是特殊功能寄存器和内部 128 个普通的 RAM 单元。这些内部 RAM 单元以地址表的形式显示在这两个窗口中。

(a) 寄存器   (b) 内部RAM的特殊功能寄存器单元

(c) 内部普通的RAM单元

图 2-17 内部寄存器和 RAM 单元观察窗口

需要注意的是,在全速运行时,不会显示这些观察窗口,必须暂停程序运行或者通过菜单、快捷键 F10、F11 等单步运行,才会在每步运行后暂停显示相关内容的变化。

此外,如果在原理图中添加了示波器、逻辑分析仪等虚拟仪器,还将在 Debug 菜单中显示相应的仪器名称,单击这些仪器名称菜单选项,即可打开这些虚拟仪器窗口。

动手实践：原理图绘制及程序调试

通过如下案例进一步熟悉 Keil C51 软件中汇编语言程序的编写和调试方法，以及 Proteus 中原理图的绘制及单片机系统仿真的基本操作步骤。要求：

（1）绘制一个 51 单片机最小系统电路原理图；

（2）将 2 个 BCD 码数据分别存入内部 RAM 中 30H 和 31H 单元，求这两个数据的累加和，结果仍然以 BCD 码格式存放到 32H 单元，不考虑进位。

1. 原理图的绘制

本案例绘制的 51 单片机最小系统电路原理图如图 2-18 所示，其中主要包括复位电路、晶振电路，以及各引脚名称的定义。首先在 Proteus 中新建工程，并将工程文件命名为 MinumSys. pdsprj。

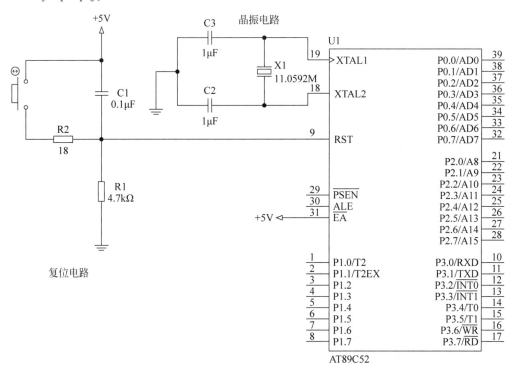

图 2-18   51 单片机最小系统电路原理图

（1）元器件的选择。

原理图中主要有单片机 AT89C52、3 个电容（Capacitor）、2 个电阻（Resistance）、1 个按钮（Button），以及电源（Power）和地（Ground）。

在"拾取元器件"对话框中，输入上述元器件的名称，将所需的元器件调入工程。此时所有选中调入的元器件将出现主窗口的元器件列表框中。

（2）原理图绘制。

绘制原理图主要在 Proteus 窗口右侧的原理图编辑区进行。默认情况下，该编辑区显示有网格线（Grid），通过选择 View/Toggle Grid 菜单命令可以隐藏或显示网格线，也可以选择网格线为实线或虚线。此外，将鼠标放在原理图中合适位置，通过鼠标滚动可以对原理图进行缩放。

原理图编辑区主要的操作有元器件的调入和放置、元器件参数设置、元器件的连接等。这里介绍几点操作过程中的注意事项。

- 在元器件列表中单击选中需要调入的元器件，之后在编辑区单击即可将元器件调入。一般来说，相同的元器件只需要在列表框中单击选择一次，而后在编辑区多次单击，可以调入多个。

- 在编辑区中某个元器件上单击，可以选中该元器件。但是对于按钮、开关等活动器件，单击这些器件代表对这些器件在运行过程中的操作（例如按钮的按下和释放、开关触点的切换等），因此不能通过单击选中这些元器件。此时可以在这些元器件上右击，再按 Esc 键。其中右击表示选中该元器件并弹出其快捷菜单，按 Esc 键将关闭快捷菜单，但该元器件还保持选中状态。

- 在元器件连线时，有一些快捷操作。例如，形状相同的连线（如多根并行的直线或折线）只需要连接一次。之后，在其他连线所需的起点位置双击即可自动绘制。

- 在同一个原理图中，传输不同信号的信号线，其标签不能重复。为了便于后续章节原理图绘制方便，这里将 AT89C52 芯片上的 P0.0～P0.7、P1.0～P1.7、P2.0～P2.7、P3.0～P3.7 共 32 个引脚连线分别定义了信号线标签 P00～P07、P10～P17、P20～P27 和 P30～P37。

需要说明的是，为了突出重点，本书后面的各案例中都不再重复给出上述最小系统部分电路，主要给出与具体功能实现相关的电路连接，这些电路与单片机引脚之间的连接在各案例中都用上述信号线标签表示。

2. 汇编语言程序编写及调试

启动 Keil C51 软件，新建工程（参见文件 MinumSys. uvproj）并将其放到与上述原理图工程相同的文件夹中。之后，根据案例要求编制汇编语言程序（参见文件 p2_1. asm），如图 2-19 所示。

```
🗋 p2_1.asm
01            ORG     0000H
02            AJMP    MAIN
03            ORG     0100H
04    MAIN:   MOV     30H,#24H    ; 存入BCD码数据
05            MOV     31H,#58H
06            MOV     A,30H
07            ADD     A,31H       ; 加法运算
08            DA      A           ; BCD码调整
09            MOV     32H,A       ; 保存结果
10            END
```

图 2-19 汇编语言程序 p2_1. asm

将程序添加到工程，并编译生成 HEX 文件。之后，在 Proteus 原理图中双击 AT89C52 芯片，加载该程序文件到单片机中。启动运行，通过 Internal Memory 观察窗口可以观察到程序运行结果如图 2-20 所示。

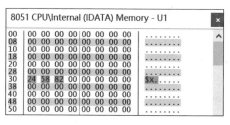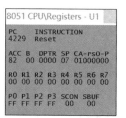

图 2-20　程序 p2_1.asm 运行结果

2.5.3　本书案例使用方法说明

在本书后面的动手实践中，每个案例都包括原理图工程和汇编语言程序文件。其中，原理图工程文件名以.pdsprj 为后缀，可以用 Proteus 直接打开（本书各案例使用的是 8.15 SP1 版本）。

对于汇编语言程序，新建工程后，将各案例对应的汇编语言程序文件添加到工程中，再编译生成 HEX 文件。记住生成的 HEX 文件名（默认为 Keil 中的工程名），之后，在原理图中加载 HEX 文件，按照各案例说明启动运行，并观察运行结果。

如果需要修改程序，每次修改都必须重新编译程序。如果工程名没有修改，在原理图中重新启动运行时，会自动重新加载。注意一定要停止原来的运行后再重新启动，否则加载运行的还是修改之前的程序。

本章小结

本章介绍了汇编语言程序相关的基本概念，以及 51 单片机指令系统中的部分基本指令，也对本课程学习必备的两款开发软件做了简要介绍。

1. 基本概念

（1）为了得到正确的汇编和执行，51 单片机的汇编语言程序具有标准的结构和格式。

（2）单片机复位后，将从 ROM 的第一个单元开始执行程序。一般在从该单元开始的 2 或 3 个单元中存放一条无条件转移指令，跳转到真正的主程序。主程序可以根据需要从 ROM 后面的某个单元开始存放。

（3）程序的执行过程体现为连续不断地执行程序中的各条语句和指令，而每条指令的执行过程又包括取指令和执行指令两个基本步骤。所有指令的操作都以时钟脉冲作为统一的时间刻度。各条指令实现的功能和操作不同，执行完毕规定的操作所需的时间也各不相同。在 51 单片机中，指令执行所需的时间称为指令周期，一般包括若干机器周期。所需的机器周期数越少，说明指令执行的速度越快。

（4）在编写汇编语言程序时，程序中大量遇到各种常数。常数可以采用各种进制书写，因此必须添加合适的后缀。对于十六进制形式，还必须注意在前面添加 0，以便与变量名称和标号相区别。

（5）对于有符号数，在单片机中默认都用补码表示和参与运算。运算过程中有一个特殊的问题，称为溢出，注意与进位的区别和联系。

（6）在程序中，各种信息还广泛采用字符的 ASCII 码和十进制数字代码的 BCD 码表示。ASCII 码一般不参与运算，但是在对 BCD 码进行运算时，必须注意对结果做调整，否则将不能得到正确的 BCD 码结果。

2. 常用的伪指令

在程序中，可以用各种伪指令对汇编过程进行控制，或者为汇编过程提供一些必要的指示信息。

（1）用 ORG 伪指令可以指定程序或程序中的一部分代码从 ROM 的某个单元开始存放；

（2）任何一个汇编语言程序的最后一定是一条 END 伪指令；

（3）在程序的一开始，一般将一些特定的常数或存储单元用 EQU、DATA、XDATA、BIT 等伪指令定义为符号常量或符号地址。

3. 单片机的指令系统

本章结合程序的框架结构，首先介绍了 51 单片机指令系统中所有的几类指令，主要包括无条件转移指令、MOV 指令、算术和逻辑运算指令、交换指令。通过这些基本指令的学习，熟悉指令相关的基本概念和程序的书写格式，能够编制简单的汇编语言程序。

4. 单片机应用系统开发工具

本书后面各章列举的大量案例，都将在 Keil C51 和 Proteus 软件中进行仿真调试运行。因此希望读者在个人电脑上安装好这两个软件，并熟悉软件的基本操作和汇编语言程序调试仿真的基本方法。

思考练习

2-1　填空题

（1）十进制数 56 转换为 8 位二进制数等于_____。

（2）9DH 对应的二进制数为_____。

（3）11001010B＝_____H＝_____。

（4）将 11001010B 视为 8 位补码，表示的数为_____。

（5）有符号数＋100 和－100 的 8 位补码分别为_____H 和_____H。

（6）十进制数 0～9 的 ASCII 码范围为_____H。

（7）将大写英文字母的 ASCII 码加上_____H 即可得到对应小写字母的 ASCII 码。

（8）BCD 码 1234H 表示的十进制数为_____。

（9）LJMP 指令跳转的距离最大可达_____，AJMP 指令跳转的距离最大可达_____。

（10）已知 SJMP 指令存放在 ROM 中地址为 1020H 开始的单元，其中 1021H 单元中存放的数据为 0F0H，则执行完指令 SJMP 指令后，接下来将跳转到_____单元继续执行程序。

（11）指令 ADD A，@R0 中，源操作数的寻址方式为_____。

（12）指令 MOV DPTR，♯1200H 中，源操作数的寻址方式为_____。

（13）指令 MOV P1，♯0FH 中，目的操作数的寻址方式为_____。

（14）设 A=0AFH，内部 RAM 的 20H 单元存放的数据为 40，C=1，则执行指令 ADDC A，20H 后，A=_____。

（15）设 A=15，内部 RAM 的 20H 单元存放的数据为 0FH，C=0，则执行指令 SUBB A，20H 后，A =_____。

（16）当 C=_____时，ADD 和 ADDC 指令的功能完全相同。

（17）要将累加器 A 中的最高位复位，其他位保持不变，可以选用的指令是_____。

（18）要将累加器中的高 4 位屏蔽，可选用的指令是_____。

（19）在 Proteus 和 Keil C51 中创建的工程文件名后缀分别为_____和_____，汇编语言程序文件名的后缀为_____。

（20）在 Keil C51 中，汇编后生成的可加载执行的代码文件名后缀为_____。

2-2 选择题

（1）在一条汇编语言指令中，必须都有的项是（   ）。

　　A. 标号　　　　　　　B. 操作码　　　　　　C. 两个操作数　　　　D. 注释

（2）十进制数 36 的 BCD 码为（   ）。

　　A. 36H　　　　　　　B. 36　　　　　　　　C. 24H　　　　　　　D. 00100100B

（3）下面有关进位和溢出的概念，说法错误的是（   ）。

　　A. 运算有溢出时，结果一定是错误的。

　　B. 溢出也就是进位。

　　C. 两个异号数相加，结果肯定不会溢出。

　　D. 为了避免溢出，应根据数据的范围确定合适的运算位数。

（4）假设某程序中的 SJMP 指令汇编后的机器码为 80H，20H，并从 0110H 单元开始存放，则执行该指令后，将跳转到地址为（   ）的 ROM 单元。

　　A. 0110H　　　　　　B. 0112H　　　　　　C. 0180H　　　　　　D. 0132H

（5）下列可以作为寄存器间接寻址中的间址寄存器的是（   ）。

　　A. R1　　　　　　　　B. R7　　　　　　　　C. A　　　　　　　　D. B

（6）指令 MOV A，20H 中的源操作数 20H 指的是（   ）。

　　A. 立即数　　　　　　　　　　　　　B. 内部 RAM 的单元地址

　　C. 外部 RAM 的单元地址　　　　　　D. 内部 RAM 中位单元的位地址

（7）已知 A=0AFH，(20H)=81H，C=1，指令 ADDC A，20H 的执行结果为（   ）。

    A. 81H   B. 0AFH   C. 30H   D. 31H

（8）要将特殊功能寄存器 P1 中的高 4 位保持不变，低 4 位取反，可以选用的指令为（   ）。

    A. ANL P1，＃0F0H   B. ORL P1，＃0FH

    C. XRL P1，＃0FH   D. MOV P1，＃0FH

2-3   如下汇编语言程序段：

```
MOV   A,#76H
ADD   A,#98H
DA    A
```

（1）分析执行完第 2 条指令后，A 中的结果和 PSW 中各标志位的值。

（2）分析执行完第 3 条指令后，A＝?

2-4   已知内部 RAM 的分配图如图 2-21 所示，有如下程序段：

```
MOV   R0,#50H          ; ①
MOV   A,@R0            ; ②
SUBB  A,52H            ; ③
MOV   54H,A
INC   R0              ; ④
MOV   A,@R0
SUBB  A,53H
CPL   A
ORL   A,#30H
MOV   55H,A
```

地址	内部RAM单元
50H	00H
51H	01H
52H	02H
53H	03H
54H	
55H	

图 2-21 内部 RAM 分配图

（1）分析说明指令①～④的寻址方式。

（2）假设执行前 PSW＝80H，分析上述程序段执行后的结果，填在图 2-21 中。

2-5   有如下程序段：

```
BUF    DATA    30H
       ......
MAIN:  MOV     A,#'a'
       MOV     BUF,A
       MOV     R0,#BUF
       MOV     R1,BUF
       XRL     01H,#0FH
```

分析上述各条可执行指令的执行结果。

2-6   已知 51 单片机的时钟频率为 6 MHz，求时钟脉冲的周期、机器周期及执行如下指令所需的时间：

（1）MOV   30H，R0；（2）SWAP A；（3）DIV   AB；（4）ORL   30H，＃30H。

2-7   简述 Keil C51 和 Proteus 在单片机系统开发中的作用。

2-8   如下程序实现的功能是：

（1）将两位十进制数的 BCD 码存入内部 RAM 中 60H 单元；

（2）用逻辑运算等指令将 BCD 码转换为两个十进制数的 ASCII 码，存入 61H 和 62H 单元。将程序补充完整（每处横线位置只能填一条指令）。

```
        ORG    0000H
_____
        ORG    0100H
MAIN:   MOV    60H,#56H
        MOV    A,60H
_____
_____    ; 求十位数 ASCII 码
        MOV    61H,A               ; 存结果
        MOV    A,60H
_____
_____    ; 求个位数 ASCII 码
        MOV    62H,A
        END
```

综合设计

2-1　编制完整的汇编语言程序同时实现如下两个功能：

（1）将两个 16 位二进制数 1234H、5678H 分别存入内部 RAM 中 30H 和 40H 开始的单元（低字节在前，高字节在后）；

（2）求这两个数的和，结果存入 50H 开始的单元。（不考虑最高位 D15 位的进位）

2-2　编制完整的汇编语言程序实现如下功能：在内部 RAM 的 60H 单元中存放有一个无符号数据，求该数据对应的十进制数，将其百位、十位和个位上的十进制数字字符的 ASCII 码依次存入从 61H 开始的单元。例如，假设 60H 单元中存放的数据为 7BH，表示的十进制数大小为 123，执行程序后，将从 61H 单元开始依次存放 1、2、3 的 ASCII 码，即 31H、32H 和 33H。

第 3 章

51 单片机的并口与外部中断

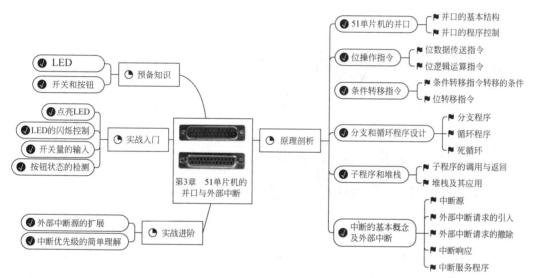

并行 I/O 接口（Parallel Input/Output Interface）简称并口（PIO），是所有单片机中集成的一项重要内部资源。不同型号的单片机，集成的并口数量有区别，功能上也各有不同，但最基本的功能都是实现多位二进制数据的并行传输。大多数并口也能根据需要只利用一根线单独传输一位二进制代码（这样的代码通常称为开关量），从而实现对外部各种开关设备的状态检测和控制。

在与这些外部设备之间进行数据传送过程中，广泛采用中断技术。中断（Interrupt）是现代各种微机系统中广泛采用的一项基本技术。对 51 单片机来说，通过特定的并口引脚可以将外部设备的状态信息作为中断事件引入 51 单片机，这些中断称为外部中断。本章也将结合并口引入的外部中断，介绍 51 单片机中断系统的一些基本概念。

3.1 磨刀霍霍——预备知识

发光二极管（Light-Emitting Diode，LED）是一种将电能转化为光能的半导体电子元件。这种电子元件早在 1962 年出现，早期只能发出低亮度的红光，之后发展出其他单色光的版本,时至今日能发出的光已遍及可见光、红外线及紫外线,亮度也有极大提高。LED早期只是作为指示灯、显示板等,随着技术的不断进步,目前已被广泛地应用于显示器、电视机、采光装饰和照明。

　　LED是典型的开关量输出设备(Output Device),只能接收从单片机并口输出的数据,实现其亮/灭状态的控制。实际系统中,还有像开关(Switch)和按钮(Button)之类的输入设备(Input Device),这些外部设备的作用是产生数据或者控制信号送入单片机,对单片机的工作进行控制。

3.1.1　LED

　　图3-1给出了LED的外观及其在Proteus中的电路符号。其中,在一个LED-BARGRAPH-RED器件中同时集成了10个LED,引脚1～10为阳极,引脚11～19为阴极。

图 3-1

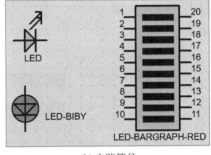

(a) 外观　　　　　　　　　　　　　(b) 电路符号

图 3-1　LED 外观及电路符号

　　图3-2为LED的简单控制电路示例。对共阳极接法来说,当通过外部电路使IO端为低电平时,LED上有正向压降。当IO端的低电平足够小,或者限流电阻R2足够小时,流过的正向电流足够大,则LED点亮。

图 3-2

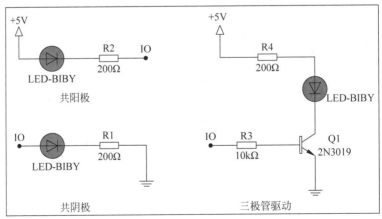

图 3-2　LED 的简单控制电路

同理,对共阴极接法来说,当通过外部电路使 IO 端为高电平时,LED 上有正向压降。当 IO 端的高电平足够大,或者限流电阻 R2 足够小时,流过的正向电流足够大,则 LED 点亮。

LED 的一般工作电压为 1.8~2.2 V,工作电流为 1~20 mA。流过的电流越大,亮度越高。但是,如果流过的电流太大,LED 可能被烧毁。因此实际电路中都必须加限流电阻 R1 和 R2。

即便有正向电流流过,如果电流太小,亮度也不能满足用户要求。为此,可以利用三极管等实现电流的放大。图 3-2 中,外部控制信号通过 IO 端送入三极管的基极。当控制信号为高电平使三极管导通时,集电极有比较大的电流流过,从而控制 LED 点亮。

3.1.2 开关和按钮

开关和按钮的典型外观如图 3-3 所示。这两种外设都属于开关量输入设备,利用这些设备可以对单片机系统的运行过程进行控制,或者在运行过程中向单片机实时输入一些简单的命令等。

图 3-3

(a) 开关   (b) 按钮

图 3-3 开关和按钮的典型外观

开关和按钮都需要相应的电路将触点的通断状态转换为高/低电平,才能送入单片机。典型的连接电路如图 3-4 所示,图中 S 代表开关,B 代表按钮。在图 3-4(a)中,当开关或按钮按下时,IO 端为低电平;开关断开或按钮释放时,IO 端为高电平,R3 和 R5 称为上拉电阻。图 3-4(b)所示电路正好相反,R4 和 R6 称为下拉电阻。

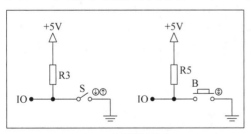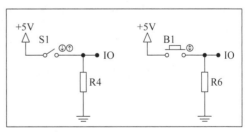

(a) 共阴极接法   (b) 共阳极接法

图 3-4 开关和按钮电路

开关和按钮的功能和具体应用存在一定的区别。在系统运行过程中,用户通过手指按下开关或按钮,开关或按钮的触点闭合。当松开手指后,开关的触点将一直保持闭合状态。

如果需要断开，需要重新扳动开关。但是对按钮来说，松开后，按钮触点又自动回到原来的通断状态。

在上述电路中，不管是开关还是按钮都有一个共同的问题，即按键抖动。以共阴接法的按钮电路为例，在按钮按下和释放的过程中，IO 端电平的变化波形如图 3-5(a)所示。

正常情况下，按钮每按下一次，IO 端输出一个低电平脉冲。由于按键抖动，在按下和释放的过程中，IO 端可能输出多个低电平脉冲，称为抖动。

实际系统中必须采取措施消除抖动的影响，常用的有程序消抖法和硬件电路消抖法。图 3-5(b)给出了一个简单的硬件消抖电路，其中利用 RS 触发器的工作原理实现硬件消抖。

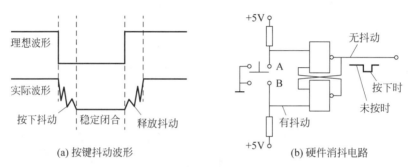

(a) 按键抖动波形　　　　　　(b) 硬件消抖电路

图 3-5　按键抖动波形和硬件消抖电路

微课视频

3.2　小试牛刀——实战入门

本节先通过几个案例了解 LED、开关和按钮的基本工作原理、电路连接及 51 单片机对其进行控制的基本方法。

动手实践 3-1：点亮 LED

本案例的控制电路原理图如图 3-6 所示（参见文件 **ex3_1. pdsprj**）。图中 RN1 为电阻排，其中集成了 9 个电阻，分别用作各 LED 的限流电阻。各 LED 采用共阳极接法，其阳极分别通过各自的限流电阻接 +5V 电源，而阴极分别与单片机的 P1.0～P1.7 引脚相连接，当某个引脚输出低电平时，对应的 LED 点亮。

（1）要使 8 个 LED 全部点亮，可以编写如下完整的汇编语言程序（参见文件 **p3_1_1. asm**）：

```
; 点亮 8 个 LED 灯
LED  EQU  P1          ; 将控制 LED 的 P1 口定义为符号常量 LED
     ORG  0000H
     AJMP MAIN
     ORG  0100H
MAIN:MOV  LED, #00H ; 点亮 8 个 LED
     END
```

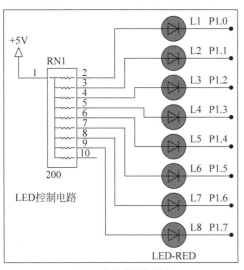
(a) LED全部熄灭的状态

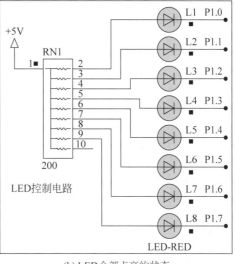
(b) LED全部点亮的状态

图 3-6　51 单片机控制 LED 的亮/灭的电路

图 3-6

在程序中,首先用伪指令 EQU 将控制 LED 的 P1 并口定义为符号常量 LED。在主程序中,将符号常量 LED 作为 MOV 指令的目的操作数,即代表 P1 口。执行 MOV 指令后,将立即数 00H 传送到 P1 口对应的内部 RAM 单元,从而控制由 51 单片机 P1 并口对应的 8 个引脚输出低电平,点亮 LED。

(2) 如果希望只点亮一个 LED(如图 3-7 所示),可以将上述主程序中的 MOV 指令替换为如下指令(参见文件 p3_1_2. asm):

```
MAIN:  MOV  LED,#11110111B
```

或者

```
MAIN:  CLR  L4
```

其中 L4 为在程序一开始用如下伪指令定义的位变量:

```
L4  BIT  P1.3
```

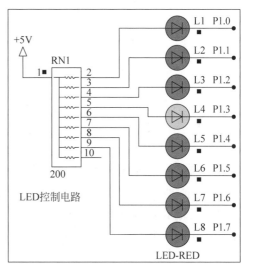

图 3-7　只点亮 L4 的运行效果

微课视频

图 3-7

动手实践 3-2：LED 的闪烁控制

通过程序可以控制 LED 以一定的时间间隔闪烁。假设要求图 3-6 中的 L4 灯以 1 s 左右的时间间隔闪烁,可以编写如下汇编语言程序(参见文件 **p3_2. asm**):

```
; LED 的闪烁控制(用子程序实现延时)
L4      BIT     P1.3            ; 将控制 L4 的 P1.3 引脚定义为位变量 L4
        ORG     0000H
        AJMP    MAIN
;==============================================================
; 主程序
;==============================================================
        ORG     0100H
MAIN:   MOV     SP,#60H         ;设置堆栈指针
        CLR     L4
        ACALL   DELAY           ; 调用延时子程序
        SETB    L4
        ACALL   DELAY           ; 调用延时子程序
        SJMP    MAIN
;==============================================================
; 延时子程序
;==============================================================
DELAY:MOV       R5,#13
LP3:    MOV     R7,#200         ; 1 个机器周期
LP4:    MOV     R6,#200         ; 1 个机器周期
        DJNZ    R6,$            ; 2 个机器周期
        DJNZ    R7,LP4          ; 2 个机器周期
        DJNZ    R5,LP3
        RET
        END
```

主程序一开始,首先设置堆栈指针,并用 CLR 指令使 P1.3 引脚输出低电平,从而点亮 L4 灯。之后调用延时子程序 DELAY 实现近似 1 s 延时,再执行 SETB 指令将 L4 灯熄灭,延时近似 1 s 后又跳转回 MAIN 语句,重复上述过程。

动手实践 3-3：开关量的输入

开关量的输入电路原理图如图 3-8 所示(参见工程文件 **ex3_3. pdsprj**)。其中 DSW1 为开关排,内部集成了 8 个开关。U2 为 LED 排,内部集成了 10 个 LED,本案例只用了其中的 8 个 LED。RN1 为电阻排,设置内部 9 个电阻的参数都为 200Ω,电路中只将其中的 8 个电阻分别作为 8 个 LED 的限流电阻。

图 3-8

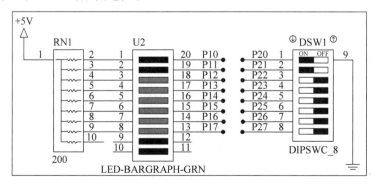

图 3-8　开关量的输入电路原理图

根据上述电路连接,编写汇编语言程序实现如下功能:用 8 个 LED 指示 8 个开关的通断状态。例如,当开关 1、2 打在 ON 位置,其余开关打在 OFF 位置时,对应最上面两个 LED 熄灭,其他的 LED 点亮。完整的代码如下(参见文件 **p3_3.asm**):

```
; 开关数据的输入
LED     EQU     P1              ; 将 LED 控制口 P1 定义为符号常量 LED
SW      EQU     P2              ; 将开关输入口 P2 定义为符号常量 SW
        ORG     0000H
        LJMP    MAIN
        ORG     0100H
MAIN:   MOV     SW,#0FFH        ; P2 口先输出高电平
LP:     MOV     A,SW            ; 读入开关数据
        CPL     A               ; 取反
        MOV     LED,A           ; 输出控制 LED
        SJMP    LP              ; 循环
        END
```

微课视频

在电路中,8 个开关的通断状态被转换为 8 个高/低电平,可以视为一字节的二进制数据,由符号常量 SW 代表的 P2 口送入单片机。在程序中,利用第二条指令将开关数据送入累加器 A,将其取反后通过由符号常量 LED 代表的 P1 口输出控制 LED 的亮灭。

微课视频

动手实践 3-4：按钮状态的检测

按钮状态的检测电路原理图如图 3-9 所示(参见 Proteus 工程文件 **ex3_4.pdsprj**)。图中按钮电路的输出接到 P3.2 引脚。每按动一次按钮,将累加器 A 中的内容加 1,同时 LED 灯 L1 闪烁一次(亮/灭切换一次)。

(1) 采用查询方式检测按钮状态。

实现上述功能的代码如下(参见文件 **p3_4_1.asm**):

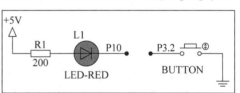

图 3-9　按钮状态的检测

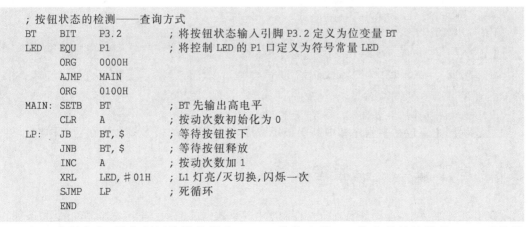

```
; 按钮状态的检测——查询方式
BT      BIT     P3.2            ; 将按钮状态输入引脚 P3.2 定义为位变量 BT
LED     EQU     P1              ; 将控制 LED 的 P1 口定义为符号常量 LED
        ORG     0000H
        AJMP    MAIN
        ORG     0100H
MAIN:   SETB    BT              ; BT 先输出高电平
        CLR     A               ; 按动次数初始化为 0
LP:     JB      BT,$            ; 等待按钮按下
        JNB     BT,$            ; 等待按钮释放
        INC     A               ; 按动次数加 1
        XRL     LED,#01H        ; L1 灯亮/灭切换,闪烁一次
        SJMP    LP              ; 死循环
        END
```

在上述程序中,首先利用位操作指令 SETB 使位变量 BT 代表的单片机的 P3.2 引脚输

出高电平,之后将累加器 A 中的内容清零,作为统计按钮按动次数的初始值。

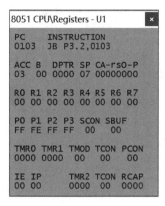

图 3-10　寄存器观察窗口

在程序后面的循环中,重复检测按钮是否按下和释放。检测到按钮每按动一次,将按动次数加 1,并利用逻辑运算指令 XRL 控制 L1 灯亮/灭切换一次(闪烁一次)。

将程序编译生成 HEX 文件后,在原理图中加载并启动运行。在运行过程中单击原理图中的按钮,LED 将不断闪烁。在暂停运行状态下,将自动弹出单片机的寄存器观察窗口,在其中可以观察到累加器 A 中存放的按钮按动次数,如图 3-10 所示。

（2）采用中断方式检测按钮的状态。

如果要求采用中断方式实现按钮状态的检测,则重新编制的完整汇编语言程序如下(参见文件 **p3_4_2.asm**)：

```
; 按钮状态的检测——中断方式
BT      BIT     P3.2        ; 定义位变量 BT
LED     EQU     P1          ; 定义符号常量 LED
        ORG     0000H
        AJMP    MAIN
        ORG     0003H
        AJMP    IDEL        ; 中断服务程序入口
; ============================   ==================
; 主程序
; ============================
        ORG     0100H
MAIN:   MOV     SP,#60H      ; 设置堆栈指针
        SETB    BT           ; P3.2 先输出高电平
        CLR     A            ; 按动次数初始化为 0
        SETB    IT0          ; 设置外部中断 0 边沿触发方式
        SETB    EX0          ; 开中断
        SETB    EA
        SJMP    $            ; 等待中断
; ====================================================
; 中断服务子程序
; ====================================================
IDEL:   INC     A            ; 按动次数加 1
        XRL     LED,#01H     ; L1 灯闪烁
        RETI    ; 中断返回
        END
```

上述程序主要包括主程序和中断服务子程序,其中涉及的很多概念将在后面详细介绍。

3.3　庖丁解牛——原理剖析

在上述各案例中,主要涉及 51 单片机的并口及数据的输入/输出、位操作指令和条件转移指令的用法、子程序的调用与返回、汇编语言中循环程序和外部中断的概念及中断服务子

程序的编写方法。下面对这些内容逐一进行介绍。

3.3.1　51单片机的并口

51单片机内部集成了4个并口P0～P3。在51单片机引脚上,每个并口对应一组8个引脚,共有4组引脚,可以并行传送8位二进制数据。以P0口为例,对应的8个引脚为P0.0～P0.7。

1. 并口的基本结构

51单片机每个并口内部都由完全相同的8套电路构成,而不同并口的内部电路结构有一些细微区别,从而导致在功能和用法上有所不同。

（1）P1口。

图3-11是P1口内部的一位电路结构。其中P1.$x(x=0\sim7)$代表P1口的一位引脚,通过这些引脚可以连接外部的按钮、开关和LED等。这些引脚通过并口电路中的"读锁存器""写锁存器""读引脚"命令信号线和内部总线与51单片机内部的CPU等其他部件相连接。

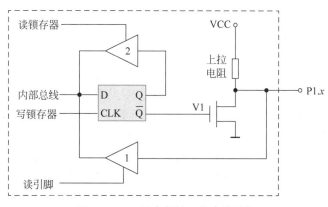

图3-11　P1口内部的一位电路结构

通过并口可以实现数据的并行输入(Input)或输出(Output)。当工作在输出方式时,51单片机中的CPU通过执行数据输出指令,将指令中给定的0码或1码送到内部总线,同时由CPU发出"写锁存器"命令。在此命令作用下,D触发器输出的$\overline{Q}$端输出对应的高/低电平,从而控制场效应管V1的断开和接通,使引脚P1.x分别得到低电平或高电平,再进一步送到LED等外部设备。

当工作在输入方式时,CPU通过执行输入数据的指令,送来"读引脚"命令。在此命令作用下,将三态门1打开,从而将P1.x引脚与内部总线接通,51单片机中的CPU即可检测到引脚上由外部电路(例如按钮电路)决定的电平状态,从而读入一位二进制数据。

对同一个并口的8套电路,其中的8个D触发器构成锁存器(Latch),8个三态门构成缓冲器(Buffer)。只要CPU不执行新的数据输出命令,锁存器的输出高/低电平就不会改变,从而使得8个引脚稳定地输出前面送出的8位数据以及对应的高/低电平。同理,外部电路在不断工作,使得 8 个并口引脚的高/低电平在不断变化。但是,只要 CPU 不执行新的数据输入命令,缓冲器就不会打开,并口引脚的高/低电平以及对应的数据就不会送到内部总线和 CPU。

（2）P0 口。

P0 口内部的一位电路结构如图 3-12 所示,与 P1 口的区别主要有如下两点：

- P0 口内部没有上拉电阻,而是替换为场效应管 V2；
- P0 口电路中增加了一个"控制"输入端和相应的控制电路。

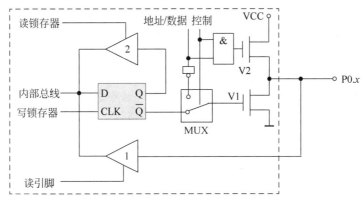

图 3-12　P0 口内部的一位电路结构

当 P0 口用作普通的并行输入/输出接口时,CPU 内部使得"控制"端为低电平,从而使开关 MUX 打到下方,同时通过与门使 V2 始终处于断开状态,V1 的漏极始终处于开路状态,称为漏极开路。

在这种情况下,如果需要并口引脚上输出 1 码,则与 P1 口一样,首先使 D 触发器 $\overline{Q}$ 端输出低电平,并控制 V1 截止。此时由于 V1 和 V2 同时截止,因此引脚 P0.x 将处于高阻悬空状态,输出高/低电平不确定。如果通过该引脚连接 LED,则无法使 LED 上获得确定的正向压降,从而不能保证 LED 一定熄灭或点亮。为此,必须在外部电路上采取相应的措施。

当"控制"端为高电平时,P0 口不是用作普通的并口,而是用于传送 51 单片机外部存储器单元的地址和数据。这一点将在后面相关章节再做介绍。

（3）P2 口。

P2 口内部的一位电路结构如图 3-13 所示。与 P1 口相比,只是在内部增加了一个开关 MUX。在"控制"端信号作用下,当开关 MUX 与下侧触点接通时,可以实现与 P1 口完全一样的普通并口功能。当开关打在上方触点时,与 P0 口类似,P2 口不是用作普通的并口,而是用于传送外部存储器单元的地址。

（4）P3 口。

P3 口内部的一位电路结构如图 3-14 所示。当图中的"第二功能输出"端为高电平时,电路结构与 P1 口完全一样,用作普通并口。

在 51 单片机系统中,P3 口很多情况不是用于普通的并口,而是实现特定的其他功能

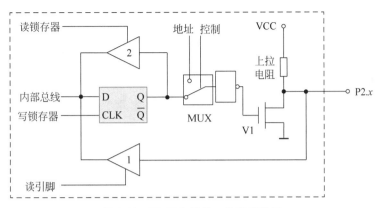

图 3-13　P2 口内部的一位电路结构

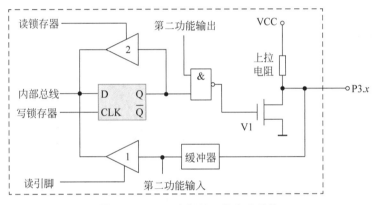

图 3-14　P3 口内部的一位电路结构

(称为并口的第二功能),例如用作串口数据线、外部存储器读写控制信号线。此时,这些功能命令对应的高/低电平通过与非门直接控制 V1,使相应的引脚输出或输入第二功能命令信号。具体每个引脚的第二功能将在后面相关章节陆续介绍。

　　根据上述电路结构,下面对 P0～P3 用作普通并口时的基本用法做一个简单总结。

- 在 4 个并口中,P0 口是双向口,通过 P0 口的地址或数据可以是由 CPU 输出到外部,也可以是由外部输入 CPU。另外的 3 个并口是准双向口,在一个应用系统中,要么连接输出设备实现数据的输出,要么连接输入设备实现数据的输入。
- 4 个并口内部都有锁存器,能够锁存输出数据,以便稳定地驱动外部电路和设备的工作。并口内部也都有缓冲器,实现输入数据时的缓冲,也就是能够由 CPU 决定在适当的时刻从并口引脚读入期望的数据。
- P0 口用作普通的输出并口时,必须外接上拉电阻,以便使并口引脚上输出确定的高/低电平。
- 从任何一个并口输入数据时,必须先使该并口输出高电平,以便使并口内部的 V1 场效应管截止断开,引脚上的高低电平能够正确反映外部电路和设备的状态。

2. 并口的程序控制

在 51 单片机外部，并口通过相应的引脚与外部设备和电路相连接。而在 51 单片机内部，并口 P0～P3 分别对应 4 个特殊功能寄存器，地址分别为 80H、90H、0A0H 和 0B0H。通过用 MOV 指令将一个 8 位二进制数据传送到特殊功能寄存器，即可实现 51 单片机与并口（从而与外部设备）之间的数据传送，并进一步通过引脚对所连接的外部设备进行访问控制。

例如，在动手实践 3-1 中，8 个 LED 分别连接到 51 单片机 P1 口的 8 个引脚 P1.0～P1.7。当执行如下数据输出指令时，将立即数 00H 传送到符号常量 LED 代表的 P1 口，并通过 P1 口内部电路使 P1.0～P1.7 引脚全部输出低电平，从而控制 8 个 LED 全部点亮。

```
MOV  LED,＃00H
```

在程序 p3_1_2.asm 中，将指令的操作数 00H 替换为 0F7H＝11110111B，由于其中只有 D3＝0，此时只有 P1.3 引脚输出低电平，从而只点亮 L4 灯。

在动手实践 3-3 中，开关排的 8 个开关分别连接 P2 口，另一端都接地。因此开关的通/断将使 P2 口对应的引脚为高/低电平。每个引脚上的高/低电平分别用 1 码和 0 码表示，从而得到 8 位二进制数据，利用如下数据输入指令：

```
MOV  A,SW
```

将其从 P2 口读入 51 单片机。由于开关是输入设备，因此 P2 口在本案例中用作输入口，在主程序的一开始，用如下语句：

```
MAIN:  MOV  SW,＃0FFH
```

使符号常量 SW 代表的 P2 口的 8 个引脚先输出高电平，以便后面正确检测到开关的通/断状态。

3.3.2　位操作指令

在动手实践 3-1 和 3-2 中，只需要点亮通过并口的某个引脚连接的一个 LED，或者让指定的 L4 灯闪烁，可以用位操作指令对并口中该引脚对应的二进制位进行单独控制，而其他位不受影响。这样的操作称为位操作。

在 51 单片机中，专门提供了一类指令实现位操作，具体包括位数据传送、位逻辑运算和位转移三类指令。位操作指令是 51 单片机中功能十分强大、使用非常频繁和灵活的指令。这里首先介绍前面两类指令。

1. 位数据传送指令

位数据传送指令实现在 PSW 中的进位标志位 C 与普通位单元之间的一位二进制数据传输，指令的基本格式为：

```
MOV  C,bit
MOV  bit,C
```

例如,如下指令:

```
MOV  C,00H
```

将位地址为 00H 的位单元(内部 RAM 中 20H 单元的最低位)中原来保存的一位二进制数
1 码或 0 码传送到 C 标志位。

这两条指令中的操作数 bit 可以是内部 RAM 中位寻址区中的位单元,也可以是特殊功
能寄存器区中能够进行位寻址的某个特殊功能寄存器的指定位。在指令中一般直接写出其
位地址,称为位寻址。位于特殊功能寄存器区中能够位寻址的位单元既有位地址,也有位名
称,在指令中一般直接用其名称表示。例如,

```
MOV  C,P1.0
```

其中的 P1.0 是特殊功能寄存器 P1 口的 D0 位,也代表 P1 口的最低位引脚。该条指令实现
的功能就是将 P1.0 引脚上用高/低电平表示的一位 1 码或 0 码读入 CPU,并存入 C 标志
位。

2. 位逻辑运算指令

位逻辑运算指令实现对一位二进制操作数的清 0(复位)、置 1(置位)和位逻辑运算(位
与、位或、位取反)。

(1) 位单元的复位和置位操作。

位单元的复位和置位操作分别用指令 CLR 和 SETB 实现,实现的基本功能是向指定的
位单元分别写入一位二进制代码 0 或 1。如果位单元是指定并口的某一位,则当向其中写
入 0 码或 1 码时,相应的引脚将输出低电平或高电平。

例如,在动手实践 3-1 的程序 p3_1_2.asm 中,如下指令使符号位地址 L4 代表的 P1.3
引脚输出低电平,其中的操作数为 P1 口的 D3 位。

```
CLR  L4
```

类似的,如下指令:

```
SETB  P1.7
```

或者

```
SETB  97H
```

将 P1.7 置 1,即通过 P1.7 引脚输出高电平,其中 P1.7 代表 P1 口的 D7 位,而该位单元的
位地址为 97H。

在动手实践 3-4 中,由于按钮是输入设备,因此在主程序的一开始,用如下语句:

```
MAIN:  SETB  BT
```

使符号位地址 BT 代表的 P3.2 引脚先输出高电平,以便后面正确检测到按钮的通/断状态。

（2）位逻辑运算。

每个位单元中保存的是一位二进制代码 1 或 0,这些二进制代码之间可以进行逻辑与、或、非运算,在 51 单片机中分别用 ANL、ORL 和 CPL 指令实现。其中逻辑与和逻辑或运算指令需要两个操作数,而逻辑非运算指令只需要一个操作数。

在 ANL 和 ORL 指令中,源操作数可以是任何一个位单元,但目的操作数必须是 C。例如,

```
ANL   C,10H
```

将 PSW 中的最高位与位地址为 10H 的位单元中的一位二进制代码进行与运算,结果放回 C。

此外,ANL 和 ORL 的源操作数还可以是某个位单元的取反。例如,如下指令实现的功能是将位单元 10H 中的一位二进制代码取反后再和 C 标志进行逻辑与运算。

```
ANL   C,/10H
```

在 CPL 指令中,操作数可以是 C 或任意一个位单元,实现的功能是将指定的位单元中保存的一位二进制代码取反,再放回去。

对上述位逻辑运算指令,再做几点说明:

- 在 51 单片机的指令系统中,ANL、ORL 和 CPL 指令可以实现普通的逻辑运算,也可以实现位逻辑运算。这是两大类不同的指令,二者的基本区别在于指令中的操作数是字节操作数还是位操作数。分析和编程时一定要注意是字节操作还是位操作。
- 在普通的字节操作指令(例如 MOV 指令)中,累加器用 A 表示。在位操作指令中,要对累加器 A 中的指定某一位进行位操作,必须用 ACC 而不是 A。例如,如下指令:

```
SETB  ACC.0
```

将累加器 A 中的最低位置为 1,不能写成

```
SETB  A.0
```

3.3.3　条件转移指令

与无条件转移指令相比,条件转移指令也是实现程序执行流程的跳转,但这种跳转是有条件的。只有当给定条件满足后,才跳转到目标指令。如果给定的条件不满足,则不跳转而继续执行转移指令后面的指令。

在 51 单片机的指令系统中,提供了 4 条条件转移指令,即 JZ、JNZ、DJNZ 和 CJNE,这些指令有如下几种书写格式:

```
JZ     rel
JNZ    rel
```

```
DJNZ  Rn,rel
DJNZ  dir,rel
CJNE  A,#data,rel
CJNE  Rn,#data,rel
CJNE  @Ri,#data,rel
CJNE  A,dir,rel
```

在上述指令中,操作数 rel 给定转移的目标单元,即跳转的距离或偏移量。与 SJMP 指令类似,在程序中一般用转移目标指令的标号作为该操作数。指令中的其他操作数可以采用各种寻址方式,例如操作数 Rn 为寄存器寻址; dir 为直接寻址; #data 为立即寻址; @Ri 为寄存器间接寻址。

1. 条件转移指令转移的条件

不同的条件转移指令,其主要区别在于转移的条件不同。

(1) JZ 和 JNZ 指令。

JZ(Jump if Zero)和 JNZ(Jump if Not Zero)指令转移的条件是该指令执行前,累加器 A 中的内容是否为 0(Zero)。对 JZ 指令,当 A=0 时,条件满足,程序跳转到目标指令;对 JNZ 指令则相反,当 A≠0 时跳转。

例如,有如下程序段:

```
       MOV  A,R0
       JZ   ZERO
       XRL  A,#0FH
       SJMP DONE
ZERO:  XRL  A,#0F0H
DONE:  …
```

在上述程序中,首先将 R0 中的数据存入累加器 A,再利用 JZ 指令检测该数据是否为 0。如果为 0,则条件满足,跳转到标号为 ZERO 的指令,将 A 中的数据与 0F0H 进行逻辑异或运算(也就是将其高 4 位取反,低 4 位保持不变),再将运算结果存回 A。如果条件不满足,即 A 中的数据不为 0,则不跳转,而继续执行程序中的第一条 XRL 指令,将 A 中的数据低 4 位取反,高 4 位保持不变。

(2) DJNZ 指令。

DJNZ(Decrement and Jump if Not Zero)指令的操作数可以有两种不同的寻址方式,即寄存器寻址和直接寻址。两种情况下,该指令都将依次执行如下两个操作:

- 将操作数减 1,并存回原位置;
- 判断操作数减 1 后是否等于 0,当不等于 0 时跳转;否则顺序执行后面的指令。

例如,如下指令每执行一次,将 R7 中的数据减 1 再存回 R7。

```
DJNZ  R7,LP2
```

之后判断 R7 是否等于 0。如果不为 0,则跳转到标号为 LP2 的指令继续执行;否则不跳

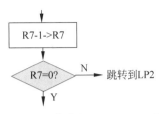

图 3-15　指令"DJNZ R7，LP2"
　　　　　的执行流程

转，继续执行该指令后面的指令。该指令的执行流程可以用图 3-15 表示。

（3）CJNE 指令。

CJNE（Compare and Jump if Not Equal）指令是 51 单片机中唯一一条有 3 个操作数的指令，该指令将前面两个操作数进行比较，并将二者不相等（Not Equal，NE）作为转移的条件。

例如，指令：

```
CJNE  A,♯20H,LP
```

实现的操作和步骤如下：

- 将累加器 A 中的数据与立即数 20H 相减，比较二者是否相等，同时设置 C 标志位；
- 如果两个操作数不相等，则跳转到标号为 LP 的指令继续执行；否则继续执行后面的指令。

需要注意的是，在做两个操作数的相减比较时，将根据减法运算是否有借位设置 C 标志位。但是该减法运算的结果不会保存，因此执行后前面两个操作数的值都不影响。

2. 位转移指令

位转移指令是将某个位单元中保存的一位二进制数据是 0 还是 1 作为转移的条件，因此该类指令既属于条件转移指令，也属于位操作指令。

51 单片机中的位转移指令有 5 条，即 JB、JNB、JBC、JC 和 JNC。其中，JB 和 JNB 指令的目的操作数必须是一个位单元，源操作数为跳转的目标指令。两条指令的区别在于：当 JB 指令中目的操作数指定的位单元为 1 时，跳转到源操作数指定的目标指令；而 JNB 指令正好相反，当目的操作数为 0 时跳转到目标指令。

JBC 指令的功能与 JB 指令类似，区别在于：在执行 JBC 指令时，还将目的操作数指令的位单元清 0。此外，与上述 3 条指令不同，JC 和 JNC 指令固定由 C 标志位的状态作为转移的条件，因此不需要另外指定位单元而只有一个操作数。

在程序 **p3_4_1.asm** 中，JB 指令用于检测符号位地址 BT 代表的 P3.2 引脚是否为高电平。如果是，则跳转到这条指令本身，继续读取并检测 P3.2 的状态，直到通过外部的按钮电路将该引脚复位为低电平。因此该条指令的作用是等待按钮按下。

在按钮按下后，JB 指令中的条件 P3.2=1 不再满足，因此这条指令执行后不再跳转，继续执行下一条 JNB 指令。在执行 JNB 指令时，又不断检测 P3.2 是否为 0。如果按钮按下后一直不松开，则 P3.2 一直为低电平，该指令跳转的条件始终满足，因此将不断重复执行这条指令。一旦按钮松开，则跳转的条件不再满足，从而不再跳转重复，程序继续往下运行。由此可知，在该程序中 JNB 指令的作用是等待按钮松开。

3.3.4　分支和循环程序设计

与高级语言程序类似，汇编语言程序也有两种典型的程序结构，即分支和循环。在高级语言程序中,利用 if、for 等语句实现分支和循环,而在汇编语言的指令系统中,分支和循环程序主要用上述各种条件和无条件转移指令实现。

1. 分支程序

分支程序包括单分支、双分支、三分支和多分支结构,图 3-16 给出了两种基本的分支结构程序(即单分支和双分支)流程示意图。

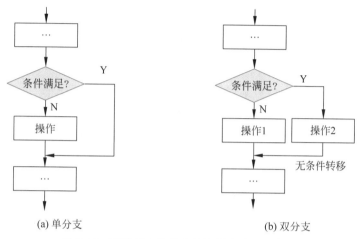

(a) 单分支　　　　　　　　　　　　(b) 双分支

图 3-16　两种基本的分支结构程序流程示意图

(1) 单分支结构。

在图 3-16(a)所示的单分支结构中,通过执行条件转移指令实现分支。当跳转的条件不满足时,才执行相应的操作。

例如,要检测累加器 A 中数据的正负,当为负数时将 -1 存入寄存器 B,当为 0 和正数时不做任何操作,可以编写如下程序段:

```
        ANL    A,#80H
        JZ     PLUS        ; A 中数据为 0 或正数,则跳转
        MOV    B,#(-1)     ; 否则,将 -1 存入寄存器 B
PLUS:   ...
```

在该程序段中,第一条指令将 A 中的数据与 80H 进行逻辑与运算。当 A 中数据为正数或 0 时,其补码的最高位为 0,执行 ANL 指令后 A=0;当 A 中数据为负数时,其补码的最高位为 1,执行 ANL 指令后 A=80H≠0。因此,在执行 ANL 指令后,只需要用 JZ 或者 JNZ 指令即可检测 A 中数据的正负。

在上述程序中,用位转移指令 JZ 实现正负数的检测和分支。如果将 JZ 指令替换为 JNZ 指令,为了实现同样的功能和分支,则需要将上述程序段改写为如下:

```
        ANL    A,#80H
        JNZ    MINUS       ; A 中数据为负数,则跳转
        SJMP   CON         ; 否则,跳转
MINUS:  MOV    B,#(-1)     ; 将 -1 存入寄存器 B
CON:    ...
```

注意,其中必须增加一条无条件转移指令 SJMP。

（2）双分支结构。

在图 3-16(b)所示双分支结构中,当条件满足或不满足时,分别执行两个不同的操作,实现两路分支。两路分支最后再会合到一起,继续执行程序中后面的操作。

例如,要根据 A 中数据的正负,分别向 R0 中存入＋1 和－1,可以编写如下双分支结构程序:

```
        ANL     A,＃80H
        JNZ     MINUS
        MOV     R0,＃1        ; A 中原来的数据为非负数,则将＋1 存入 R0
        SJMP    CON
MINUS:  MOV     R0,＃0FFH     ; 否则,将 0FFH(即－1 的补码)存入 R0
CON:    …
```

（3）三分支结构。

与高级语言类似,三分支以及更多分支结构的程序可以通过嵌套的方式实现。此外,在 51 单片机的汇编语言程序中,利用 CJNE 指令也可以很方便地实现。

假设要根据 R0 中数据的正负,分别将常数 0、＋1 和－1 存入累加器 A,可以编写如下程序:

```
        CJNE    R0,＃0,NZERO    ; R0 = 0?
        MOV     A,＃0           ; 是,则将 0 存入 A
        SJMP    DONE
NZERO:  CJNE    R0,＃80H,NEXT   ; 否则,继续判断正负
NEXT:   JC      PLUS           ; 正数,则跳转
        MOV     A,＃(－1)       ; 否则,将－1 存入 A
        SJMP    DONE
PLUS:   MOV     A,＃1           ; 将＋1 存入 A
DONE:   …
```

上述程序的流程图如图 3-17 所示。下面对上述程序做一些解释说明。

- 第一条 CJNE 指令用于判断 R0 中的数据是否为 0。如果为 0,则不跳转,继续执行第二条 MOV 指令,将常数 0 存入 A,之后利用 SIMP 指令直接跳转到 DONE 标号所在的指令继续执行程序中的其他指令。如果 R0 中的常数不为 0,则执行第一条 CJNE 指令后将跳转到标号为 NZERO 的指令。

- 第二条 CJNE 指令是在上述 R0≠0 的前提下,将 R0 中的数据继续与常数 80H 相比较,判断 R0 中的数据是否等于 80H。如果不是,则跳转到标号为 NEXT 的指令;如果相等,则不跳转而顺序执

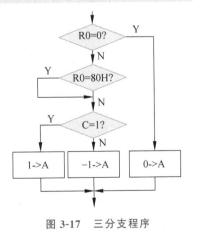

图 3-17 三分支程序

行该条 CJNE 指令后面的指令。由此可见,不管 R0 中的数据是否等于 80H,执行该条 CJNE 指令后都将继续执行标号 NEXT 所在的指令。显然,该条 CJNE 指令没有实现分支。

- 实际上,第二条 CJNE 指令的主要作用是根据两个操作数的相对大小设置 C 标志位,以便接下来利用 JC 指令检测 C 标志位,以判断两个数的相对大小,并实现两路分支。

例如,假设 R0 中存放的有符号数为+10=0AH,则将其与 80H 相减,显然 C=1。因此执行 JC 指令后将跳转到标号为 PLUS 的指令,将常数 1 存入累加器 A。如果 R0 中存放的有符号数为负数,例如−10,则执行 CJNE 指令时,将−10 的补码即 0F6H 与 80H 相减。显然此时没有借位,因此 C=0,执行 JC 指令后将不跳转,而是顺序执行后面的指令,将常数−1(即其补码 0FFH)存入累加器 A。

- 程序中的关键数据 80H 是这样确定的。分析题目可知 R0 中存放的原始数据是有符号数,而在汇编语言程序中,默认的有符号数用补码表示,并且负数的补码最高位一定为 1,正数的补码最高位一定为 0,因此负数一定为 80H~0FFH,而正数为 01H~7FH。由此可知,将 R0 中的数据与 80H 相减,根据是否有借位即可区分正负数。

2. 循环程序

循环程序的基本结构和功能可以归纳为如下两种典型的情况:

(1) 重复执行一个程序段若干次,当重复次数达到后,退出循环程序并继续执行后面的程序。在编写这种循环程序时,事先能够确定程序段重复执行的次数,称为计数控制循环。

(2) 事先无法确定程序需要重复执行多少次,但可以确定当满足(或不满足)一定的条件才继续循环,当条件不满足(或满足)时退出循环。这种循环程序称为条件控制循环。

上述两种循环结构的程序流程图如图 3-18 所示。在汇编语言程序中,根据控制循环的次数或条件,合理选用各种转移指令,很容易构成上述两种循环程序。一般的用法可以概括为:

(1) 对计数控制循环,在循环开始前将循环次数保存到 Rn 或某个内部 RAM 单元。每次循环,用 DJNZ 指令将循环计数变量减 1,并实现跳转循环。

(2) 对条件控制循环,根据题目要求的功能确定合适的条件,再选用相应的指令设置和修改条件,并选用合适的条件转移指令(JZ/JNZ、CJNE 等)以控制继续或退出循环。

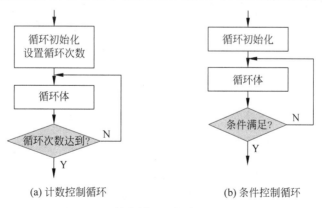

(a) 计数控制循环　　　　(b) 条件控制循环

图 3-18 基本循环结构的程序流程图

在动手实践 3-2 的程序 **p3_2.asm** 的延时子程序中，一共有 3 层计数控制循环。在每层循环的开始，将各层循环所需的循环次数分别存入 R5、R6 和 R7，这 3 个工作寄存器相当于计数变量。在每层循环中都用 DJNZ 指令对该层循环所用的计数变量实现递减操作，同时判断是否减到零。如果没有减到零，表示循环次数还未到，则继续循环；否则退出循环。

在延时子程序中，每条指令后面的注释给出了执行该指令所需的机器周期数，据此可以确定该子程序执行完毕所需的时间，也就是延时的时间。对于最内层用 R6 作为计数变量的循环，循环体中只有一条 DJNZ 指令。每执行一次需要 2 个机器周期。由于 R6 设初值为 200，因此该循环将重复执行 200 次，共需 200×2 个机器周期。

同理，在第二层用 R7 作为计数变量的循环中，有一条 MOV 指令和两条 DJNZ 指令，执行该层循环所需的机器周期数为 $200 \times (1 + 200 \times 2 + 2)$。最外层用 R5 控制的循环共重复 13 次，则执行 3 层循环一共需要的机器周期数为

$$13 \times [1 + 200 \times (1 + 200 \times 2 + 2) + 2] = 1047839$$

再考虑到子程序最后执行 RET 指令和主程序执行 ACALL 指令所需的时间，则在主程序中调用执行一次该子程序，总的机器周期数为

$$1047839 + 2 + 2 = 1047843$$

假设单片机系统的时钟脉冲频率 12 MHz，则机器周期为 $12/12$ MHz$=1~\mu s$，因此执行该延时子程序一共需要近似 1 s 的时间。

3. 死循环

所谓死循环（Endless Loop），就是程序一旦启动运行后，就一直重复运行，直到强制退出应用程序或者系统关机。51 单片机系统的应用程序一般都是死循环，因为系统一旦启动运行后，就希望一直运行，重复实现相同的操作，例如重复不断地检测并调节当前环境温度。

在动手实践 3-2 中，每隔一段时间，重复不断地让 LED 在亮/灭状态之间切换。在动手实践 3-3 中，重复不断地检测 8 个开关的状态。在程序中，用无条件转移指令可以很方便地实现死循环。例如，在上述两个动手实践中，主程序的最后都是一条 SJMP 指令。当主程序中的具体功能操作完成后，执行该条无条件转移指令，又返回到主程序的开始或者标号为 LP 的指令重复执行。

请读者思考以下几个问题：

- 动手实践 3-1 的主程序为什么没有用死循环？
- 在动手实践 3-4 的程序 **p3_4_1.asm** 中，死循环中包括哪些语句？
- 在程序 **3_4_2.asm** 的主程序中，有死循环吗？

3.3.5 子程序和堆栈

在程序中，如果有一个程序段实现的功能相对独立，或者在同一个或多个程序中需要反复使用，则一般将该程序段定义为子程序（Subroutine）。例如，在动手实践 3-2 的程序 **p3_2.asm** 中，将实现延时功能的代码定义为延时子程序 DELAY。

在 51 单片机的汇编语言程序中,子程序和主程序位于同一个程序文件中,一般放在主程序后面,但必须在 END 语句之前。此外,在子程序的前面也可以用 ORG 指定子程序在 ROM 中的存放位置。

1. 子程序的调用与返回

在汇编语言程序的主程序中,通过执行 ACALL 或 LCALL 指令即可调用子程序。ACALL 称为绝对调用指令,LCALL 称为长调用指令。这两条指令的功能和用法分别与 AJMP 和 LJMP 指令类似,一般将需要调用的子程序名字直接作为指令的操作数。所谓子程序的名字,也就是子程序中第一条指令的标号。

从底层实现原理的角度看,执行 ACALL 或 LCALL 指令调用子程序时,实现的功能是将子程序中第一条指令的地址(称为子程序的入口地址)送到 PC,从而跳转到子程序,连续执行子程序中的指令。

子程序调用与无条件转移都能控制程序执行流程的切换。二者的主要区别在于:执行无条件转移指令跳转到目标位置后不再返回原位置;而子程序调用跳转到子程序,子程序执行完毕后要通过执行子程序返回指令 RET 返回主程序。该指令必须放在子程序的最后。

从子程序返回到主程序,返回的位置是主程序刚才被打断的位置,也就是主程序中 LCALL 或 ACALL 指令后面一条指令在 ROM 中存放的单元,该单元的地址称为断点(Breakpoint)。为了能够从子程序正确返回,必须在进入子程序之前将断点保存到 51 单片机中的适当位置。

子程序的调用与返回过程示意图如图 3-19 所示,其中 LCALL 指令共 3 字节,后面 2 字节 0300H 即为子程序 SUB0 的入口地址。执行程序时,当 CPU 取出该条指令后,PC 指向下一个单元,该单元的地址即为断点。在执行 LCALL 指令时,将执行如下两个操作:

(1) 将断点保存到指定位置(堆栈);

(2) 将子程序的入口地址 0300H 赋给 PC,即跳转到子程序。

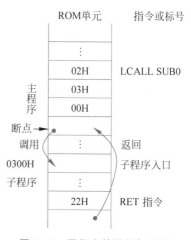

图 3-19 子程序的调用与返回过程示意图

当执行到子程序中最后的 RET 指令时,再将断点从堆栈中取出重新赋给 PC,从而返回断点位置继续运行主程序。

2. 堆栈及其应用

在 51 单片机中,堆栈(Stack)是一段特殊的内部 RAM 区域。堆栈的特殊性在于其访问方式与普通的内部 RAM 单元不同。普通的内部 RAM 单元可以实现随机访问,在任何时刻给定一个单元地址,都可以读取或写入期望的数据。但是,堆栈中的单元只能按照"先进后出"或"后进先出"的原则进行访问。

（1）堆栈单元的访问。

对堆栈的访问有两种基本操作，即入栈和出栈。所谓入栈，就是将数据写入堆栈单元；所谓出栈，就是从堆栈单元读出数据。在 51 单片机中，入栈和出栈操作分别用专门的 PUSH 和 POP 指令实现。这两条指令都只需要一个操作数，并且只能采用直接寻址。

例如，要将累加器 A 中的字节数据入栈，可以用如下指令：

```
PUSH  ACC
```

注意，操作数不能写为 A。这里的 ACC 汇编后将用累加器对应的特殊功能寄存器单元地址 0E0H 替换。

类似地，如果希望从堆栈单元中取出一个数据保存到工作寄存器 R0 中，可以用如下指令：

```
POP  00H
```

注意，操作数不能直接写为 R0，即不能采用寄存器寻址，必须采用直接寻址。

（2）堆栈指针。

在 51 单片机中，堆栈指针（Stack Pointer，SP）是一个专用的 8 位寄存器，在运行过程中，SP 中保存的是当前堆栈中栈顶单元的地址，或者说，SP 指向当前栈顶。

所谓栈顶，也就是在程序执行当前最后一次堆栈操作后，堆栈中最后一个数据所存放的单元。在程序运行过程中，可能会执行多次入栈或出栈操作，将多个数据存入堆栈单元或者从堆栈单元中取出，从而使得堆栈中所存放数据的个数在不断变化，栈顶将不断上下浮动。

为了使 SP 在任何时刻都指向当前栈顶，每执行一次入栈操作，SP 先递增 1，然后将 1 字节数据推入堆栈。反之，每执行一次出栈操作，将 1 字节数据从堆栈中弹出后，SP 再递减 1。

51 单片机系统刚启动或者复位后，SP 中的内容初始化为 07H，这意味着当前栈顶为 07H 单元。执行第一次入栈操作时，数据将保存到 SP+1 指向的 08H 单元，这意味着系统默认将地址从 08H 开始的内部 RAM 单元作为堆栈。考虑到内部 RAM 开始的 32 个单元是工作寄存器区，一般在需要用到堆栈时，在主程序最前面用如下指令为 SP 重新赋值，以便将堆栈定位到其他内部 RAM 区域。例如，将该指令中的操作数设为 60H，则会将堆栈定位到一般 RAM 区中 61H 开始的单元。

```
MOV  SP,#dat
```

（3）堆栈的应用。

在 51 单片机系统中，子程序断点的保存和恢复都是利用堆栈实现的。在执行 ACALL 或 LCALL 指令调用子程序时，自动将断点推入堆栈。执行 RET 指令从子程序返回时，自动从堆栈将断点出栈存入 PC，从而正确返回主程序。由于断点指的是指令代码在 ROM 中存放的单元地址,因此断点都是 16 位二进制数据,断点入栈和出栈都需要分别连续执行两次,执行后 SP 将分别加 2 或减 2。

此外,利用堆栈特殊的访问规则,还可以实现一些特殊的功能。例如,将内部 RAM 中地址为 30H 和 31H 的两个单元中的数据交换,可以用如下 5 条指令实现:

```
MOV   SP,#60H
PUSH  30H
PUSH  31H
POP   30H
POP   31H
```

假设 30H 和 31H 两个单元中原来存放的数据分别为 x 和 y,则执行完上述两条入栈操作指令后,堆栈中各单元的分配情况如图 3-20(a)所示,并且 SP=60H+2=62H。

接下来执行第一条 POP 指令时,将当前栈顶单元中的数据 y 出栈,存入该指令中指定的 30H 单元,SP=62H-1=61H,此时堆栈单元分配情况如图 3-20(b)所示。再执行最后一条 POP 指令,将 SP 指向的当前栈顶即 61H 单元中的数据 x 出栈,存入 31H,并且 SP=61H-1=60H,此时堆栈单元分配情况如图 3-20(c)所示。

由此可见,上述两次出栈操作完成后,30H 和 31H 单元中分别存入的是 y 和 x,从而实现了两个单元中数据的交换。

图 3-20 利用堆栈实现两个 RAM 单元中数据的交换

3.3.6 中断的基本概念及外部中断

由于计算机内部或者外部的原因(称为随机事件),使 CPU 暂停当前正在执行的程序,转而执行预先安排好的服务程序,对该事件进行判断处理,处理完后再继续执行原来被打断的程序。这一过程称为中断(Interrupt)。实现中断过程管理和控制的所有硬件和软件统称为中断系统(Interrupt System)。

1. 中断源

在单片机系统中,产生中断随机事件的来源,称为中断源。中断源产生的随机事件称为中断请求。例如,按钮电路可以视为一个中断源。每次按钮按下时,按钮电路输出一个负脉冲,即由原来的高电平跳变到低电平,就是一次中断请求。

中断请求可以来自单片机内部电路,也可以是由外部设备电路产生而送入单片机内部的。由外部电路通过 P3.2 或 P3.3 引脚送入单片机的中断请求称为外部中断。这两个引脚用作中断请求信号输入引脚而不是普通的并口引脚时，引脚名重新表示为 $\overline{INT0}$ 和 $\overline{INT1}$，称为 P3 口的第二功能。由内部的定时/计数器、串口电路等发出的中断，称为单片机的内部中断。这些内部中断不需要占用单片机的引脚，而是在单片机内部产生，直接送到 CPU。

这里首先介绍外部中断，定时/计数器和串口等内部中断将在后续章节介绍。

2. 外部中断请求的引入

当中断请求到来时，意味着外部发生了特定的某种事件。例如用户按动了按钮，希望点亮某个 LED 或者报警。在运行过程中，单片机在每个机器周期都将检测 P3.2 或 P3.3 引脚上电平的变化。一旦检测到引脚上出现了特定的电平状态，就认为外部中断源送来了中断请求。

在 51 单片机中，送入 51 单片机的可以是中断请求信号输入引脚上的高/低电平，也可以是电平的跳变（正跳变或者负跳变）。这两种情况称为外部中断请求的触发方式。

在 51 单片机内部 RAM 的特殊功能寄存器区，有一个定时/计数器控制（Timer/Counter Control）寄存器 TCON。该特殊功能寄存器的地址为 88H，因此可以位寻址，各位的名称如图 3-21 所示。其中，IT0 和 IT1 就是用于设置两个外部中断请求的触发方式。当这两位设置为 0 时，指定对应的外部中断为电平触发方式；当 IT0 或 IT1 设置为 1 时，指定为边沿触发方式。

D7	D6	D5	D4	D3	D2	D1	D0
TF1	TR1	TF0	TR0	IE1	IT1	IE0	IT0

图 3-21　TCON 寄存器

对于电平触发方式，CPU 在一个机器周期内检测到 P3.2 或 P3.3 引脚上为低电平，就认为接收到一个中断请求。对于边沿触发方式，51 单片机将在相邻两个机器周期内分别检测一次 P3.2 或 P3.3 引脚的状态，一旦检测到这两个引脚上出现负跳变（从高电平跳变到低电平），CPU 就认为外部电路送来了一个中断请求。51 单片机一旦检测到 P3.2 或 P3.3 引脚有外部中断请求到来，将立即使 TCON 中的 IE0 或 IE1 位置位，以便将当前中断请求记录下来，进一步通知 CPU 并等待 CPU 的处理。

在动手实践 3-4 中，按钮电路的中断请求通过 P3.2 引入，因此是外部中断 $\overline{INT0}$。利用如下位操作指令：

```
SETB    IT0
```

将 TCON 中的 IT0 位设置为 1，则当每次按钮按下时，按钮电路产生一次负跳变，从而向 CPU 发出一次 $\overline{INT0}$ 中断请求。

3. 外部中断请求的撤除

对于边沿触发方式，51 单片机每检测到引脚上的一次负跳变，就将 IE0 或 IE1 位置位。

一旦 CPU 接收并准备处理该中断请求后,内部硬件电路会自动将 IE0 或 IE1 位复位,称为中断请求的撤除。之后只有当用户再次按下按钮,才能重新将 IE0 或 IE1 位置位,向 CPU 发出一次新的中断请求。

正常情况下,在运行过程中,用户每按下一次按钮,51 单片机应该只接收到一次中断请求,做一次相应的处理操作。上述撤除操作是必需的。但是对电平触发方式,CPU 接收并响应一次中断请求后,IE0 或 IE1 位不会自动复位,从而将导致每按动一次按钮,CPU 会重复接收到多次中断请求的情况。为此,在实际系统中必须用另外的专门电路使 P3.2 或 P3.3 引脚变为高电平。以便等到用户再次按下按钮,重新将引脚变为低电平,才能向 CPU 发出一次新的中断请求。

图 3-22 是一种典型中断请求的撤除电路。以按钮为例。当用户按下按钮时,按钮电路送来一个外部中断请求信号,使 D 触发器的 Q 端变为低电平,向 51 单片机发出一次中断请求。

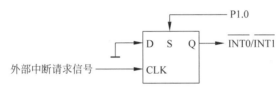

图 3-22　中断请求撤除电路

51 单片机接收到该中断请求后,在响应和处理时先执行如下指令:

```
SETB  P1.0
```

由 P1.0 引脚送出一个高电平,通过 D 触发器的 S 端使 Q 端输出强制变为高电平,从而撤除当前中断请求。之后,再执行如下指令:

```
CLR  P1.0
```

或者

```
CPL   P1.0
```

将 P1.0 输出变为低电平。等到当用户再次按下按钮时,D 触发器的 Q 端又可再次发出中断请求。

4. 中断响应

CPU 一旦检测接收到中断请求,就应该及时予以处理。CPU 暂停当前正在进行的处理和操作,转而处理中断事件的过程,称为中断响应。

(1) 中断响应的条件。

在系统运行过程中,并不是每个中断请求到来后都能及时得到 CPU 的响应和处理。也就是说,CPU 接收到中断请求后,该中断请求要得到 CPU 的响应和处理,必须满足一定的条件。例如,由于中断请求是由外部电路送来的,而外部电路和单片机的工作是相对独立的，因此对 CPU 来说，接收到中断请求的时刻是随机的。当中断请求到来时，CPU 可能正在执行某条指令。显然，必须要等到当前指令执行完毕后才能响应中断请求。

此外，当外部中断请求到来时，只是将 TCON 中的 IE0 或 IE1 位置位。中断请求必须进一步送到 CPU，CPU 才能响应和处理。在程序中，必须在中断请求到来前（一般在主程序一开始）执行如下指令：

```
SETB   EX0(EX1)
SETB   EA
```

CPU 才能真正接收到中断请求。

在上述两条指令中，EX0、EX1 和 EA 是中断允许（Interrupt Enable，IE）寄存器（地址为 0A8H）中的两位。该寄存器各位的含义如图 3-23 所示。

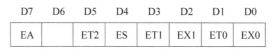

图 3-23　IE 寄存器各位的含义

在上述两条指令中，第一条指令将 IE 中的 EX0 或 EX1 设为 1，表示运行 CPU 响应外部中断 0 或 1。第二条指令设置 EA 位为 1，表示开放所有的中断，这相当于一个总开关。

当 EA＝1 时，如果 EX0＝1，则允许 CPU 响应和处理外部中断 0，称为开中断；否则，如果用 CLR 指令将 EA 或 EX0 清 0，外部中断 0 的中断请求将无法送到 CPU，则 CPU 也就不会响应，称为关中断。

（2）中断响应。

在中断响应过程中，将由单片机内部的硬件电路自动实现如下功能：

- 保护断点，也就是将 PC 的内容推入堆栈保存起来；
- 对边沿触发方式，将 TCON 中的 IE0 或 IE1 位复位；
- 将中断服务程序的入口地址送入 PC，从而转入相应的中断服务程序。

由此可见，中断响应的过程与子程序调用是类似的，在中断响应的过程中，也要实现程序执行流程的切换。

51 单片机一共有 2 个外部中断、2 个或 3 个定时/计数器中断、一个串口中断，这些中断源的中断服务程序必须分别放在 ROM 中指定的单元，这些单元构成中断向量表，如表 3-1 所示。

如果中断服务程序实现的处理操作比较简单，长度不超过 8 字节，可以直接将中断服务程序代码放在表中对应的 ROM 单元。但是很多情况下，各中断源的中断服务程序都远远超过 8 字节。为此，一般在这些单元中存放一条长度只有 2 字节或 3 字节的转移指令 AJMP 或 LJMP，而将中断服务程序真正的入口地址（一般为标号）作为这两条转移指令的操作数。

表 3-1 ROM 中的中断向量表

ROM 单元地址	对应的中断源
0003H	外部中断 0
000BH	定时/计数器 0 中断
0013H	外部中断 1
001BH	定时/计数器 1 中断
0023H	串口中断
002BH	定时/计数器 2 中断(仅 52 子系列有)

当 CPU 响应某个中断请求时,将根据接收到的中断请示对应的是哪个中断源,自动跳转到表中对应的单元,执行其中存放的中断服务程序,或者执行转移指令跳转到真正的中断服务程序。

在动手实践 3-4 的程序 **p3_4_2.asm** 中,利用中断技术实现按钮状态的检测,用到了外部中断 0,因此必须在地址为 0003H 开始的单元安排一条无转移指令 AJMP、LJMP 或 SJMP,跳转到按钮的中断服务程序,相关的程序代码如下:

```
ORG    0003H        ; 指定 AJMP 指令存放的单元
AJMP   INTO_DEL      ; 跳转到真正的中断服务程序
```

5. 中断服务程序

一般来说,一个单片机系统会有很多中断源和中断请求,而每个中断源需要 CPU 实现的操作和服务处理、发出中断请求后要实现的功能是各不相同的。为每个中断源分别编写,实现中断服务处理的程序称为中断服务子程序,或者简称为中断服务程序。

中断服务程序类似于子程序。但是中断服务程序中最后执行的指令必须是中断返回指令 RETI,其作用相当于普通子程序中的 RET 指令,执行后将从堆栈中取出断点,从而返回中断请求发生前 CPU 正在执行的主程序。

需要强调的是,从程序本身来看,主程序与中断服务程序之间没有关系,是相互独立的。中断服务程序什么时候得到执行,在编写程序时是无法确定的,完全取决于运行时中断请求什么时候到来。基于此,在画程序流程图时,主程序和中断服务程序的流程图必须分开绘制。在分析程序时,必须考虑到上述中断响应和程序流程的切换过程,从而将主程序和中断服务程序联系起来。

例如,在动手实践 3-4 的程序 **p3_4_2.asm** 中,当执行到主程序最后的死循环时,CPU不断重复执行 SJMP $ 指令,等待按钮电路发来中断请求。一旦用户按下按钮,就立即向CPU 发出中断请求。如果条件允许,则 CPU 响应中断,暂时停止主程序的执行,通过上述中断响应过程跳转到按钮的中断服务程序。中断服务处理完毕后,再返回到主程序中的死循环,继续等待下一次按钮按下。如果在系统运行过程中,用户始终未按下按钮,则中断服务程序将永远不会执行。图 3-24 给出了程序 p3_4_2.asm 的流程图。

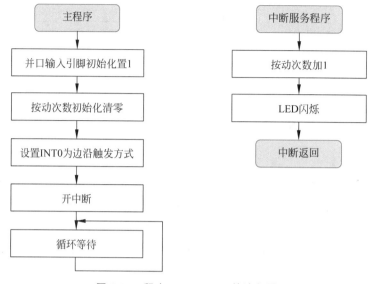

图 3-24　程序 p3_4_2.asm 的流程图

3.4　牛气冲天——实战进阶

前面通过几个案例介绍了与并口基本数据输入/输出功能和 51 单片机外部中断相关的基本概念及典型用法，本节将继续介绍上述基本概念的综合应用及知识拓展。

3.4.1　外部中断源的扩展

实际系统中可能所需的外部中断远不止一个或两个。为了实现外部中断源的扩展，即能够通过 51 单片机的两个外部中断请求引脚引入更多的外部中断请求，从电路上说，可以将多个中断请求通过基本的门电路组合合并为一个中断请求，然后通过同一个引脚送入 51 单片机。

由于每个中断请求要求得到的中断服务和处理各不相同，因此在程序上还需要进一步区分当前中断请求具体是由哪个中断源（例如哪个按钮）引起的。为此，可以将各中断请求信号再分别通过不同的并口引脚送入 51 单片机。

在程序中，一旦检测到有外部中断请求时，再从某个并口读入各按钮的中断请求信号，并依次判断相应的各位是否为低电平。当检测到某位为低电平时，即可确定是由对应的按钮发出的中断请求，据此继续做其他操作。

下面通过实际案例体会中断源扩展的基本方法。

动手实践 3-5：多个按钮状态的检测

本案例的原理图如图 3-25 所示（参见 Proteus 工程文件 ex3_5.pdsprj）。电路中共有 4 个按钮，要求采用中断方式实现各按钮状态的检测。当按下某个按钮时，用 8 个 LED 显示按钮序号对应的 ASCII 码。例如,按下按钮 B1 时,其序号 1 的 ASCII 码为 31H=00110001B,则从左往右第 3、4、8 个 LED 点亮,其他 LED 熄灭。

该电路的工作原理是:只要有一个按钮按下,则与门 U2 输出端产生一个负跳变,向 51 单片机发出一个中断请求。一旦有按钮按下,再通过程序继续检测和识别具体是哪个按钮按下,据此实现不同的操作。

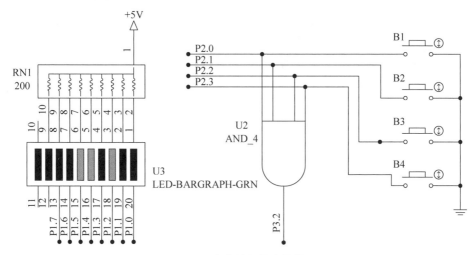

图 3-25　多个按钮状态的检测

本案例完整的程序代码如下(参见文件 **p3_5.asm**):

```
       ;多个按钮状态的检测——中断方式
BT     BIT    P3.2          ;将按钮状态输入引脚 P3.2 定义为位变量 BT
LED    EQU    P1            ;将控制 LED 的 P1 口定义为符号常量 LED
       ORG    0000H
       AJMP   MAIN
       ORG    0003H
       AJMP   IDEL          ;外部中断 0 服务程序入口
;==============================================================
;主程序
;==============================================================
       ORG    0100H
MAIN:  MOV    SP,#60H       ;设置堆栈指针
       MOV    P2,#0FH       ;P2 口低 4 位输出高电平
       SETB   BT            ;P3.2 先输出高电平
       MOV    LED,#0FFH     ;初始熄灭所有 LED
       SETB   IT0           ;设置外部中断 0,边沿触发方式
       SETB   EX0           ;开中断
       SETB   EA
       SJMP   $             ;死循环,等待按钮按下
;==============================================================
;外部中断 0 中断服务程序
;==============================================================
IDEL:  JB     P2.0,NEXT1    ;按钮 B1 按下?
```

```
        MOV     A,♯31H          ;是,将 1 的 ASCII 码 31H 存入 A
        SJMP    DONE            ;跳转
NEXT1:  JB      P2.1,NEXT2      ;按钮 B2 按下?
        MOV     A,♯32H          ;是,将 2 的 ASCII 码 32H 存入 A
        SJMP    DONE
NEXT2:  JB      P2.2,NEXT3      ;按钮 B2 按下?
        MOV     A,♯33H          ;是,将 3 的 ASCII 码 32H 存入 A
        SJMP    DONE
NEXT3:  MOV     A,♯34H          ;B4 按下,将 4 的 ASCII 码 34H 存入 A
DONE:   CPL     A
        MOV     LED,A           ;输出控制 LED 显示 ASCII 码
        RETI                    ;中断返回
        END
```

在上述程序的主程序中,首先做了如下一系列初始化操作:

- 设置堆栈指针;
- 由于 P2 口的低 4 位和 P3.2 引脚用作输入口,因此需要先将这些引脚置 1;
- 初始熄灭所有 LED;
- 与中断相关的初始化设置(设置外部中断的触发方式、开中断)。

在接下来不断重复执行 SJMP 指令的过程中,等待按钮按下。一旦有按钮按下,则 51 单片机响应中断请求,转到中断服务程序。

在中断服务程序中,主要是利用 3 条 JB 指令依次检测 P2.0～P2.3 是否为高电平。如果是,则表示相应引脚连接的按钮没有按下,继续检测下一个按钮。否则,相应按钮按下,则将相应按钮序号 1～4 的 ASCII 码存入累加器 A,最后将其取反后由 P1 口输出控制 LED 的亮灭。

3.4.2　中断优先级的简单理解

在动手实践 3-5 的中断服务程序中,对各按钮检测的顺序依次是 P2.0～P2.3。当检测到 P2.0＝0 时,意味着 P2.0 引脚连接的按钮 B1 有中断请求,此时跳转到标号为 DONE 的语句,执行对应的操作后返回主程序,不再执行循环中后面的其他 JB 指令。

由此可见,只有检测到按钮 B1 没有按下时,才能执行检测按钮 B2 是否按下的操作;只有按钮 B1 和 B2 都没有按下时,才能继续检测按钮 B3 是否按下,……。

上述执行过程意味着,只有当按钮 B1 没有按下时,按钮 B2 的中断请求才能得到响应。同理,只有按钮 B2 没有按下时,才可能响应按钮 B3 的中断请求,……。因此说按钮 B1 的中断优先级高于按钮 B2,按钮 B2 的中断优先级高于按钮 B3,……。显然,上述各条 JB 指令检测 P2 口各位的顺序可以任意规定。对 P2 口各位的检测顺序决定了各按钮中断的优先级别。这就是中断优先级(Priority of Interruption)表示的含义和实现的功能。

本章小结

本章介绍了 51 单片机内部集成的并行 I/O 接口及其连接输出设备时的基本用法,并初步认识了 51 单片机的外部中断及其应用。

1. 并口及其基本用法

（1）51单片机内部集成了4个并口，可以分别连接4个并行外部设备（例如8个LED、8个开关或按钮等）。硬件连接时，P0口必须外接上拉电阻，其他3个并口不需要上拉电阻。

（2）51单片机通过4个并口可以实现字节操作，也可以实现位操作。在程序中用MOV指令既可通过并口实现字节数据的输入或输出，也可以用位操作指令实现位操作，控制指定的某个并口引脚输出高/低电平，或者读取某个给定并口引脚的高/低电平状态。

（3）当并口用于连接输入外部设备时，在从并口读取数据前，必须用指令先使所用的并口或引脚输出高电平，否则外部电路无法使并口引脚的高/低电平正确变化。

（4）LED、开关和按钮是在51单片机应用系统中常用的开关器件，利用并口可以很方便地对其实时控制，这些器件与51单片机的连接电路大都是典型的标准电路。设计LED电路时，主要考虑其限流电阻的问题；设计开关和按钮电路时，主要考虑其消抖问题。

2. 单片机的指令系统

在本章所给的各动手实践案例中，编制的汇编语言程序主要用到51单片机指令系统中的位操作指令、条件转移指令、子程序的调用与返回指令等。

（1）位操作指令是51单片机中功能强大、应用最频繁的指令。利用位操作指令可以设置指定并口引脚输出的高/低电平，检测指定并口引脚的电平状态，从而实现开关量的输入或输出。

（2）利用条件转移指令可以很方便地实现程序的分支和循环，对开关量的输入和状态检测也大都利用条件转移指令和位转移指令实现。

（3）在汇编语言程序中，利用各种条件转移指令可以很方便地实现分支和循环程序。编写程序时，关键是确定合适的转移条件，正确选用相应的条件转移指令。

（4）与高级语言类似，在汇编语言程序中，通常将实现相同功能的程序段，或者功能相对独立的程序段单独编写为子程序，在主程序中需要的地方直接调用。在汇编语言程序中，子程序的调用和返回都有专门的指令实现，因此可以很直观地体会到子程序的调用和返回过程。

3. 单片机的中断系统与外部中断

中断是任何微机系统中都具备的一项重要技术，利用中断可以使CPU和外部设备同步工作，提高CPU的工作效率，并能使CPU对外部的某些特殊事件作出及时的反应。外部中断的一个典型应用就是实现开关通断状态和按钮动作的实时检测。

（1）51单片机中的所有中断请求分为两大类，即内部中断和外部中断。所有的外部中断都是通过P3口的P3.2和P3.3引脚引入。

（2）在硬件设计时，只需要将外部中断源电路连接到P3.2或P3.3引脚。当外部中断事件发生时，通过外部中断源电路使这两个引脚变为低电平或者出现负跳变，即可向CPU发出中断请求。

（3）要使用外部中断，在程序中，必须首先设置外部中断的触发方式，之后开中断以便CPU接收到中断请求。这两项操作都在主程序中的一开始，通过对特殊功能寄存器

TCON 中相应的位进行位操作设置实现的。之后，主程序中通过不断重复执行循环程序实现其他操作，同时等待中断请求的到来并响应和处理中断。

（4）当 CPU 接收到外部中断请求后，在响应中断的过程中，将自动跳转到地址为 0003H 或 0013H 的 ROM 单元。大多数情况下，在这些单元中存放一条条件转移指令，以便跳转到相应的中断服务程序。

（5）在汇编语言程序中，中断服务程序一般与主程序放在同一个程序文件中，一般放在主程序的后面，END 语句之前。中断服务程序的最后必须是一条 RETI 指令。

（6）51 单片机只有两个引脚 P3.2 和 P3.3 能够引入外部中断。如果一个系统中的外部中断比较多，可以进行外部中断源的扩展。扩展时需要同时进行相应的外部电路和程序设计，这些设计都有典型的方法供参考。

思考练习

3-1　填空题

（1）在 51 单片机中，具有第二功能的并口是_____。

（2）在 51 单片机中，存在漏极开路问题的并口是_____口，在用作普通并口时，必须在 51 单片机外部将该并口的各引脚接_____。

（3）51 单片机复位时，所有并口引脚都输出_____电平。

（4）为了使 51 单片机的 P1.7 引脚输出低电平，可以使用指令_____，为了使 P1 口的全部引脚输出高电平，可以用指令_____实现。

（5）已知 P3 = 0FFH，则执行指令 CPL P3.7 后，P3.7 引脚输出_____电平，P3 =_____。

（6）在位逻辑运算指令中，目的操作数必须是_____。

（7）已知某程序中 JZ LP 指令汇编后的机器码为 60H、0F0H，存放在 ROM 中 0120H 和 0121H 单元，则当 A =_____时，执行该指令将跳转到地址为_____的单元。

（8）已知某程序中 DJNZ R7,LP 指令汇编后的机器码为 0DFH、20H，存放在 ROM 中 011EH 和 011FH 单元，则当 R7 = 2 和 1 时，执行该指令后将分别继续执行地址为_____和_____单元中存放的指令。

40H	0AH
41H	0BH
42H	00H
43H	02H
44H	04H

图 3-26　RAM 单元
分配情况

（9）在 51 单片机中，子程序和中断服务子程序最后执行的指令分别是_____和_____。

（10）已知 SP = 4AH，则执行 LCALL 指令后，SP =_____。

（11）已知 SP = 4AH，则执行 RET 指令后，SP =_____。

（12）已知执行 ACALL DLY 指令后，内部 RAM 单元的分配情况如图 3-26 所示，并且当前栈顶为 43H，则该子程序调用指令存放在 ROM 中地址为_____开始的单元。

（13）在 51 单片机中，外部中断利用引脚_____或_____的第二功能引入 51 单片机。

（14）不管响应哪个中断请求，都必须用_____指令开中断，为了响应外部中断 0，还需要执行_____指令。

（15）根据中断源所处的位置，51 单片机的中断分为_____和_____两种。

3-2 选择题

（1）在 51 单片机的 4 个并口中，具有第二功能的是（   ）。

    A. P0   B. P1   C. P2   D. P3

（2）当并口用作普通输入口连接一个输入设备时，在程序中应先做的操作是（   ）。

    A. 输出低电平   B. 输出高电平   C. 输出   D. 开中断

（3）已知 P1.7 引脚上连接一个 LED 的阴极，则要点亮该 LED，不能执行的指令是（   ）。

    A. CPL   P1.7   B. MOV   P1，#7FH

    C. CLR   P1.7   D. ANL   P1，#7FH

（4）已知 P2.0 引脚连接了一个 LED 的阳极，则要点亮该 LED，可以用（   ）指令实现。

    A. CPL   P2.0   B. CLR   P2.0

    C. SETB 0A0H   D. XRL   P2，#1

（5）执行指令 CJNE A，#20H，NEXT 时，不做的操作是（   ）。

    A. 将 A 中的数据与常数 20H 进行比较

    B. 将 A 中的数据与 20H 相减，差存入 A

    C. 根据 A 和常数 20H 的相对大小，设置 C 标志位

    D. 如果 A≠20H，则跳转到 NEXT 标号处

（6）已知 SP=50H，则执行 3 次入栈操作和 1 次出栈操作后，SP=（   ）。

    A. 50H   B. 51H   C. 52H   D. 53H

（7）已知 SP=50H，则执行子程序中的 RET 指令后，SP=（   ）。

    A. 50H   B. 49H   C. 4FH   D. 4EH

（8）在 51 单片机中，外部中断 1 的中断服务程序必须从 ROM 的（   ）单元开始存放。

    A. 0000H   B. 0003H   C. 0013H   D. 0100H

3-3 在图 3-9 中，已知 LED-RED 的参数如图 3-27 所示，计算限流电阻 $R1$ 的阻值。

3-4 简述 51 单片机中当并口用作输入口时的基本操作步骤。

3-5 在本章各动手实践案例中，都是用 51 单片机的并口引脚控制 LED 的阴极电平。如果用并口控制 LED 的阳极，而将阴极通过限流电阻接地，能否正常控制 LED 的亮灭？电路（包括元件参数）和控制程序该如何修改？

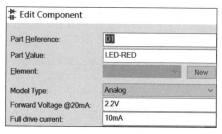

图 3-27 LED-RED 的参数

3-6　写出实现下列功能的指令（假设 LED 都采用共阳极接法）：

（1）将 P1 口各引脚连接的所有 LED 亮/灭切换一次；

（2）将 P1.7～P1.4 口连接的 4 个 LED 熄灭，另外 4 个引脚连接的 LED 保持原来的亮/灭状态；

（3）要求用字节操作指令将 P1.7 引脚连接的 LED 点亮，而其余 7 个 LED 的亮/灭状态保持不变。

3-7　已知常数 1000 事先已经存入 R6（低字节）和 R7（高字节），分别分析如下两个循环程序实现的功能。假设 51 单片机的时钟频率为 6 MHz，执行两个循环分别需要多少时间？

```
(1) NEXT:  CLR  C              (2) LP:MOV  A,R7
           MOV  A,R6                  DEC  R7
           SUBB A,#1                  MOV  R2,0x06
           MOV  R6,A                  JNZ  CON
           MOV  A,R7                  DEC  R6
           SUBB A,#0             CON: ORL  A,R2
           MOV  R7,A                  JZ   DONE
           ORL  A,R6                  SJMP LP
           JNZ  NEXT            DONE: …
```

3-8　已知 R6＝10H，R7＝20H，A＝00H，SP＝40H，执行如下程序段：

```
PUSH    ACC
PUSH    06H
PUSH    07H
POP     06H
POP     07H
```

（1）当执行完第 3 条指令后，画出堆栈的存储单元分配图；

（2）当执行完上述程序段后，A＝_____，R6＝_____，R7＝_____，SP＝_____。

3-9　如下汇编语言程序段实现的功能是：将内部 RAM 从地址为 30H 开始的单元中存放的数据进行累加。当累加和刚超过 200 时，点亮 LED（LED 阴极接 P1.0）。将程序补充完整，每处横线位置只能填一条指令。

```
       _____          ; 初始熄灭 LED
       CLR  A
       MOV  R0,#30H
LP:    _____          ; 累加
       INC R0
       _____          ; 累加和超过 200?
NEXT:  _____          ; 否,则继续
       _____          ; 是,则点亮 LED
```

3-10　如下汇编语言程序段实现的功能是：将内部 RAM 中 30H～37H 单元的数据传送到 34H 开始的单元。将程序补充完整，每处横线位置只能填一条指令。

```
        MOV   R0,#37H              ; 设置目的和源起始地址
        MOV   R1,#3BH
        MOV   R7,#8               ; 设置数据个数
LP:     _____          ; 传送 1 字节
        _____
        _____          ; 修改地址
        _____
        _____          ; 循环
```

综合设计

3-1　编写完整的汇编语言程序实现如下功能(要求加上必要的注释)：

(1) 子程序 DISP 实现如下功能：根据 R0 入口参数中的字节数据点亮或熄灭相应的 LED。例如，假设调用该子程序时 R0＝0F0H，则点亮 L1～L4 并熄灭 L5～L8，其中 8 个 LED 分别采用共阳极接法与 51 单片机的 P2.0～P2.7 相连接。

(2) 主程序中调用上述子程序，从 P1 口读入开关数据并点亮相应的 LED。

3-2　在 ROM 中从 0200H 单元开始存放有 20 个有符号数，编制完整的汇编语言程序实现如下功能(要求加上必要的注释)：

(1) 统计其中非负数的个数(提示：默认情况下，有符号数在 51 单片机中都用补码表示，负数补码的最高位为 1)。

(2) 将统计结果转换为 BCD 码，并用 8 个 LED 显示。假设 LED 采用共阳极接法与 P1 口相连接。

3-3　编写子程序实现一个通用延时子程序，延时的时间由子程序的入口参数确定。在主程序中调用该子程序，控制一个 LED 以不同的时间间隔进行闪烁。例如，亮 1 s、灭 2 s、亮 1 s、……。

3-4　在 51 单片机系统中，有两个 LED L1 和 L2 分别连接在 P1.0 和 P1.1 引脚，用两个按钮 B1 和 B2 分别作为两个外部中断 INT0 和 INT1，采用中断方式控制两个 LED 的闪烁。要求初始两个灯都点亮。当按动按钮 B1 时，L1 闪烁，直到按动按钮 B2；当按动按钮 B2 时，L2 闪烁，直到按动按钮 B1。

(1) 画出单片机与 LED 和按钮的连接电路。

(2) 编制主程序和中断服务程序。

第4章

51 单片机的人机接口

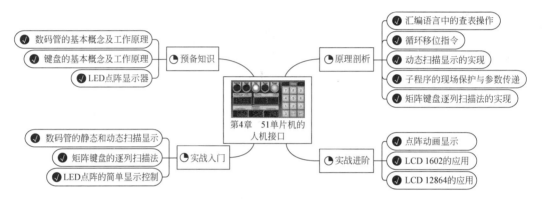

在 51 单片机应用系统中,LED 只能用作简单的状态指示,开关和按钮只能实现简单的通断控制。为了实现任意字符和图形等各种信息的输出显示和输入控制,就需要用到数码管和键盘、点阵图形显示器、液晶显示器等外部设备。本章将介绍这些人机接口电路的设计及控制程序的编写方法。

4.1 磨刀霍霍——预备知识

数码管与 LED 类似,是典型的输出设备,而键盘与开关和按钮类似,是典型的输入设备。数码管是一种由多个发光二极管构成的显示器件,可用于显示简单的数字和英文字母,如图 4-1(a)所示。数码管在各种家用电器和简单的测控系统中得到了广泛应用。

键盘用于实现数字、字母等各种字符的输入,也可以用于向 51 单片机发送控制命令。在 PC 上有 Windows 键盘,而在 51 单片机应用系统中,只需要输入有限个数的简单字符和命令,一般采用小键盘,如图 4-1(b)所示。

(a) 数码管

图 4-1

(b) 键盘

图 4-1　数码管和键盘

4.1.1　数码管的基本概念及工作原理

数码管可用于显示简单的字符,例如数字 0～9 和简单的大小写英文字母,其外形及引脚如图 4-2(a)所示。一个数码管内部由 7 个或 8 个 LED 构成,每个 LED 点亮或熄灭时,对应显示字符的一个笔画。每个 LED(或每个笔画)称为一个字段(Segment),分别表示为 a～g 和小数点(dp),对应数码管上的各引脚,因此数码管又称为 7 段或 8 段数码管,具体是 7 段还是 8 段取决于是否包括 dp。

1. 数码管的电路连接和字段码

每个数码管都有一个公共端 com(称为位选端),在数码管内部将其与所有 LED 的阴极接在一起,则这种数码管称为共阴极(Common Cathode)数码管。反之,如果 com 端与所有 LED 的阳极接在一起,则称为共阳极(Common Anode)接法。两种数码管内部的电路连接如图 4-2(b)和图 4-2(c)所示。

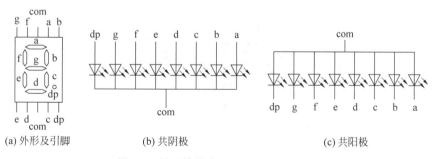

(a) 外形及引脚　　　　(b) 共阴极　　　　　　　(c) 共阳极

图 4-2　数码管的外形、引脚及内部电路

在系统中,如果将数码管的 com 端接有效的低电平(共阴极)或者高电平(共阳极),则当通过 a～g 和 dp 端向数码管送入不同的二进制代码和高/低电平,即可点亮或熄灭数码管中的各 LED,从而在数码管上显示期望的字符。这些二进制代码称为数码管的字段码,其中最低位到最高位依次对应字段 a～g 和 dp。

例如，对图 4-2(b)所示的共阴极数码管，如果送入的字段码为 3FH＝00111111B，则数码管上将显示字符 0；如果字段码为 77H＝01110111，则数码管上将显示字符 A。

显然，对同一个数码管，显示各字符所需的字段码各不相同。同理，对同一个字符，共阴极和共阳极数码管所需输入的字段码也不一样。表 4-1 给出了两种数码管常用字符对应的字段码。注意到对同一个字符，在共阴极和共阳极数码管上对应的字段码正好互为反码（即对应位是逻辑非的关系）。

表 4-1　数码管常用字符对应的字段码

字符	字段码		字符	字段码	
	共阴极	共阳极		共阴极	共阳极
0	3FH	0C0H	8	7FH	80H
1	06H	0F9H	9	6FH	90H
2	5BH	0A4H	A	77H	88H
3	4FH	0B0H	B	7CH	83H
4	66H	99H	C	39H	0C6H
5	6DH	92H	D	5EH	0A1H
6	7DH	82H	E	79H	86H
7	07H	0F8H	F	71H	8EH

2. 数码管的显示方式

在图 4-3 所示电路连接中，两个 7 段共阴极数码管（7SEG-COM-CAT-GRN）的位选端接地，而 7 个段选端 a~g 分别接 51 单片机 P2 和 P3 口的低 7 位。当执行如下指令时，将在两个数码管上分别显示字符 0 和 A：

```
MOV  P2,#3FH
MOV  P3,#77H
```

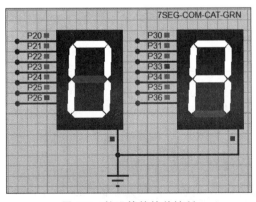

图 4-3　数码管的简单控制

如果各数码管的字段码分别通过 51 单片机的不同并口送来，则在程序运行过程中，只要送往并口的数据不变，各数码管上显示的字符就一直保持不变。数码管的这种显示方式称为静态显示。显然，一个系统中所需的数码管越多，需要占用 51 单片机的并口也越多。

考虑到 51 单片机上集成的并口资源个数是有限的,因此需要采用其他更有效的数码管显示方式。最典型的就是采用动态扫描显示。

动态扫描显示的基本出发点是尽量减少 51 单片机输出各数码管字段码所需占用的并口数。为此考虑将所有数码管的字段码都由同一个并口输出,也就是将所有数码管的同名字段码输入引脚连接在一起,分别接到同一个并口的不同引脚上。为了让各位数码管分别显示一个数据的各位,可以通过程序使各数码管的 com 端依次轮流为有效电平。

以共阴极数码管为例,将各数码管的 com 端分别接到另一个并口的不同引脚,51 单片机通过该并口送出一个控制代码。该代码中任何一个时刻只有一位为 0,com 端与该位并口引脚相连接的数码管才能被选中,从而显示当前送出的字段码对应的字符。位选码中其他位由于都为 1,因此其他数码管都不会被选中显示该字符。这样的控制代码称为数码管的位选码。

根据上述思想,为了让多位数码管显示一个多位的数据,需要两个并口。每次操作首先通过一个并口输出位选码以选中一位数码管;然后通过另一个并口送出数据的当前位字符对应的字段码;之后修改位选码,以选中下一位数码管,再由并口输出下一位数码管所需的字段码。重复上述过程,直到数据的各位依次显示到各位数码管上。当数据的所有位都显示一遍后,再从第一位到最后一位重复显示。只要对同一个数码管来说,重复的时间不超过人眼视觉暂留所需的时间(一般认为不超过 10 ms),则人眼观察到各位数码管上显示的数据就稳定不变。这就是数码管动态扫描显示的基本原理。

3. 数码管的译码方式

为了方便,在程序中一般直接给出数码管需要显示的数字或字符。但是,要让数码管正确显示出期望的字符,必须将字符转换为相应的字段码。获取待显示字符字段码的方法称为数码管的译码。

在 51 单片机系统中,数码管的译码可以采用硬件译码和软件译码。所谓硬件译码,是采用专用的译码芯片实现上述译码转换过程。常用的数码管译码芯片有 CD4511、74LS47 和 74LS48 等。其中 CD4511 是十进制 BCD 码到共阴极 7 段数码管字段码的转换芯片,内部有 BCD 码转换、锁存、译码和数码管驱动、消隐和测试等功能。74LS47 和 74LS48 的功能类似,具有 BCD 码转换、译码和驱动功能,二者的区别在于 74LS47 输出共阳极字段码;而 74LS48 输出共阴极字段码。

图 4-4 为 74LS48 芯片的引脚图,其中各引脚的功能如下。

(1) A、B、C、D:译码芯片输入端,输入为待显示字符 0~9 的 BCD 码,高/低电平分别表示 1 码和 0 码,其中 D 为高位,A 为低位。

(2) QA~QG:译码芯片输出端,输出共阴极数码管的 7 位字段码,输出的高/低电平分别表示 1 码和 0 码,分别对应与 7 段共阴极数码管的 a~g 段选端相连接。

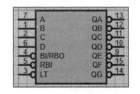

图 4-4　74LS48 芯片的引脚

(3) LT:试灯输入,当 LT=0 时,译码芯片输出都为高电平,若数码管正常显示字符 8,则表示数码管能够正常工作。

（4）BI：灭灯输入，当 BI＝0 时，译码芯片输出都为低电平，数码管熄灭。

（5）RBI：灭零输入，当译码芯片输入端为全 0（字符 0 的 BCD 码）时，本应译码输出字符 0 的字段码 3FH，从而使数码管显示字符 0。如果设置 RBI＝0，则译码芯片输出全部为低电平，从而使数码管熄灭。

（6）RBO：灭零输出，与灭灯输入 BI 配合使用，用于实现多位数码管显示的灭零控制。

正常工作时，LT、BI/RBO 和 RBI 引脚都接高电平，十进制数字 0～9 的 4 位 BCD 码从译码芯片输入端送入，内部经译码后得到对应的共阴极字段码输出，控制共阴极数码管显示出相应的数字代码。

上述硬件译码方法需要增加专用的译码芯片电路。在 51 单片机系统中，更多的是采用软件译码方法。这种方法不需要增加另外的电路，只需要在程序中用 DB 伪指令定义数码管的字段码表，然后用查表指令读取需要显示数字字符的字段码送入数码管。

4.1.2　键盘的基本概念及工作原理

键盘一般用于在 51 单片机系统运行过程输入简单的字符或控制命令，例如在计算器、电话机上的键盘，这些键盘的按键数都远少于普通的 Windows 键盘，称为小键盘。图 4-5 给出了 Proteus 元件库中提供的几个典型的小键盘电路符号。

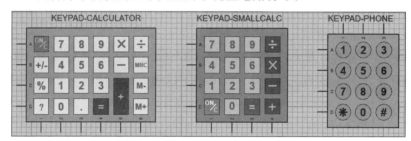

图 4-5　Proteus 中的小键盘电路符号

1. 独立按键和矩阵键盘

将键盘中的每个按键电路分别接到 51 单片机不同的并口引脚，工作互不干扰，这样的键盘称为独立按键。当按键数比较多时，这种电路连接和控制方法将需要大量的 51 单片机 I/O 口，为此，在实际系统中一般采用矩阵键盘。

在图 4-5 所示的第一个小键盘中，一共有 24 个按键，这些按键排列为 4 行 6 列，因此称为 4×6 矩阵键盘。每个按键内部电路实际上相当于一个按钮。位于同一行的所有按键按钮的一端接在一起，再分别接到 A～D 这 4 个引脚，称为矩阵键盘的行线。位于同一列的所有按键按钮的另一端接在一起，再分别接到 1～6 这 6 个引脚，称为键盘的列线。

图 4-6 给出了一个 2×4 矩阵键盘及其与 51 单片机的连接线路，其中 4 根列线分别与 P3.0～P3.3

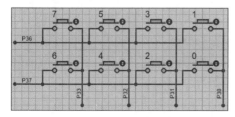

图 4-6　2×4 矩阵键盘

相接，2根行线分别与P3.6和P3.7相接。各按键表示的数字字符（图中的0～7）可以通过设置按键按钮的属性随意指定。

2．键盘扫描与按键识别

在系统中，对键盘的操作主要是识别按键，获得按键的编码代号，再据此实现各种应用功能，例如将识别到的按键字符送入数码管显示，根据不同的按键点亮不同的LED等。

实现按键识别有很多方法，常用的是逐列扫描法、行列反转法和中断扫描法。这里以图4-6所示小键盘连接电路为例，介绍这些方法的基本思想和步骤。

(1) 行列反转法。

行列反转法的基本方法是：分别使键盘的行线和列线全部输出低电平，读取列线和行线。然后根据两次读取的数据识别按键所在的行和列。

例如，假设当前按下了按键4，则第一步先用如下指令使4根列线输出全为0（同时2根行线输出高电平）：

```
MOV  P3,#0F0H
```

之后立即读取两根行线：

```
MOV  A,P3
```

上述指令读取了P3口完整的8位数据，但原理图中只用了最高2位。由于当前按键为4，通过该按键将使P3.7＝0，而第一行所有按键都没有按下，因此P3.6＝1，从而得到读取的最高2位为01B。

第二步，用如下指令使2根行线输出全为0（同时4根列线输出高电平）：

```
MOV  P3,#3FH
```

之后立即读取4根列线：

```
MOV  A,P3
```

上述指令也是读取了P3口完整的8位数据，但真正有用的只有最低4位，读取结果为1011B。

在上述两步操作读取的结果中，0码所在的位代表了当前按下的按键所在的行和列，因此在程序中对读取的结果做进一步处理，即可确定所在的按键。

(2) 逐列扫描法。

逐列扫描法识别按键也可以归纳为两步。第一步通过全扫描确认是否有键按下；第二步通过列扫描识别按键。在上述两步中，列线称为列扫描线，用于输出扫描码；行线称为行回读线，用于读取键盘电路中各行线的状态（高/低电平）。

所谓全扫描，一般是通过程序中的指令使所有列线同时输出低电平（称为全扫描码），并读取行线。只要有键按下，则读取的行线数据中一定有一位为低电平或0码，此时再进行后续列扫描。如果没有任何按键按下，则读取的行线全部为高电平，此时不再进行列扫描而直接退出。

一旦确定有按键按下,则需要通过列扫描进一步识别按键。列扫描的基本步骤是：从左向右或从右向左使各列线依次输出低电平,并立即读取行线,根据当前送出的列扫描码和读取的行线数据确定按下按键的位置。

在重复进行列扫描的过程中,每次输出的列扫描码必须只有一位为0,其余位全为1。在图4-6中,假设从右向左依次扫描各列,当前输出的4位列扫描码为1101B,则表示正在扫描第2列。此时,读取2根行线,如果得到的2位全为高电平1,说明当前按键不在第2列,则将列扫描修改为1011B,继续扫描下一列。如果读取得到2根行线有一位为0,则说明当前按键在该列,并根据读取行线为0的位确定当前按键在该列中所在的行。由此可见,在退出列扫描时,根据当前送出的列扫描码和读取的行线数据中的各位代码,即可确定按键,进一步识别得到按键编码。

（3）中断扫描法。

上述行列反转法和逐列扫描法都是在程序中利用专门的指令,通过查询方法实现按键的检测和识别。实际系统中,还广泛采用中断技术实现键盘扫描和识别。

以逐列扫描法为例。如果采用中断技术,则可以将各行线的输出利用与门组合后,作为一个外部中断源,由P3.2或P3.3引脚送入51单片机。在程序中,需要扫描读取按键时,先送出全扫描码。一旦有键按下,与门输出一个负跳变,立即向51单片机发出外部中断请求。

当51单片机响应了上述按键中断后,进入中断服务程序,再通过列扫描识别当前用户按下的按键。也可以在中断服务程序中,设置一个有键按下标志,当由中断服务程序返回主程序后,在主程序中实现逐列扫描以识别按键。

显然,采用中断技术,程序中不再需要全扫描操作,只需要进行列扫描识别按键。此外,识别到按键后,也不再需要通过全扫描等待按键释放的操作。但是,必须在初始化时将键盘电路所连接的外部中断设为边沿触发方式。此外,如果中断服务程序中设置了有键按下标志,必须在程序执行流程的合适位置及时将该标志清除,以避免对同一次按键的多次识别处理。

3. 键码

通过行列反转法或者逐列扫描法识别按键后,在程序中需要用合适的编码代号表示识别到的按键,这些编码代号称为键码或者键值。程序中每个按键的键码可以根据上述扫描的过程自行规定,只要保证每个按键有唯一不同的编码,并且便于程序实现。

例如,对图4-6所示键盘,根据行列反转法的基本原理,当按下按键4时,读取2根行线为P3.7=0,P3.6=1,读取4根列线为P3.3=P3.1=P3.0=1,P3.2=0,因此为方便起见,可以将按键4的键码确定为01**1011B。其中中间两位P3.5和P3.4没用,这两位可随意设置。同理,如果按下按键7,则两次读取得到P3.7=1,P3.6=0,P3.3=0,P3.2=P3.1=P3.0=1,因此可以将其键码确定为10**0111B。

按照上述方法确定所有按键的键码后,在程序中可以将其定义为一个键码表,类似于数码管的字段码表。在键码表中,各按键的键码一般根据按键代表的数字字符大小顺序排列。例如,在图 4-6 中,假设 P3.5 和 P3.4 置为 0,则根据上述方法可以确定按键字符 0~7 的键码分别为 01001110B＝4EH、10001110B＝8EH、01001101B＝4DH、10001101B＝8DH、01001011B＝4BH、10001110B＝8BH、01000111B＝47H、10000111B＝87H,据此可以将键码表进行如下定义:

```
KEYTAB:  DB  4EH,8EH,4DH,8DH,4BH,8DH,47H,87H
```

一旦通过行列反转法识别到按键后,根据两次读取的行列线数据搜索该键码表,即可确定当前按键对应的字符。当然,更一般的做法是,由于两次读取的行列线数据与键码之间有唯一的对应关系,在程序中只需要根据对应关系执行各按键按下应该执行的操作就可以了,很多时候并不需要获取按键字符。

需要强调的是,系统中每个按键上一般都会标注有该按键表示的字符,例如 Windows 键盘上的各按键,这些字符与上述键码是两个概念,只是在电路连接确定后,二者之间才具有确定的对应关系。

4.1.3 LED 点阵显示器

LED 点阵显示器应用非常广泛,在许多公共场合,如商场、银行、车站、机场、医院随处可见。不仅能显示文字、图形,还能播放动画、图像、视频等信号。LED 点阵显示器分为图文显示器和视频显示器,有单色显示或彩色显示。这里主要介绍单色 LED 点阵显示器的基本原理。

1. LED 点阵显示器的结构与显示原理

LED 点阵显示器由若干发光二极管按矩阵方式排列而成,阵列点数有 5×7、5×8、6×8、8×8 和 8×16 等。这里首先以 8×8 LED 点阵显示器为例,介绍其基本结构和显示的原理。

8×8 LED 点阵显示器的外观和内部结构如图 4-7(a)和图 4-7(b)所示。LED 点阵显示器内部由 64 个 LED 发光二极管组成,每个发光二极管(称为一个像素点)位于行线(R0~R7)和列线(C0~C7)的交叉点上,两端分别与一根行线和一根列线相连接。要点亮其中的某个点,要求该 LED 所连接的行线为高电平,列线为低电平。如在足够短的时间内依次点亮多个 LED,就可稳定无闪烁地显示字符或其他图形。

显然,控制 LED 点阵显示器的显示,实质上就是控制加到行线和列线上的编码,使某些 LED 点亮,其他的 LED 全部熄灭,从而显示出由不同发光点组成的各种字符。如果利用程序控制输入的行线和列线编码按照某种规律变化,即可实现动画滚动显示效果。

2. 行码和列码

不同的 LED 点阵显示器,其行线和列线的接法可能有所区别,在连接和编制程序时,必须正确确定行码和列码,为此可以查阅相关手册或者通过自行测试确定。

图 4-7(a)

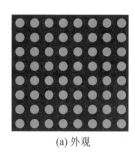

(a) 外观

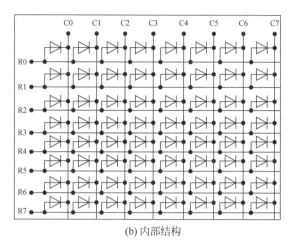

(b) 内部结构

图 4-7 8×8 LED 点阵显示器

例如，在 Proteus 中提供的 8×8 LED 点阵显示器测试电路如图 4-8 所示。图中将上方的第 3 根引脚接地，而下方的第二根引脚接电源，此时点亮的是第 3 行第 2 列 LED。根据测试结果，上方的 8 根引脚为行线，从左往右每根行线对应从上往下的每一行点阵；下方的 8 根引脚为列线，从左往右每根列线依次对应从左往右每一列点阵。要点亮某个 LED，应使相应的行线为低电平，相应的列线为高电平。

假设需要显示的字符为大写字母 V，在 8×8 点阵中可以首先用笔勾画出该字符，如图 4-9 所示。假设笔画经过的点需要点亮，用 0 码表示；没有经过的点需要熄灭，用 1 码表示。将同一列的 8 个点从下往上组合为 1 字节数据，称为行码。以最左侧两列为例，其行码分别为 11100000B＝0E0H，11011111B＝0DFH。

图 4-8

图 4-9

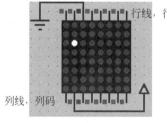

行线，行码

列线，列码

图 4-8 8×8 LED 点阵显示器测试电路

图 4-9 点阵列码

显然，对 8×8 LED 点阵显示器，共有 8 字节行码。由于行码中的每一位对应同一列点阵中不同行的点，因此行码应由上方的行线送入，用于控制同一列各行 LED 的亮灭。

除了送入行码以外，为了点亮各 LED 点，还必须使相应的列线为高电平。假设每次送入一个行码，点亮一列 LED，则应由下方的列线送入 1 字节的代码，其中只有一位为 1 码，其余位全部为 0 码，这样的代码称为列码。

行码和列码类似于数码管的字段码和位选码，LED 点阵显示器的显示控制与数码管的动态扫描显示类似。通过送来不同的列码以选中需要显示的列，同时由行线送来行码，即可控制一列点阵的显示。延时一定的时间后,再送出下一个列码以选中下一列,同时送出该列对应的行码。

例如,假设要显示图 4-9 中的第一列笔画,则应将行码 0E0 由行线送入,同时将列码10000000B=80H 由列线送入。显然,对 8×8 LED 点阵显示器,每个列码对应一行点阵,共有 8 字节,列码中为 1 的位决定显示哪一列笔画。

需要指出的是,上面只是给出了确定行码和列码的一种方案。根据应用系统的需要,也可以用另外的方案确定行码和列码。例如,将点阵数据中每字节由下方的列线送入,其中的各位用于控制同一行点阵中不同列的点,并由上方行线送入的字节数据控制当前需要点亮的行。

4.2　小试牛刀——实战入门

在对数码管、矩阵键盘和 LED 点阵显示器的基本概念有了初步了解后,这里通过几个案例介绍相应的硬件连接和程序设计方法。

动手实践 4-1：数码管的静态和动态扫描显示

本案例的电路原理图如图 4-10 所示(参见文件 ex4_1.pdsprj)。数码管选用 Proteus 元件库中 7SEG-MPX4-CC,该器件内部集成了 4 个共阴极红色数码管。其中 4 个数码管的 8个字段在器件内部分别全部接到 A～G 和 DP 引脚,外部再与 51 单片机的 P1 口相连接。各数码管的 com 端(位选端)1～4 分别接到 P3 口的低 4 位。特别注意各数码管与位选端之间的对应关系。

微课视频

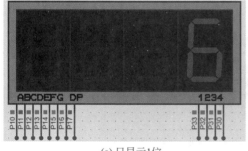
(a) 只显示1位

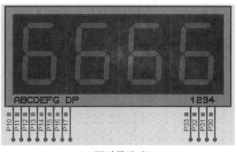
(b) 同时显示4位

图 4-10

图 4-10　数码管的静态显示

(1) 数码管的静态显示。

首先编制如下程序实现图 4-10(a)所示显示效果(参见文件 p4_1_1.asm)。

```
; 数码管的静态显示
BITSEL    EQU  P3                ; 定义数码管位选码输入端
FIELD     EQU  P1                ; 定义数码管字段码输入端
```

```
        ORG   0000H
        AJMP  MAIN
        ORG   0100H
MAIN:   MOV   BITSEL, # 0FEH        ; 输出位选码
        MOV   DPTR, # TAB
        MOV   A, # 06H
        MOVC  A, @ A + DPTR         ; 查表获得字段码
        MOV   FIELD, A              ; 输出字段码
TAB:    DB    3FH, 06H, 5BH, 4FH    ; 定义字段码表
        DB    66H, 6DH, 7DH, 07H
        DB    7FH, 6FH, 77H, 7CH
        DB    39H, 5EH, 79H, 71H
        END
```

在上述代码的主程序中，由 P3 口输出的位选码为 0FEH，因此只有右侧第一位数码管的 com 端为有效的低电平，从而使该位数码管显示字符 6。在程序中将待显示的字符数据用 1 字节数据表示（如程序中的 06H），根据该数据查字段码表获得字段码，再由 P1 口同时送到 4 位数码管。

如果将程序中的位选码分别修改为 0FDH、0FBH、0F7H，则将分别在另外 3 个数码管上显示字符 6，而其他 3 个数码管上不会显示。显然，如果将位选码修改为 0F0H，则 4 个数码管上将同时显示同一个字符，如图 4-10(b) 所示。

（2）数码管的动态扫描显示。

如果要求由 4 个数码管显示 4 位不同的十六进制数据，就必须采用动态扫描显示方式。例如，在图 4-11 中，希望显示的数据为 12ABH，则采用动态扫描方式编写完整的汇编语言程序如下（参见文件 p4_1_2. asm）：

图 4-11

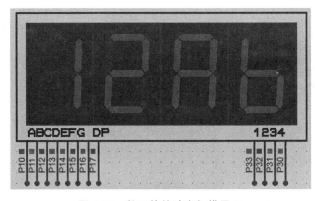

图 4-11　数码管的动态扫描显示

```
; 数码管的动态扫描显示
BITSEL  EQU   P3              ; 定义数码管位选码输入端
FIELD   EQU   P1              ; 定义数码管字段码输入端
BUF     DATA  30H             ; 定义显示缓冲区的起始地址
NUM     EQU   4               ; 定义缓冲区的长度(数码管的位数)
```

```
            ORG    0000H
            AJMP   MAIN
; =======================================================================
; 主程序
; =======================================================================
            ORG    0100H
MAIN:  MOV    SP,#60H          ;设置堆栈指针
       MOV    R0,#BUF          ;将显示缓冲区首址存入R0
       ACALL  BUFSET           ;显示缓冲区初始化
       MOV    DPTR,#TAB        ;设置字段码表指针
LP0:   MOV    R0,#BUF
       MOV    R7,#NUM          ;显示缓冲区长度(显示数据的位数)存入R7
       MOV    B,#11110111B     ;设置初始位选码
LP:    MOV    BITSEL,B         ;输出位选码
       MOV    A,@R0
       MOVC   A,@A+DPTR        ;查表获得字段码
       MOV    FIELD,A          ;输出字段码
       MOV    A,B
       RR     A                ;修改位选码
       MOV    B,A
       INC    R0               ;修改缓冲区指针
       ACALL  DELAY            ;延时1 ms
       DJNZ   R7,LP            ;循环显示下一位
       SJMP   LP0
; =======================================================================
; 显示缓冲区初始化子程序
; =======================================================================
BUFSET: MOV   @R0,#1           ;向缓冲区填入需要显示的数据1、2、A、B
        INC   R0
        MOV   @R0,#2
        INC   R0
        MOV   @R0,#0AH
        INC   R0
        MOV   @R0,#0BH
        RET
; =======================================================================
; 延时1 ms子程序
; =======================================================================
DELAY:  PUSH  07H              ;保护现场
        MOV   R6,#2
LPD1:   MOV   R7,#255
        DJNZ  R7,$
        DJNZ  R6,LPD1
        POP   07H              ;恢复现场
        RET
TAB:    DB    3FH,06H,5BH,4FH  ;定义字段码表
        DB    66H,6DH,7DH,07H
        DB    7FH,6FH,77H,7CH
        DB    39H,5EH,79H,71H
        END
```

在主程序中，首先调用子程序 BUFSET 设置需要显示的 4 位十六进制数据，之后利用循环从显示缓冲区取出每位数据显示到数码管上。

在 Proteus 中加载程序,运行后将看到如图 4-11 所示效果。修改子程序 BUFSET 中设置的数据,可以看到数码管上显示数据的变化。

动手实践 4-2：矩阵键盘的逐列扫描法

前面以 2×4 矩阵键盘为例,介绍了逐列扫描法按键扫描的基本原理。在此基础上,本案例以 4×4 矩阵键盘为例,介绍逐列扫描法的程序实现,相应的接口电路如图 4-12 所示（参见文件 ex4_2.pdsprj）。

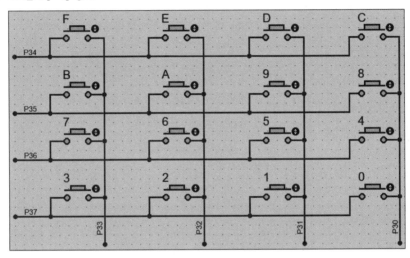

图 4-12 4×4 矩阵键盘电路原理图

为了突出基础原理的学习,这里不考虑键盘按键的消抖问题,完整的汇编语言程序（参见文件 p4_2.asm）如下:

```
; 矩阵键盘的逐列扫描
KEYBUF  EQU    30H          ; 定义按键输入缓冲区地址
NUM     EQU    4            ; 定义按键输入缓冲区长度
KDOWN   BIT    00H          ; 定义有键按下标志位,0 无键按下
        ORG    0000H
        AJMP   MAIN
; ===============================================================
; 主程序
; ===============================================================
        ORG    0100H
MAIN:   MOV    SP,#60H       ; 设置堆栈指针
LP:     MOV    R7,#NUM       ; 设置缓冲区长度
        MOV    R0,#KEYBUF    ; 设置键盘输入缓冲区指针
WAIT:   ACALL  ALLS          ; 全扫描,等待按键按下
        JNB    KDOWN,WAIT
        ACALL  KEYIN         ; 列扫描获取键码
WAIT0:  ACALL  ALLS
        JB     KDOWN,WAIT0   ; 全扫描等待按键释放
```

```
        MOV     A,R2
        MOV     @R0,A           ; 键码存入缓冲区
        INC     R0              ; 修改缓冲区指针
        DJNZ    R7,WAIT         ; 缓冲区未满,则继续循环
        SJMP    LP              ; 否则,转初始化,再继续循环
;=======================================================
; 列扫描(按键识别)子程序(返回键码->R2)
;=======================================================
KEYIN:  MOV     3,#0FEH         ; 初始列扫描码->R3(从右往左第1列)
        MOV     R4,#00H         ; 初始列号0->R4
SCOL:   MOV     A,R3
        MOV     P3,A            ; 当前列扫描字由P3口输出
        MOV     A,P3            ; 行回读
        JB      ACC.7,L1        ; 从下往上第1行有键按下?否,则跳转
        MOV     A,#00H          ; 是,行首键码0->A
        AJMP    LKP             ; 再跳转
L1:     JB      ACC.6,L2        ; 第2行有键按下?否,则跳转
        MOV     A,#04H          ; 是,行首键码4->A
        AJMP    LKP             ; 再跳转
L2:     JB      ACC.5,L3        ; 第3行行首键码8->A
        MOV     A,#08H
        AJMP    LKP
L3:     JNB     ACC.4,KCOL      ; 第4行有键按下?是,则跳转
        INC     R4              ; 否,列号加1
        RL      A               ; 列扫描码左移一位
        MOV     R3,A
        AJMP    SCOL            ; 转下一列扫描
KCOL:   MOV     A,#0CH          ; 第4行行首键码#0CH->A
LKP:    ADD     A,R4            ; 求键码=行首键码+列号
        MOV     R2,A            ; 键码存入R2
        RET                     ; 返回
;=======================================================
; 全扫描子程序(有键按下时,返回KDOWN=1,无键按下时返回KDOWN=0)
;=======================================================
ALLS:   CLR     KDOWN
        MOV     A,#0F0H
        MOV     P3,A            ; 全扫描码由P3口输出
        MOV     A,P3            ; 行回读
        XRL     A,#11110000B
        JZ      RETS            ; 无键按下,返回
        SETB    KDOWN           ; 否则,设置标志位
RETS:   RET                     ; 全扫描返回
        END
```

在主程序中,循环扫描键盘,并将输入的字符依次放入内部RAM地址从30H开始的4个单元。当连续输入超过4字符后,又从头到尾重复存放。

在Proteus中启动运行后,用鼠标任意依次单击各按键。在输入4字符后,单击"暂停"按钮暂停程序的运行(注意不是单击"停止"按钮),通过内部存储器窗口观察30H~33H内部RAM单元中的内容如图4-13(a)所示。

图中是顺序单击了 3、6、9、C 后的情况，各按键字符数据依次保存到 30H～33H 单元。之后再次单击"暂停"按钮或者"运行"按钮，回到运行状态，再依次单击 3 个按键 1、2、3，暂停后观察到结果如图 4-13（b）所示。新输入的 3 个字符重新保存到 30H～32H 单元，而 33H 单元中的数据不受影响。

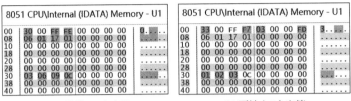

8051 CPU\Internal (IDATA) Memory - U1	8051 CPU\Internal (IDATA) Memory - U1
(a) 连续输入4个字符	(b) 再输入3个字符

图 4-13　程序 p4_2.asm 运行结果

动手实践 4-3：LED 点阵的简单显示控制

本案例利用 Proteus 中的 8×8 点阵模块 MATRIX-8X8-GREEN 实现任意字符的 8×8 点阵显示，原理接线如图 4-14 所示（参见文件 ex4_3.pdsprj），其中点阵显示器的行线和列线分别接 51 单片机的 P1 和 P3 口。

图 4-14

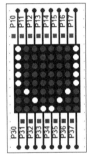

图 4-14　字符的点阵显示

为了利用该模块显示一个字符，编制如下汇编语言程序（参见文件 p4_3.asm）：

```
        ; 字符点阵显示
ROW     EQU     P1              ; 定义行线
COL     EQU     P3              ; 定义列线
        ORG     0000H
        LJMP    MAIN
; ================================================
; 主程序
; ================================================
        ORG     0100H
MAIN:MOV        SP,#20H         ; 设置堆栈指针
LP1:    MOV     R1,#00H         ; 设置行码表起始地址
        MOV     R7,#8           ; 设置点阵的总列数
        MOV     R0,#01H         ; 列码初始化
LP2:    MOV     COL,R0          ; 送入列码,点亮一列
        MOV     A,R0
        RL      A
        MOV     R0,A            ; 列码左移一位,准备点亮下一列
        MOV     A,R1
        ADD     A,#9
        MOVC    A,@A+PC         ; 查表获得当前行码
        MOV     ROW,A           ; 输出当前行码
        INC     R1              ; 修改行码表指针
        ACALL   DELAY1
```

```
          DJNZ    R7,LP2              ;8列点阵未完,则循环
          SJMP    LP1
BUF:      DB      0E0H,0DFH,0BFH,7FH,7FH,0BFH,0DFH,0E0H ;定义行码表
;====================================================================
;延时子程序,延时约2 ms
;====================================================================
DELAY1:   PUSH    05H                 ;保护现场
          PUSH    06H
          MOV     R5,#5
LPD1:     MOV     R6,#200
          DJNZ    R6,$
          DJNZ    R5,LPD1
          POP     06H                 ;恢复现场
          POP     05H
          RET
          END
```

在上述程序的主程序中,首先设置行码表的起始地址、点阵的总列数,并将列码初始化。之后通过循环显示出各列点阵。其中列码初始值设为 01H,并由 P3 口输出,从而点亮从左向右的第一列点阵。该列中具体点亮的点取决于由 P1 口输出的每字节行码。

将上述程序与程序 p4_1_2. asm 进行对比,可以发现两个程序中的主要代码实际上是类似的。

4.3 庖丁解牛——原理剖析

下面分别对实现上述案例所涉及的相关指令和程序作进一步分析介绍。

4.3.1 汇编语言中的查表操作

在数码管和点阵显示控制程序中,都用到了查表操作。通过查表获取待显示字符的字段码和点阵显示所需的行码等,再用于控制数码管和点阵显示器的显示。

在 51 单片机的汇编语言中,查表操作主要用 MOVC 指令实现。该指令是一条数据传送指令,其基本格式有如下两种:

```
MOVC    A,@A + PC
MOVC    A,@A + DPTR
```

1. 表的定义

为了实现查表操作,程序中首先需要定义数码管的字段码表和点阵显示器的行码表。在动手实践 4-1 中程序 p4_1_1. asm 和 p4_1_2. asm 的最后,将 1 位十六进制代码字符 0~F 的字段码顺序作为 DB 伪指令的操作数,得到数码管的字段码表。程序中用了如下 4 条 DB 伪指令:

```
TAB:      DB      3FH,06H,5BH,4FH      ;定义字段码表
          DB      66H,6DH,7DH,07H
          DB      7FH,6FH,77H,7CH
          DB      39H,5EH,79H,71H
```

其中，第一条 DB 伪指令将所定义的字段码表命名为 TAB 变量，4 条 DB 伪指令定义的 16 个数据将连续存放到 ROM 中连续的 16 个单元。

同理，在动手实践 4-3 的程序 **p4_3.asm** 的最后，用如下伪指令定义了点阵显示器的行码表：

```
BUF:  DB    0E0H,0DFH,0BFH,7FH,7FH,0BFH,0DFH,0E0H        ; 定义行码表
```

2. 查表操作

定义了待查的字段码表或行码表后，即可利用 MOVC 指令实现查表。在程序中，查表之前需要将表的起始地址送到 DPTR 或 PC，查表所需的关键字送到累加器 A。执行 MOVC 指令时，实现的操作是：将 DPTR 或 PC 与累加器 A 中的内容相加，找到对应的 ROM 单元，获得的查表结果存入累加器 A。这样的操作数寻址方式称为变址寻址。

例如，在动手实践 4-1 的程序 **p4_1_1.asm** 中，利用如下程序段实现查表操作。

```
MOV   DPTR,#TAB
MOV   A,#06H
MOVC  A,@A+DPTR          ; 查表获得字段码
MOV   FIELD,A            ; 输出字段码
```

首先用 MOV 指令将表变量 TAB 的起始地址存入 DPTR，将待显示的数字代码 6 作为关键字存入累加器 A；再执行 MOVC 指令查表获得字符 6 的字段码；查表结果再存入累加器 A，并进一步由符号地址 FIELD 所代表的 P1 口输出到数码管。

在程序 **p4_1_2.asm** 的 LP 循环部分，实现查表操作的部分代码如下：

```
MOV   A,@R0
MOVC  A,@A+DPTR          ; 查表获得字段码
MOV   FIELD,A            ; 输出字段码
```

每循环一次，修改一次 R0 指向的显示缓冲区地址。因此在指向上述代码时，利用 R0 间接寻址即可从显示缓冲区取出需要显示的字符，将其作为查表关键字存入 A，之后再执行 MOVC 指令实现查表操作。

在实现查表的 MOVC 指令中，使用 PC 或 DPTR 都可以。如果使用 DPTR，只需要用 MOV 指令将表存放的起始地址传送到 DPTR 即可。如果用 PC 指向表的首地址，则需要做一些附加操作才能确保在执行 MOVC 指令时找到正确的单元。下面以动手实践 4-3 的程序 **p4_3.asm** 为例进行说明。在该程序中，实现查表操作及相关的代码如下：

```
      MOV    A,R1
      ADD    A,#9
      MOVC   A,@A+PC
      MOV    ROW,A        ; 输出当前行码
      INC    R1           ; 修改行码表指针
      ACALL  DELAY1
      DJNZ   R7,LP2       ; 8 列点阵未完,则循环
      SJMP   LP1
BUF:  DB     0E0H,0DFH,0BFH,7FH,7FH,0BFH,0DFH,0E0H        ; 定义行码表
```

在上述程序段中,将 R1 中行码表起始地址 0 存入 A 后,需要将其再加上 9,才能作为后面 MOVC 指令查表操作所需的序号。之所以确定这里要将查表所需序号叠加 9,需要了解该段程序在 ROM 中的存放情况。图 4-15 所示是在 Keil C51 软件中查看到的目标程序在 ROM 中的存放格式。

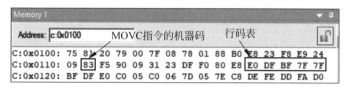

图 4-15　程序 p4_3.asm 在 ROM 中的存放格式

在执行 MOVC 指令时,先要从 ROM 中取出该条指令,此时 PC 指向该指令下面的单元,即 PC= 0112H。执行该指令进行查表操作时,是将当前 PC 的值 0112H 与 A 相加。

由图 4-15 可知,程序段中定义的行码表 TAB 是从 011BH 单元开始存放。当前 PC 的值应叠加上一个偏移量 011BH−0112H=9,才能正确找到所需的单元。

4.3.2　循环移位指令

第 2 章介绍了几条基本的逻辑运算指令。除了 ANL、ORL 和 XRL 等以外,还有 4 条指令 RR、RL、RRC 和 RLC 也属于逻辑运算指令。这 4 条指令一般又称为循环移位指令,其中 RL 和 RR 指令称为小循环移位,RLC 和 RRC 指令称为大循环移位,实现的功能如图 4-16 所示。4 条指令的操作数只能是累加器 A,其中保存的 8 位二进制数据在图中用方框表示。

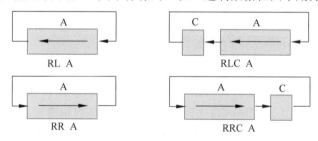

图 4-16　循环移位指令

RL 和 RR 指令每执行一次,会将累加器 A 中原来的 8 位二进制顺序左移或右移一位,同时将原来的最高位或最低位移动到最低位或最高位。例如,假设执行该指令前 A= 7FH=01111111B,则两条指令执行后 A 分别为 11111110B=0FEH 和 10111111B=0BFH。

RLC 和 RRC 指令在将 A 数据左移或右移的同时,还将移出的最高位或最低位存入 C 标志位,并将 C 中原来保存的 0 码或 1 码存入 A 的最低位或最高位,相当于参与移位的二进制数据共有 9 位,所以称为大循环。例如,假设执行指令 RLC A 之前 C=1,A=7FH,则执行后 C=0,A=11111111B=0FFH。

在动手实践 4-1 的程序 p4_1_2.asm 中,循环移位指令用于数码管位选码的设置和修改。在程序内层循环的初始化部分,设置 B 中保存位选码的初始值为 11110111B,其中只有

D3＝0。因此通过 P3 口送出该位选码时，将点亮左侧第一个数码管。在内层循环体中，第一次执行 RR 指令后，B 中的位选码变为 11111011B，因此点亮左侧第二个数码管。以此类推，当循环 4 次（因为 NUM＝4）后，B 中的数据变为 01111111B，因此跳转到标号为 LP0 的语句，重新执行内层循环的初始化，将 B 中的位选码重新初始化为 11110111B。

在动手实践 4-3 的程序 **p4_3.asm** 中，循环移位指令用于点阵显示器列码的设置和修改。程序与 p4_1_2.asm 类似，读者可以自行分析。

除了上述功能以外，循环移位指令在汇编语言程序中还有很多典型的应用，下面再举一些例子。

（1）检测多位二进制数据中各位是 0 码还是 1 码。

例如，两条大循环移位指令每执行一次，累加器 A 中当前的最高位或最低位都将移入 C 标志位。因此执行后利用 JC 或 JNC 指令即可检测 C 标志位，从而检测 A 中当前的最高位或者最低位是 0 码还是 1 码，并据此做进一步操作。

（2）替代 MUL 和 DIV 指令实现乘法和除法运算。

在很多应用程序中还广泛使用循环移位指令实现乘法和除法运算，特别是乘以或除以 2^n 的运算，其中 n 为正整数。例如，要将累加器 A 中的数据乘以 6，利用循环移位指令可以编写如下程序段实现：

```
CLC
RLC     A           ; A×2 -> A
MOV     B,A         ; 结果暂存到 B
CLC     C
RLC     A           ; 2A×2 = 4A -> A
ADD     A,B         ; 2A + 4A = 6A -> A
```

4.3.3 动态扫描显示的实现

在程序 **p4_1_2.asm** 中，主程序利用动态扫描方式实现 4 位数码管的显示，流程图如图 4-17 所示。其中的内层循环控制将 4 位数据依次送到各数码管显示，一个关键的操作是每次循环都需要修改和送出不同的位选码。在程序中这是利用循环移位指令 RR 实现的。

此外，每次循环都需要从显示缓冲区取出对应的数据，查表获得其字段码后送出到数码管。从缓冲区获取需要显示的数据是采用 R0 寄存器间接寻址方式实现的。因此在进入内层循环之前，需要将显示缓冲区的起始地址送入 R0，之后每次循环显示一位数据后，立即修改 R0 地址指针。

在 4 位数码管顺序扫描显示一遍后，主程序中用了一个大循环实现不断重复上述小循环实现的功能和操作。也就是说，每次大循环都将所有 4 位数码管顺序扫描显示一次。因此每扫描一次显示完 4 位数据后，需要返回到大循环的开始，重新设置缓冲区的长度和地址指针，以便从头到尾重新显示 4 位数据，从而利用视觉暂留现象稳定地显示出 4 位数据。

需要注意的是，数码管作为外部设备，每次驱动和点亮都需要时间，该时间远大于程序中指令执行所需的时间。因此，为了保证每个数码管稳定地点亮显示的字符，必须在选中下一位数码管之前，延时适当的时间。程序中的 DELAY 延时 1 ms 子程序就是为此而设置。

对每次大循环来说,如果忽略其他指令执行所需的时间,则小循环中每次循环延时 1 ms, 4 次小循环结束后将延时近似 4 ms,这也是每个数码管重复显示所需的时间间隔。根据人眼的视觉暂留现象,只要延时的时间不超过 10 ms,人眼就不会感觉到闪烁。

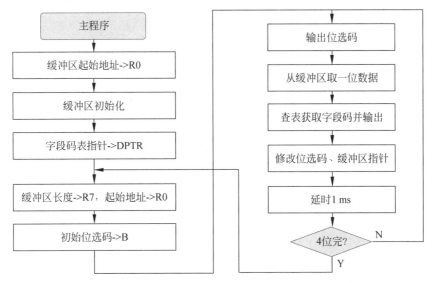

图 4-17 程序 p4_1_2.asm 的主程序流程图

4.3.4 子程序的现场保护与参数传递

在程序 p4_1_2.asm 中,有两个子程序 DELAY 和 SUBSET,分别用于实现 1 ms 延时和显示缓冲区的初始化,这两个子程序中都有一个重要的操作,称之为现场保护和恢复。

简单地说,现场指的是在子程序中要修改和使用,但返回主程序时不希望发生变化的寄存器和存储单元。在上述程序中,子程序 SUBSET 和 DELAY 中要分别用到 R0 和 R7,这两个寄存器都是现场。

以子程序 DELAY 中的 R7 为例。在该子程序中,利用 R7 实现循环和延时。子程序中的每次循环都将使 R7 减 1,如果不进行现场保护和恢复,则退出子程序返回到主程序时, R7=0。但是在主程序中,R7 用于保存显示缓冲区的长度,并据此控制主程序中小循环和大循环的次数,其值应该在每显示完一位数据后才减 1。

为了避免子程序和主程序中对 R7 操作的上述冲突情况,可以在主程序和子程序中分别用两个不同的工作寄存器,也可以利用现场保护和恢复实现。现场保护和恢复一般是利用堆栈实现,在进入子程序时,首先利用入栈操作指令 PUSH 将需要保护的数据推入堆栈, 称为现场保护。在子程序中使用完该寄存器后,再利用出栈操作指令 POP 将其从堆栈中取出来,称为现场恢复。

对于子程序 SUBSET,在其中要用到 R0 作为显示缓冲区的地址指针。在主程序中调用该子程序之前,设置需要显示的字符数据所在的显示缓冲区,并将缓冲区的起始地址存入 R0。进入子程序后,通过 R0 即可找到缓冲区,将字符数据存入缓冲区中的各单元。由此可见，R0 实现了主程序向子程序的参数传递。在汇编语言程序中，主程序和子程序之间的参数传递大都利用工作寄存器进行。如果工作寄存器不够用，也可以采用其他方法（例如堆栈）实现参数传递。具体实现方法这里就不详细介绍了。

4.3.5　矩阵键盘逐列扫描法的实现

程序 **p4_2.asm** 实现的功能是通过键盘输入字符，将其存入给定的键盘输入缓冲区。

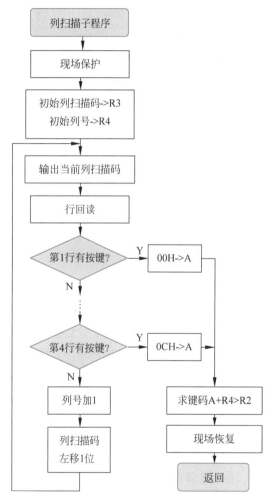

图 4-18　按键列扫描子程序流程图

在该动手实践 4-2 的主程序中，实现的主要功能是两次调用全扫描子程序 ALLS，分别用于检测是否有键按下和按键是否释放，并据此做相应的操作。

1. 全扫描子程序

全扫描子程序代码比较简单。由 P3 口低 4 位输出全扫描码后，读取 4 根行线的状态，再与全扫描码进行异或。如果没有任何一个键按下，则读取得到 P3 口的高 4 位全为 1 并且 P3 口低 4 位全为 0，则异或结果全为 0 并存入累加器 A；否则，只要有一个按键按下，则 P3 口高 4 位有一位为 0，异或结果不为 0。

由此可见，最后利用 JZ 指令检测 A 中的 8 位数据是否全为 0，即可判定是否有键按下。若有键按下，将 KDOWN 标志位设置为 1；否则，标志位为 0。

2. 列扫描子程序

在主程序中，当通过全扫描检测到有键按下时，将调用列扫描子程序进一步识别按键并获取键码。列扫描子程序的流程图如图 4-18 所示。

在子程序流程中，一开始设置初始列扫描码和初始列号，并分别保存到 R3 和 R4。在之后的循环程序中，每次循环送出当前列扫描码，立即进行行回读，并逐位检测当前按键所在的行。如果送出当前列扫描码，检测到 4 行都无按键，则修改列扫描码和起始列号，继续循环扫描下一列。

一旦检测到某行有按键，则根据按键所在的行设置累加器 A 的值分别为 0CH、08H、04H 和 00H。注意到这些值之间相差 4，等于同一列中相邻两行按键的键码之差。因此，最后根据 R4 中保存的当前列号和 A 中的值即可求得键码，保存到 R2 后返回。

4.4 牛气冲天——实战进阶

本节通过如下动手实践再介绍上述基本概念的综合应用及知识拓展,并介绍现代单片机系统中广泛使用的液晶显示技术。

动手实践 4-4:点阵动画显示

在日常生活中,点阵显示的一个或多个字符通常需要每隔一段时间左右或上下移动滚动显示,从而实现动画显示效果。

实现从右向左滚动显示的基本原理是:每隔一定的时间(例如 10 ms),将 8 列点阵对应的行码顺序前移一列。具体实现时,每次循环显示动画的一帧(共 8 列),而显示每一帧对应的行码逐一提前。例如,显示第一帧时,从行码表的第 1 字节开始输出 8 列行码;延时 10 ms 后显示第二帧,从行码表的第 2 字节开始输出 8 个行码,……。直到重复 8 帧后,又重复上述过程。

在程序 p4_3.asm 的基础上,稍加修改即可实现字符的动画显示。这里假设要求实现从右向左的滚动显示,程序流程图如图 4-19 所示,完整的程序代码如下(参见文件 **p4_4.asm**):

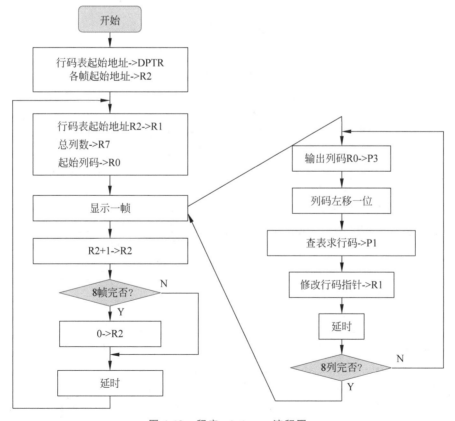

图 4-19 程序 p4_4.asm 流程图

```
; 点阵动画显示
ROW     EQU     P1                      ; 定义行线
COL     EQU     P3                      ; 定义列线
        ORG     0000H
        LJMP    MAIN
        ORG     0100H
MAIN:   MOV     SP, #20H
        MOV     DPTR, #BUF
        MOV     R2, #0                  ; 各帧动画行码表起始地址
LP0:    MOV     A, R2
        MOV     R1, A                   ; 当前帧行码表起始地址
        MOV     R7, #8                  ; 设置总列数
        MOV     R0, #01H                ; 列码初始化
LP:     MOV     COL, R0                 ; 送出列码
        MOV     A, R0
        RL      A
        MOV     R0, A                   ; 列码左移一位
        MOV     A, R1
        MOVC    A, @A + DPTR
        MOV     ROW, A                  ; 输出当前行码
        INC     R1                      ; 修改行码表指针
        ACALL   DELAY1                  ; 各列之间延时 2 ms
        DJNZ    R7, LP                  ; 一帧 8 列未完, 则循环
        INC     R2                      ; 修改各帧动画行码表起始地址
        CJNE    R2, #8, NEXT            ; 8 帧动画显示完, 从头开始
        MOV     R2, #0
NEXT:   ACALL   DELAY2                  ; 各帧之间延时 10 ms
        AJMP    LP0
; 定义行码表(1 字节对应一列点阵)
BUF:    DB      0E0H, 0DFH, 0BFH, 7FH, 7FH, 0BFH, 0DFH, 0E0H
        DB      0FFH, 0FFH, 0FFH, 0FFH, 0FFH, 0FFH, 0FFH, 0FFH
; ========================================================
DELAY1: MOV     R5, #5                  ; 延时子程序 1, 延时约 2 ms
LPD1:   MOV     R6, #200
        DJNZ    R6, $
        DJNZ    R5, LPD1
        RET
; ========================================================
DELAY2: MOV     R5, #250                ; 延时子程序 2, 延时 10 ms
LPD2:   MOV     R6, #200
        DJNZ    R6, $
        DJNZ    R5, LPD2
        RET
        END
```

启动程序运行后，将在点阵显示器观察大写字母 V 不断从右向左滚动显示。

与程序 p4_3.asm 相比，上述程序主要的改动有以下几点：

（1）在行码表中增加了 8 字节全 1 行码。送出这些行码时，对应的列全部熄灭。

（2）主程序中原来的循环用于显示动画的一帧，而为了实现各帧的重复显示，在其外面增加了一个大循环。为了便于理解，在流程图中将显示一帧的部分单独列出来。

4.4.1　字符型液晶显示器 LCD1602

液晶显示器(Liquid Crystal Display，LCD)厚度薄、适用于大规模集成电路直接驱动、易于实现全彩色显示，目前已经被广泛应用在便携式电脑、数字摄像机、PDA 移动通信工具等众多领域。

LCD 显示器分为字段型、字符型和点阵图形型。字段型 LCD 显示器以长条状组成字符显示，主要用于数字显示，也可用于显示西文字母或某些字符；字符型 LCD 显示器专门用于显示字母、数字、符号等，一个字符由 5×7 或 5×10 点阵组成；点阵图形型 LCD 显示器是在平板上排列的多行列的矩阵式的晶格点，这种类型的 LCD 显示器广泛用于笔记本电脑、彩色电视机和游戏机等的图形显示。

由于 LCD 显示面板较为脆弱，厂商将 LCD 控制器、驱动器、RAM 、ROM 和液晶显示器用 PCB 连接到一起，从而构成液晶显示模块(LCd Module，LCM)，51 单片机只需向液晶显示模块写入相应的命令和数据就可显示需要的内容。

1. LCD1602 的内部结构及外部引脚

LCD1602 是 16 字×2 行的字符型液晶显示模块，工作电压为 4.5～5.5 V，工作电流为 2 mA。其内有 80 字节 DDRAM(Display Data RAM，显示数据随机存取存储器)，还有 CGROM(Character Generator ROM，字符发生只读存储器) 和 CGRAM(Character Generator RAM，字符发生随机存取存储器)。

LCD1602 有两种引脚封装，分别是无背光的 14 引脚封装和有背光的 16 引脚封装。图 4-20 为无背光的 14 引脚封装的外观及引脚分配，其中包括 8 条数据线、3 条控制线和 3 条电源线。各引脚的功能如表 4-2 所示。

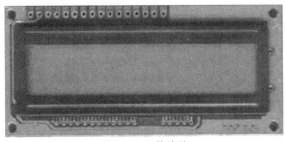
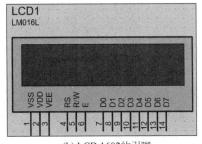

图 4-20

(a) LCD 1602的外形　　　　　(b) LCD 1602的引脚

图 4-20　LCD 1602 的外观及引脚

表 4-2　LCD1602 的引脚功能

引 脚 序 号	引 脚 名 称	引 脚 功 能
1	VSS	电源地
2	VDD	电源，一般接+5 V
3	VEE	对比度调节，接地时对比度最高
4	RS	寄存器选择(1：数据寄存器，0：命令状态寄存器)

续表

引 脚 序 号	引 脚 名 称	引 脚 功 能
5	R/W	读写操作选择(1：读,0：写)
6	E	使能信号
7～14	D7～D0	数据线,三态
15	BLA	背光电源
16	BLK	背光电源地

LCD1602 内部的 CGROM 中存放有 192 个字符的 5×7 点阵(称为字符的字模)。每个字符有一个唯一的编码代号,其中数字和字母字符的编码代号正好是其 ASCII 码。因此只需将待显示字符的 ASCII 码写入 DDRAM,内部控制电路就可自动从 CGROM 中取出字符点阵,从而将字符显示在显示器上。

LCD1602 中的 DDRAM 用于接收字符的 ASCII 码,称为显示缓冲区。DDRAM 中各存储单元与显示屏上字符的显示位置一一对应,每个存储单元都有一个地址,如图 4-21 所示。

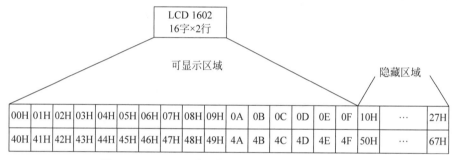

图 4-21　DDRAM 单元与字符显示位置的对应关系

当向 DDRAM 的 00H～0FH(第 1 行)、40H～4FH(第 2 行)地址的任一处写数据时,LCD 立即显示出来,该区域为可显示区域。而当写入 10H～27H 或 50H～67H 地址处时,字符不会显示出来,该区域为隐藏区域。如果要显示写入隐藏区域的字符,可通过专门的命令将其移入可显示区域。

2. LCD1602 的命令字及基本操作

LCD1602 内部有指令寄存器 IR 和地址寄存器 DR,用于接收各种命令和地址,设置工作方式和字符的显示位置等。通过 RS 和 R/W 输入信号可以选择指定的寄存器,并利用 E 控制信号的正跳变写入各种命令,实现相应的操作,如表 4-3 所示。

表 4-3　LCD1602 控制信号的作用

RS	R/W	E	操　作
0	0	正脉冲	将 D7～D0 的指令代码写入指令寄存器 IR(写命令)
0	1	正脉冲	将状态标志位 BF 和地址计数器 AC 的内容分别读出到 D7 和 D6～D0(读状态和地址)
1	0	正脉冲	将 D7～D0 线上的数据写入 DDRAM 指定的单元(写数据)
1	1	正脉冲	将 DDRAM 中的数据送到 D7～D0 线上输出(读数据)

　　想让液晶显示器显示字符,首先要对其进行初始化设置,即对是否显示光标、光标的移动方向、光标是否闪烁以及字符移动的方向等进行设置,才能获得所需的显示效果。这些操作都是由单片机通过向 LCD1602 写入不同的命令字实现的。LCD1602 的命令字如表 4-4 所示。

表 4-4　LCD1602 的命令字

序号	命　　令	RS	R/W	D7	D6	D5	D4	D3	D2	D1	D0
1	清屏			0	0	0	0	0	0	0	1
2	光标复位			0	0	0	0	0	0	0	×
3	显示模式设置			0	0	0	0	0	1	I/D	S
4	显示开/关及光标设置	0	0	0	0	0	0	1	D	C	B
5	光标或字符移位			0	0	0	1	S/C	R/L	×	×
6	功能设置			0	0	1	DL	N	F	×	×
7	CGRAM 地址设置			0	1	CGROM 地址					
8	DDRAM 地址设置			1	DDRAM 地址						
9	读忙标志或地址		1	BF	计数器地址						
10	写数据	1	0	待写数据							
11	读数据		1	读出的数据							

　　(1) 清屏命令:清除屏幕,向 DDRAM 的所有单元写入空格字符的 ASCII 码即 20H,同时控制光标返回屏幕左上角。

　　(2) 光标复位命令:控制显示光标返回到地址 00H 位置,即显示屏左上角第一个字符位置。

　　(3) 显示模式设置命令:设置光标和显示模式。其中,S 位设置后面的内容是否移动;I/D 位设置写入 1 字节数据后光标移动的方向。当 S=0 时整屏显示不移动;当 S=1 并且 I/D=1 时,每写入 1 字符数据光标右移一个字符位置;当 S=1 并且 I/D=0 时,光标左移。

　　(4) 显示开/关及光标设置命令:控制显示和光标的有无及光标是否闪烁。当 D=1 时开显示,D=0 时关显示;当 C=1 时有光标,C=0 时无光标;当 B=1 时光标闪烁,B=0 时光标不闪烁。

　　(5) 光标或字符移位命令:移动光标或整个显示屏幕。当 S/C=1 时移动显示的字符,S/C=0 时移动光标;当 R/L=1 时右移,R/L=0 时左移。

　　(6) 功能设置命令:设置数据位数、显示行数、字形大小。当 DL=1 时为 8 位数据线接口,DL=0 时为 4 位数据线接口;当 N=0 时单行显示,N=1 时两行显示;当 F=0 时显示 5×7 点阵字符,F=1 时显示 5×10 点阵字符。

　　(7) CGRAM 地址设置命令:设置用户自定义 CGRAM 的地址。

　　(8) DDRAM 地址设置命令:设置当前显示缓冲区 DDRAM 的地址以指定当前输出字符的显示位置。LCD 内部有一个数据地址指针,用户可通过它访问内部全部 80 字节的 DDRAM 单元,在程序中对应的命令代码为 80H+DDRAM 单元地址码。

　　(9) 读忙标志或地址命令:读取 LCD 是否处于忙状态、实现地址计数。执行该命令后,检测若 BF＝1 表示 LCD 处于忙状态，不能接收命令或数据。该命令的低 7 位用作地址计数器。

（10）写数据命令：向 DDRAM 或 CGRAM 当前位置写入 1 字节数据，写入后 RAM 地址指针自动移动到下一个位置。

（11）读数据命令：从 DDRAM 或 CGRAM 当前位置中读出数据。

LCD1602 上电后的复位状态为：清除屏幕显示；设置为 8 位数据长度，单行显示，5×7 点阵字符；显示屏、光标、闪烁功能均关闭；输入方式为整屏显示不移动，I/D＝1。程序中，在使用 LCD1602 前，可以根据需要利用上述命令字对其显示模式进行初始化设置。初始化设置的一般步骤为：

- 写命令字 01H，命令字 1，清屏；
- 写命令字 38H，命令字 6，设置显示模式为 2 行显示、5×7 点阵、8 位数据接口；
- 写命令字 0EH 或 0CH，命令字 4，开显示，显示/不显示光标，字符不闪烁；
- 写命令字 06H，命令字 3，设置字符不动，光标自动右移 1 字符位置。

其次，初始化设置以后，即可设置字符的显示位置，并将在当前屏幕位置需要显示的字符 ASCII 码写入 DDRAM。在初始化设置时写入命令 06H 后，每输出一个字符，屏幕上的光标将自动右移。因此，如果需要在同一行连续显示多个字符，只需要执行一次发送表中命令 8 的操作，设置第一个字符显示的位置。

4.4.2　图形液晶显示器 LCD12864

LCD12864 是一种点阵图形型液晶显示模块，主要由行驱动器/列驱动器及 128×64 点阵图形型液晶显示器组成。利用程序可以对显示屏上的每个点阵进行亮灭控制，从而实现任意图形的显示，也可以显示 4 行 8 列共 32 个 16×16 点阵汉字。

LCD12864 液晶显示器上的 128（列）×64（行）点阵分为左半屏和右半屏，每个半屏都由 64×64 点阵构成。与 LCD1602 相比，主要增加了 CS1 和 CS2 引脚，用于控制左、右半屏的显示。这些引脚的基本功能如表 4-5 所示，与 51 单片机的一种典型连接方法如图 4-22 所示。在图 4-22 中，51 单片机的 P1 口传送字模点阵数据和 LCD12864 的命令，P3.0、P3.1 和 P3.2 分别与 RS、R/W 和 E 引脚相连接，P3.4 和 P3.5 与 CS1 和 CS2 信号连接。

需要注意的是，LCD12864 有很多型号，在 Proteus 中，与该连线最接近的芯片是 AMPIRE128X64 或 LGM12641BS1R。

表 4-5　LCD12864 的引脚功能

引 脚 名 称	引脚功能描述
RS	1：传送数据；0：传输命令
R/W、E	R/W＝1，E 为负跳变时，读数据 R/W＝0，E 为负跳变时，写命令/数据
DB0-7	数据线
CS1、CS2	10：选择左半屏；01：选择右半屏

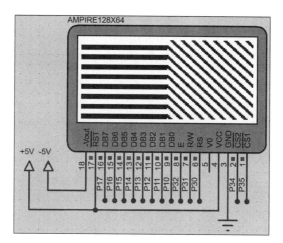

图 4-22

图 4-22　LCD12864 与 51 单片机的连接

1. LCD12864 常用命令及基本操作

LCD12864 的常用命令如表 4-6 所示,这些命令大都与 LCD1602 类似。

(1) 开/关显示命令:当命令字的最低位为 1 和 0 时,分别打开和关闭左/右半屏的显示。

(2) 列设置命令:设置显示的起始列(0～63),每写一列(8 行点阵),列号自动加 1。

(3) 页设置命令:设置显示的起始页号(0～7)。在左/右半屏中,每 8 行构成一页,共 8 页。页号在换页时不会自动加 1,需要在程序中利用该命令控制换页。此外,当左/右半屏切换时也需要重新设置起始页号。

(4) 写数据命令:向 LCD12864 输出点阵数据,输出点阵数据之前必须设置 RS=1。如果 RS=0,则表示向 LCD12864 输出上述各命令,以设置页号、列号等。

表 4-6　LCD12864 的常用命令

序号	命令	R/W	RS	DB7	DB6	DB5	DB4	DB3	DB2	DB1	DB0
1	开/关显示	0	0	0	0	1	1	1	1	1	1/0
2	页设置	0	0	1	0	1	1	1	X	X	X
3	列设置	0	0	0	1	X	X	X	X	X	X
4	写数据	0	1	写数据							
5	读数据	1	1	读数据							

利用程序控制 LCD12864 的显示,只需要按照上述顺序依次向其发送相应的命令即可。例如,为了实现图 4-23 中的显示效果,可以编制如下汇编语言程序:

```
RS  BIT  P3.0      ;定义数据、命令输入控制端
RW  BIT  P3.1      ;定义数据读写控制端
E   BIT  P3.2      ;定义使能控制端
CS1 BIT  P3.4      ;定义 LCD 左半区控制芯片片选
CS2 BIT  P3.5      ;定义 LCD 右半区控制芯片片选
```

```
            ORG     0000H
            LJMP    MAIN
; ================================================================
; 主程序
; ================================================================
            ORG     0100H
MAIN:       MOV     SP,#30H
            SETB    CS1                 ; 显示左半屏
            CLR     CS2                 ; 选择左/右半屏
            MOV     P1,#3FH
            ACALL   RWRITE              ; 开显示
            MOV     R7,#08H             ; 总页数 -> R7
            MOV     R0,#0B8H            ; 页设置命令字初始化 -> R0
LP0:        MOV     R6,#64              ; 一页总列数 -> R6
            MOV     P1,R0
            ACALL   RWRITE              ; 发送页设置命令
            MOV     P1,40H
            ACALL   RWRITE              ; 发送列设置命令
            MOV     A,#0F0H
LP1:        MOV     P1,A
            ACALL   DWRITE              ; 写点阵数据
            DJNZ    R6,LP1              ; 一页未完,循环
            INC     R0                  ; 修改页设置命令字
            DJNZ    R7,LP0
            CLR     CS1                 ; 显示右半屏
            SETB    CS2
            MOV     P1,#3FH
            LCALL   RWRITE
            MOV     R7,#08H
            MOV     R0,#0B8H
LP2:        MOV     R6,#64
            MOV     P1,R0
            ACALL   RWRITE
            MOV     P1,40H
            ACALL   RWRITE
            MOV     A,#70H              ; 初始点阵数据
LP3:        MOV     P1,A
            LCALL   DWRITE
            INC     DPTR
            RL      A
            DJNZ    R6,LP3
            INC     R0
            DJNZ    R7,LP2
            SJMP    $
; ================================================================
; 写命令(RS=L)子程序
; ================================================================
RWRITE:     CLR     RS
            CLR     RW
            SETB    E
            CLR     E                   ; 产生 E 负跳变
            RET
```

```
; ===========================================================
; 写点阵数据(RS = H)子程序
; ===========================================================
DWRITE:   SETB   RS
          CLR    RW
          SETB   E
          CLR    E              ; 产生 E 负跳变
          RET
          END
```

在上述程序中,子程序 RWRITE 和 DWRITE 分别用于实现向 LCD12864 写入命令和点阵数据。根据表 4-5 所示,在两个子程序中分别将 RS 复位和置位,然后通过 E 引脚输入一个负跳变。在这些信号作用下,将命令或数据写入。

上述程序中的主程序主要包括两大部分,分别用于显示左半屏和右半屏图案。两部分的操作步骤相同,可以用图 4-23 所示流程图表示。

根据流程图可知,在显示左/右半屏时,首先设置 CS1 和 CS2 引脚的高/低电平,以指定接下来显示的是左半屏还是右半屏,然后发送开显示命令(命令代码为 3FH),允许所选择的半屏显示。

显示半屏的主要流程是一个循环,每次循环显示一页。由于每个半屏共有 8 页,因此需要循环 8 次,在循环初始化中将该参数送入 R7。此外,在循环一开始,页设置命令为 0B8H,事先存入 R0。

在循环体中,每次循环首先将一页的总列数 64 存入 R6,之后调用 RWRITE 子程序向 LCD12864 发送页设置和列设置命令,再调用 DWRITE 子程序写入点阵数据。注意显示完一列后不需要重新发送页设置和列设置命令,直接输出下一列点阵数据即可。但是每次显示完一页后,都需要重新发送页设置和列设置命令,并且将起始页(即 R0 中保存的页设置命令字)递增 1。

本例中需要显示的图案具有一定的规律,因此所需的点阵数据表无须在程序中单独定义,而是由程序中相应的指令直接产生。对于左半屏来说,显示一组水平直线,每条直线的粗细占 4 行点阵,因此在每次循环中送出的点阵数据为 0F0H。对于右半屏来说,为了显示出

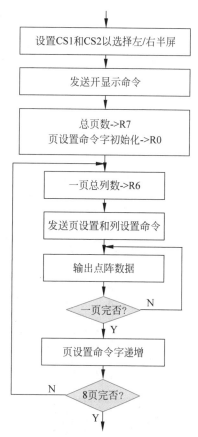

图 4-23 左/右半屏显示流程

一组斜线,在程序中设置初始点阵数据为 70H,每送出一列点阵数据后将其循环左移一位,因此第二列的点阵数据为 0E0H、第三列的点阵数据为 0C1H、第四列的点阵数据为 83H、……。

2. 点阵数据表

为了体会 LCD12864 显示的基本原理、常用操作及编程方法,上例中只是在左/右半屏

显示了两种简单的图案。这些图案对应的点阵数据具有一定的规律，可以在程序中利用指令生成后直接写入 LCD12864。

在实际系统中，可能需要显示中英文字符和更复杂的图形，这些字符和图形的点阵数据与数码管的字段码一样没有规律，无法用指令实时生成，一般在程序中定义为专门的点阵数据表。

（1）点阵数据表。

为便于程序显示控制，在 LCD12864 的同一页中，将每一列的 8 个点阵定义为 1 字节的点阵数据。左/右半屏的每一页共有 64 列点阵，因此一共需要 64 字节，按列号顺序定义。每个半屏的所有点阵数据再按照页号顺序定义，共需要 64×8＝512 字节。这样得到整个液晶显示屏的点阵数据共需要 2×64×8＝1 KB，这 1 KB 数据构成点阵数据表。

定义了点阵数据表后，只需要在程序中利用 MOVC 指令查点阵数据表获取各列点阵数据，即可很方便地显示任意期望的字符和图形。例如，定义如下点阵数据表：

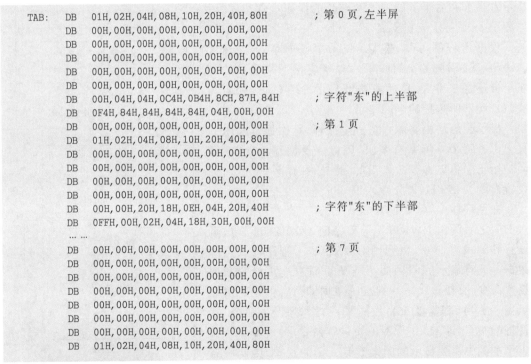

将在左半屏显示图 4-24 所示的图形和文字。

（2）字符的点阵数据表。

在 LCD12864 中，假设所有中英文字符都用 16×16 点阵显示，则每个字符的点阵将占用相邻的两页，每页 16 列，因此每个字符的点阵数据为 2×16＝32 字节。为便于程序控制，将一个字符的 32 字节点阵数据分为两组，对应字符的上下两半部分，屏上相邻的两页分别显示汉字的上半部分和下半部分。

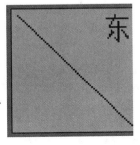

图 4-24　图形和字符的显示

在定义字符的点阵数据表时,根据字符在屏幕上需要显示的位置,在上述点阵数据表中找到对应的点阵数据定义,用待显示字符的上下两半点阵数据替换即可。例如,在上述点阵数据表中,汉字"东"的 64 字节点阵数据分别定义在第 0 页和第 1 页的最后两行,因此将这些点阵数据顺序写入 LCD12864 后,将在左半屏的第 0 页和第 1 页最后 16 列显示出该汉字。

LCD12864 所需字符和图形的点阵数据可以用专门的字模提取软件得到,具体使用方法可以参看相关手册。

动手实践 4-5:LCD1602 的应用

本案例要求在 LCD1602 液晶显示器上显示给定的两行字符,原理图如图 4-25 所示(参见文件 **ex4_5.pdsprj**)。在原理图中,LCD1602 的 3 个控制引脚分别与 51 单片机的 P3.5~P3.7 连接,数据线 D7~D0 与 51 单片机的 P2 相连接。

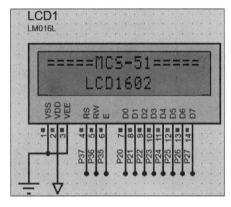

图 4-25

需要注意的是,在 Proteus 元器件库中没有 LCD1602,仿真时一般用 LM016L 替代。

根据原理图和 LCD1602 的基本概念,编制的汇编语言程序参见文件 **p4_5.asm**。

在主程序中,通过调用 WRTI 和 WRTD 子程序实现向 LCD1602 写入各种命令、设置字符的显示位置,输出待显示的字符数据等。下面主要对各子程序进行介绍。

图 4-25 LCD1602 的连接原理图

(1) LCD1602 状态的检测。

相对于 51 单片机的工作速度,LCD 的速度很慢,所以在写每条命令前,必须查询忙标志位 BF。如果 BF=1,表示 LCD1602 正忙于处理其他命令,必须等待到不忙(即 BF=0)时,才可写入命令。子程序 WERTI 中的第一条指令,就是通过调用子程序 BUSY_CHK,以检查 LCD1602 是否处于忙状态。

子程序 BUSY_CHK 的定义如下:

```
BUSY_CHK:    MOV     P2,#0FFH
             CLR     RS
             SETB    RW
WAIT:        CLR     E
             SETB    E
             JB      P2.7,WAIT           ; 忙,等待
             RET                         ; 等到不忙时返回
```

其中,指令 SETB RW 将 RW 置位,意味着是进行读数据的操作,也就是向 LCD1602 发送命令 9。LCD1602 接收到该命令后,将内部的 BF 状态位和地址计数器中的 7 位数据一起由 D7~D0 输出。由于 LCD1602 的数据线 D7~D0 与 51 单片机的 P2 口相连接,则只需要检测 P2.7,即可确定 BF 位的状态,从而了解 LCD1602 当前是否处于忙状态。当执行程序中

的 JB 指令检测到 BF＝1 时，返回重新读取 LCD1602 的状态。直到读取并检测到 BF＝0时，退出子程序。

需要注意的是，当 RS＝0，RW＝1 时，E 引脚送入正跳变才能将内部的 BF 状态送出。因此在上述子程序中，先用一条 CLR 将 E 端复位，再执行 SETB 将其置位，从而得到一个正跳变。

（2）写命令和数据子程序。

在程序中，写入的命令主要包括上述 LCD1602 的初始化设置和显示字符位置的设置。这些操作都是通过调用子程序 WRTI 实现的。子程序 WRTI 的定义如下：

```
WRTI:  ACALL  BUSY_CHK    ; 检查 LCD1602 是否忙
       CLR    E
       CLR    RS           ; RS 复位，表示写命令
       CLR    RW
       SETB   E
       MOV    DT,A
       CLR    E
       RET
```

其中，DT、E、RS 和 W 是在程序一开始用 EQU 和 BIT 伪指令定义的符号常量和符号位地址，代表 LCD1602 的数据端口及各控制引脚。

在上述子程序中，首先调用 BUSY_CHK 子程序检查 LCD1602 是否处于忙状态。当LCD1602 不忙时从该子程序返回，再继续执行 WERTI 子程序中的 CLR 和 SETB 指令，将RS 和 RW 复位，并且在 E 引脚上产生一个正脉冲。当这 3 个控制引脚电平为这些状态时，利用 MOV 指令将累加器 A 中存入的命令通过 P2 口写入 LCD1602。在程序一开始可以利用 EQU 或者 BIT 伪指令将其定义为相应的并口引脚。

向 LCD1602 写入待显示的字符是通过调用 WRTD 子程序实现的。该子程序与 WRTI子程序类似，只是在子程序中需要将 RS 端置位，以表示写数据而不是写命令。

（3）LCD1602 的初始化。

在利用 LCD1602 显示字符之前，必须先对其工作方式等进行设置，称为 LCD1602 的初始化。根据前面介绍的初始化步骤，在该案例中将 LCD1602 的初始化和清屏操作用如下初始化子程序实现：

```
INIT:  MOV    A,#01H      ; 清屏
       ACALL  WRTI
       MOV    A,#38H      ; 使用 8 位数据，显示两行，使用 5×7 的字型
       LCALL  WRTI
       MOV    A,#0CH      ; 显示器开，光标关，字符不闪烁
       LCALL  WRTI
       MOV    A,#06H      ; 字符不动，光标自动右移一格
       LCALL  WRTI
       RET
```

在上述初始化子程序中，主要是通过调用 WRTI 子程序向 LCD1602 写入初始化所需的各项命令。

（4）主程序。

本案例的主程序如下：

```
        ORG     0100H
MAIN:   MOV     SP,#60H
        ACALL   INIT                    ; LCD1602 初始化
        MOV     A,#80H                  ; 设置第一行起始列为第 1 列
        ACALL   WRTI
        MOV     DPTR,#L1                ; 设置 DPTR 指向显示缓冲区
        MOV     R7,#16
        MOV     R0,#0
LP1:    MOV     A,R0
        MOVC    A,@A+DPTR
        ACALL   WRTD                    ; 显示一个字符
        INC     R0
        DJNZ    R7,LP1                  ; 第 1 行显示未完,则循环
        MOV     A,#0C4H                 ; 设置第 2 行从第 5 列开始显示
        ACALL   WRTI
        MOV     DPTR,#L2                ; 显示第 2 行
        MOV     R7,#7
        MOV     R0,#0
LP2:    MOV     A,R0
        MOVC    A,@A+DPTR
        ACALL   WRTD
        INC     R0
        DJNZ    R7,LP2
        SJMP    $
L1:     DB      '=====MCS-51====='     ; 定义第 1 行字符
L2:     DB      'LCD1602'               ; 定义第 2 行字符
```

上述主程序可以分为 3 大部分。首先调用 INIT 子程序实现 LCD1602 的初始化设置；之后分别实现在 LCD1602 显示屏上显示两行字符。

在显示每行字符之前，调用 WRTI 子程序向 LCD1602 分别写入命令字 80H 和 0C4H，设置显示屏上两行字符的起始位置。由于两个命令字的低 7 位分别为 0000000B=00H 和 1000100B=44H，因此指定接下来字符写入 LCD1602 内部 DDRAM 的单元地址分别为 00H 和 44H，对应屏上的位置分别位于第 1 行第 1 列、第 2 行第 4 列。

在主程序的最后，将需要显示的两行字符用 DB 伪指令定义为 L1 和 L2 两个变量。在主程序的两个循环中，通过查表操作依次取出其中的各字符存入累加器 A 中，再调用 WRTD 子程序写入 LCD1602。由于初始化设置 I/D=1，因此每写一个数据，光标将自动右移一个字符位置，同时 DDRAM 中的单元地址自动递增 1。程序中用 R7 控制两个循环分别重复执行 17 次和 7 次，等于两行字符串的长度。

动手实践 4-6：LCD12864 的应用

根据图 4-26 所示电路连接（参见文件 **ex4_6. pdsprj**），编制汇编语言程序，在 LCD12864 液晶显示器上显示期望的图形和文字。

图 4-26

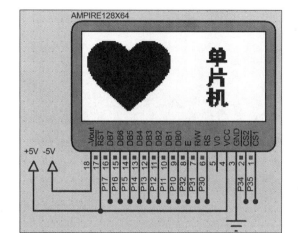

图 4-26   LD12864 的应用

本案例完整的汇编语言程序参见文件 p4_6.asm。下面对其中的一些主要问题做详细介绍。

（1）点阵数据表的定义。

根据上述基本概念和原理，实现正确的图形和字符显示的关键是获得并在程序中正确定义点阵数据表。本案例利用字模提取软件获得左/右半屏图形和字符的点阵数据。

首先在 Windows 中利用绘图软件绘制出需要显示的心形图案，注意将其大小（分辨率调整为 64×64 像素点），并保存为单色位图（可以是.JPG 或.BMP 文件）。之后，在字模提取软件中单击"基本操作"中的"打开图像图标"按钮，导入图片文件，再单击"修改图像"下面的"改变图像大小"，在弹出的对话框确认图像的宽度和高度都为 64。最后单击"取模方式"下面的"A51 格式"按钮，在图像下方的"点阵生成区"将显示全部点阵数据，如图 4-27 所示。将这些数据全部复制到程序中，在点阵数据的第一行前面加上 TAB 变量名并作适当的格式调整。

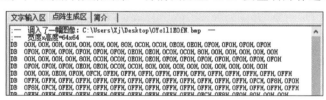

图 4-27   心形图案的点阵数据

对于右半屏需要显示的 3 个汉字（单片机），为了求得点阵数据，在字模提示软件下方的"文字输入区"中输入这 3 个汉字之后按 Ctrl＋Enter 键，将在上方的图形区显示出这 3 个汉字。注意，通过单击左侧"参数设置"中的"文字输入区字体选项"按钮，正确设置字体字号，以确保生成的是 16×16 点阵数据。这里设置为 12 号常规黑色。最后单击"取模方式"下面的"A51 格式"按钮，在图像下方的"点阵生成区"将显示全部点阵数据，如图 4-28 所示。注意每个汉字的点阵数据都有两行，共 32 字节。

为了将得到的点阵数据正确放到点阵数据表中，可以作出如图 4-29 所示屏幕布局示意图。这里假设"单片机"3 个汉字居中，并且每个汉字用 16×16 点阵显示，则在右半屏中，

3 个汉字对应的点阵占据第 1～6 页共 48 行、第 25～40 列共 16 列。

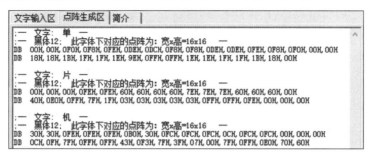

图 4-28　汉字"单片机"的点阵数据

在程序中,首先定义上述左半屏图案点阵数据表(共 8×64 ＝512 字节),在这些语句后面再定义右半屏 512 字节的全 0 码点阵数据。之后,根据上述屏幕布局找到相应的字节,将图 4-29 中各汉字的点阵数据复制到点阵数据表中正确的位置,替换原来的全 0 码。

以汉字"单"为例,该字点阵所占据的屏幕点阵为第 25～40 列,并且占据第 1 和第 2 页,因此将图 4-29 中对应的第一行点阵数据复制替换程序中注释为"右半屏第 1 页"开始的第 4、5 行,第 2 行点阵数据复制替换程序中注释为"右半屏第 2 页"开始的第 4、5 行。

(2) 控制程序。

在主程序中,首先设置 DPTR 指向所定义的点阵数据表,然后两次调用显示子程序 DISP,分别在左/右半屏显示出相应的图案和文字。

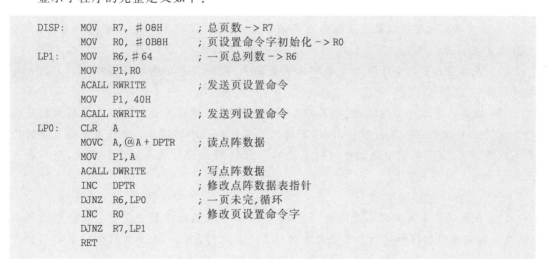

图 4-29　右半屏屏幕布局

显示子程序的完整定义如下:

```
DISP:   MOV    R7, ＃08H          ; 总页数 -> R7
        MOV    R0, ＃0B8H         ; 页设置命令字初始化 -> R0
LP1:    MOV    R6,＃64            ; 一页总列数 -> R6
        MOV    P1,R0
        ACALL  RWRITE            ; 发送页设置命令
        MOV    P1, 40H
        ACALL  RWRITE            ; 发送列设置命令
LP0:    CLR    A
        MOVC   A,@A + DPTR       ; 读点阵数据
        MOV    P1,A
        ACALL  DWRITE            ; 写点阵数据
        INC    DPTR              ; 修改点阵数据表指针
        DJNZ   R6,LP0            ; 一页未完,循环
        INC    R0                ; 修改页设置命令字
        DJNZ   R7,LP1
        RET
```

在上述子程序中，每次循环实现通过向 LCD12864 发送页设置和列设置命令，以设置起始页和起始列，之后利用 MOVC 指令查点阵数据表获取当前列的点阵数据并由 P1 口送往 LCD12864 显示。注意在查表时，每次循环将累加器 A 清零，并将 DPTR 递增 1，从而顺序取出各点阵数据。

程序中的 DWRITE 和 RWRITE 子程序等前面已有介绍，这里就不再重复了。

本章小结

本章介绍了单片机系统中实现字符和图形输出显示及输入的相关元器件和控制程序，重点介绍了 51 单片机系统中常用的数码管、矩阵键盘、点阵和液晶显示器等人机接口器件。

1. 数码管

数码管是在 51 单片机系统人机接口中常用的输出设备，可以显示简单的数字代码和英文字符。每个数码管都需要通过 51 单片机并口输出字段码和位选码，才能实现字符的显示。在具体系统中，可以采用静态和动态扫描显示，并可采用硬件和软件译码的方法获取待显示字符的字段码。

2. 键盘

键盘是输入设备，用于在 51 单片机系统运行过程中实时输入各种命令和数据。

（1）键盘可以认为是由多个按钮构成，实际上单独一个按钮也可以视为键盘。

（2）一般来说，51 单片机系统中所需的按键数量都比较少，可以采用独立按键，直接与 51 单片机的并口相连接。如果按键比较多，为了节约有限的并口资源，可以采用矩阵按键，分别用不同的并口与矩阵键盘的行线和列线相连接。

（3）对矩阵键盘，一个关键的问题是通过扫描识别用户当前的按键，从而实现不同的功能。在 51 单片机系统中，常用的键盘扫描和按键识别方法有行列反转法和逐列扫描法。

3. 点阵和液晶显示器

51 单片机系统还可以采用点阵和液晶显示器，实现更多字符和任意图形的显示，实现更加丰富多彩的人机接口界面。

（1）点阵显示器相当于具有更多字段的数码管，因此在电路连接与程序控制方面都与数码管类似。

（2）液晶显示器分为字段型、字符型和图形点阵型。其中图形点阵型液晶显示器能够对显示屏上单独的点阵进行控制，可以实现任意字符和图形的显示；字符型液晶显示器内部集成了字模点阵，只需要通过并口将字符的 ASCII 码输出到液晶显示器模块，即可在屏上显示出指定的字符。

4. 相关指令和程序编写

（1）在数码管中需要定义字符的字段码，在点阵和液晶显示器中需要定义字模点阵数据，在矩阵键盘的扫描和识别中需要定义键码表。由此可见，在 51 单片机中大量用到查表操作。表的定义用 DB 伪指令实现，而查表操作用 MOVC 指令实现。

（2）在数码管的动态扫描显示程序、矩阵键盘的扫描程序、点阵和液晶显示器的显示程序中,都需要用到循环移位指令,实现数码管位选码、键盘列扫描码等的修改和设置,以便编制循环程序实现相应的功能。

（3）在子程序中,很多情况下需要实现现场的保护和恢复,这些操作一般都是通过堆栈实现的。此外,很多子程序在调用和返回时,需要与主程序交换和共享数据,其中涉及子程序参数传递问题。在51单片机的汇编语言程序中,参数传递主要通过工作寄存器实现。

思考练习

4-1　填空题

（1）7段共阴极数码管内部由7个_____构成,其_____接在一起并接com引脚。

（2）用共阴极数码管显示某字符所需的字段码为2AH,要在共阳极数码管上显示该字符,需要送入的字段码为_____。

（3）8位共阳极数码管与51单片机并口的连接如图4-30所示,为了在最左侧数码管上显示字符"5",51单片机应该送出的字段码为_____,位选码为_____。

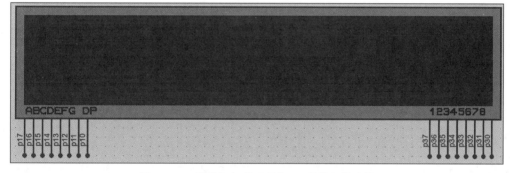

图 4-30

图4-30　8位共阳极数码管与51单片机的连接

（4）当74LS48的DCBA端输入0011B时,QG～QA端输出的字段码为_____B。

（5）已知C=0,A=0F0H,执行RL A指令后,A=_____;执行RLC A指令后,A=_____。

（6）对矩阵键盘,通过_____判断有无按键按下,通过_____实现按键识别。

（7）通过列扫描识别按键后,必须等到_____才能进行后续操作。

（8）在LCD1602中,为了在第1行和第2行的第3列(首列为第1列)分别显示两个字符,在将这两个字符的ASCII码写入之前,必须分别先发送命令_____和_____。

（9）在LCD1602中,利用_____信号区分是写入的命令还是显示数据。

（10）设置LCD12864显示以16×16点阵显示字符,要将某字符显示到LCD12864右半屏第2字符行、第3字符列(首行为第0行,首列为第0列),应该发送的页设置命令为_____,列设置命令为_____。

4-2　选择题

（1）要将 A 中的无符号数除以 2，可以选用的指令是（　　）。

　　　　A. RL A　　　　　　B. RLC A　　　　　　C. RR A　　　　　　D. RRC A

（2）指令 MOVC A，@A＋PC 访问的单元在（　　）存储区。

　　　　A. ROM　　　　　　B. 内部 RAM　　　　C. 外部 RAM　　　D. 不确定

（3）指令 MOVC A，@A＋DPTR 中，操作数的寻址方式为（　　）。

　　　　A. 寄存器寻址　　　　　　　　　　　B. 直接寻址

　　　　C. 变址寻址　　　　　　　　　　　　D. 寄存器间接寻址

（4）在某系统中，8 个共阴极数码管的字段码和位选码输入端分别接在 P1 口和 P2 口，为了使数码管全部熄灭，可以选用的指令是（　　）。

　　　　A. ANL P2，＃0FFH　　　　　　　　B. ANL P1，＃0

　　　　C. XRL P2，＃0　　　　　　　　　　D. ORL P1，＃0FFH

（5）某 2×8 矩阵键盘中，从左向右 8 根列线 C1～C8 依次接在 P3.7～P3.0 引脚，为了识别按键是否在 C2 列，由 P3 口送出的列扫描码应为（　　）。

　　　　A. 0BFH　　　　　B. 7FH　　　　　C. 40H　　　　　D. 80H

4-3　在 4.1.3 节中介绍点阵显示器显示的基本原理类似于数码管的动态扫描显示，其中行码相当于字段码，列码相当于位选码。对图 4-14 所示 8×8 点阵显示器，分析说明能否用与数码管类似的静态显示方法进行显示控制。

4-4　有如下循环程序：

```
MAIN:   MOV   R7,＃4            ADD   A,B
        MOV   R0,＃8            MOV   B,A
        CLR   A                INC   R0
        MOV   B,A              DJNZ  R7,LP
LP:     MOV   A,R0             SJMP  $
        ADD   A,＃2      TAB:  DB    1,－2,3,－4,－5,6,7,－8
        MOVC  A,@A＋PC
```

（1）分析执行完循环后 A、B、R0 和 R7 中的结果分别为多少？

（2）分析概括上述程序段实现的功能。

（3）如果要求将程序中的 MOVC A，@A＋PC 指令替换为 MOVC A，@A＋DPTR，则修改上述程序以实现同样的功能。

4-5　编制汇编语言程序段分别实现如下功能。（只需要写出实现具体功能的部分代码）。

（1）将内部 30H 和 31H 单元中存放的 16 位无符号数除以 2，假设 30H 单元存放的是高 8 位，31H 单元存放的是低 8 位，要求用移位指令实现，不使用 DIV 指令，不考虑余数。

（2）将内部 RAM 的 30H 单元中的数据除以 8，并放回原位置。要求用移位指令实现，不使用 DIV 指令，不考虑余数。

（3）在内部 RAM 的 40H 单元中存放有 1 字节数据，统计其中有多少个 1 码和 0 码，结果分别存入 R0 和 R1。

综合设计

4-1　8个共阴极数码管上的段选端与51单片机的P1口相连接,位选码接P3口。编写程序实现将同一个字符每隔20 ms从左向右循环滚动显示。

4-2　矩阵键盘也可以采用中断方式进行扫描。具体步骤是:有任一键按下时,向51单片机发出中断请求。单片机响应后,在中断服务程序中实现列扫描和按键识别。对图4-12所示4×4键盘,要求其行线和列线分别与P1口的高4位和低4位相连接,键盘的中断请求信号由P3.3引脚送入51单片机。

(1) 画出51单片机与键盘的连接线路图;

(2) 编制主程序和中断服务程序,将从键盘输入的各按键键码滚动存入内部RAM中30H开始的键盘输入缓冲区。

4-3　利用2个8×8点阵显示器这样的器件可以构成8×16或者16×8点阵显示器。图4-31为8行16列点阵显示器与51单片机的一种连接电路。要显示图中所示图案,确定并在程序中定义各列的行码,编写相应的程序段。

4-4　根据图4-26所示电路连接,编写一个通用子程序DISP,实现在LCD12864的任意位置(第几行、第几列)以8(行)×16(列)点阵显示指定的0~9数字字符,并在主程序中调用。

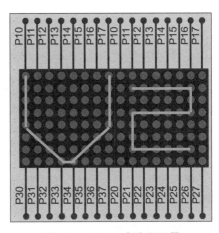

图 4-31

图 4-31　8×16 点阵显示器

第 5 章

51 单片机的定时/计数器和串口

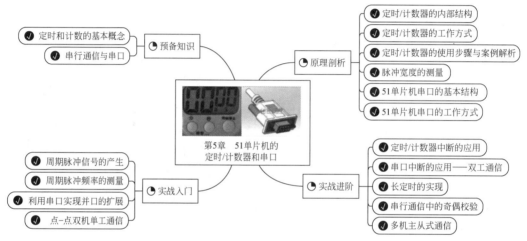

在前面各章的案例中都多次用到了定时。通过执行延时子程序实现期望的定时功能,称为软件定时。在执行软件定时的过程中,CPU 无法进行其他操作,效率比较低。考虑到定时功能在各种计算机系统中大量用到,目前几乎所有的单片机内部都集成了定时/计数器,利用这一内部资源可以实现可编程的定时和计数功能。

在现代社会生产和生活中,很多时候需要将多个单片机系统相互连接起来,实现信息的交换、传递和共享。当传输距离比较近时,可以采用速度比较快的并行传输。如果传输距离比较远,为节省系统构建和信息传输的成本,通常采用串行通信。

本章将对 51 单片机中的定时/计数器和串行通信接口这两大重要内部资源进行详细介绍。

5.1 磨刀霍霍——预备知识

作为本章内容的入门,这里首先对定时、计数、串行通信及接口的基本概念做个简要了解。

5.1.1 定时和计数的基本概念

从基本工作原理的角度看,51单片机内部集成的定时/计数器实质上都是一个数字计数器,因此这里首先对数字电子技术中的计数器及相关概念做简要复习。

在数字电子技术中,利用D触发器或JK触发器的串联,可以实现多位二进制计数。以集成4位二进制计数器74161为例,其外部引脚如图5-1所示,功能表如表5-1所示。

74161内部由4个JK触发器构成计数器。在引脚 $\overline{\text{CLR}}$ 为高电平期间,当引脚 $\overline{\text{LOAD}}$ 端送入负脉冲时,在时钟脉冲CLK的上升沿,由A~D端子送入的4位二进制数打入芯片内部,并立即出现在 $Q_A \sim Q_D$ 输出端。这4位二进制数称为预置数,又称为计数初值。

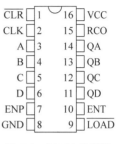

图 5-1 74161 的引脚

在 $\overline{\text{CLR}}$、ENP和ENT都为高电平期间,由CLK端每送入一个时钟脉冲,计数器的计数值递增1。CLK端送入的周期脉冲称为计数脉冲。当ENP或ENT端为低电平时,内部计数器暂停计数,计数值将保持不变,称为门控信号。

当计数值达到15,即4位二进制数为1111B时,RCO端输出一个正脉冲,称为计数溢出。之后,又从0000B开始重新计数,也可以通过LOAD输入一个正脉冲重装计数初值并重新计数。

表 5-1 74161 的引脚功能表

清零	预置	使能		时钟	预置数据输入				计数值输出			
$\overline{\text{CLR}}$	$\overline{\text{LOAD}}$	ENP	ENT	CLK	A	B	C	D	QA	QB	QC	QD
L									L	L	L	L
H	L			上升沿	A	B	C	D	A	B	C	D
H	H	L							保持不变			
H	H		L						保持不变			
H	H	H	H	上升沿					计数			

1. 定时和计数

利用74161这样的数字计数器,最基本的功能当然是实现计数(Count),也就是统计在指定时间内计数脉冲的个数。例如,假设计数开始前设置计数初值为0,由外部电路产生的脉冲作为计数脉冲从CLK端送入,则在某段给定的时间结束后,根据当前计数值即可确定该段时间内外部电路送入脉冲的个数。在实际系统中,利用计数功能可以实现外部事件出现次数的统计、脉冲宽度或频率的测量等功能。

如果计数脉冲来自一个标准的时钟脉冲,其频率或周期是已知的、恒定不变的,则计数器从给定的计数初值开始计数,直到计数溢出时,其间经过的时间可以由设定的计数初值确定,这样的功能称为定时(Time)。利用计数溢出信号可以实现很多定时控制功能,例如实现期望的延时,当期望的延时时间到后,切换LED的亮灭状态,或者使并口某个引脚的高/

低电平状态翻转以输出指定频率的周期脉冲等。

例如，假设计数脉冲周期为 1 ms，计数初值设为 0111B，则当计数溢出时，一共经过了 15−7＝8 个计数脉冲周期，因此从开始计数到计数溢出，一共经过了 8 ms 的时间。反之，如果希望从启动计数开始，要求经过 10 ms 的时间计数器出现溢出，则可以在计数开始前设置计数初值为 15−10＝5＝0101B。

由此可见，任何一个计数器都可以实现计数和定时功能，二者基本的区别在于计数脉冲是已知频率和周期的，还是频率和周期未知或者不确定的。如果计数脉冲是频率恒定的时钟脉冲，则一般用于实现定时；如果计数脉冲的频率或周期是未知的，或者不断变化的，则一般用于实现计数。实现定时功能的电路称为定时器（Timer）；实现计数功能的电路称为计数器（Counter）。二者统称为定时/计数器。

2. 可编程定时/计数器

所谓可编程定时/计数器，指的是计数器的所有或部分功能（包括计数初值的装入，计数过程的启停、计数溢出信号的检测等）由 CPU 通过执行程序来实现，从而能够将硬件和软件实现的优点综合起来，实现灵活的设置和控制，又不占用 CPU 过多的时间。

一个典型的可编程定时/计数器与 CPU 的连接可以用图 5-2 表示。工作过程中，CPU 通过执行指令向定时/计数器送出计数初值，并发送启停控制信号。一旦启动，定时/计数器就在计数脉冲的作用下，不断地自动递增或递减计数。在计数过程中，CPU 还能随时通过执行相应的指令暂停或终止计数。

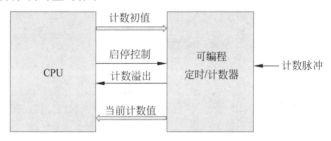

图 5-2　可编程定时/计数器与 CPU 的连接

在计数过程中，CPU 能随时通过指令读取计数值。当计数器发生计数溢出时，CPU 可以及时检测并作出反应，也可以在计数溢出时由定时/计数器主动向 CPU 发出信号标志。

上述所有操作都是由 CPU 内部通过执行指令实现的，也就是能够对定时/计数器的工作过程进行程序控制。例如，在程序中可以通过指令灵活地修改定时/计数器的计数初值以实现不同长度的定时，检测到计数溢出后执行预定的操作，根据需要暂停计数或者重新开始计数等。

MCS-51 的 51 子系列单片机内部集成了 2 个可编程定时/计数器 T0 和 T1，52 子系列还增加了一个 T2。这些定时/计数器作为 51 单片机集成的内部资源，可以实现 16 位、13 位或 8 位计数。每个定时/计数器都有多种工作方式可供选择，其中 T0 有 4 种，T1 和 T2 分别有 3 种。定时/计数器产生的进位溢出使相应的位单元置位，程序中通过查询该位或采用中断方式进行处理。

　　3. 脉冲频率和宽度测量的基本原理

　　定时/计数器一个典型的应用是实现脉冲宽度、频率或周期的测量。这里说的脉冲可以是一个单脉冲或周期脉冲。对于周期脉冲,其宽度也就代表了脉冲的周期,周期的倒数等于脉冲的频率。

　　(1) 脉冲宽度和周期的测量。

　　为了测量一个脉冲的宽度,可以将待测脉冲作为计数器的启停控制信号(例如74161的门控信号 ENP 或 ENT),将另一个标准的时钟脉冲作为计数脉冲。在待测脉冲为高电平期间,计数器不断对计数脉冲进行计数,每来一个标准时钟脉冲,计数值递增1。当待测脉冲高电平结束,脉冲变为低电平时,计数器立即停止计数。此时根据当前计数值和设置的计数初值以及标准脉冲的周期,即可计算得到待测脉冲高电平持续的时间,即脉冲的宽度。

　　假设标准脉冲的周期为 T_c,计数初值为 N_0,待测脉冲高电平结束时刻的当前计数值为 N,则待测脉冲的宽度为 $T = NT_c$。如果待测脉冲为占空比等于 50% 的周期方波,则将上述结果再乘以 2,即可得到脉冲的周期。上述测量原理可以用图 5-3 表示。

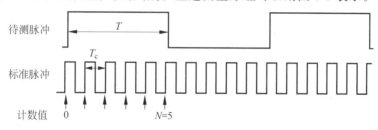

图 5-3　脉冲宽度的测量

　　显然,根据上述测量的基本原理,由于计数值只能是整数,因此待测脉冲的宽度必须大于标准脉冲的周期。另外,在计数的开始和结束时刻,待测脉冲和标准脉冲的正负跳变不一定同步,这将导致计数结果 N 出现 ± 1 个字的波动。因此,为保证测量精度,一般要求待测脉冲的宽度或周期远大于标准脉冲的周期。同时,一般的计数器都有计数范围的限制(例如74161的最大计数值为 15),这又要求待测脉冲相对于标准脉冲的周期不能太大,否则在计数过程中将出现溢出,导致测量结果错误。

　　(2) 脉冲频率的测量。

　　利用上述方法测得脉冲的周期后,取倒数即可得到周期脉冲的频率。在 51 单片机系统中,还广泛采用另一种方法实现周期脉冲频率的测量。这种测量方法是基于频率最基本的概念提出来的。

　　所谓周期脉冲的频率,指的是单位时间内脉冲的个数。因此,如果用一个计数器工作在定时方式,定时设为单位时间(例如 1 s),同时让另一个计数器工作在计数方式,在定时 1 s 时间内,统计待测脉冲的个数,则该计数值也就是脉冲的频率。实际系统中考虑到定时/计数器的位数、计数值的范围以及测量的实时性等,定时单位时间不一定是 1 s。例如,假设定时时间长度为 1 ms,则只需要将计数结果乘以 1000,即可得到待测脉冲的频率。也可以直接用计数值表示频率,但单位为 kHz。

上述测量原理可以用图 5-4 表示。显然,采用这种方法测量频率,要求待测脉冲的周期不能超过定时的时间长度,或者说频率不能过低,否则将带来比较大的相对测量误差。另外,实际的计数器都有计数范围(最大计数值)的限制,这又决定了待测脉冲的频率不能太高,否则在定时的单位时间范围内计数器将出现溢出,导致计数和测量结果错误。

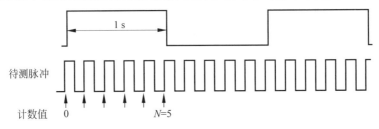

图 5-4　脉冲频率的测量

5.1.2　串行通信与串口

计算机系统中各部件之间的数据传输或者通信有两种基本的形式,即并行通信和串行通信。并行通信通常使用多条数据线将数据字节的各个位同时传输,每一位二进制数据分别通过一条传输线进行传输,另外还需要一条或几条控制信号线。并行通信的示意图如图 5-5(a)所示。

串行通信是将数据字节分成一位一位的形式在一条传输线上逐个传输。一次只能传输一位,对于 1 字节的数据,至少要分 8 位才能传输完毕,如图 5-5(b)所示。

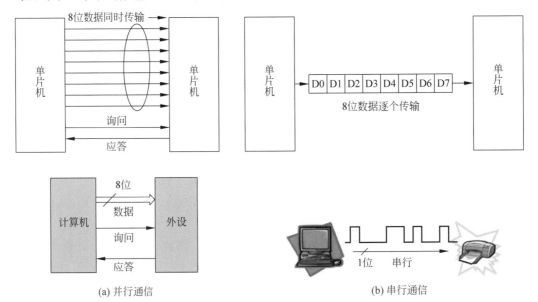

(a) 并行通信　　　　　　　　　　　　(b) 串行通信

图 5-5　并行通信与串行通信

并行通信相对传输速度快。但由于传输线较多,长距离传输时成本高,因此这种方式适合于短距离的数据传输。串行通信所需的传输线少,连线简单,但传输速度慢,适用于远距离或数据量少的通信,其传输距离可以从几米直到几千千米。

1. 串行通信的基本概念

串行通信又可以分为同步和异步通信、单工和双工通信等。这里对相关的几个基本概念做些简要介绍。

(1) 同步通信和异步通信。

串行通信可以采用同步和异步两种通信方式。在同步串行通信中,通过一条同步时钟线将同步时钟同时加到收发双方,双方数据的发送和接收都由同一个时钟控制完全同步地进行。

同步传输用来对数据块进行传输,一个数据块中可以包含若干连续的字符数据,并严格按照事先约定的通信协议确定每个数据帧的传输格式(例如,数据的位数、数据中各位的传输顺序等),通信过程中以特定的位组合作为帧的开始和结束标志(称为同步字符)。同步通信中数据帧的格式如图 5-6 所示。

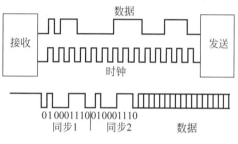

图 5-6 同步通信及数据帧格式

异步串行通信是指收、发双方分别使用各自的时钟控制数据的发送和接收,这样可省去连接收、发双方的一条同步时钟信号线,使得异步串行通信连接更加简单且容易实现。

异步传输以字符为单位进行数据传输,每个字符的传输都从起始位开始、到停止位结束,字符与字符之间的间隙(时间间隔)不固定,但字符中的各位以固定的时间传输,即字符之间是异步的,但同一字符内的各位之间是同步的。

在单片机中集成的串口采用的是异步串行通信方式,其传输的数据格式如图 5-7 所示。当没有数据发送时,数据线保持为高电平状态。在发送数据时,先发送起始位,即将数据线复位为低电平,然后再逐位发送数据。数据发送完毕后再使数据线变为高电平,即向接收方发送一位停止位。

异步串行通信不要求收、发双方时钟严格一致,实现容易,成本低,但是每个数据帧的传送都要附加起始位、停止位,有时还要再加上校验位,因此传输效率不高。

(2) 单工和双工通信。

按照信号传输的方向,一般又将串行通信分为单工方式、半双工方式和全双工方式三种。

所谓单工方式,指的是信号(不包括联络信号)在信道中只能沿一个方向传输,而不能沿相反方向传输,如图 5-8(a)所示。显然这种情况下只需要一根数据线即可实现数据的传输。

所谓半双工方式,指的是通信双方均具有发送和接收信息的能力,信道也具有双向传输性能,但是通信的任何一方不能同时既发送信息又接收信息,即在指定时刻数据只能沿某一

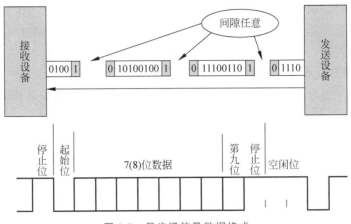

图 5-7　异步通信及数据格式

个方向传输，如图 5-8(b)所示。半双工方式大多采用双线制，在收发两端由内部电路进行发送和接收的切换。在外部发送和接收的数据都通过同一根线传输。

若信号在通信双方之间沿两个方向同时传输，任何一方在同一时刻既能发送又能接收信息，这样的方式称为全双工方式，如图 5-8(c)所示。显然，这种传输方式需要在发送端和接收端之间连接两根数据线。

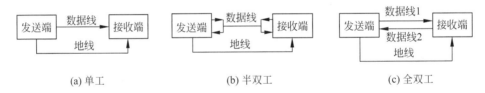

图 5-8　单工、半双工和全双工串行通信方式

（3）数据传输速率。

串行通信的传输速率表示数据传输的快慢，一般可以用两种指标进行描述，即波特率和字符速率。

波特率(Baud Rate)指的是串行通信时每秒传送的码元数。在计算机通信中，一个码元一般指的是需要传输的一位二进制数据，单位为 bit/s，简写为 b/s，有时也写为 baud(波特)。串行通信常用的标准波特率在 RS-232C 标准中已有规定，典型的有 600、1200、2400、4800、9600、19200 和 115200 等。

在异步串行通信中，传输一个字符不仅需要传输字符本身(例如字符的 ASCII 码)，还要在前后附加起始位和停止位，合成来称为一帧数据，代表一个字符或符号。因此串行通信的传输速率还可以用字符速率进行描述，又称为符号速率(Symbol Rate)，单位为字符/秒。

例如：假设在异步串行通信中每个字符帧规定为 10 个数据位(1 位起始位、7 位数据位、1 位偶校验位和 1 位停止位)。如果已知传输的速率为 120 字符/秒，则波特率为 $120 \times 10 = 1200$ b/s，传输一位数据所需的时间为波特率的倒数，即 $1/1200 \approx 0.833$ ms。反之，如果已知波特率为 9600 b/s，则符号速率为 960 字符/秒，表示每秒传输 960 帧，传输一帧所需

的传输时间为 $1/960 \approx 1.04$ ms。

2. 串口与串行通信接口标准

实现串行通信的接口称为串行通信接口,简称串口。实现同步和异步通信的接口分别称为通用同步通信接口和通用异步通信接口,又称为通用同步收发器(Universal Synchronous Receiver/Transmitter, USRT)和通用异步收发器(Universal Asynchronous Receiver/Transmitter, UART)。在51单片机中只有一个UART,而在高档的嵌入式微处理器(例如STM32系列微处理器)中,还有USART(通用同步异步收发器),既能实现同步通信,也能实现异步通信。

串口的两个最基本的功能是数据传输和数据格式转换。数据传输主要定义传输过程中的标准、数据帧格式及工作方式,控制具体的数据传输过程等。数据格式转换是将传输的数据进行串行和并行之间的相互转换,在发送端需要将并行数据转换为串行数据,而在接收端需要将串行数据转换为并行数据。

在两台单片机或者两台设备进行串行通信时,除了要求单片机和设备必须有串口以外,还需要用连接导线将收发双方的串口连接起来,并按照事先规定的协议或格式标准进行通信。

51单片机串行通信接口的输入和输出信号均为TTL电平,即二进制0码和1码分别用低电平0V和高电平+5V表示。一般认为,当传输距离在1.5 m内时,可以将两台51单片机的串口直接相连,如图5-9所示。其中RxD和TxD分别为数据接收端和数据发送端,两台51单片机的RxD和TxD端交叉连接在一起。一台51单片机发送数据,则另一台51单片机接收数据。

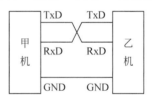

图 5-9 TTL电平直接连接

这种直接以TTL电平实现串行数据传输的方法,抗干扰性差,传输距离短,传输速率低。为提高串行通信可靠性,增大串行通信距离和提高传输速率,在实际系统中可以采用格式串行通信接口标准,如RS-232C、RS-422A、RS-485等。

(1) RS-232C 接口。

RS-232C是美国电子工业协会(Electronic Industry Association, EIA)推荐的串行通信总线标准,其全称是"使用二进制进行交换的数据终端设备(Data Terminal Equipment, DTE)和数据通信设备(Data Communication Equipment, DCE)之间的接口标准"。RS-232C标准的传输距离在15 m之内,数据传输速率局限在20 kb/s以下,其传输速率主要有:50、75、110、150、300、600、1200、2400、4800、9600、19200 b/s。

RS-232C标准规定采用一种具有25根引脚的25针D型连接器(插针和插座)来连接通信双方的串口是一种标准的,而目前绝大多数计算机采用9针D型连接器,简称DB9连接器,如图5-10所示。

表5-2是RS-232C接口DB9连接器的引脚功能分配,其中最基本的两根引脚是TxD和RxD。TxD是发送数据引脚,数据传输时,数据位由该引脚发;RXD是接收数据引脚,发送器发出的数据位由该引脚进入接收器。

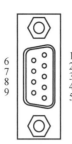

图 5-10 RS-232C 的 9 针 D 型连接器

表 5-2 RS-232C 接口 DB9 连接器的引脚功能

针　　脚	信　号	功能（传输信号）
1	DCD	载波检测，Received Line Signal Detector(Data Carrier Detect)
2	RXD	接收数据，Received Data
3	TXD	发送数据，Transmit Data
4	DTR	数据终端准备好，Data Terminal Ready
5	SGND	信号地，Signal Ground
6	DSR	数据准备好，Data Set Ready
7	RTS	请求发送，Request To Send
8	CTS	清除发送，Clear To Send
9	RI	振铃提示，Ring Indicator

当传输的距离比较近时，利用 RS-232C 标准可以实现具有该标准接口的各台设备之间的直接连接。如果传输的距离比较远，需要通过调制解调器（MODEM）进行连接和数据传输，如图 5-11 所示。此时就需要用到表 5-2 中的其他引脚。限于篇幅，这里就不详细介绍了。

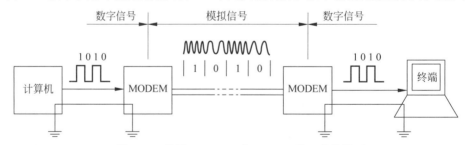

图 5-11 使用 MODEM 时 RS-232C 接口的连接

RS-232C 标准采用负逻辑电平，即逻辑 1 和 0 分贝分别用 −15～−3 V 和 ＋3～＋15 V 表示。由此可见，RS-232C 的逻辑电平与 TTL 逻辑电平不兼容，因此必须进行电平转换。常用的电平转换集成芯片有 Motorola 公司制造的 MC1488 和 MC1489，MAXIM 公司生产的 MAX 系列 RS-232C 收发器 MAX232、MAX213E、MAX241E 芯片等。图 5-12 所示是采用芯片 MAX232A 实现电平转换时的电路连接。

（2）RS-422A 接口。

RS-232C 虽应用广泛，但推出较早，传输速率低、通信距离短、接口处信号易产生串扰，于是国际上又推出了 RS-422A 标准。

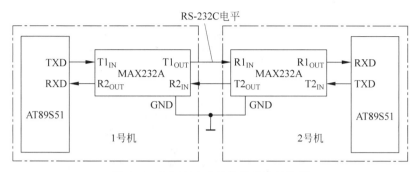

图 5-12　RS-232C 电平转换芯片的连接

RS-422A 与 RS-232C 主要区别是,收发双方信号地不再共地,RS-422A 采用了平衡驱动和差分接收的方法。每个方向用于数据传输的是两条平衡导线,这相当于两个单端驱动器。输入同一个信号时,其中一个驱动器输出永远是另一个驱动器的反相信号,从而使得两条线上传输的信号高/低电平时钟相反。若传输过程中混入了干扰和噪声(以共模形式出现),由于差分接收器的作用,就能识别有用信号并正确接收传输信息,使干扰和噪声相互抵消。

RS-422A 能在长距离、高速率下传输数据。最大传输率为 10 Mb/s,此速率下,电缆允许长度为 12 m,如采用较低速率,最大传输距离可达 1219 m。

(3) RS-485 接口。

RS-422A 接口需要四芯传输线,长距离通信不经济。在工业现场,常采用双绞线传输的 RS-485 串行通信接口。RS-485 是 RS-422A 的改进,二者的主要区别是:RS-422A 为全双工,采用两对平衡差分信号线;RS-485 为半双工,采用一对平衡差分信号线。

采用 RS-485 很容易实现 1 对 N 的多机通信。RS-485 标准允许最多并联 32 台发送器和 32 台接收器。RS-485 与 RS-422A 一样,最大传输距离约 1219 m,最大传输速率为 10 Mb/s。通信线路采用平衡双绞线,双绞线长度与传输速率成反比,只有在很短距离下才能获得最大传输速率,一般 100 m 长双绞线最大传输速率仅为 1 Mb/s。

微课视频

5.2　小试牛刀——实战入门

在对 51 单片机中的定时/计数器和串口有了初步了解后,这里通过几个案例介绍其应用及程序设计方法。

动手实践 5-1：周期脉冲信号的产生

要求由 51 单片机的 P1.0 引脚输出一个周期为 0.4 ms 的脉冲信号,脉冲的周期用 51 单片机内部的定时/计数器 T0 实现控制。假设 51 单片机的时钟频率为 6 MHz。

本案例的电路原理图如图 5-13 所示(参见文件 **ex5_1. pdsprj**),其中 51 单片机的 P1.0 引脚接入示波器的 A 通道,以便观察输出信号的波形。

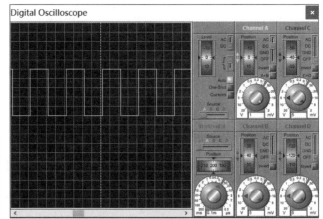

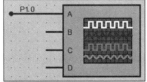

图 5-13　示波器电路符号及面板

示波器 Digital Oscilloscope 是 Proteus 中提供的一个虚拟仪器（Virtual Instrument），有 4 个输入端（通道），可以同时观察 4 个输入信号的时间波形。向原理图中调入示波器的方法有如下两种：

（1）在 Proteus 窗口左侧的工具栏中选择 Virtual Instruments Mode（虚拟仪器模式），在该工具栏右侧列表框中单击选中 OSCILLOSCOPE 并将其放置到原理图中合适的位置；

（2）在原理图中右击，在弹出的快捷菜单中选择 Place/Virtual Instrument/OSCILLOSCOPE 命令。

本案例的主程序如下（参见文件 p5_1.asm）：

```
; 定时/计数器方式 2 的应用——周期脉冲信号的产生
SIG   BIT   P1.0              ; 定义输出信号引脚
      ORG   0000H
      AJMP  MAIN
      ORG   0100H             ; 主程序
MAIN: MOV   TMOD, #00000010B  ; 设置 T0 工作方式 2
      MOV   TH0, #156         ; 设置计数初值
      MOV   TL0, #156
      SETB  TR0               ; 启动定时
LOOP: JNB   TF0, $            ; 定时到?否,则等待
      CLR   TF0               ; 清除 TF0
      CPL   SIG               ; 输出信号波形取反
      SJMP  LOOP              ; 循环
      END
```

运行程序前,注意在原理图中双击 51 单片机芯片,在弹出的对话框中设置 51 单片机的时钟频率为 6 MHz。启动运行后,将自动打开示波器面板。由示波器面板可以观察到 P1.0 输出脉冲的周期为 0.4 ms,脉冲幅度为 5 V。修改程序中的计数初值 156,重新编译,之后在 Proteus 中重新启动运行,可以观察到示波器上脉冲周期的变化。

动手实践 5-2：周期脉冲频率的测量

本案例的原理图如图 5-14 所示（参见文件 **ex5＿2. pdsprj**）。图中用信号发生器 SIGNAL GENERATOR 产生频率范围为 1～250 kHz 的待测脉冲，并由 P3.5（第二功能为 T1 引脚）送入 51 单片机内部的定时/计数器 T1，作为其计数脉冲，同时送入示波器的 A 通道，以便观察其波形。

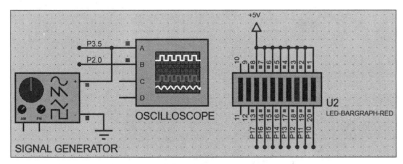

图 5-14

图 5-14 周期脉冲频率的测量电路原理图

根据前述频率测量的基本原理，本案例用 T0 工作在方式 0 重复实现 1 ms 定时，定时脉冲通过 P2.0 引脚送入示波器的 B 通道，以便观察其波形。在每次定时 1 ms 时间内，用定时/计数器 T1 统计待测脉冲的个数，计数结果即为待测脉冲的频率（以 kHz 为单位），以二进制形式用 8 个 LED 显示。

假设 51 单片机的时钟脉冲频率为 12 MHz。为了用 T0 工作在方式 0 实现 1 ms 的重复定时，所需的计数初值为 1C18H（具体计算方法将在后面介绍）。主程序如下（参见文件 **p5_2.asm**）：

微课视频

```
; 定时和计数功能的配合使用——周期脉冲频率的测量
SIG     BIT     P2.0
RESULT  EQU     P1
        ORG     0000H
        AJMP    MAIN
        ORG     0100H
MAIN:   MOV     TMOD,＃01100000B    ; 设置 T0 工作方式 0 定时方式
                                    ; T1 工作在方式 2 计数方式
LP:     MOV     TH0,＃0E0H          ; 设置 T0 计数初值已定时 1 ms
        MOV     TL0,＃18H
        MOV     TH1,＃0             ; 初始化 T1 计数初值为 0
        MOV     TL1,＃0
        SETB    TR0                ; 启动 T0 定时
        SETB    TR1                ; 启动 T1 计数
        JNB     TF0,$              ; 等待 T0 定时到
        CLR     TF0
        CPL     SIG                ; 输出定时 1 ms 脉冲
        CLR     TR1                ; 停止 T1 计数，以便读取结果
        MOV     A,TL1
        CPL     A
        MOV     RESULT,A           ; 输出显示测量结果
        SJMP    LP
        END
```

在 Proteus 原理图中加载并启动上述程序的运行，将自动弹出示波器和信号发生器面板，如图 5-15 所示。通过信号发生器面板可以调节待测脉冲的频率，图中设置为 4 kHz。在示波器面板中，可以清楚地看到待测脉冲和 1 ms 定时脉冲。此时，根据 8 个 LED 的显示可知测量结果为 00000100B=4 kHz。调节待测脉冲的频率，可以看到 8 个 LED 亮灭状态的变化。

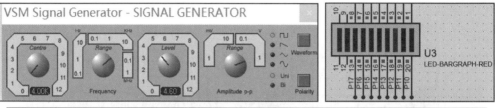

图 5-15

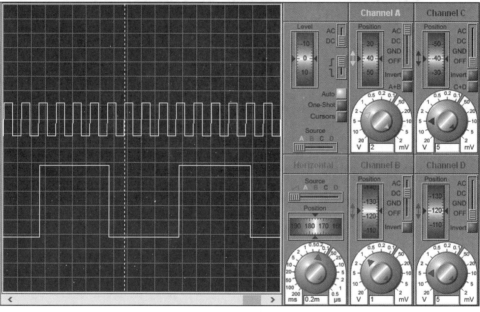

图 5-15　信号发生器和示波器面板

注意运行过程中调节待测脉冲的频率不能超过 255 kHz。例如，当待测脉冲频率为 300 kHz 时，根据上述测量原理，LED 应该显示 300 的二进制代码，已经超过 8 个 LED 能够显示的 8 位结果。待测脉冲频率更不能超过 500 kHz，否则无法得到正确的测量结果，具体原因将在后面解释。

动手实践 5-3：利用串口实现并口的扩展

在 51 单片机中，串口一个重要的应用是实现并口和各种外部资源的扩展。如果一台 51 单片机系统在工作过程中不需要与外接进行串行通信，则可以利用串口扩展并口，也就是通过串口相关的引脚实现并行数据的输入/输出，相当于为 51 单片机系统增加了并口。

利用串口为 51 单片机扩展并口，在外部需要用到一些特殊的集成电路芯片，典型的有

4094、74164 和 74165 等。其中 4094 和 74164 是串入/并出芯片,74165 是并入/串出芯片。

本案例以扩展并口为例,介绍利用串口为 51 单片机扩展并口的基本方法。电路原理图如图 5-16 所示(参见文件 **ex5_3. pdsprj**)。

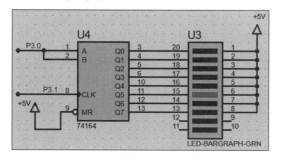

图 5-16

图 5-16　利用串口实现并口的扩展

在图 5-16 中,8 位串入/并出芯片 74164 的 A 和 B 直接短接,用作串行数据输入端,因此与 51 单片机的 RxD(P3.0 引脚的第二功能)相连接;CLK 端为串行时钟信号输入端,直接与 51 单片机的 TxD(P3.1 引脚的第二功能)相连接;Q0~Q7 为并行输出端,输出 8 位数据用于控制 LED 的亮灭。

引脚 MR 为清零端,当输入低电平时 8 个输出端清 0。本案例无需将输出端清零,因此 MR 端恒定地接电源。当 MR=1 时,如果没有 CLK 端的脉冲,74164 输出数据就一直保持不变。

本案例的主程序代码如下(参见文件 **p5_3. asm**):

微课视频

```
        ORG     0000H
        AJMP    MAIN
        ORG     0100H
MAIN:   MOV     SCON,#00H      ; 串口初始化,方式 0
        MOV     A,#0FEH
LP:     MOV     SBUF,A         ; 串口发送一个数据
        JNB     TI,$           ; 等待发送完毕
        ACALL   DELAY          ; 延时
        CLR     TI             ; 清除 TI 标志位
        RL      A              ; 数据循环移动一位
        SJMP    LP             ; 循环
DELAY:  MOV     R7,#0FFH       ; 延时子程序
LP1:    MOV     R6,#0FFH
        DJNZ    R6,$
        DJNZ    R7,LP1
        RET
        END
```

在 Proteus 中加载程序,启动运行后,可以看到 8 个 LED 从下往上进行跑马灯显示。

动手实践 5-4:点-点双机单工通信

在系统中,一台 51 单片机发送数据,并由另一台 51 单片机接收,两台 51 单片机的串口(或者通过 RS-232C、RS-485 接口实现电平转换后)直接连接起来,相当于在两台 51 单片机

之间存在一条专用线路，这种串行通信称为点-点双机单工通信。

在图 5-17 所示原理图（参见文件 ex5_4.pdsprj）中，51 单片机 U2 从并口 P1 读入 8 个开关数据，并通过其串口引脚 RxD 传送给 51 单片机 U1。51 单片机 U1 从 TxD 引脚串行接收到 8 位数据后，立即通过并口 P2 输出，以控制 8 个 LED 的亮灭。注意设置两台 51 单片机的时钟频率为 12 MHz。

图 5-17

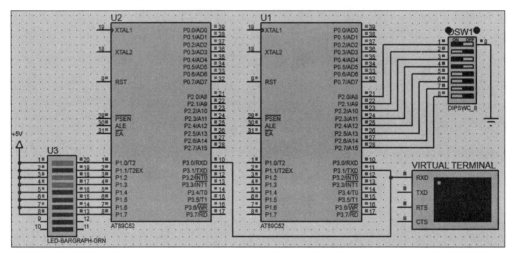

图 5-17　点-点双机单工通信连接原理图

本案例需要在 Keil C51 中创建两个工程，在第一个工程中创建如下源程序实现数据的串行发送（参见文件 p5_4t.asm）：

```
          ；串口点－点双机单工通信(发送)
SWT   EQU   P2
          ORG   0000H
          AJMP  MAIN
          ORG   0100H
MAIN: MOV   SP,＃60H
          MOV   SCON,＃01000000B   ；设置 51 单片机 U2 的串口方式 1,禁止接收
          MOV   TMOD,＃00100000B   ；设置定时/计数器 T1
          MOV   TL1,＃0E6H         ；设置 T1 计数初值以确定波特率
          MOV   TH1,＃0E6H
          SETB  TR1               ；启动 T1 定时
          MOV   SWT,＃0FFH
LP0:  MOV   A,SWT             ；读入开关数据
          CPL   A
          MOV   SBUF,A            ；通过串口发送
LP1:  JNB   TI,LP1            ；等待发送完毕
          CLR   TI                ；清除 TI 标志位
          LJMP  LP0               ；循环
          SJMP  $
          END
```

在第二个工程中创建如下源程序实现数据的串行接收（参见文件 p5_4r.asm）：

```
;串口点－点双机单工通信(接收)
LED  EQU  P1
     ORG  0000H
     AJMP MAIN
     ORG  0100H
MAIN:MOV  SP,#60H
     MOV  SCON,#01010000B          ;51单片机U1工作方式1,允许接收
     MOV  TMOD,#00100000B          ;设置定时/计数器T1工作方式2定时功能
     MOV  TL1,#0E6H                ;设置T1的计数初值以确定波特率
     MOV  TH1,#0E6H
     SETB TR1                      ;启动T1定时
LP:  JNB  RI,$
     CLR  RI                       ;清除接收中断请求标志位
     MOV  A,SBUF                   ;从串口读接收到的数据
     CPL  A                        ;由P1口输出控制LED
     MOV  LED,A
     SJMP LP                       ;等待串口接收数据发出中断
     END
```

将上述两个工程生成的 HEX 文件分别加载到 U1 和 U2 单片机,之后启动程序运行。在运行过程中,单击 8 个开关以改变其通断状态,可以观察到 8 个 LED 的亮灭状态变化。

此外,在原理图的右下角还添加了一个虚拟终端(VIRTUAL TERMINAL),以便观察两台 51 单片机之间串行发送的 8 位数据。为调入该虚拟终端,在原理图中右击,在弹出的快捷菜单中选择 Place/Virtual Instrument/VIRTUAL TERMINAL 命令即可。

利用虚拟终端可以模拟 PC 的串口。将虚拟终端的 RxD 端子接到原理图中 51 单片机 U1 的 TxD 端(也就是 51 单片机 U2 的 RxD),则 U1 发送的数据不仅送到 U2,同时通过 PC 的串口送入虚拟终端,即可在虚拟终端上观察到 51 单片机串口传送的数据。注意双击虚拟终端,在弹出的对话框中设置 Bode Rate(波特率)为 1200 b/s。

在运行过程中,将自动弹出虚拟终端窗口(如图 5-18 所示),其中不断显示两台 51 单片机之间传输的 8 位开关数据。注意,在虚拟终端窗口右击,在弹出的快捷菜单中勾选 Hex Display Mode(十六进制显示模式)。

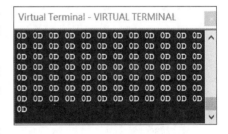

图 5-18　虚拟终端窗口

5.3　庖丁解牛——原理剖析

下面结合上述案例对 51 单片机内部集成的定时/计数器和串口进行详细介绍。

5.3.1　定时/计数器的内部结构

51 单片机内部集成的定时/计数器分别表示为 T0、T1,对 52 子系列还有一个 T2。这些定时/计数器在内部电路上相对独立,可以在应用系统中单独使用,也可以配合使用。在

51 单片机内部，3 个定时/计数器具有相同的结构，其使用方法也都类似。下面的介绍都以 T0 为例，对定时/计数器 T1 和 T2 来说，只需要将相应描述中的 0 换为 1 和 2 即可。

定时/计数器 T0 的内部结构如图 5-19 所示，其中最核心的是一个递增计数器，另外有很多控制电路。

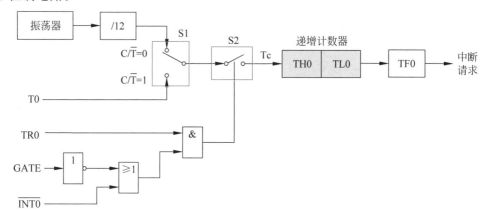

图 5-19　定时/计数器 T0 的内部结构

1. 递增计数器

51 单片机中的定时/计数器是一个递增计数器。启动计数前，可以通过程序指令将计数器的计数初值写入特殊功能寄存器 TH0 和 TL0。计数过程中，在每个计数脉冲 Tc 作用下，这两个特殊功能寄存器中保存的计数值会从计数初值开始不断递增变化，称为当前计数值。当计数值的最高位出现进位时，称为计数溢出，此时 TF0 标志位被置位，可用于向 CPU 发出中断请求，或者供 CPU 查询。

在 51 单片机中，通过程序配置，计数初值和当前计数值都可以是 8 位、13 位或 16 位二进制数据，从而实现 8 位、13 位或 16 位计数。

2. 计数脉冲控制电路

在图 5-19 所示中，除递增计数器和计数溢出标志位 TF0 以外，剩下的电路都是为了对计数器所需的计数脉冲进行控制而设置的。这部分电路的输出控制两个开关 S1 和 S2 的通断和切换，从而将不同的计数脉冲送入计数器，并实现计数的启停控制。

这些电路的输入信号有 C/$\overline{T}$、TR0、T0、GATE 和 $\overline{INT0}$，其中 T0 和 $\overline{INT0}$ 信号由外部电路产生，并分别通过 51 单片机的引脚 P3.4 和 P3.2 送入，作为定时/计数器的外部计数脉冲和门控信号。此时这两个引脚工作在第二功能，而不是用作普通的并口引脚。

上述 5 个信号中的另外 3 个信号 C/$\overline{T}$、TR0 和 GATE 不是由外部电路送来，而是由 51 单片机内部电路产生的。具体来说，这 3 个信号分别是特殊功能寄存器 TMOD 和 TCON 中的 3 位。当用指令向这两个特殊功能寄存器写入指定的 8 位二进制数据时，各位 1 码和 0 码就决定了对应的信号分别是高电平还是低电平，再送入计数器控制电路。这 3 个信号与两个特殊功能寄存器各位之间的对应关系将在后面介绍，这里先介绍这些信号的作用。

（1）C/$\overline{T}$：计数和定时功能选择信号。当该信号为低电平时，开关 S1 打在上面，计数器的计数脉冲由 51 单片机内部时钟电路产生的时钟脉冲经过 12 分频而得到的,因此其频率已知且恒定不变,此时定时/计数器实现定时功能。如果将该信号设置为高电平,则计数脉冲由外部电路通过 T0 引脚送入,此时定时/计数器实现计数功能。

(2) GATE:门控允许信号。当 GATE＝0 时,不管 $\overline{\text{INT0}}$ 引脚送入高电平还是低电平,或门输出都为高电平,开关 S2 的通断与 $\overline{\text{INT0}}$ 信号无关。当 GATE＝1 时,在 $\overline{\text{INT0}}$ 引脚送入信号的高电平期间,S2 闭合,计数脉冲能够送到计数器,计数器进行正常计数;在 $\overline{\text{INT0}}$ 引脚送入信号的低电平期间,开关 S2 断开,计数脉冲不能够送到计数器,计数器停止计数 $\overline{\text{INT0}}$ 引入的信号称为门控信号。

(3) TR0:计数启动信号。在或门输出高电平的前提下,当 TR0＝1 时,与门输出高电平,控制开关 S2 接通,允许计数脉冲送入计数器开始计数;否则,如果 TR0＝0,则不能启动计数。

3. 相关的特殊功能寄存器

51 单片机的所有内部资源都是利用程序指令通过对特殊功能寄存器进行访问和控制的。定时/计数器作为一个重要的内部资源,在其内部电路中,计数初值和计数值保存在 TH0 和 TL0 中,可以采用与普通的内部 RAM 单元一样的程序指令对其进行读写访问。此外,与计数脉冲控制相关的 3 个信号分别对应 TMOD 和 TCON 这两个特殊功能寄存器中的一些位,下面着重介绍这两个特殊功能寄存器。

(1) TMOD。

TMOD 被称为定时方式(Timer Mode)寄存器。该寄存器在内部 RAM 中的地址为 89H,只能实现字节访问,不能进行位寻址。

TMOD 寄存器各位的含义如图 5-20 所示。其中高 4 位和低 4 位分别用于设置定时/计数器 T1 和 T0 的工作方式等。以低 4 位为例,其中 D3 位为 GATE,D2 位为 C/$\overline{\text{T}}$,分别用于设置门控允许信号和计数、定时功能。最低 2 位 M1M0 可以有 4 种组合,分别用于设置定时/计数器 T0 工作在方式 0、1、2 和 3 的这 4 种工作方式。

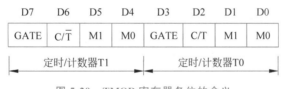

图 5-20　TMOD 寄存器各位的含义

例如,如下指令设置定时/计数器 T0 工作在方式 2 的定时方式,禁用门控;设置定时/计数器 T1 工作在方式 0 的计数方式,允许门控。

```
MOV     TMOD, #11000010B
```

(2) TCON。

在 3.3.6 节已经介绍过该寄存器,其低 4 位用于外部中断的设置,高 4 位用于对定时/计数器的控制,如图 5-21 所示。在高 4 位中,各名称后缀为 0 的位用于控制定时/计数器 T0;后缀为 1 的位用于控制定时/计数器 T1。

D7	D6	D5	D4	D3	D2	D1	D0
TF1	TR1	TF0	TR0	IE1	IT1	IE0	IT0

与计数器有关 ◀————▶ 与外部中断有关

图 5-21 TCON 寄存器各位的含义

以 T0 为例，与之相关的是 TR0 和 TF0 位。其中，TR0 是启动位，用位操作指令设置该位为 1 时启动计数，将该位清零时停止计数；TF0 是计数溢出标志位，当计数溢出时，由硬件将该位设置为 1，可供程序检测。例如，如下指令执行后，将启动定时/计数器 T0 的计数。

```
SETB  TR0
```

而如下指令：

```
JB  TF0,TOUT
```

将检测 T0 计数是否溢出。当计数溢出时，TF0＝1，则转到标号为 TOUT 的指令执行。

5.3.2 定时/计数器的工作方式

在开始计数前，通过向 TMOD 寄存器写入 8 位二进制数据，可以设置定时/计数器的工作方式。其中 T0 可以有 4 种工作方式，分别称为方式 0、方式 1、方式 2 和方式 3；而 T1 只有前面 3 种工作方式。

1. 方式 0 和 1

这两种工作方式的主要区别在于计数位数不同，其中方式 0 是 13 位计数，方式 1 是 16 位计数。

方式 1 是 16 位计数。计数开始前将 16 位计数初值的高、低 8 位直接存放到 TH0 和 TL0 中。在计数过程中，TH0 和 TL0 中存放的 16 位计数值将不断递增变化。当计数到 0FFFFH 时，如果再来一个计数脉冲，则计数值加 1 时，最高位出现进位，当前计数值回到 0000H，同时 TF0 被置位，发生计数溢出。之后，将从 0000H 开始重新计数。

方式 0 是 13 位计数。13 位计数初值的高 8 位存入 TH0，低 5 位存入 TL0 的低 5 位，TL0 的高 3 位始终为 0。例如，假设计数初值为 4660，先将其用 13 位二进制代码表示为 1001000110100B，再将其高 8 位 10010001B＝91H 存入 TH0，低 5 位 10100B 前面添加 3 位 0 得到 TL0＝00010100＝14H。

2. 方式 2

方式 2 是 8 位计数。在计数开始前将 8 位计数初值同时存入 TH0 和 TL0。在计数过程中，TL0 不断做递增计数，而 TH0 中的计数初值保持不变。当计数到 0FFH 时，再来一个计数脉冲，则发生计数溢出。之后，内部电路控制将 TH0 中保存的计数初值重新装入 TL0，并从原来的计数初值重新开始计数。

由此可见，方式 2 与方式 0 和 1 的主要区别在于：方式 2 可以自动重装初值；方式 0 和 1 在计数溢出后，无法自动重新装入计数初值，只能从全 0 码开始重新计数。如果需要，则必须在计数溢出后用指令将计数初值重新装入 TH0 和 TL0。

3. 方式 3

在方式 3 下,定时/计数器 T0 分为两个相互独立的 8 位计数器 TH0 和 TL0,如图 5-22 所示。其中 TH0 只能实现简单的定时功能,计数脉冲只能是 51 单片机内部时钟的 12 分频,并借用定时/计数器 T1 的 TR1 和 TF1,以控制定时的启停、作为计数溢出标志位。此外,计数溢出时不能自动重装初值。

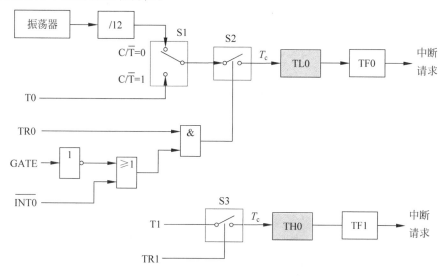

图 5-22 定时/计数器方式 3 的结构

在方式 3 下,TL0 占用原定时/计数器 T0 的控制位和引脚,实现与方式 0 和 1 类似的功能,只是计数位数不同。这种方式下,由于 TH0 单独用作另一个 8 位计数器,因此 TL0 也不能自动重装初值。

当设置定时/计数器 T0 工作在方式 3 时,由于 TH0 需要借用定时/计数器 T1 的 TR1 和 TF1,因此 T1 无法用 TR1 控制其计数的启停,也无法设置溢出标志位。在这种情况下,T1 一般用作串口通信所需的波特率发生器,在启动后就不断重复计数,产生的溢出脉冲经分频后作为串口工作所需的时钟脉冲。

5.3.3 定时/计数器的使用步骤与案例解析

根据前面的介绍,定时/计数器各种工作方式的原理是类似的,主要是计数位数不同。因此一般根据所需的计数初值或者在计数过程中计数器可能达到的最大计数值来选择和设置计数器的工作方式。之后,按照标准的步骤即可很方便地实现定时和计数功能。

1. 定时功能

如果是利用定时/计数器实现定时功能,则一般要求定时到后应能出现计数溢出,以便 CPU 能够通过检测 TF0 或 TF1 判断定时是否到。此时,可以根据所需定时时间的长短计算得到计数初值,再根据各种工作方式下计数初值的范围选择工作方式。

当计数初值 $N_0 = 0$ 时,方式 0~2 的计数过程从启动计数到计数溢出所需的计数脉冲

个数分别为 $2^{13}=8192$、$2^{16}=65536$ 和 $2^8=256$，称为最大计数值或计数满值，记为 N_m。如果计数初值 $N_0 \neq 0$，则计数器从 N_0 开始计数，必须在计数值达到 N_m 时才发生溢出。假设计数脉冲周期为 T_c，则计数溢出时的定时时间为 $T=(N_m-N_0)T_c$。因此为实现期望的定时时间 T，所需的计数初值应为 $N_0=N_m-T/T_c$。

例如，假设 T0 工作在方式 1，已知 51 单片机的时钟频率为 6 MHz，则计数器的计数脉冲频率为 $6/12=0.5$ MHz，$T_c=2$ μs。因此，为实现 1 ms 定时，所需的计数初值 $N_0=N_m-T/T_c=65536-1$ ms$/2$ μs$=65036=0$FE0CH。

显然，对于不同的工作方式，为实现相同长度的定时，所需的计数初值是各不相同的。在上例中，如果设置 T0 工作在方式 0，则计数初值应为 $8192-500=7692$。如果设置工作在方式 2，则计数初值应为 $256-500<0$，这说明为实现 1 ms 定时，不能工作在方式 2。

在根据所需的定时时间计算计数初值，并根据计数初值确定定时/计数器的工作方式后，实现定时功能的程序只需要做如下设置和操作。

（1）根据工作方式确定方式控制字，并用 MOV 指令存入 TMOD 寄存器。

（2）用 MOV 指令将计数初值存入 TH0 和 TL0。对于方式 0 和方式 1，必须根据计数初值的高、低 8 位分别设置 TH0 和 TL0；对方式 2，必须用两条 MOV 指令将 8 位的计数初值同时存入 TH0 和 TL0。

（3）用 SETB TR0 指令启动计数。

（4）用 JB、JNB 或 JBC 指令检测 TF0 标志位，并等待计数溢出（定时到）。

（5）定时到后，继续做相应的操作。

在动手实践 5-1 程序 p5_1.asm 的主程序中，第一条指令设置 TMOD 寄存器的方式控制字为 02H=00000010B，由其低 4 位指定定时/计数器 T0 的工作方式为方式 2、实现定时功能、禁用门控信号。由于本案例只用到了 T0，因此方式控制字的高 4 位没用，可任意设置为 0 码或 1 码，这里设置为 0 码。

程序接下来设置计数初值为 156（注意没有后缀，所以是十进制数）。由于 T0 工作在方式 2，因此用两条 MOV 指令将该计数初值同时送到 TH0 和 TL0。之后执行 SETB 指令将 TCON 寄存器中的 TR0 置位，从而启动定时。

由于在原理图中设置 51 单片机的时钟脉冲为 6 MHz，则定时时间为 $(256-156)T_c=0.2$ ms。在定时/计数器的定时计数过程中，CPU 循环执行程序中的 JNB 指令，不断检测计数溢出标志位 TF0。当计数溢出时，定时/计数器电路自动将 TF0 设置为 1，CPU 执行 JNB 指令检测到 TF0=1 后退出循环。

显然，从启动定时到退出循环，定时/计数器 T0 定时 0.2 ms 时间到。因此，接下来将 TF0 溢出标志清除，以便等到下次定时到后重新将其置位。此外，定时到后通过执行 CPL 指令将 P1.0 引脚取反，使 P1.0 引脚上出现高/低电平的翻转。

由于定时/计数器 T0 工作在方式 2，因此在当前定时到后，计数初值将从 TH0 自动重新装入 TL0，又开始下一轮定时。在程序中，利用 SJMP 返回标号 LOOP 所在指令，又重复上述过程，等待下一次 0.2 ms 定时到后，又使 P1.0 引脚输出高/低电平翻转一次。

通过上述过程，在 P1.0 引脚输出高/低电平不断切换的周期脉冲。显然，每次高/低电平切换的时间间隔等于利用定时/计数器 T0 每次循环定时的时间 0.2 ms,因此最后输出脉冲的周期为 0.4 ms。

2. 计数功能

如果是利用定时/计数器实现计数功能,则在初始化时一般将计数初值设为 0。启动计数后,每来一个计数脉冲,计数值递增 1。在期望的条件满足时,停止计数,并根据当前计数值求得希望的参数。例如在给定的一段时间内外部送来计数脉冲的个数,并进一步求得脉冲的周期或频率。

显然,如果计数器的最大计数值过小,在计数过程中将出现溢出,导致最后根据当前计数值计算所需参数的过程较复杂。因此为了实现计数功能,一般需要保证计数不溢出。此时,应根据计数脉冲的频率高低对可能达到的最大计数值 N_m 进行估计,并据此选择定时/计数器合适的工作方式。

- 如果 $N_m = 1 \sim 2^8 (1 \sim 256)$,可以选择任何一种工作方式;
- 如果 $N_m = 2^8 \sim 2^{13} (256 \sim 8192)$,则不能设置为方式 2,可以选择方式 0 或 1;
- 如果 $N_m = 2^{13} \sim 2^{16} (8192 \sim 65536)$,则只能选择方式 1。

根据由 T0 引脚送入的外部脉冲频率或周期,确定为保证计数不溢出可能达到的计数值,并根据计数初值确定定时/计数器的工作方式。之后,在程序中只需要进行如下设置和操作。

(1) 根据工作方式确定方式控制字,并用 MOV 指令存入 TMOD 寄存器。

(2) 用 MOV 指令向 TH0 和 TL0 存入计数初值 00H。

(3) 用 SETB TR0 指令启动计数。

(4) 当规定的条件满足(例如定时 1 ms)时,停止计数并读取计数值。

在动手实践 5-2 中,同时利用了 51 单片机内部两个定时/计数器实现待测脉冲频率的测量,其中 T0 实现定时 1 ms 的功能。本案例中同时将 T0 定时产生的 1 ms 定时脉冲由 P2.0 引脚输出送到示波器,以便观察。

在每次定时 1 ms 的过程中,用 T1 对通过 P3.5 引脚送入的待测脉冲进行计数。实现该案例的程序 **p5_2.asm** 的流程图如图 5-23 所示。

在程序中,首先设置方式控制字为 01100000B,其中,低 4 位确定 T0 工作在方式 0,实现定时功能,禁用门控信号;高 4 位确定 T1 工作在方式 2,实现计数功能,禁用门控信号。

做了上述初始化设置后,在之后的死循环中,利用 T0 不断定时 1 ms,并在每次定时时间范围内对待测脉冲进行

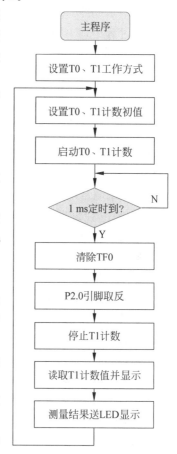

图 5-23　程序 **p5_2.asm** 流程图

计数,从而得到待测脉冲的频率送入 LED 显示。下面再对案例程序做一些相关说明。

（1）计数初值的计算和设置。

在本案例中,定时计数器 T1 用于实现对待测脉冲的计数,因此设置其计数初值为 0,同时存入 TH1 和 TL1。程序中每定时 1 ms 测量一次频率后,再跳转到 LP 处,将 T1 的计数初值清零,以便重新开始下一次频率测量。

定时/计数器 T0 用于实现 1 ms 定时,其计数初值的计算方法如下：已知时钟频率为 12 MHz,则计数器计数脉冲频率为 12/12＝1 MHz,T_c＝1 μs。由于 T0 工作在方式 0,因此为实现 1 ms 定时,所需的计数初值 $N_0 = N_m - T/T_c = 8192 - 1$ ms/1 μs＝7192。将该计数初值用 13 位二进制表示为 1110000011000B,其高 8 位为 1110000＝0E0H,在低 5 位 11000B 之前添加 3 个 0,得到 00011000B＝18H。程序中将 0E0H 和 18H 作为计数初值,分别存入 TH0 和 TL0。

特别需要注意的是,由于 T0 工作在方式 0,因此每次定时 1 ms 到后,不会自动重装初值。在主程序中,每次循环都必须跳转到标号 LP 处,用指令重装初值。

（2）T1 计数的启动和停止。

程序中启动 T0 和 T1 开始计数之后,利用 JNB 指令不断检测 TF0,等待 T0 定时 1 ms 到。在此过程中,T1 同时不断对由 P3.5 引脚送入的待测脉冲进行计数。

当检测到 TF0＝1 时,T0 定时到,则清除 TF0,以便等到 T0 下一次定时到后重新将其置位。同时清除 TR1,以便停止 T1 计数,并从 TL1 读取当前计数值。

（3）测量结果的显示。

每次定时 1 ms 到,停止 TR1 计数后,从 TL1 读取计数值,取反后由 P1 口输出控制 LED 的亮灭,以便观察测量结果。在上述过程中,之所以要将读取的计数值取反,是考虑到人眼观察的正常习惯。在 LED 上一般点亮表示 1 码,熄灭表示 0 码。如果将读取的计数值直接输出控制 LED,因为 LED 采用共阳极接法,则显示结果将刚好相反。

（4）频率测量范围分析。

本案例中,在每次定时 1 ms 时间范围内由 T1 统计待测脉冲的个数。由于计数值只能为整数,因此在 1 ms 范围内至少需要送入一个待测脉冲。这就意味着待测脉冲的频率至少应为 1 kHz。

由于 T1 工作在方式 2,实现的是 8 位二进制数的计数。在每次循环测量时,将计数初值设为 0,因此当计数脉冲在 1 ms 内的个数超过 255 时,将出现计数溢出,计数过程又从 0 重新开始。在定时到时,根据当前计数值得到的测量结果将出现错误。因此在 1 ms 时间范围内待测脉冲的个数不能超过 255 个,也就意味着频率不能超过 255 kHz。

在调试过程中,读者试着调节信号发生器产生的脉冲频率,使其超过 255 kHz,观察 LED 显示的测量结果是否正确。

显然,如果需要扩大频率测量,可以增加计数位数。例如,如果设置 T1 为方式 1 以实现 16 位二进制数的计数,则待测脉冲的最高频率可以增大到 65535 kHz。

但是需要注意,在定时/计数器工作过程中,51 单片机需要两个机器周期的时间才能检测到 T0 或 T1 引脚上输入的一个待测脉冲,因此待测脉冲的频率不能超过 51 单片机时钟脉冲频率的 1/24。假设时钟频率为 12 MHz,则待测脉冲的最高频率不能超过 500 kHz。

5.3.4　定时/计数器门控信号的作用

在定时/计数器中,当设置 GATE＝0 时,计数的启停只需要用 TR0 或 TR1 进行控制。当设置 GATE＝1 时,计数的启停不仅要受到 TR0 或 TR1 信号的控制,还要受到由 $\overline{\text{INT0}}$ 或 $\overline{\text{INT1}}$ 引脚送入门控信号的控制。利用这一特性,可以实现一些特殊的应用功能,例如脉冲宽度的测量。

下面通过一个具体案例体会门控信号的作用。

动手实践 5-5:脉冲宽度的测量

本案例的电路原理图如图 5-24 所示(参见文件 ex5_5.pdsprj)。与图 5-14 不同的是,这里将待测脉冲从 $\overline{\text{INT1}}$ 引脚(P3.3 的第二功能)引入,作为定时/计数器 T1 的门控信号。在该脉冲信号为高电平期间,T1 工作在定时方式对内部标准时钟进行计数。当高电平期间结束后,根据 T1 计数值即可求得脉冲的宽度。

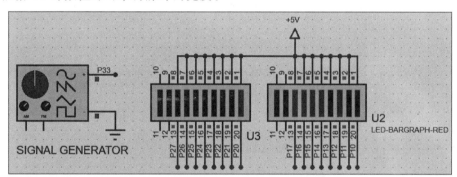

微课视频

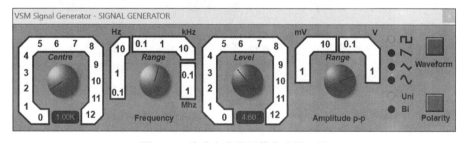

图 5-24

图 5-24　脉冲宽度的测量电路原理图

本案例的汇编语言程序如下(参见文件 p5_5.asm):

```
      ORG  0000H
      AJMP MAIN
      ORG  0100H              ; 主程序
MAIN: MOV  TMOD, #10010000B   ; 设置 T1 工作方式 1 定时门控方式
      SETB TR1                ; 允许 T1 计数
```

```
LP:     MOV     TH1,＃0              ; T1 计数初值初始化为 0
        MOV     TL1,＃0
        JNB     P3.3, $             ; 等待脉冲低电平结束,高电平开始
        JB      P3.3, $             ; 等待脉冲高电平结束
        MOV     A,TL1               ; 读取计数值
        CPL     A
        MOV     P1,A                ; 显示测量结果
        MOV     A,TH1
        CPL     A
        MOV     P2,A
        SJMP    LP
        END
```

　　根据测量的基本原理,在本案例中用待测脉冲作为门控信号,控制定时/计数器 T1 对 51 单片机内部的标准脉冲进行计数。程序中设置定时/计数器 T1 工作在方式 1 的定时方式,并设置 GATE1＝1。需要注意的是,由于是对标准脉冲进行计数,因此 T1 实现的是定时功能而不是计数功能,C/$\overline{T}$ 位必须设为 0。

　　设置工作方式以后,程序中用 SETB 指令将 TR1 置位,该操作的作用是使 TR1＝1,但计数过程不一定已经启动。在设置的方式控制字中 GATE＝1,因此必须等到门控信号(即待测脉冲)高电平到来时才开始计数。

　　程序之后用了一个大循环,不断循环测量并显示待测脉冲的周期。下面对每次循环实现的主要操作做一些解释说明。

　　(1) 循环一开始(即每次计数测量开始),将计数器的初值设为 0,存入 TH1 和 TL1。

　　(2) 设置计数初值后,程序中用 JNB 指令检测门控信号的低电平是否结束,等待高电平的到来。

　　(3) 一旦门控信号高电平到来,计数器开始对内部标准计数脉冲进行计数。而 CPU 通过执行程序中的 JB 指令等待门控信号的高电平结束。当门控信号高电平结束时,计数器自动停止计数,此时 CPU 读取计数值即可得到测量结果。

　　上述测量过程可以用图 5-25 表示。在 Proteus 原理图中设置 51 单片机的时钟频率为 12 MHz,加载上述程序并启动运行,设置信号发生器输出脉冲的频率为 1 kHz,16 个 LED 上显示 16 位二进制数为 01F4H＝500,表示脉冲的高电平宽度为 500 μs。

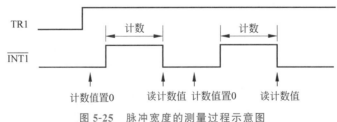

图 5-25　脉冲宽度的测量过程示意图

5.3.5　51 单片机串口的基本结构

　　51 单片机具有一个全双工的串行异步通信接口 UART,可以同时发送、接收数据。该

串口有四种工作方式,发送和接收数据可通过查询或中断方式处理,使用十分灵活。

51单片机集成的 UART 也主要实现数据传送和数据格式转换功能,其内部结构如图 5-26 所示,其中主要包括数据缓冲器、发送控制器、接收控制器、输出控制门和输入移位寄存器等。从应用的角度看,可以归纳为 3 个特殊功能寄存器,即串口数据缓冲器(Serial Buffer,SBUF)、串口控制寄存器(Serial Controller,SCON)和电源控制寄存器(Power Controller,PCON)。此外,在串口工作过程中还要用到定时/计数器 T1。

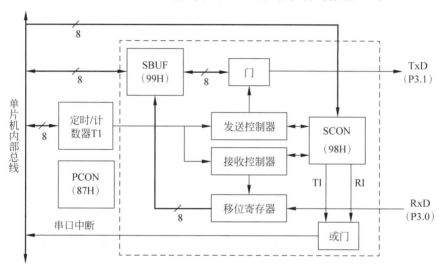

图 5-26　串口的基本结构

1. SBUF

串口内部有一个 8 位的数据缓冲器 SBUF,用于存放待发送和接收到的数据。该特殊功能寄存器的地址为 99H,可以通过名称进行字节操作,不能进行位寻址。

例如,如下指令:

```
MOV   SBUF,A
```

将累加器 A 中的数据送入 SBUF,然后由串口内部电路控制发送出去。而如下指令:

```
MOV   A,SBUF
```

将 SBUF 中存放的数据读取出来存入累加器 A。

2. SCON

51单片机内部通过串口控制寄存器 SCON 进行访问,可以对串口内部的发送和接收控制器、输入移位寄存器以及门电路进行控制,以便在波特率发生器(定时/计数器 T1)送来的时钟信号控制下,通过输入移位寄存器将外部的串行数据转换为并行数据存入 SBUF,或者由门电路将 SBUF 中的并行数据转换为串行数据输出。同时,控制或门电路发出串口中断请求 **RI**(Receive Interruption,接收中断)和 **TI**(Transmission Interruption,发送中断)

信号。

特殊功能寄存器 SCON 的地址为 98H，可以进行字节访问或位操作，各位的格式如图 5-27 所示。这里首先对最常用的 SM0、SM1、RI 和 TI 位的含义做些解释和说明，其余各位将在后面再做介绍。

D7	D6	D5	D4	D3	D2	D1	D0
SM0	SM1	SM2	REN	TB8	RB8	TI	RI

图 5-27 SCON 寄存器各位的含义

（1）SM0 和 SM1：这两位二进制数的组合 00～11 分别指定串口的工作方式为方式 0～3。

（2）REN：控制是否允许串口接收数据。通过指令将该位置位，则允许串口接收数据；否则禁止串口接收数据，只能进行数据发送。

（3）RI：接收中断标志位。当串口接收到一个数据时，自动将该位置位。因此通过检测 RI 位的状态，CPU 可以判断一个字符帧是否接收完毕，能否从接收 SBUF 读取接收到的数据。当 RI＝1 时，串口不会接收数据。因此，在接收完一个数据并被 CPU 读取后，必须将 RI 清零，以便等待接收下一个数据。

（4）TI：发送中断标志位。当一个数据发送完毕后，该位自动置位，因此通过检测 TI 状态，CPU 可以确定一个字符帧是否发送完毕，是否可以向串口写入下一个需要发送的数据。当 TI＝1 时，串口不会发送数据，因此一个数据发送完毕后必须将 TI 清零，以便准备发送下一个数据。

3. PCON 与波特率发生器

在 51 单片机中，串口进行数据传送所需的波特率由 PCON 和波特率发生器共同决定，涉及特殊功能寄存器有 TMOD、TCON、PCON、TL1、TH1 等。具体来说，在不同的工作方式下，串口的波特率确定方法不同。

（1）方式 0 的波特率固定不变，始终等于 51 单片机时钟频率的 1/12。

（2）方式 2 的波特率只有两种，等于时钟频率的 1/32 或 1/64，具体取决对 PCON 寄存器中最高位 SMOD 位的设置。当设置该位为 0 时，方式 2 的波特率为时钟频率的 1/64；当设置该位为 1 时，方式 2 的波特率为时钟频率的 1/32。

（3）方式 1 和方式 3 的波特率由 SMOD 位以及定时/计数器 T1 的计数初值和定时时间共同决定。此时，T1 必须工作在方式 2，定时时间为（256－计数初值）×12/时钟频率，相应的波特率为

$$波特率 = 2^{SMOD}/T1 的定时时间/32$$

根据上式，如果给定串口的波特率，T1 的计数初值应设为

$$计数初值 = 256 - 时钟频率 \times 2^{SMOD}/(12 \times 波特率 \times 32)$$

例如，假设 51 单片机的时钟频率为 12 MHz，SMOD＝0，要求串口传输的波特率为 1200 b/s，则

$$计数初值 = 256 - 12 \times 10^6 \times 2^0/(12 \times 1200 \times 32) \approx 230 = 0E6H$$

5.3.6　51单片机串口的工作方式

通过设置SCON中的最高2位,可以确定51单片机的UART工作在4种不同的方式,其中方式0一般用于外接移位寄存器芯片扩展I/O接口,方式1通常用于双机通信,方式2和方式3通常用于多机通信。这里首先介绍简单的方式0和方式1。

1. 方式0

方式0称为同步移位寄存器方式。在这种工作方式下,数据传输的波特率固定为51单片机时钟频率的1/12。在传输数据的过程中,RXD(P3.0引脚的第二功能)用作数据线,传输输入或输出的数据;TXD(P3.1引脚的第二功能)用作时钟线,输出同步移位时钟。每次传输,发送和接收8位数据,数据由低位到高位逐位传输。

对发送过程,当TI=0时,将累加器A中实现存入的需要发送的数据由串口内部电路控制逐位移出,并由TxD引脚送出51单片机。发送完毕时,TI自动置位。方式0数据的发送时序如图5-28(a)所示。

对接收过程,首先必须设置SCON中的D4位REN=1,并且在RI=0时,通过串口内部电路将从RxD引脚送入的数据逐位存入SBUF。当接收完8位数据后,串口将RI置位。CPU在此过程中不断检测RI,当检测到RI=1时,从SBUF寄存器中读取接收到的数据存入累加器A。数据的接收时序如图5-28(b)所示。

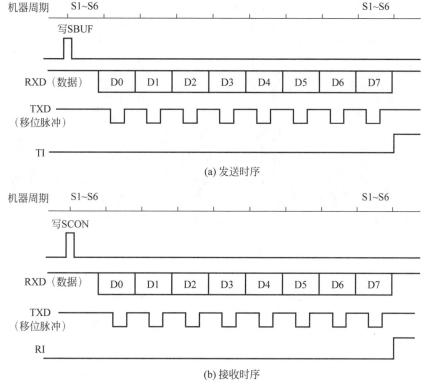

(a) 发送时序

(b) 接收时序

图5-28　方式0数据的收发时序

在动手实践 **5-3** 中，将 74164 芯片的 A、B 端和 CLK 端分别连接到 51 单片机的 RxD 和 TxD 引脚，由 TxD 送来的时钟脉冲正好作为 74164 的移位时钟，在其作用下，将 RxD 送来的各位数据依次存入 74164。

在程序 p5_3. asm 中，当 CPU 执行完串口的初始化后，通过执行指令

```
MOV   SBUF,A
```

将数据存入 SBUF，并启动数据的发送过程。8 位数据从 RxD 逐位串行送出，TxD 端同步输出时钟脉冲。在该时钟脉冲作用下，74161 将从 RxD 线上接收到的数据逐位移入，并立即输出控制各 LED 的亮灭。

之后，CPU 执行 JNB 指令不断检测串口的 TI 位。当检测到 TI＝1 时，表示 8 位数据已经发送完毕。经过适当延时以等待 LED 可靠显示当前 8 位数据后，清除 TI 标志位。再将数据循环左移一位，并返回循环的开始，将左移一位后的数据通过串口重新发送出去。

当 TxD 端送来 8 个时钟脉冲后，8 位数据完整地存入 74164，此时 TxD 不再送来时钟脉冲（保持恒定的高电平），74164 输出 8 位恒定的二进制数据，控制 LED 稳定地点亮或熄灭。如果将 RxD 和 TxD 信号接入示波器，运行过程中由示波器窗口观察到这两个信号的工作波形如图 5-29 所示。

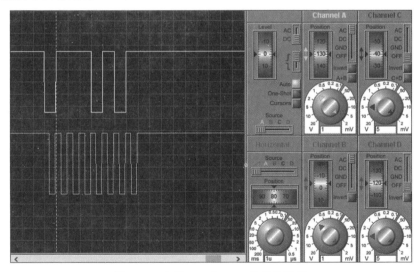

图 5-29　串口 RxD 和 TxD 信号的波形

2. 方式 1

方式 1 称为 **8 位异步通信方式**，一个数据帧包括 1 位起始位、8 位数据位和 1 位停止位。传送数据的过程中，发送的数据通过 TxD 引脚送出 51 单片机，接收的数据逐位从 RxD 引脚送入。

显然，方式 1 与方式 0 的一个重要区别是，RxD 和 TxD 都用作数据线，没有专门的时钟线，所以属于异步通信。此外，传输的数据帧格式不同，方式 1 每次数据传输，实际上一共传

输了 10 位二进制数,所以有些地方又称为 10 位异步通信方式,方式 1 的数据收发时序如图 5-30 所示。

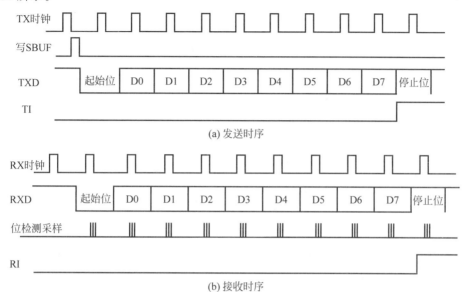

(a) 发送时序

(b) 接收时序

图 5-30　方式 1 数据的收发时序

需要强调的是,对串口的方式 1 在程序中进行初始化时,必须同时对定时/计数器 T1 进行初始化,以便确定传输的波特率和传输速率。

在方式 1 下,51 单片机串口可以实现单工或全双工通信。从程序上看,如果某个系统中两台 51 单片机之间数据是单向传输(例如一台 51 单片机是主机,另一台 51 单片机为从机,数据只由主机发送从机),则可以认为是单工方式。

基于上述思路,在动手实践 5-4 中,假设 51 单片机 U1 只能发送,U2 只是接收,因此将 51 单片机 U1 的 TxD 与 U2 的 RxD 引脚相连接,并且两台 51 单片机分别加载执行不同的程序。

在发送程序 p5_4t. asm 中,首先对串口和定时/计数器 T1 进行初始化。假设 51 单片机时钟频率为 12 MHz,T1 工作在方式 2,则程序中设置计数初值为 0E6H,对应的波特率为 1200 b/s。注意 51 单片机复位后 PCON 中的最高位 SMOD=0。之后启动 T1 定时,产生周期脉冲作为串口数据传送所需的时钟脉冲。在后面的循环程序中,每次循环从 P2 口读取开关数据,存入 SBUF 后立即由串口发送出去。之后,CPU 通过执行 JNB 指令检测 TI 并等待数据发送完毕,再重复上述过程。

在接收程序 p5_4r. asm 中,首先设置串口和定时/计数器 T1 的工作方式并启动 T1 定时,为串口提供波特率时钟。注意在方式控制字中,必须设置 REN=1,以便允许 51 单片机 U2 的串口接收数据。之后,不断检测 RI 标志位。当检测到 RI=1 时,表示串口接收到一个有效数据,则将 RI 复位,同时 51 单片机中的 CPU 从 SBUF 中读取接收到的数据,并由 P1 口输出控制 LED。

5.3.7 51单片机的内部中断

定时/计数器在计数过程中，一旦计数溢出，TCON 寄存器中的 TF0 位将被置位。如果允许，则其可以立即向 CPU 发出中断请求，称为定时/计数器中断。51 子系列内部有两个定时/计数器 T0 和 T1,52 子系列还有一个定时/计数器 T2。每个定时/计数器都可以发出中断请求。

同样地，对串口来说，发送端每执行一次数据发送，发送完毕时将自动使 SCON 中的 TI 位置位；接收端每接收到一个数据帧，并将其中的 8 位数据存入 SBUF 后，将自动使 RI 位置位。在上述两种情况下，如果允许，则串口都将向 CPU 发出中断请求，以便通知 CPU 开始发送下一个数据，或者从串口读取接收到的数据。串口发出的中断称为串口中断。

与通过 $\overline{INT0}$ 和 $\overline{INT1}$ 引脚送入的外部中断不同，定时/计数器中断和串口中断是由 51 单片机内部的定时/计数器和串口产生的，称为内部中断。

至此，已经介绍了 51 单片机中的所有中断源，其中包括 2 个外部中断、2 个或 3 个定时/计数器中断、1 个串口中断。在 51 单片机中，对这些中断源的管理和控制由专门的硬件和软件配合实现，这些硬件和软件构成 51 单片机的中断系统。图 5-31 所示为 51 子系列的中断系统。图中，T0 和 T1 为定时/计数器中断，TX 和 RX 为串口的发送中断和接收中断，2 个串口中断 TX 和 RX 利用或门组合为一个串口中断。

在第 3 章已经对 2 个外部中断做了介绍，这里再对定时/计数器中断和串口中断以及所有中断的一些共同问题做进一步概括介绍。

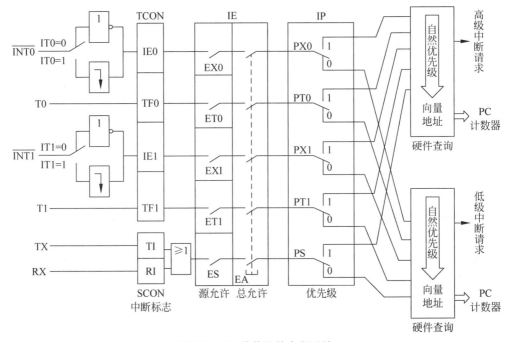

图 5-31　51 单片机的中断系统

1. 中断请求与中断响应

在图 3-23 所示 IE 寄存器中，除了 EX0 和 EX1 这两位用于对 2 个外部中断进行开放和关闭以外，另外的 ET0 和 ET1 位用于开放和屏蔽 2 个定时/计数器中断(对 52 子系列的单片机，还有一个定时/计数器 T2 中断，对应 IE 寄存器中的 ET2 位)，ES 位用于开放和屏蔽串口中断。

与外部中断一样，在程序中，如果希望采用中断方式处理定时/计数器的计数溢出和串口数据的收发，必须在中断请求到来前用指令 SETB 使 IE 中的相应位置位，从而开放定时/计数器和串口中断。

一旦开中断，当相应的中断请求到来时，51 单片机即可响应中断，转到相应的中断服务程序。对于定时/计数器 T0、T1 和 T2，其中断服务程序的入口地址分别在 ROM 的 000BH、001BH 和 002BH 单元；对于串口中断，其中断服务程序的入口地址在 ROM 的 0023H 单元(参见表 3-1)。

需要注意的是，51 单片机响应边沿触发的外部中断和定时/计数器中断后，相应的中断请求标志位 IE0、IE1 或 TF0、TF1 将会自动复位。但是，对于电平触发的外部中断和串口中断标志位 RI 和 TI，响应后不能自动复位，必须在中断服务程序中用专门的 CLR 指令将其清零。

2. 中断优先级

不管是外部中断还是内部中断，中断请求到来的时刻是随机的。这就意味着，CPU 正在处理某个中断请求时，可能又有一个新的中断请求到来；还可能在某个时刻，同时有多个中断请求到来。但是，CPU 在任何一个时刻只能响应并处理一个中断请求。这就涉及 CPU 对各中断请求的响应顺序问题，这就是中断优先级。

在 51 单片机中，可以将各中断源的中断优先级规则归纳为下面 3 条：

(1) CPU 同时接收到几个中断请求时，首先响应优先级最高的中断请求；

(2) 正在进行的中断过程不能被新的同级或低优先级的中断请求所中断，一直到该中断服务程序结束，返回了主程序且执行了主程序中的一条指令后，CPU 才能响应新的中断请求；

(3) 新来的高优先级中断请求能够打断正在进行的低优先级中断服务，从而实现两级中断嵌套。

所谓中断嵌套，就是 51 单片机正在执行低优先级的中断服务程序时，可被高优先级中断请求所中断，待高优先级中断处理完毕后，再返回低优先级中断服务程序。中断嵌套的过程如图 5-32 所示。

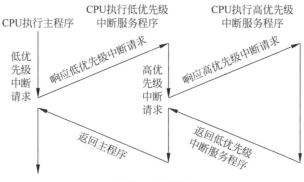

图 5-32 中断嵌套

51 单片机的中断系统中有两个中断优先级组，每个中断请求源所属的优先级组可由软件设置为高优先级或低优先级组，具体是通过图 5-33 所示中的中断优先级（Interrupt Priority）IP 寄存器实现的。

图 5-33　IP 寄存器各位的含义

IP 寄存器的字节地址为 0B8H，可以位寻址。IP 中各位的含义如图 5-33 所示。其中，PX0 和 PX1 分别为外部中断 $\overline{INT0}$ 和 $\overline{INT1}$ 的优先级控制位；PT0 和 PT1 分别为定时/计数器 T0 和 T1 的中断优先级控制位；PS 为串口中断的优先级控制位；PT2 为定时/计数器 T2 的中断优先级控制位，只用于 52 子系列。当某位为 1 时，设置相应的中断源为高优先级；否则为低优先级。

除了利用上述 IP 进行优先级设置外，位于同一级的各中断源还有一个默认的优先级顺序，该顺序正好与各中断源中断服务程序入口地址在 ROM 中的存放顺序一致，从高级到低级依次为外部中断 0、定时/计数器 T0 中断、外部中断 1、定时/计数器 T1 中断、串口中断和定时/计数器 T2 中断。

51 单片机复位时，IP 的初始值为 00H，因此所有的中断源都属于低优先级组。在程序中，可以根据实际系统的需要利用指令随意设置各中断源的优先级。

例如，如下指令：

微课视频

```
MOV  IP,#00010100B
```

将 PS 和 PX1 设为 1，其余位设为 0，则外部中断 1、串口中断属于高优先级组，外部中断 0、定时/计数器 T0 中断、定时/计数器 T1 中断和定时/计数器 T2 中断属于低优先级组，再根据默认的优先级顺序，各中断源的优先级顺序从高到低依次为外部中断 1、串行口中断、外部中断 0、定时/计数器 T0 中断、定时/计数器 T1 中断和定时/计数器 T2 中断。

下面通过两个案例介绍定时/计数器中断和串口中断的用法。

动手实践 5-6：定时/计数器中断的应用

将动手实践 5-1 改为用中断方式实现，可以编写如下程序（参见文件 p5_6.asm）：

```
; 定时/计数器中断的应用
    ORG  0000H
    AJMP MAIN
    ORG  000BH
    AJMP T0D
;==============================================
; 主程序
```

```
; ========================================================
        ORG     0100H
MAIN:   MOV     TMOD,#00000010B     ; 设置 T0 工作方式
        MOV     TH0,#156            ; 设置计数初值
        MOV     TL0,#156
        SETB    ET0                 ; 开定时/计数器 T0 中断
        SETB    EA
        SETB    TR0                 ; 启动定时
        SJMP    $                   ; 等待定时到
; ========================================================
;定时/计数器 T0 中断服务程序
; ========================================================
T0D:    CPL     P1.0                ; P1.0 口取反
        RETI                        ; 中断返回
        END
```

与程序 p5_1.asm 采用查询方式相比,在上述采用中断方式的程序中,主要的改动有如下几点:

(1) 在主程序中启动定时之前需要将 ET0 和 EA 置位,开中断。

(2) 在 ROM 的 000BH 单元中存放一条 AJMP T0D 指令,当定时到时,51 单片机执行该条指令,转到 T0 的中断服务程序 T0D。

微课视频

(3) 在中断服务程序中,原来检测和清除 TF0 的操作都不再需要。当定时到时,定时计数器内部电路将 TF0 置位。由于主程序中已经开了 T0 中断,因此将立即向 51 单片机发出中断请求。这就意味着,一旦程序执行进入中断服务程序,TF0 肯定已经被置位,所以不再需要检测。另外,51 单片机响应此中断后,内部电路会自动将 TF0 重新复位,因此也不需要再安排专门的 CLR 指令将其清零。

动手实践 5-7:串口中断的应用——双工通信

51 单片机的串口本身可以实现双工通信。在工作过程中,两台 51 单片机都可以通过执行程序同时实现数据的发送和接收。为了体会点-点双工通信的控制程序及中断方式下的数据传输过程,重新绘制原理图如图 5-34 所示(参见文件 ex5_7.pdsprj)。

在图 5-34 中,为了实现双工通信,将两台 51 单片机的 RxD 和 TxD 引脚相互交叉连接。两台 51 单片机的 P1 口和 P2 口都分别连接了 8 个 LED 和 8 个开关。要求实现的功能是:每台 51 单片机将开关的状态送到对方单片机连接的 LED 显示。例如,用与 U1 单片机连接的 DSW1 的状态控制与 U2 单片机连接的 LED U3 的显示。注意设置两台 51 单片机的时钟频率都为 12 MHz。

由于两台 51 单片机实现的功能相同,并且都是通过相同的并口与开关和 LED 相连,因此两台 51 单片机的控制程序完全一样,完整的代码如下(参见文件 p5_7.asm):

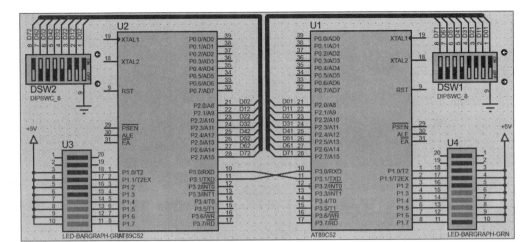

图 5-34　两台 51 单片机之间的点-点双工通信连接原理图

```
; 点－点双机双工通信(中断方式)
LED    DATA    P1
SWT    DATA    P2
       ORG     0000H
       AJMP    MAIN
       ORG     0023H
       AJMP    INS                     ; 串口中断服务程序入口
; ====================================================================
; 主程序
; ====================================================================
       ORG     0100H
MAIN:MOV     SP,#60H                    ; 主程序
       MOV     SCON,#01010000B           ; 单片机工作方式 1,允许接收
       MOV     TMOD,#00100000B           ; 设置定时/计数器 T1 工作方式 2 定时功能
       MOV     TL1,#0E6H                 ; 设置 T1 的计数初值以确定波特率
       MOV     TH1,#0E6H
       SETB    TR1                       ; 启动 T1 定时
       SETB    EA
       SETB    ES                        ; 开串口中断
       MOV     SWT,#0FFH
       MOV     A,SWT
       MOV     SBUF,A                    ; 发送第一个数据
       SJMP    $                         ; 循环等待串口中断
; ====================================================================
; 串口中断服务程序
; ====================================================================
INS:  CLR     EA                        ; 关串口中断
       JB      RI,REC                    ; 是接收串口中断,则跳转
       CLR     TI                        ; 是发送串口中断,则清除 TI
       MOV     A,SWT
       MOV     SBUF,A                    ; 发送数据
       SJMP    EXT
```

```
REC:    CLR     RI                      ; 清除接收串口中断请求标志位
        MOV     A,SBUF                  ; 从串口读接收到的数据
        CPL     A                       ; 由 P1 口输出控制 LED
        MOV     LED,A
EXT:    SETB    EA                      ; 开串口中断
        RETI                            ; 串口中断返回
        END
```

在上述程序中,两台 51 单片机执行完全相同的程序流程,不断读取并发送所连接的开关数据,并等待串口中断。一旦有中断请求到来,则在中断服务程序中首先判断是发送还是接收中断。如果是发送中断,则先清除 TI,然后读取开关数据送到串口的 SBUF 并通过串口发送出去;如果是接收中断,则先清除 RI,然后从串口 SBUF 中读取接收到的数据并通过 P1 口输出控制 LED。

在原理图中单击两个开关,可以看到另一台 51 单片机上连接的 LED 的亮灭状态变化。这就意味着,两台 51 单片机在任何时刻都既可以发送数据,也可以接收数据,从而实现全双工通信。

为了观察数据传送过程,可以在原理图中添加一个示波器,并将单片机 U1 的 RxD 和 TxD 引脚分别接到示波器的 A 和 B 通道。单击两个开关设置需要传输的数据,在运行过程中或暂停运行状态观察示波器的波形如图 5-35 所示。

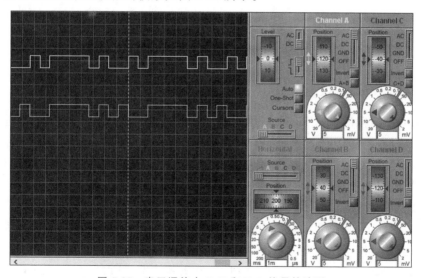

图 5-35 串口通信中 **RxD** 和 **TxD** 信号的波形

图 5-35 中的两路脉冲分别是单片机 U1 和 U2 发送的开关数据,读取顺序是从右往左对应数据的高位到低位。此外,在波形上容易读取传输每位数据的时间近似为 0.8 ms,其倒数近似为 1200 b/s,这就是程序中设置的波特率。

注意根据各开关的状态读出波形上传输一帧的最高位和最低位。在波形上可以清楚地看到,在每帧数据的开始(即 8 位开关数据最低位的左边)有一位低电平,这就是起始位。每

帧数据传输的最后一位（即 8 位开关数据的最高位）右边，有一位高电平，这就是停止位。由于程序不断循环收发，所以每次传输一帧共 10 位数据，就这样不断地重复进行数据的发送和接收。

5.4 牛气冲天——实战进阶

在熟悉了 51 单片机定时/计数器和串口的基本概念及其典型应用的基础上，本节继续介绍应用过程中的一些特殊问题和高级技术。

5.4.1 定时/计数器的级联

不管设置定时/计数器工作在哪一种工作方式，由于计数位数有限，计数脉冲的周期或频率固定，因此都只能实现有限长度的定时。表 5-3 给出了在 51 单片机两种典型的时钟脉冲频率下，3 种工作方式能够获得的最长定时时间。

表 5-3　定时/计数器的最长定时时间

时 钟 频 率	方式 0	方式 1	方式 2
6 MHz	16.384 ms	131.072 ms	0.512 ms
12 MHz	8.912 ms	65.536 ms	0.256 ms

在实际系统中，为了获得更长的定时，可以有两种基本的方法，即定时/计数器和程序控制配合、多个定时/计数器级联使用。下面通过具体案例体会后一种方式实现的基本原理。

动手实践 5-8：长定时的实现

在计数位数有限的情况下，定时时间太短的一个主要原因在于定时/计数器进行定时所需的标准计数脉冲频率太高。为此可以考虑将一个定时/计数器用作分频器，将标准计数脉冲进行分频，以增大其周期。然后将分频后得到频率较低的信号再作为另一个定时/计数器的计数脉冲，即可获得更长的定时。

在本案例中，利用定时/计数器 T0 和 T1 级联实现 0.5 s 的定时。其中 T0 工作在定时方式，用于在 P1.1 引脚产生周期为 20 ms 的方波脉冲；P1.1 引脚输出的方波脉冲再作为 T1 计数器的计数脉冲，控制 P1.0 引脚输出 1 Hz 的周期方波脉冲，电路连接如图 5-36 所示（参见文件 ex5_8.pdsprj）。为便于观察，将 P1.0 引脚输出周期为 20 ms 的脉冲和 P1.1 引脚输出周期为 1 s 的脉冲同时送入示波器的 A 和 B 通道。

1. 定时/计数器级联——查询方式

这里设置定时/计数器 T0 工作在方式 1 定时方式，每定时 10 ms 将 P1.0 引脚的输出信号取反，从而得到周期为 20 ms 的计数脉冲。设置定时/计数器 T1 工作在方式 2，则可设置其计数初值为 256 − 0.5 s/20 ms＝231。每定时 0.5 s，计数溢出，将 P1.1 引脚取反，即可输出周期为 1 s 的方波脉冲。程序代码如下（参见文件 p5_8_1.asm）：

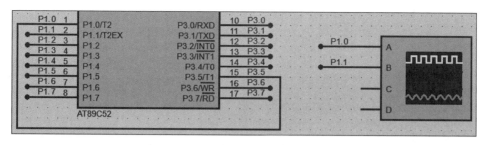

图 5-36　定时/计数器级联的电路连接

```
; 长定时的实现——定时/计数器的级联(查询方式)
SIG1   BIT    P1.0
SIG2   BIT    P1.1
       ORG    0000H
       AJMP   MAIN
       ORG    0100H              ; 主程序
MAIN:  MOV    TMOD,#01100001B    ; 设置 T0 工作方式 1 定时方式,T1 方式 2 计数方式
       MOV    TH0,#0D8H          ; 设置 T0 计数初值
       MOV    TL0,#0F0H
       MOV    TH1,#231           ; 设置 T1 计数初值
       MOV    TL1,#231
       SETB   TR0                ; 启动 T0 定时 10 ms
       SETB   TR1                ; 启动 T1 计数
LP:    JNB    TF1,NEXT           ; T1 计数溢出(0.5 s 定时到)?
       CLR    TF1
       CPL    SIG2               ; P1.1 引脚取反
NEXT:  JNB    TF0,$              ; 等待 T0 定时 10 ms 到
       CLR    TF0
       CPL    SIG1               ; P1.0(T1 计数脉冲)取反
       MOV    TH0,#0D8H          ; 重装 T0 计数初值
       MOV    TL0,#0F0H
       SJMP   LP                 ; 循环
       END
```

注意到在上述程序中,由于 T1 工作在方式 2,所以计数溢出后不用重装计数初值;但 T0 工作在方式 1,所以每次计数溢出后都需要重装计数初值。

2. 定时/计数器级联——中断方式

本案例考虑将 1 s 长定时改为用中断方式实现。具体做法是:将定时/计数器 T0 作为一个中断源,通过中断处理将 P1.0 引脚输出脉冲取反。主程序中定时/计数器 T1 实现 0.5 s 的定时仍然采用查询方式。

本案例完整的程序如下(参见文件 **p5_8_2.asm**):

```
; 长定时的实现——定时/计数器的级联(中断方式)
SIG1   BIT    P1.0
SIG2   BIT    P1.1
       ORG    0000H
       AJMP   MAIN
```

```
            ORG    000BH                ; T0 中断服务程序入口
            AJMP   T0DEL
; ================================================================
; 主程序
; ================================================================
            ORG    0100H
MAIN: MOV    TMOD, #01100001B     ; 设置 T0 方式 1 定时方式, T1 方式 2 计数方式
      MOV    TH0, #0D8H           ; 设置 T0 计数初值
      MOV    TL0, #0F0H
      MOV    TH1, #231            ; 设置 T1 计数初值
      MOV    TL1, #231
      SETB   ET0                  ; 开 T0 中断
      SETB   EA
      SETB   TR0                  ; 启动 T0 定时 10 ms
      SETB   TR1                  ; 启动 T1 计数
LP:   JNB    TF1, $               ; 等待 T1 计数溢出(0.5 s 定时到)
      CLR    TF1
      CPL    SIG2                 ; P1.1 引脚取反
      SJMP   LP
; ================================================================
; T0 中断服务程序
; ================================================================
T0DEL: CPL   SIG1                 ; P1.0(T1 计数脉冲)取反
       MOV   TH0, #0D8H           ; 重装 T0 计数初值
       MOV   TL0, #0F0H
       RETI
       END
```

在上述程序的主程序中,仍然用同样的方法设置两个定时/计数器的工作方式和计数初值,并启动两个定时/计数器的计数。之后,主程序通过查询 TF1 的状态,等待定时/计数器 T1 计数溢出。一旦计数溢出,则将 P1.1 引脚输出取反,再返回不断循环。

在本案例中,只用了定时/计数器 T0 中断,因此在程序一开始,将 AJMP T0DEL 指令存放到 000BH 单元。一旦 T0 定时到,则 CPU 响应中断后执行该指令,从而跳转到标号为 T0DEL 的指令。从这条指令开始就是定时/计数器 T0 的中断服务程序。在中断服务程序中,将 P1.0 引脚输出取反,同时重装定时/计数器 T0 的计数初值,再执行 RETI 指令返回。

在 CPU 执行主程序循环的过程中,定时/计数器 T0 在不断计数。一旦计数溢出,立即暂停主程序中循环的执行,跳转到定时/计数器 T0 的中断服务程序。因此,执行 RETI 指令后,将返回到主程序的循环中,继续查询 TF1 的状态并等待定时/计数器 T1 计数溢出。

需要注意的是,如果是采用中断方式检测计数是否溢出,CPU 在响应中断后将由内部硬件电路自动将 TF0 清零,以便下一次计数溢出时重新将其置位。因此,在 T0 的中断服务程序中,不需要另外安排清除 TF0 的操作。

上述两个程序运行后,在示波器上观察 P1.0 和 P1.1 引脚输出的两路脉冲如图 5-37 所示。

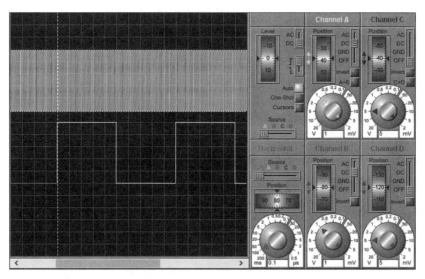

图 5-37　定时/计数器产生的 50 Hz 和 1 Hz 周期方波脉冲

5.4.2　串口方式 2 和方式 3 及其应用

在 SCON 中,当设置 SM1 和 SM0 为 10 和 11 时,分别指定串口的工作方式为方式 2 和方式 3。在这两种方式下,串口仍然用 TXD 和 RxD 引脚发送和接收数据。方式 2 和方式 3 与方式 1 的区别在于发送数据帧的格式不同;而方式 2 和 3 之间的主要区别在于传输的波特率不同。方式 2 的波特率固定为振荡器频率的 1/32 或 1/64;而方式 3 的波特率由定时/计数器 T1 的计数初值决定。

方式 2 和方式 3 数据帧的格式如图 5-38 所示。由此可见,这两种方式除了发送 8 位数据位以外,另外还需要发送一位 TB8,合起来共 9 位构成数据帧,因此称为 **9 位异步通信方式**。此外,与方式 1 一样需要前后分别附加一位起始位和一位停止位,合起来共需传送 11 位数据。因此有些地方又称为 **11 位异步通信方式**。

起始位	D0	…	D7	RB8/TB8	停止位
0		8位数据位		校验位	1

图 5-38　串口方式 2 和方式 3 数据帧的格式

对发送方,数据帧的最后一位为 TB8。在发送前,首先用位操作指令设置 TB8 为 0 或 1,然后将待发送的 8 位数据存入 SBUF 即可启动串行数据的发送。发送数据结束后将 TI 置位。

对接收方,接收到的 8 位数据存入 SBUF,等待 CPU 读取,而第 9 位数据自动存入 SCON 寄存器的 RB8 位。这 9 位数据接收结束后,串口内部电路将 RI 置位。

1. 串行通信中的错误校验

在串行通信过程(特别是长距离通信)中,数据传输的过程会受到各种干扰(传输线路引入的噪声）的影响，造成数据传输错误。因此，在接收端一般都需要对数据传输的正确与否进行校验，以保证传输数据准确无误。常用的数据校验方法有奇偶校验、循环冗余码校验等。

（1）奇偶校验。

串行数据发送时，在数据位后面尾随1位奇偶校验位（1或0）。当约定为奇校验时，数据位和校验位中1码的个数应为奇数；当约定为偶校验时，1码的个数应为偶数。

在通信过程中，收发双方需要事先约定采用奇校验还是偶校验。在发送时，发送方根据待发送数据位中1码个数的奇偶正确设置相应的校验位，以保证发送的数据位和校验位中1码总的个数为奇数或偶数。

按照此约定，如果在传输过程中由于干扰使得数据位中的某一位发生错误，即1码变为0码或0码变为1码，则接收到的数据位和校验位中1码个数的奇偶将不满足约定。此时，由于接收的数据是错误的，CPU不应该也不需要读取，接收方可以要求发送方重新发送。

（2）代码和校验与循环冗余码校验。

代码和校验是发送方将所发数据块求和或各字节异或，产生1字节的校验字符（校验和）附加到数据块末尾。接收方接收数据时同时对数据块（除校验字节）求和或各字节异或，将所得结果与发送方的"校验和"进行比较，如果相符，则无差错；否则即认为在传输过程中出现了差错。

循环冗余码校验纠错能力强，容易实现。该校验是通过某种数学运算实现有效信息与校验位之间的循环校验，常用于对磁盘信息的传输、存储区的完整性校验等。是目前应用最广的检错编码方式之一，广泛用于同步通信中。

2. 多机串行通信

在单片机集散式分布系统中，往往采用一台主机（Master）和多台从机（Slave）。主机可以与系统中任何一台从机进行串行通信（发送或接收数据），一般各从机之间不直接进行数据传输。对这样的主从式多机通信系统，由于所有的从机都通过同样的 RxD 和 TxD 两根线与主机进行数据传输，因此工作过程中一个关键的问题是主机如何找到当前需要进行通信的从机，并且禁止其他从机接收主机发出的数据。

一种最简单的做法是，事先为每个从机指定一个唯一的、固定不变的编码代号，称为从机地址。传输数据之前，主机先向系统中所有从机发送当前需要通信的从机地址。所有从机都接收到该地址，但只有事先规定的地址与该发送地址相同的从机，才向主机发送一个应答信号。主机接收到该应答信号以后，才开始与该从机进行数据传输。

由此可见，相对于方式1的点-点通信，多机通信系统中的每次数据传送过程都必须包括如下几个操作步骤：主机向所有从机发送地址；被寻址的从机向主机发送应答信号；传输数据。其中前两个阶段称为联络过程，在此根据需要还可能执行其他的操作；第三个阶段的传输数据可能是主机发往从机或者从机发往主机。

为了实现上述多机主从式通信，51单片机的串口必须工作在方式2或方式3，并且要用到 SCON 寄存器中的 SM2 和 TB8/RB8 位。

（1）SM2：多机通信控制位。对串口工作方式0和方式1，一般将该位设为0。当串口以方式2或方式3接收时，如果设置SM2=0，则与方式1一样实现普通的点-点通信，接收到的8位数据都将存入SBUF。如果设置SM2=1，则只有当接收到的第9位数据RB8为1时，才将接收到的前8位数据送入SBUF。如果接收到RB8位为0，则将接收到的前8位数据丢弃，相当于不接收数据。

（2）TB8/RB8：在方式2、方式3的点-点通信中，一般用作奇偶校验位。在多机通信中，一般用该位区分是数据帧（0码）还是地址帧（1码）。在方式1下，该位无用，可随意设置为1或0。

由此可知，在从机的SM2位都设为1时，利用RB8/TB8位可以控制从机是否接收数据，从而实现从机的选择应答。在应答过程中，主机向所有从机发送一个地址帧，其中TB8=1，因此所有从机都将接收到该地址。

在所有从机接收到地址帧后，通过执行自身的程序判断接收到的地址是否与自身事先设置的地址是否相同。如果相同，表示主机正在寻址该从机，因此从机将其SM2位复位，而没有被寻址的从机其SM2位保持为1。

由于本寻址的从机SM2位已经复位，该从机能够与主机之间进行普通的点-点通信，主机发送的数据能够被该从机收到。由于没有被寻址的从机其SM2位保持为1，只要主机后续发送的数据帧中TB8=0，则主机发送的数据这些从机将不会接收到。

至此，可以将多机主从式通信过程所需的程序操作步骤总结如下。

（1）如果系统中只有1个主机，则将主机的SM2位复位，所有从机的SM2位置位，以便所有从机都能接收到主机发来的从机地址。

（2）主机发送从机地址，其中设置TB8=1。

（3）所有从机接收到地址帧后，将其与本从机地址比较，并根据比较结果设置SM2位。

（4）主机发送TB8=0的数据帧，送往被寻址到的从机。

（5）通信结束后，从机将SM2重新置位。

动手实践5-9：串行通信中的奇偶校验

本案例的原理图与动手实践 **5-7** 中的图 5-36 所示相同，为方便，这里将其重新保存为 **ex5_9. pdsprj**，相应的程序如下（参见文件 **p5_9. asm**）：

```
; 点 - 点通信中的偶校验
LED    DATA   P1
SWT    DATA   P2
       ORG    0000H
       LJMP   MAIN
       ORG    0023H              ; 串口中断服务程序入口
       LJMP   INS
       ORG    0100H
MAIN:  MOV    SP, #60H
       MOV    SCON, #11010000B   ; 串口初始化, 方式 3, 允许接收(REN = 1)
```

```
        MOV   TMOD,#20H
        MOV   TL1,#0E6H
        MOV   TH1,#0E6H
        SETB  TR1
        SETB  EA
        SETB  ES
        MOV   SWT,#0FFH
        MOV   A,SWT              ; A中1码个数为偶数,则P=0;1码个数为奇数,则P=1
        MOV   C,P
        MOV   TB8,C              ; 设置TB8 = P,使总的1码个数为偶数(偶校验)
        MOV   SBUF,A             ; 发送第一个数据
        SJMP  $                  ; 循环等待中断
; ==============================================================
; 串口中断服务程序
; ==============================================================
INS:    CLR   EA
        JB    RI,REC
        CLR   TI                 ; 是发送中断,则清除TI
        MOV   A,SWT
        MOV   C,P                 ; 偶校验
        MOV   TB8,C
        MOV   SBUF,A             ; 发送数据
        SJMP  EXT
REC:    CLR   RI
        MOV   A,SBUF             ; 接收数据,并根据A中1码的个数奇偶设置P标志位
                                 ; 接收的第9位数据(即发送的第9位TB8)自动存入RB8
        ;XRL  A,#01H             ; 模拟接收到的8位数据最低位错误
        JB    P,GO               ; 检测P = RB8?
        JNB   RB8,DONE
        SJMP  EXT                 ; 否,偶校验错误,返回
GO:     JB    RB8,DONE
        SJMP  EXT
DONE:   MOV   LED,A             ; 是,偶校验正确,输出点亮LED
EXT:    SETB  EA
        RETI
        END
```

启动运行后,单击各开关,开关数据都能正常发送到对方51单片机,并在LED上正确显示。为了模拟奇偶校验,在中断服务程序中添加XRL A,#01H(去掉上述程序中该条指令前面的分号即可)。现在重新运行程序可以发现：不管如何单击开关,两个51单片机上连接的LED都不会点亮,意味着数据没有被正确接收。

上述程序中采用的是偶校验。发送方根据发送开关数据中1码个数的奇偶设置SCON中的TB8位,对应的代码如下：

```
MOV   A,P2
MOV   C,P
MOV   TB8,C
```

在上述3条指令中,首先从P2口读取开关数据并存入A,该操作将影响PSW中的P标志位。当读取的开关数据(即累加器A)中有偶数个1时,P=0;否则P=1。后面2条

指令将 P 标志位中的 0 或 1 存入 TB8。因此,如果有偶数个开关打在 OFF 位置,表示 A 中发送的 8 位数据中有偶数个 1,则 TB8＝0;当 A 中有奇数个 1 时,TB8＝1。注意在原理图中,开关打在 ON 位置为 0 码;开关打在 OFF 位置为 1 码。

在接收端,将接收到的前 8 位数据存入 SBUF,第 9 位存入 SCON 中的 RB8 位。在中断服务程序中,如果检测到是接收中断,则首先清除 RI 标志,并将接收到的前 8 位数据读入累加器 A。该操作将影响 P 标志位。

程序中接下来利用 JB 指令检测 P 标志位。如果 P＝1,则跳转到标号为 GO 的指令,继续检测 RB8 是否也为 1。如果 P＝RB8＝1,则将读取得到的 8 位数据由 P1 口输出以点亮 LED;否则 A 中的数据不输出,而是直接中断返回。同理,如果检测到 P＝RB8＝0,接收到的数据也将由 P1 口输出。

如果传输过程中没有错误,则接收到的数据位和校验位 RB8 一定满足上述两种情况,也就是数据位和校验位中 1 码的个数一定为偶数。如果传输过程中有一位数据位发生错误,则 P 和 RB8 一定不相等,因此接收到的数据都不会由 P1 口输出到 LED,此时 LED 将保持原来的状态,也就相当于 CPU 没有接收错误的数据。

在上述程序中用 XRL 指令将接收到的数据最低位取反,用于模拟传输过程中数据的最低位发生错误。此时,通过奇偶校验发现该错误,则不将数据由 P1 口控制 LED。

动手实践 5-10: 多机主从式通信

本案例利用如图 5-39 所示原理图(参见文件 **ex5_10. pdsprj**)演示一个简单的多机主从式通信系统。其中 U1 是主机,U2~U4 是 3 个从机,假设其地址分别为 0~2。系统要实现的功能是:将主机内部 RAM 中存放的若干字节数据送往指定的某个从机,并保存到从机内部 RAM 中指定的单元。

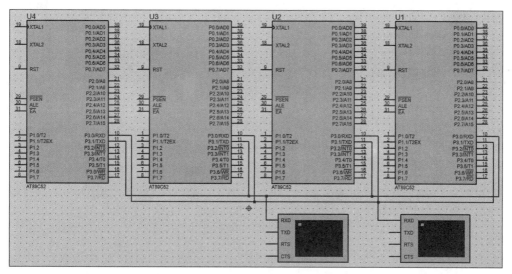

图 5-39 简单的多机主从式通信系统

注意本案例需要在 Keil C51 中创建两个工程，后面将这两个工程代码文件分别加载到主机 U1 和从机 U4 中。在两个工程中分别添加如下主机和从机的源程序（参见文件 p5_10m. asm 和 p5_10s. asm）。

```
; 多机通信——主机
SADD   EQU    1                        ; 从机地址
RT     EQU    1                        ; 命令,1:主机发送数据;0:主机接收数据
BUFT   EQU    40H                      ; 主机发送数据缓冲区
BUFR   EQU    50H                      ; 主机接收数据缓冲区
       ORG    0000H
       AJMP   MAIN
       ORG    0100H
MAIN:  MOV    40H, #10                 ; 初始化设置待发送数据
       MOV    41H, #20
       MOV    42H, #30
       MOV    43H, #40
       MOV    SCON, #11010000B         ; 串口初始化:方式 3,允许接收,SM2 = 0
       MOV    TMOD, #20H               ; T1 初始化以确定波特率
       MOV    TH1, #0E6H
       MOV    TL1, #0E6H
       SETB   TR1
LP:    SETB   TB8                      ; TB8 置位
       MOV    A, #SADD                 ; 发送地址帧
       MOV    SBUF, A
       JNB    RI, $                    ; 等待从机应答
       CLR    RI
       MOV    A, SBUF
       XRL    A, #SADD                 ; 判断应答地址是否相等
       JZ     MIO1                     ; 相等,则继续
       SJMP   LP                       ; 不相等,则重新联络
MIO1:  CLR    TB8                      ; 地址相等,向从机发送命令(TB8 = 0 表示命令)
       MOV    A, #RT
       CLR    TI
       MOV    SBUF, A                  ; 发送命令
       JNB    TI, $
       JZ     RX                       ; 命令 RT = 0?
       ACALL  SEND_DATA                ; 否,主机发送数据
       SJMP   LP
RX:    CLR    RI
       ACALL  REC_DATA                 ; 是,主机接收数据
       SJMP   LP
SEND_DATA:                             ; 主机发送子程序
       MOV    R7, #4                   ; 否则,发送数据
       MOV    R0, #BUFT
LPT:   CLR    TI
       MOV    SBUF, @R0
       JNB    TI, $
       INC    R0
       DJNZ   R7, LPT
       RET
```

```
REC_DATA:                              ; 主机接收子程序
        MOV     R7,#4                  ; 接收数据
        MOV     R1,#BUFR
LPR:    JNB     RI,$
        CLR     RI
        MOV     A,SBUF
        MOV     @R1,A
        INC     R1
        DJNZ    R7,LPR
        RET
        END
; =======================================================
; 多机通信——从机
SADD    EQU     1                      ; 本机地址
BUFT    EQU     50H                    ; 从机发送数据缓冲区
BUFR    EQU     40H                    ; 从机接收数据缓冲区
        ORG     0000H
        AJMP    MAIN
        ORG     0023H
        AJMP    SIO                    ; 串口中断入口
        ORG     0100H
MAIN:   MOV     SP,#20H                ; 设置堆栈指针
        MOV     50H,#50                ; 从机发送数据初始化
        MOV     51H,#60
        MOV     52H,#70
        MOV     53H,#80
        MOV     SCON,#11110000B        ; 置串口方式 3,允许接收,SM2 = 1
        MOV     TMOD,#20H              ; 初始化 T1,以确定波特率
        MOV     TH1,#0E6H
        MOV     TL1,#0E6H
        SETB    TR1
        SETB    EA
        SETB    ES                     ; 开串口中断
        SJMP    $
SIO:    CLR     RI                     ; 串口中断服务程序
        MOV     A,SBUF                 ; 接收地址
        XRL     A,#SADD
        JNZ     RETN                   ; 不是本机地址,则跳转
        MOV     SBUF,#SADD             ; 否则,向主机回送本机地址
        CLR     SM2                    ; 清除 SM2,准备传输命令和数据
        JNB     RI,$                   ; 接收主机命令
        CLR     RI
        JNB     RB8,SIO1               ; 是命令帧,转 SIO1
        SJMP    RETN                   ; 否则,将 SM2 置位并返回
SIO1:   MOV     A,SBUF                 ; 接收并分析命令
        JZ      TX                     ; 命令 0,则转发送
RX:     MOV     R0,#BUFR               ; 否则,接收数据
        MOV     R7,#4                  ; 数据字节数送 R7
LPRX:   JNB     RI,$                   ; 接收数据存入缓冲区
        CLR     RI
        MOV     @R0,SBUF
```

```
          INC    R0
          DJNZ   R7,LPRX
          SJMP   RETN
Tx:       MOV    R1,＃BUFT
          MOV    R7,＃4                   ; 数据字节数送 R7
LPTX:     CLR    TI
          MOV    SBUF,@R1                 ; 发送数据
          JNB    TI,$
          INC    R1
          DJNZ   R7,LPTX
RETN:     SETB   SM2                      ; 发送完,置 SM2 = 1 后返回
          RETI
          END
```

将上述两个工程编译成功后分别加载到主机和从机 U4,启动运行后,自动弹出两个虚拟终端窗口,暂停程序运行后观察主机和从机内部 RAM 分配情况如图 5-40 所示。

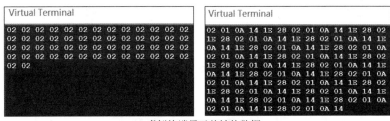

(a) 虚拟终端显示传输的数据

(b) 内部RAM分配情况

图 5-40　多机通信运行结果

在图 5-40(a)中,两个虚拟终端分别显示的是主机和从机发送的数据。主机连续不断地循环发送从机地址 02H、数据收发命令 01H 以及内部 RAM 中的 4 字节数据 0AH、14H、1EH 和 28H。对应主机的每次循环,从机向主机发送 1 字节的应答地址 02H。在图 5-40(b)中,主机 RAM 中 4 字节数据发送给从机 U4,并存入内部 RAM 地址从 40H 开始的单元。

本案例演示了一个基本的多机通信过程,整个过程包括主机和从机 U4 的主程序以及中断服务程序,其中的主要操作可以用图 5-41 所示流程图进行描述。

需要说明的是,上述流程图对主机和从机分开绘制,但在工作过程中,主机和从机的发送和接收过程相互联系的,因此接下来按照完整的传输过程,将主机和从机在每个阶段的操作合并在一起介绍。

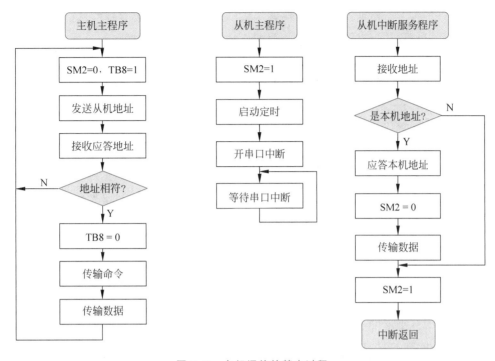

图 5-41 多机通信的基本过程

（1）串口初始化。

在主机的主程序中，首先设置串口的方式控制字及定时/计数器 T1 的计数初值并启动定时，其中特别注意设置 SM2=0。

在从机的主程序中，初始化操作也包括上述两项，但其中设置 SM2=1。此外，定时/计数器 T1 的工作方式和计数初值必须与主机完全相同，以保证主、从机具有相同的波特率。

在本案例中，从机收发数据采用中断方式，因此在从机的初始化程序中还需要开串口中断。

（2）地址联络过程。

做了上述初始化设置后，主机向所有从机发送当前需要通信的从机地址，并等待被寻址的从机回送应答地址（从机的本机地址）。

由于设置所有从机的 SM2=1，并且主机发送地址时 TB8=1，因此所有从机都将接收到主机送来的从机地址。各从机在接收到地址后，立即响应串口中断并进入各自的中断服务程序。

在中断服务程序中，各从机的 CPU 从 SBUF 中读出地址，并与事先规定的本机地址进行比较，比较过程用 XRL 指令实现。如果接收到的地址与从机程序中定义的本机地址 SADD 相等，则该从机将本机地址通过串口发送回主机，并将该从机的 SM2 清零，准备传输命令和数据。如果两个地址不相等,说明该从机不是当前主机需要寻址的从机,则不向主机回送本机地址,也不再参与后续的命令和数据传输,而直接中断返回。

（3）命令的发送和接收。

主机接收到正确的应答地址后,意味着找到被寻址的从机,开始继续传输命令和数据。此时将 TB8 清零。

对从机来说,只有被寻址的从机才将其 SM2 清零,之后即可像方式 1 一样参与后续命令和数据的传输。也就是不管接收到 RB8 位是 1 码还是 0 码,接收到的所有命令和数据都将存入 SBUF,等待 CPU 读取。对未被寻址的从机,由于 SM2 保持为 1,因此在 TB8＝0 时,接收到的 RB8 也为 0,则将接收到的前 8 位数据丢弃不存入 SBUF,也就是不接收后续的命令和数据。

在将 TB8 清零后,主机向从机首先发送命令,该命令设为一个 8 位二进制数据,并在主程序的一开始用 EQU 伪指令定义为一个常量 RT。RT 的值可以设为 0 或 1,分别表示主机接收数据和发送数据。主机将该命令发送到被寻址的从机,之后根据该命令转入数据的收发。

对被寻址的从机来说,主机发送的上述命令用于指示从机发送还是接收数据。显然与主机相反,当接收到命令为 0 或 1 时,表示从机发送或接收数据。

（4）数据的收发。

在本案例中,主机和从机通过串口发送和接收数据实现的功能是相同的,因此主、从机程序中实现数据的发送与接收操作是类似的。只是在主机程序中,将数据的发送和接收分别定义为一个子程序;而在从机程序中,将数据的发送和接收都放在中断服务程序中。

下面以主机程序中发送数据的代码为例,介绍数据收发的基本操作。

在主机发送子程序 SEND_DATA 中,首先将常数 4（需要发送的数据字节数）存入 R7,将主机发送数据缓冲区的起始地址存入 R0。之后通过循环注意将缓冲区中原来存放的 4 字节数据通过串口发送出去。注意每次发送将 1 字节数据送入 SBUF 之前,必须清除 TI。发送过程中利用 JNB 指令检测 TI 的状态。当检测到 TI＝1 时,表示当前字节数据发送完毕,再修改缓冲区地址指针并继续循环发送下 1 字节数据。

（5）调试方法。

调试时,必须将上述主机和从机程序分别加载到原理图中的主机 U1 和从机 U4。启动运行后即可观察到在主机主程序一开始定义到缓冲区中的 4 字节数据被正确发送到从机 U4,并保存到其内部 RAM 地址为 50H 开始的单元。

如果将主机程序中的 RT 常量值修改为 0,则表示将从机 U4 内部 RAM 中地址从 50H 开始单元的 4 字节数据发送到主机,并保存到主机内部 RAM 中相同地址的单元。重新运行后,主机和从机内部 RAM 单元分配情况如图 5-42 所示。

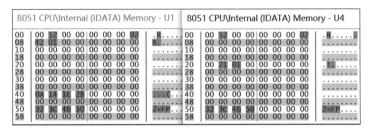

图 5-42　从机向主机发送数据

本章小结

51 单片机内部不仅有 CPU 和并口,还有定时/计数器和串口这两个重要的资源。定时/计数器和串口借用 P3 口某些引脚的第二功能,以便与外部电路相连接,以提供所需的信号(例如输入定时/计数器的计数脉冲和门控信号、通过串口传送数据等)。CPU 通过特殊功能寄存器实现对这些内部资源的访问和工作过程的控制。

1. 定时/计数器

(1) 51 子系列单片机内部分别有 2 个可编程定时/计数器,分别表示为 T0 和 T1。注意在 51 单片机的引脚上,P3.4 引脚和 P3.5 引脚的第二功能名称也为 T0 和 T1。

(2) 定时/计数器可以实现定时和计数功能。T0 有 4 种工作方式(即方式 0~3),T1 有 3 种工作方式(即方式 0~2)。当需要用 T1 工作在方式 2 为串口提供波特率发生器时,可以设置 T0 工作在方式 3,以实现一个 8 位的定时/计数器。

(3) 与定时/计数器相关的特殊功能寄存器有 TMOD 和 TCON。TMOD 用于设置定时/计数器的工作方式、定时和计数功能选择、门控信号的禁用或启用;TCON 中的 TR0 或 TR1 位用于配合门控信号等实现计数的启停控制,并且用 TF0 或 TF1 位标识计数是否溢出。特别注意,TMOD 不能进行位操作。

(4) 不管是计数还是定时功能,定时/计数器的初始化都需要设置工作方式、计数初值,而工作方式的选择也主要考虑所需计数初值的大小范围。

(5) 初始化之后,通过将 TR0 或 T1 置位以启动计数。对定时功能,通过循环不断地检测 TF0 或 TF1 是否为 1 以确定计数溢出是否溢出;对计数功能,可以在达到一定条件(例如指定的计数时间范围结束)后将 TR0 或 TR1 复位以暂停计数,以便读取计数值。

2. 串口

(1) 51 单片机中只集成了一个串口,可实现点-点双工通信或多机主从式串行通信,也可以利用串口实现并口或其他资源的扩展。在串行数据传输过程中,借用了 P3.0 引脚和 P3.1 引脚的第二功能实现串行数据和时钟信号的传输。

(2) 在初始化时,通过对 SCON 的访问,可以设置串口的工作方式、是否允许接收数据等;通过 PCON 和定时/计数器 T1 的计数初值,可以确定串行通信的波特率。

(3) 在串行通信过程中,CPU 对串行数据的收发操作都是通过 SBUF 寄存器实现的。

为确保传输的准确可靠,从 SBUF 收发数据之前必须检测 SCON 中的 TI 或 RI 标志位,以确定串口的数据收发操作已经完成,即 SBUF 中已经存放有接收到的数据,或者已经准备好 CPU 向其写入下一个待发送的数据。

（4）如果设置串口工作在方式 2 和方式 3,可以实现多机主从式通信。借助于 SCON 寄存器中的 TB8 和 RB8 位,还可以实现串行通信中的奇偶校验等高级功能。

3．中断系统

（1）在 51 单片机中,根据中断源所处的位置,将所有的中断分为外部中断和内部中断。第 3 章介绍了外部中断,而内部中断主要指的是本章介绍的定时/计数器中断和串口中断。

（2）内部中断和外部中断的处理过程是类似的。如果需要采用中断方式,必须在主程序中初始化时开中断。之后,一般通过死循环等待中断请求的到来,转到相应的中断服务程序。

（3）对定时/计数器,如果采用中断方式处理计数溢出和定时到,需要编写相应的中断服务程序,并在 ROM 的 000BH 或 001BH 单元安排一条转移指令,跳转到中断服务程序。

（4）对串口,如果希望采用中断方式进行数据收发。此时,在初始化中需要通过 IE 寄存器打开串口中断。在工作过程中,一旦数据收发完成,通过 SCON 中的 RI 或 TI 向 CPU 发出中断请求。CPU 响应后,通过执行 ROM 中 0023H 单元中的转移指令跳转到串口中断服务程序。特别注意,每次响应串口中断后,必须用指令清除 RI 或 TI 标志位。

（5）51 单片机将所有的中断源分为两组优先级,并为每个中断规定了一个默认的优先级顺序。优先级的作用是规定了当同时有多个中断请求到来,CPU 响应的先后顺序。当 CPU 正在处理某个中断时,如果有新来的中断请求,CPU 是否予以响应,从而实现中断嵌套。

4．定时/计数器和串口的高级应用

（1）由于计数位数和计数脉冲频率有限,任何一个定时/计数器能够实现定时的时间长度也是有限的。在实际系统中,可以采用硬件和软件配合或者采用多个定时/计数器级联的方法实现长定时。

（2）在工业现场利用串口进行长距离传输过程中,经常会受到各种噪声和干扰的影响,造成数据传送的错误。利用 51 单片机的串口工作在方式 2 或方式 3,可以实现奇偶校验,自动检测是否有传输错误。

（3）在方式 2 和方式 3 下,51 单片机的串口可以实现多机主从式通信,从而构成由很多套 51 单片机系统构成的多机系统和测控网络。

思考练习

5-1　填空题

（1）51 单片机的 P3.5 引脚工作在第二功能时称为_____信号引脚,用于输入定时/计数器所需的_____。

（2）51 单片机的 P3.2 引脚工作在第二功能时称为_____信号引脚,通过该引脚输

入的信号可以作为定时/计数器的_____信号。

（3）要设置定时/计数器 T0 工作在方式 1 的计数方式，允许门控；设置定时/计数器 T1 工作在方式 2 的定时方式，禁止门控，相应的指令为 MOV　TMOD,_____B。

（4）在程序中，指令 JNB TF1,$ 实现的功能是等待定时/计数器 T1 出现_____。

（5）已知 51 单片机的时钟频率为 6 MHz,设置 TMOD＝01000000B,用定时/计数器 T0 实现 2 ms 定时，则应设置 TH0＝_____ H,TL0＝_____。

（6）已知串口每秒传送 1000 个字符，每个字符由 1 位起始位、8 位数据位和 1 位停止位 构成，则波特率为_____，传输一位二进制所需的时间为_____。

（7）利用串口进行数据的收发时，发送和接收的数据都在_____中。

（8）通过串口发送数据之前，必须用指令将_____位复位，否则无法发送数据。当数 据发送完毕，该位会自动置位。

（9）51 单片机从串口读取接收到的数据后，必须用指令将_____位复位。当串口接 收到下一个数据时，该位会自动被置位。

（10）当 51 单片机需要通过串口接收数据时，必须在初始化时将_____位置位。

（11）RS-232C 串行通信接口标准采用负逻辑电平，即逻辑 1 用_____电平表示，逻 辑 0 用_____表示。

（12）51 子系列单片机有_____个外部中断和_____个内部中断。

（13）在 51 单片机中，不管要使用哪个中断，都必须用指令_____开中断。

（14）51 单片机将所有中断的优先级分为_____组，即_____优先级和_____优 先级。

5-2　选择题

（1）要使定时/计数器 T0 停止计数，可以选用的指令是（　　）。

　　A. CLR IT0　　　　B. CLR TF0　　　　C. CLR IE0　　　　D. CLR TR0

（2）定时/计数器 T1 用作计数功能时，计数脉冲由（　　）提供。

　　A. P3.5 引脚　　　B. P3.4 引脚　　　C. P0.0 引脚　　　D. 内部时钟电路

（3）已知 51 单片机时钟频率为 12 MHz,要利用定时/计数器工作在方式 1 实现 1 ms 定时，所需的计数初值为（　　）。

　　A. 03E8H　　　　B. 0FC18H　　　　C. 0FCH　　　　D. 18H

（4）要允许用 $\overline{INT0}$ 启动定时/计数器 T0 的计数，必须将 TMOD 中的（　　）。

　　A. C/$\overline{T}$ 位置位　　　　　　　B. C/$\overline{T}$ 位复位

　　C. GATE 位置位　　　　　　D. GATE 位复位

（5）要利用 SETB TR0 启动定时/计数器 T0 的计数，必须将 TMOD 中的（　　）。

　　A. C/$\overline{T}$ 位置位　　　　　　　B. C/$\overline{T}$ 位复位

　　C. GATE 位置位　　　　　　D. GATE 位复位

（6）采用查询方式检测到定时/计数器 T0 计数溢出时，计数溢出标志位 TF0 应（　　）。

　　A. 由硬件自动复位　　　　　B. 由硬件自动置位

C. 用程序指令置位　　　　　　　　　　D. 用程序指令复位

(7) 当定时/计数器 T1 计数溢出时，TF1=（　　　）。

A. 0　　　　　　　　　　　　　　　　B. 1

C. 0FFH　　　　　　　　　　　　　　D. 当前计数值

(8) 要从串口读入接收到的数据，可以选用的指令是（　　　）。

A. MOV　A,DPTR　　　　　　　　　　B. MOV　A,SCON

C. MOV　A,SBUF　　　　　　　　　　D. MOV　A,TCON

(9) 51 单片机串口发送数据的顺序是（　　　）。

① 数据送 SBUF　　　　　　　　　　② 硬件自动将 TI 置位

③ 通过 P3.1 引脚串行发送一帧数据完毕　④ 用软件将 TI 复位

A. ①③②④　　　　B. ①②③④　　　　C. ④③①②　　　　D. ③④①②

(10) 51 单片机串口接收数据的顺序是（　　　）。

① 从 P3.0 接收一帧数据后，硬件将 RI 置位　② 用软件将 RI 复位

③ 从 SBUF 读取接收到的数据　　　　　　④ REN 位置位

A. ①②③④　　　　B. ④①②③　　　　C. ④③①②　　　　D. ③④①②

(11) 串口工作在方式 0 时，P3.1 引脚传输的是（　　　）。

A. 发送的数据　　　B. 接收的数据　　　C. 同步时钟　　　D. 空闲

(12) 51 单片机串口适合用于点-点双机通信的工作方式是（　　　）。

A. 方式 0　　　　　B. 方式 1　　　　　C. 方式 2　　　　　D. 方式 3

(13) 下面有关串口功能的描述，错误的是（　　　）。

A. 将发送的并行数据转换为串行数据

B. 在发送的串行数据中自动人添加起始位和停止位

C. 一帧数据接收完毕将 RI 置位

D. 接收到的数据由 CPU 读走后，自动将 TI 复位

(14) 51 单片机复位后，下列中断源中默认优先级最低的是（　　　）。

A. 外部中断 $\overline{\text{INT1}}$　　　　　　　　　B. 串口中断

C. 定时/计数器 T0 中断　　　　　　　D. 定时/计数器 T1 中断

(15) 当 CPU 响应定时/计数器 T0 中断时，PC 中自动装入的值是（　　　）。

A. 0003H　　　B. 000BH　　　C. 0013H　　　D. 001BH

(16) 下面有关中断优先级的描述，错误的是（　　　）。

A. 每个中断源都有两个优先级

B. 低优先级的中断处理可以被高优先级打断

C. 相同优先级的中断，可以按照默认优先级实现嵌套处理

D. 复位后，所有中断都属于低优先级

5-3　简述定时和计数功能的主要区别。

5-4　简述 51 单片机定时/计数器查询方式实现定时功能时程序的基本流程。

5-5 简述 51 单片机中定时/计数器方式 2 与方式 0 和方式 1 的主要区别。

5-6 简述 51 单片机中用串口扩展并口的基本原理和方法。

5-7 总结 51 单片机的串口方式 1、2、3 之间的主要区别，完成表 5-4。

表 5-4 串口各种方式的主要区别

工 作 方 式	数 据 帧	波 特 率	典 型 应 用
方式 1			
方式 2			
方式 3			

5-8 简述串口工作在方式 1 时的初始化流程。

5-9 简述 51 单片机的中断优先级的管理规则。

5-10 执行如下指令 MOV IP,♯1CH 后，分析说明各中断的优先级顺序。

综合设计

5-1 已知 51 单片机时钟频率为 12 MHz，要求通过 P1.7 端口输出高电平和低电平持续时间分别为 10 ms 和 20 ms 的周期矩形波，编写相应的汇编语言程序。

5-2 将动手实践 5-2 改为用中断方式实现，定时每隔 1 ms，响应一次中断。在中断服务程序中测量和显示待测脉冲的频率。

5-3 利用串口和并入/串出芯片 74165 为单片机扩展一个输入并口，实现 8 个开关状态的检测。画出连接线路图，并编写相应的汇编语言程序。

5-4 将动手实践 5-4 中的接收机改为用中断方式接收数据，编写接收机的控制程序。

第6章

51 单片机资源的并行扩展

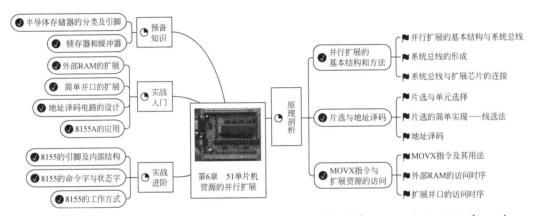

前面各章介绍了 51 单片机内部集成的各种资源,包括内部 ROM 和 RAM、并口、串口、定时/计数器等。利用这些内部资源,只需要通过引脚将 51 单片机与系统中的各种外部设备(例如开关、LED、数码管和键盘电路、点阵和液晶显示器)连接起来,即可实现一个简单的 51 单片机系统。

现代单片机测控系统功能越来越复杂,需要连接的外部设备越来越多。对 MCS-51 系列单片机,内部集成的资源有些时候不能满足系统的需要,为此就要对单片机的存储器、I/O 接口、定时/计数器甚至中断系统等资源进行扩展。本章以外部存储器和并口的扩展为例,介绍 51 单片机并行扩展相关的基本概念和方法。

6.1 磨刀霍霍——预备知识

51 单片机中除 CPU 以外,虽然已经集成了一定容量的存储器和一定数量的串/并口、定时/计数器、中断系统等基本部件,但是对一些较复杂应用系统来说这些资源中的一种或几种不够用,这就需要在 51 单片机芯片外添加相应的芯片和电路,使得有关功能得以扩充,称为系统扩展。

这里主要介绍 51 单片机存储器和并口的扩展,首先对存储器和并口相关的基本概念做简要介绍。

6.1.1　半导体存储器的分类及引脚

微机系统中的存储器有多种类型,例如典型的硬盘、U 盘等,俗称外存,而用 ROM 和 RAM 集成电路芯片构成的程序和数据存储器等属于半导体存储器,简称内存。这里主要介绍集成半导体存储器芯片。

1. 半导体存储器的分类

根据读写工作方式,所有的半导体存储器可分为只读存储器(**ROM**)和随机读写存储器(**RAM**)。在系统正常运行过程中,所有的 ROM 只能进行读操作(CPU 将其中保存的信息取出来),不能随意进行写操作(将信息存入 ROM)。信息的写入通常是在脱机状态下、在特殊的环境下进行的。ROM 一个主要的特点是断电后保存的信息不会丢失,因此在系统中 ROM 一般用于存放已经调试好的程序,被称为程序存储器。

RAM 中保存的信息在任何时刻都可以由 CPU 读取,CPU 也能根据需要在任何时刻将信息写入任意指定的单元。系统断电后,RAM 中保存的所有信息都将不复存在,因此 RAM 一般用于存放系统运行过程中的一些实时动态数据,被称为数据存储器。

根据电路原理和工作特点,ROM 分为掩模性 ROM(Maskable ROM,MROM)、可编程 ROM(Programmable ROM,PROM)、可擦除 PROM(Erasable Programmable ROM,EPROM)、电可擦 PROM(Electrically Erasable Programmable ROM,E^2PROM 或 EEPROM)、闪存(Flash EEPROM Memory)等。根据实现信息存储的电路原理,RAM 又包括静态 RAM(SRAM,Static RAM)、动态 RAM(Dynamic RAM,DRAM)和非易失性 RAM(Non-Volatile RAM,NVRAM)等。

在 51 单片机系统中,程序存储器通常用 EPROM 和 EEPROM 进行实现和扩展,典型的有 2716、2732、2764、27128、27256 等 EPROM 芯片。外部数据存储器的扩展一般用 SRAM 芯片,典型的有 6116、6264、62256 等。不同型号的存储器芯片分别具有不同的容量,其封装形式和引脚数量也有区别。

2. 存储器芯片的引脚和容量

图 6-1 中给出了 3 个典型的 ROM 和 RAM 芯片在 Proteus 原理图中的电路符号和引脚。其中名称为 A0、A1 等的引脚为地址引脚;名称为 D0、D1 等的引脚为数据引脚;其他引脚为控制引脚。

(1) 数据引脚用于传输芯片内部各存储单元的数据,数据线的数量决定了芯片中每个单元存放的二进制数据的位数。上述 3 个芯片都有 8 根数据线,说明芯片内部的每个单元都可以保存 8 位(1 字节)二进制数。

(2) 地址引脚用于传输芯片内部各单元的地址。访问时,51 单片机送来的地址通过地址线送入芯片内部,由内部电路选中对应的单元。一般情况下,同一个芯片内部所有单元的地址是连续的,并且各单元的地址各不相同。也就是说,通过地址线送入不同的地址编码,即可确定找到内部唯一的一个单元进行数据的读写访问。

以 2716 为例,当由 A10～A0 送入的 11 位地址为全 0 时,选中第一个单元;当送入的

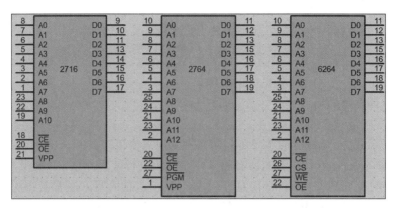

图 6-1 典型的 ROM 和 RAM 芯片电路符号和引脚

地址为 00000000001B 时，选中第 2 个单元；……；当送入的地址为全 1 时，选中最后一个单元。

由于芯片内部各单位的地址是连续并且唯一的，因此地址线的数量 n 决定了该存储器芯片中集成的存储单元个数 M，其关系为 $M=2^n$。例如，2716 有 11 根地址线，2764 和 6264 分别有 13 根地址线，因此 3 个芯片内的单元数分别为 $2^{11}=2\times2^{10}=2K$、$2^{13}=2^3\times2^{10}=8K$，其中 $1K=2^{10}=1024$。

（3）存储器芯片的容量也就是芯片内部集成的存储单元个数和每个单元存储的二进制数据的位数，通常表示为"单元数×位数"的形式。例如，2716 芯片的容量为 2K×8，2764 和 6264 的容量都为 8K×8。由于 8 位二进制数表示 1 字节，因此 3 个芯片的容量又可简单表示为 2 KB、8 KB，其中 B 表示字节（Byte，代表 8 位二进制数）。

（4）除了上述地址引脚和数据引脚以外，各存储器芯片都有若干控制引脚，例如 $\overline{CE}$、$\overline{CS}$、$\overline{OE}$、$\overline{WE}$ 等，用于对芯片的读写进行访问控制。其中 $\overline{CE}$（Chip Enable）和 $\overline{CS}$（Chip Select）都称为片选信号引脚，$\overline{OE}$（Output Enable）和 $\overline{WE}$（Write Enable）分别为输出（读）允许和写允许引脚。

需要注意的是，引脚名称上面的短横线代表低电平有效。例如，当从外部通过引脚 $\overline{CE}$ 送入一个低电平或者负脉冲时，称为该引脚信号有效，意味着该芯片被选中，可以对其进行读写操作访问。同样的，如果需要对芯片内部的单元进行写操作，必须由外部电路（一般是 CPU）通过引脚 $\overline{WE}$ 向存储芯片送入一个负脉冲。

注意到 2764 还有一个引脚 $\overline{PGM}$，称为编程引脚。当通过该引脚送入一个特殊的负脉冲时，芯片中的数据可以被擦除。正常工作情况下该引脚没用。

6.1.2 锁存器和缓冲器

51 单片机内部只集成了 4 个并口 P0～P3，在很多情况下是远远不够用的。在 51 单片机系统中，并口的扩展可以用简单的锁存器和缓冲器集成电路芯片实现，也可以用专门的集成可编程并口芯片进行并口扩展。这里先介绍利用锁存器和缓冲器实现并口扩展的基本方法。

1. 锁存器与并行输出口的扩展

并行输出口用于连接 LED、数码管这样的输出设备,这些外部设备的工作速度远低于 51 单片机和 CPU 以及系统总线的速度,一般需要通过锁存器(Latch)才能连接到系统总线上,并进一步接收 CPU 通过子系统总线送来的数据。

各种集成锁存器芯片的内部结构和工作原理都是类似的,内部大都是由若干触发器构成。触发器是最基本的时序逻辑电路,能够将数据稳定地保存一段时间。因此,利用触发器实现的锁存器就可以将数据总线上瞬间出现的数据保存下来,等待外部设备慢慢读取,或者控制外部设备稳定地工作。

目前,常用的锁存器芯片有 74LS273、74LS373 和 74LS573 等。图 6-2 所示是 3 个芯片在 Proteus 中的电路符号。3 个锁存器芯片的引脚功能都是类似的,主要区别在于: 74HC273 的两个控制引脚为 CLK 和 $\overline{\text{MR}}$,73HC373 和 74HC573 的控制引脚都为 $\overline{\text{OE}}$ 和 LE,74HC373 与 74HC573 的引脚完全相同,只是在封装上引脚的排列顺序有区别。

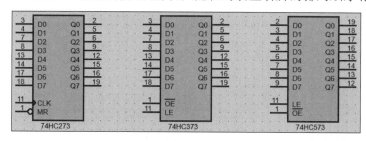

图 6-2 常用的锁存器的电路符号

图 6-3 所示为 74HC373 的内部结构,其中包括 8 个 D 触发器和 8 个三态门。引脚上的 LE 信号作为 8 个 D 触发器的时钟脉冲,在其上升沿作用下,将输入端的数据打入 D 触发器,并送到三态门的输入端。如果 $\overline{\text{OE}}$ 引脚接地,则数据立即通过三态门输出,当 $\overline{\text{OE}}$ 端输入无效的高电平时,三态门断开,输出处于高阻悬空状态。

实际系统中,一般将 74HC373 的 $\overline{\text{OE}}$ 端接地,使其一直有效。这样,在 LE 端输入信号上升沿的作用下,由 D7～D0 端送来的 8 位数据打入锁存器并立即由 Q7～Q0 端输出。只要 LE 端不

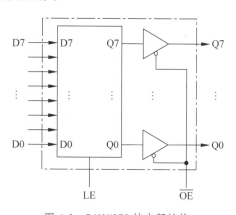

图 6-3 74HC373 的内部结构

重新出现上升沿,即便 D7～D0 端送来的数据不断变化,锁存器的输出数据也不会随着变化,从而实现输出数据的锁存。

74HC373 是三态同相 8-D 锁存器,而 74HC273 是带公共时钟复位端 $\overline{\text{MR}}$ 的 8-D 触发器,两者的引脚排列是相同的,唯一的差别是两者 1 和 11 号引脚功能不同。273 的 1 号引脚是复位引脚 $\overline{\text{MR}}$,低电平有效。当该引脚为低电平时,Q7～Q0 端全部输出低电平,即全

部复位。

2. 缓冲器与并行输入口的扩展

集成缓冲器芯片内部主要由若干三态门构成，另外有一些控制电路。在 51 单片机系统中，缓冲器(Buffer)通常用于扩展并行输入口，或者用作数据总线或其他部件的驱动电路，主要就是利用内部的三态门以增强带负载能力、实现数据的缓冲和时序的匹配、避免出现总线冲突等。

常用的缓冲器有 74HC245、74HC244，其中 74HC244 是单向三态缓冲器，而 74HC245 是双向 8 位三态缓冲器。图 6-4 为 74HC245 在 Proteus 中的电路结构及其引脚，内部主要由 16 个三态门构成。上下两组三态门的控制信号分别由两个与门提供。当 $AB/\overline{BA}=1$ 时，下面的与门输出有效，使下面的 8 个三态门打开，数据从 A0～A7 端子经三态门送到 B0～B7 端子。当 $AB/\overline{BA}=0$ 时，上面的与门输出有效，控制上面的 8 个三态门接通，数据从 B0～B7 端子经三态门送到 A0～A7 端子。

微课视频

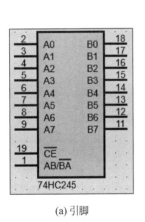
(a) 引脚

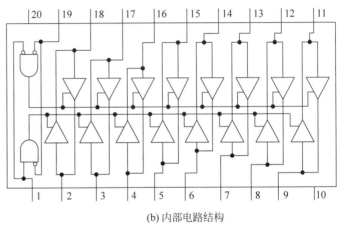
(b) 内部电路结构

图 6-4   74HC245 的引脚及内部电路结构

此外，两个与门的输出还受 $\overline{CE}$ 端子(有些地方标为 CLK、$\overline{G}$ 等)控制，上下两组三态门都必须在该端子输入低电平时才能接通。当该端子输入为无效的高电平时，所有三态门全部断开，数据不能通过缓冲器。

6.2   小试牛刀——实战入门

在上述基本概念的基础上，本节通过两个案例对存储器和并口扩展的基本方法做个初步了解。

动手实践 6-1：外部 RAM 的扩展

本案例的原理图(参见文件 **ex6_1. pdsprj**)如图 6-5 所示。其中 U1 为 AT89C52 单片机，U2 为地址锁存器 74HC373，U3 和 U4 为 8 KB 的集成 SRAM 芯片 6264。

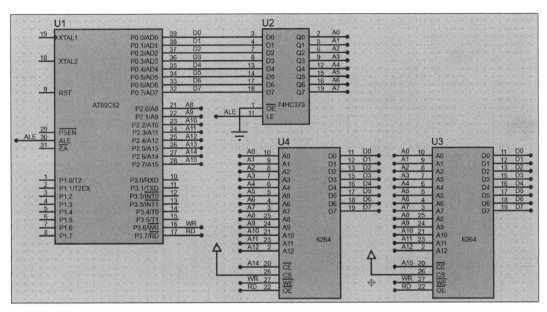

图 6-5　外部 RAM 的扩展

由于每片 6264 内部有 8 KB 的 RAM 单元,因此利用两片 6264 扩展可以得到 16 KB 的 RAM 单元。两片 6264 的 $\overline{\text{WE}}$ 和 $\overline{\text{OE}}$ 引脚分别与单片机的 P3.6 和 P3.7 引脚相连接,用于控制 6264 内部各 RAM 单元的读写,CS 端接电源,$\overline{\text{CE}}$ 接地,使其一直为有效电平。

假设要求将从 1 开始的 100 个连续奇数依次存入第一个芯片中地址从 4100H 开始的单元,再将其中前 10 个数据复制到单片机内部 RAM 中从 30H 开始的单元,相应的汇编语言程序如下(参见文件 **p6_1.asm**):

```
; 外部 RAM 的扩展
BUF1  XDATA  4100H         ; 定义外部 RAM 中数据缓冲区单元地址(第一片 6264)
BUF2  XDATA  8200H         ; 定义第二片数据缓冲区单元地址(第二片 6264)
BUF   DATA   30H           ; 定义内部 RAM 中数据缓冲区单元地址
      ORG    0000H
      AJMP   MAIN
      ORG    0100H
; 将数据写入外部 RAM
MAIN: MOV    R7,#100        ; 设置数据个数
      MOV    DPTR,#BUF1     ; 设置外部 RAM 地址指针
      MOV    A,#1           ; 设置写入数据的初始值
LP:   MOVX   @DPTR,A        ; 向 RAM 写入 1 字节数据
      ADD    A,#2           ; 求下一个奇数
      INC    DPTR           ; 修改地址指针
      DJNZ   R7,LP          ; 未完循环
; 将外部 RAM 数据传送到内部 RAM
      MOV    DPTR,#BUF1     ; 设置地址指针
      MOV    R0,#BUF
      MOV    R7,#10         ; 设置数据个数
```

```
LP1:    MOVX    A,@DPTR         ; 读外部 RAM
        MOV     @R0,A           ; 存入内部 RAM
        INC     DPTR            ; 修改地址指针
        INC     R0
        DJNZ    R7,LP1          ; 未完循环
        END
```

编译成功后，将 HEX 文件加载到原理图的单片机中，启动程序运行，在 U3 存储器观察窗口和 8051 内部 RAM 单元观察窗口中的运行结果如图 6-6（a）和图 6-6（b）所示。其中 0100H～0163H（共 100 个）外部 RAM 单元依次存入了从 1 开始的 100 个连续奇数，而内部 RAM 中 30H～39H 存放的是从外部 RAM 中复制传输过来的前面 10 个奇数。

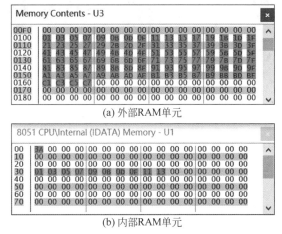

（a）外部RAM单元

（b）内部RAM单元

图 6-6　程序 p6_1.asm 运行结果

注意上述结果必须在程序运行后进入暂停状态观察。程序运行结束后，将自动弹出如图 6-6（a）所示的观察窗口。如果没有自动弹出，可以选择 Debug 菜单中的 Memory Contents-U3 命令。

此外，如果将主程序中的 BUF1 修改为 BUF2，重新编译运行，可以看到同样的 100 个奇数存入第二片 6264 芯片 U4 中 8200H 开始的单元，而没有存入第一片 6264 芯片 U3 中。

需要注意的是，对 Proteus 中的外部存储器观察窗口，原理图中每个存储器芯片对应一个窗口，窗口中显示的单元个数等于芯片的容量。但是窗口最左侧显示的单元地址并不是在系统中芯片内部各单元的实际地址，而是从 0000H 开始的相对地址（称为片内地址）。在上述程序中，用 XDATA 伪指令定义的两个符号地址分别代表两片 6264 芯片内部的两个单元，这两个地址的确定取决于硬件电路连接，这将在后面详细介绍。

动手实践 6-2：简单并口的扩展

在本案例中，利用锁存器 74HC273 和缓冲器 74HC245 分别实现简单输出和输入并口的扩展，通过扩展并口连接 8 个 LED 和 8 个开关，电路原理图如图 6-7 所示（参见文件 **ex6_2.pdsprj**）。

图中,74HC273 和 74HC245 的数据线直接与单片机的 P0 口相连接,所需的控制信号(锁存器的触发时钟脉冲信号、三态门的控制信号等)由地址总线的高位与控制总线中的 $\overline{WR}$、$\overline{RD}$ 等信号进行组合而得到。

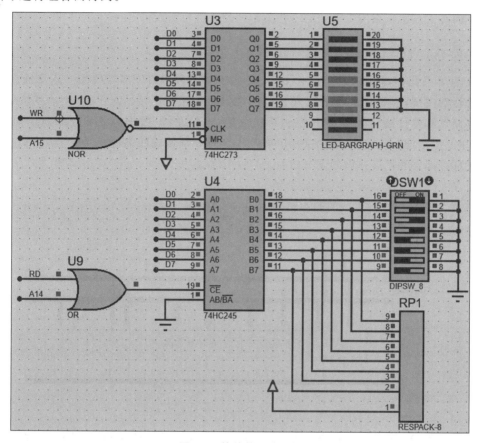

图 6-7 简单并口的扩展

本案例的程序代码如下(参见文件 **p6_2.asm**):

```
; 简单并口的扩展
SWT    XDATA   0BFFFH          ; 定义输入并口地址
LED    XDATA   7FFFH           ; 定义输出并口地址
       ORG     0000H
       AJMP    MAIN
       ORG     0100H
MAIN:  MOV     DPTR, # SWT
       MOVX    A,@DPTR         ; 读开关数据
       MOV     DPTR, # LED
       MOVX    @DPTR,A         ; 输出控制 LED
       SJMP    MAIN
       END
```

启动运行后,单击各开关,可以看到各 LED 亮灭状态的切换。

6.3 庖丁解牛——原理剖析

下面对上述两个案例中涉及的一些关键问题再进行深入讲解。

6.3.1 并行扩展的基本结构和方法

在 51 单片机中，内部存储器、4 个并口、定时/计数器和串口等都与 CPU 一起集成在 51 单片机芯片的内部，这些部件通过 51 单片机的内部总线相互连接。对于在 51 单片机外部扩展的存储器和并行接口，一般通过三组系统总线（地址总线、数据总线和控制总线）连接起来，利用三组系统总线在 51 单片机和扩展芯片之间分别传输所需的各种信号，并相互配合实现外部存储器和扩展并口的读写访问。

1. 并行扩展的基本结构与系统总线

51 单片机系统并行扩展的基本结构如图 6-8 所示。

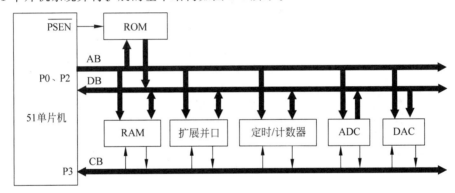

图 6-8 51 单片机系统并行扩展的基本结构

在图 6-8 中，系统并行扩展主要包括外部 ROM 和 RAM、I/O 接口和模/数转换器（ADC）、数/模转换器（DAC）的扩展。目前的 AT89S5x 等系列单片机芯片内部都集成了一定容量的 Flash 存储器和 RAM，如果片内存储器资源能够满足系统设计需求，扩展存储器的工作可以省去。

在 51 单片机系统中，各种扩展的外部 I/O 接口、定时/计数器、模拟外设等都与外部 RAM 采用统一编址方式，即将每个扩展接口部件都视为一个外部 RAM 存储单元。扩展的各种外围接口器件只要符合总线规范，都可方便地接入系统，并采用相同的方法和程序指令进行读写访问。

（1）地址总线（Addressing Bus，AB）：用于传输外部扩展部件的地址，以便找到当前需要访问的存储器和接口。地址一定是由 CPU 送往外部各种扩展芯片，因此地址总线是单向的。

（2）数据总线（Data Bus，DB）：用于 CPU 与外部扩展部件之间的数据传输。数据可以从 CPU 送往外部存储器和扩展并口（称为写），也可以是从外部存储器和扩展接口送往

CPU(称为读),因此数据总线是双向的。

(3)控制总线(Control Bus,CB):用于传送读写所需的联络控制信号,不同的联络控制信号可能是由 CPU 送往外部扩展芯片,也可能是由外部扩展芯片送入单片机和 CPU。

2. 系统总线的形成

51 是 8 位的单片机,因此其数据总线是 8 位的,一般表示为 D0～D7,地址总线是 16 位,一般表示为 A0～A15。在 51 单片机系统中,3 组系统总线分别借用 3 个并口 P0、P2 和 P3 的 3 组引脚形成,如图 6-9 所示。

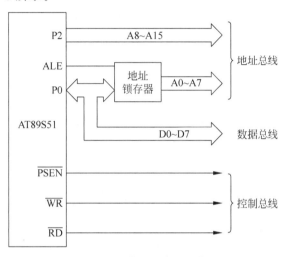

图 6-9　51 单片机系统总线的形成

(1)P0 口与地址和数据总线。

在 3 组系统总线中,地址总线共 16 位,其中低 8 位 A0～A7 通过 P0 口的 8 个引脚和外部的地址锁存器形成,而 8 位的数据总线直接由 P0 口形成。

在图 3-12 所示 P0 口的内部电路结构中,当"控制"端为高电平时,P0 口用于传输地址和数据总线信号。此时,场效应管 V1 与 D 触发器断开,51 单片机送往地址总线的地址和数据用于控制 V1 和 V2 的通断,从而决定各引脚输出的高/低电平,也就是将地址和数据输出到地址总线和数据总线。

地址总线上的地址一定是由 51 单片机送往外部电路,而数据可能是由 51 单片机送往外部电路,也可能是由外部电路送入 51 单片机。在输入数据时,数据通过 P0 口的引脚和并口内部电路中的缓冲器直接送入 51 单片机。

由此可见,当 P0 口用于形成总线并传送总线上的地址和数据时,这些信息不经过并口内部的锁存器。这是 P0 用作数据总线和普通并口实现数据输出时的重要区别。由于输出的地址和数据没有经过锁存,所以在总线上出现的时间是很短暂的。

此外,在 51 单片机访问外部扩展资源的过程中,地址和数据信息在时间上不会同时传输。例如,在访问外部的存储器时,一定是先由 51 单片机送出地址选中存储单元,之后再传输被选中单元的数据。由于这两种信息的传输在时间上是错开的,因此为了节省 51 单片机的引脚数量,地址和数据都将通过 P0 口进行传输。这种技术称为分时复用(Time-Sharing Multiplexing)。

需要注意的是,分时复用只是对 51 单片机来说。对外部扩展的存储器和其他接口芯片来说,地址和数据一定是分别通过地址总线和数据总线传输的。此外,与 51 单片机及总线的工作速度相比,这些外部扩展资源的工作速度是很慢的。为此,51 单片机在访问外部扩展资源的过程中,一般需要将由 P0 口送出的地址进行锁存,以便使这些地址信息稳定地出现在地址总线上,并进而送到外部扩展资源,等待外部扩展资源可靠地从数据总线上接收数据或者将数据放到数据总线上。在 51 单片机访问外部扩展资源的过程中,每次送出地址的同时,会自动由 ALE 引脚送出一个正脉冲,该正脉冲正好用于控制外部锁存器,将由 P0 口输出的地址保存起来,使之稳定地出现在地址总线上。

(2) P2 口与地址总线。

在 51 单片机中,16 位地址总线中的高 8 位通过 P2 口的引脚传送。此时,在图 3-13 所示 P2 口的内部电路结构中,"控制"端为高电平,从而控制 P2 口内部的 MUX 开关与上面的触点接通。51 单片机输出的高 8 位地址通过 P2 口内部的反向器控制场效应管 V1 的通断,从而使 P2 口的引脚输出用高/低电平表示的各位地址信息。

需要注意的是,P2 口只用于形成地址总线的高 8 位,不会传输数据,因此没有采用分时复用技术。此外,在每次访问外部扩展资源的过程中,由 P2 口送出地址总线的高 8 位会一直保持到访问结束,不会很快消失。因此 P2 口输出的高 8 位地址不需要另外用锁存器进行锁存,而是直接送到地址总线上。

(3) P3 口的第二功能与控制总线。

51 单片机通过系统总线与外部扩展资源进行连接,在工作过程中对外部扩展资源的访问主要包括读操作和写操作。对扩展的片外 ROM,51 单片机在从中读取指令代码时,会通过 $\overline{\text{PSEN}}$ 引脚自动送出负脉冲。在该负脉冲作用下,被选中 ROM 单元中存放的指令代码从 ROM 芯片被读出,再通过数据总线和 P0 口送入 51 单片机。

对扩展的外部 RAM 和其他接口电路,51 单片机既可能是从中读取原来存放的数据,也可能是将数据存入指定的外部 RAM 单元或送往指定的接口电路。此时,除了需要由地址选中外部 RAM 单元以外,51 单片机还需要通过控制总线送出读写控制命令,即图 6-9 中的 $\overline{\text{WR}}$ 和 $\overline{\text{RD}}$ 信号。这两个命令是由 51 单片机的 P3.6 和 P3.7 引脚工作在第二功能实现传输的。

在图 3-14 所示 P3 口的内部电路结构中,当 D 触发器的 Q 端输出高电平时,51 单片机将读/写控制命令信号由"第二功能输出"端子送入 P3 口,经过与非门后控制 V1 的通断,进而由相应的引脚送到控制总线和外部电路。

在上述概念的基础上,下面对动手实践 **6-1** 中图 6-5 所示电路原理图做些解释说明。图中,74HC373 用作图 6-9 中的地址锁存器,其 LE 引脚接 51 单片机的 ALE 引脚。在 ALE 引脚正脉冲的作用下,将由 P0 口送出的低 8 位地址打入 74HC373。由于 74HC373 的 $\overline{\text{OE}}$ 端直接接地,因此打入的地址立即输出送到低 8 位地址总线 A0～A7。

之后,在 ALE 引脚没有正脉冲输出期间,锁存器 74HC373 的输出保持不变,不会受 P0 口输入/输出数据的影响,也就相当于现在 74HC373 处于断开状态。此时,P0 口与数据总线 D0~D7 相连接,可以传输数据总线上的数据。

3. 系统总线与扩展芯片的连接

不管是存储器,还是用于实现并口扩展的锁存器和缓冲器,这些芯片上都有与三组系统总线相对应的数据线、地址线和控制信号线引脚。一般来说,将这些引脚分别与系统总线中的三组总线对应连接即可。

在动手实践 6-1 的图 6-5 中,两片 RAM 存储芯片 6264 的 $\overline{\text{WE}}$ 和 $\overline{\text{OE}}$ 端直接与 P3.6 和 P3.7 引脚相连接,用于控制存储器单元的读写访问控制。数据总线 D7~D0 直接与两个 RAM 芯片(6264 芯片)的数据线 D7~D0 相连接,16 位地址总线中的低 13 位 A12~A0 直接与两片 6264 芯片的地址线对应连接,而 A15 和 A14 分别与两片 6264 芯片的 $\overline{\text{CE}}$ 端相连接。

在动手实践 6-2 的图 6-7 中,锁存器 74HC373 用作扩展输出并口,其数据输入端 D7~D0 与数据总线 D7~D0 线相接,数据输出端 Q7~Q0 与由 8 个 LED 构成的输出外部设备相连接。在执行数据输出的操作指令时,51 单片机会使或非门 U10 的两个输入信号 WR 和 A15 同时变为低电平,从而在其输出端得到正脉冲。在该正脉冲作用下,将通过数据总线送来的数据打入并输出控制 LED 的亮灭。

类似地,在图 6-7 中,缓冲器 74HC245 用作扩展输入并口,该芯片的 A7~A0 引脚与数据总线相连接,而 B7~B0 引脚与由 8 个开关构成的输入外部设备相连接。当 51 单片机执行输入数据的指令时,会使或门 U9 的两个输入信号 RD 和 A14 同时变为低电平,从而使或门 U9 输出低电平控制 74HC245 内部的三态门打开,开关送来的 8 位数据能够通过缓冲器 74HC245 的芯片送到数据总线上,并进一步由 51 单片机读取。

6.3.2 片选与地址译码

在 51 单片机系统中,由于所有外部扩展资源与 51 单片机之间的信息传输都是通过同样的三组系统总线进行的,因此在任何时刻 51 单片机只能访问一个外部扩展资源。进行外部扩展资源时的一个关键问题就是如何使扩展芯片中的每个存储单元或并口(端口)只对应一个地址,避免 51 单片机对一个地址单元或端口访问时发生总线冲突。这就是 51 单片机系统中的片选问题。

1. 片选与单元选择

51 单片机通过 P0 和 P2 口发出的地址信号用于选择外部扩展的存储器单元和并口,如果系统中有多个外部扩展芯片,在访问过程中必须进行两种选择:

(1) 选中该存储器芯片,称为芯片选择,简称为片选(Chip Select),只有被选中的芯片才能被 51 单片机访问,未被选中的芯片不能被访问。每个扩展芯片都有片选引脚,一般情况下,将地址总线的高位直接或者经过译码电路后实现扩展芯片的片选。

(2) 每个存储器芯片内部都有很多存储单元,扩展的每个并口芯片内部也可能会有很多相当于存储单元的端口(Port,又称为寄存器)。因此在片选的基础上还需要对该芯片中需要读写访问的单元或端口进行选择和指定，称为单元选择。扩展芯片上的地址引脚就是用于实现芯片内部单元选择，一般将这些地址引脚与地址总线中的低位相连接。

由于不同扩展芯片内部的单元数不同，因此在进行片内单元选择时，所需地址总线的低位位数也各不相同。例如，6264 芯片上有 13 根地址线，因此需要将地址总线的低 13 位 A0～A12 直接连接芯片上。在图 6-5 中，除了这 13 根低位地址总线以外，剩下高位地址总线中的 A14 和 A15 分别直接与两片 6264 芯片的 $\overline{\text{CE}}$ 端相连接，就是为了实现两个存储芯片的片选。

在图 6-7 中，两个 I/O 接口芯片内部分别都相当于只有一个单元，因此不需要进行单元选择，而是将地址总线中的 A14 和 A15 分别与控制总线中的 $\overline{\text{RD}}$ 和 $\overline{\text{WR}}$ 信号进行"或"或者"或非"运算后得到两个芯片的片选信号。工作时，只需要选中芯片，即可实现读写操作访问和数据的输入/输出。

2. 片选的简单实现——线选法

所谓线选法，指的是直接利用 51 单片机地址总线中的某一根高位地址线作为存储器芯片的片选信号，不同的芯片用不同的高位地址线作为片选信号。

这种方法电路简单，不需另外增加地址译码器的硬件电路，体积小，成本低。但是可寻址芯片数目受限制。另外，地址空间不连续，存储单元地址不唯一，这些也会给程序设计带来一些不便。线选法适用于外部扩展芯片数目不多的 51 单片机系统的系统扩展。

在动手实践 6-1 中，两片 6264 芯片就是采用线选法实现片选。以图 6-5 中的 U3 芯片为例，当 51 单片机通过地址总线送出 16 位地址时，只要其中的最高位 A15＝0，就选中该存储芯片，这就意味着对 U3 芯片中的所有单元，地址的最高位必须都为 0。低 13 位地址总线用于实现片内单元选择，低 13 位从全 0 到全 1 分别选中芯片内部从第一个到最后一个单元。由此得到 U3 芯片内部 8 KB 个单元的地址范围为

0××0000000000000B～0××1111111111111B，其中 A13 和 A14 位标为"×"，表示这两位地址可任意设为 0 码或 1 码，都不影响 51 单片机送出 16 位地址选中期望的单元，因为对 U3 芯片来说这两位地址总线未用。

当 A13 设为 0 或 1 码时，上述地址范围实际上有两种情况，对应每个存储单元都可能有两个不同的地址编码，这种情况称为地址重叠。例如，假设 A14＝1，对应 A13＝0 或 1 两种情况，第一个存储单元的地址可能为 4000H 或 6000H。一般将没有参与地址译码的高位地址设为 0 码时对应的地址范围称为基本地址范围，其他地址范围称为重叠地址范围。

需要注意的是，地址总线中的 A14 虽然没有用于控制 U3 芯片，但是该位地址总线直接送到 U4 芯片的片选。因此，当 A14＝0 时，应该选中 U4 芯片中的某个单元。对 U3 芯片来说，应该将所有单元地址的 A14 位设为 1，以保证不选中 U4 芯片，只选中 U3 芯片。最后得到 U3 芯片内部 8 KB 个单元的基本地址范围为 4000H～5FFFH，重叠地址范围为 6000H～7FFFH。

同理可以得到 U4 芯片内部所有单元的基本地址范围为 8000H～9FFFH，重叠地址范围为 0A000H～0BFFFH。

根据上述分析,得到两片 6264 芯片的单元地址分配如表 6-1 所示。在程序 p6_1.asm 中,用 XDATA 伪指令将两个缓冲区起始地址分别定义为 4100H 和 8200H,分别代表两片 6264 芯片中的两个单元。

表 6-1 图 6-5 中两片 6264 芯片的单元地址分配表

单元序号	U3:第 1 片 6264 芯片		U4:第 2 片 6264 芯片	
1	基本地址	重叠地址	基本地址	重叠地址
2	4000H	6000H	8000H	0A000H
3	4001H	6001H	8001H	0A001H
4	4002H	6002H	8002H	0A002H
⋮	⋮	⋮	⋮	⋮
8190	5FFDH	7FFDH	9FFDH	0BFFDH
8191	5FFEH	7FFEH	9FFEH	0BFFEH
8192	5FFFH	7FFFH	9FFFH	0BFFFH

在动手实践 6-2 中,也是采用线选法得到两个外部扩展并口芯片的片选信号。以缓冲器 74HC245 为例,实现该芯片的片选只用了地址总线中的 A14。因此在 51 单片机送出的 16 位地址中,只要 A14＝0,同时 $\overline{RD}$＝0,74HC245 芯片就会被选中。这就意味着 74HC245 芯片的 16 位地址中,A14 位必须为 0。同理,只要 A15＝0,就选中了 74HC273 芯片,因此 74HC273 芯片的 16 位地址中,A15 位必须为 0。

显然,在该系统中,任何时刻 51 单片机通过地址总线送出一个 16 位地址后,只能选中两个芯片中的一个,而不能同时被选中。这就意味着,74HC245 芯片的 16 位地址中,A15 位必须为 1;74HC273 芯片的 16 位地址中,A14 位必须为 1。其他地址位在该电路中没有用,可以任意设为 0 或 1。假设这些位都设为 1,则得到 74HC245 芯片和 74HC273 芯片的地址分别为 0111111111111111B＝7FFFH 和 1011111111111111B＝0BFFFH。

3. 地址译码

上述线选法会造成很多地址空间的浪费,也就是 64 KB 的外部 RAM 地址无法得到全部利用。例如,在图 6-5 所示电路中,地址范围为 0000H～3FFFH、0C000H～0FFFFH 的这些地址将不会被选中任何一个单元,这些地址空间范围被浪费掉了。为此,在需要更大容量的 51 单片机系统中,通常采用译码器对高位地址进行译码后作为各芯片的片选信号,称为地址译码。

对实现地址译码的电路,其输入一般为地址总线中没有与外部扩展芯片相连接的高位,而输出为各存储芯片所需的片选信号。地址译码电路实际上是一个组合逻辑电路,可以用基本的逻辑门电路实现,也可以采用集成的地址译码器芯片实现。常见的地址译码器芯片有 74LS138(3-8 译码器)、74LS139(双 2-4 译码器)与 74LS154(4-16 译码器)等。

图 6-10 为 74LS138 译码器的引脚。其中 E1、$\overline{E2}$ 和 $\overline{E3}$ 为

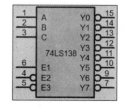

图 6-10 74LS138 译码器的引脚

控制输入端，其有效电平分别为高电平、低电平和低电平。C、B、A 为译码输入端，在 3 个控制信号为有效电平时，由这 3 个译码输入端送入 3 位二进制代码的组合决定 8 个输出端之一输出有效的低电平。例如，当 CBA=001 时，Y1 端子输出低电平，其余 7 个输出端输出无效的高电平。这些输出信号即可作为各外部扩展芯片的片选信号。

例如，在图 6-5 中，如果不采用线选法，可以用如图 6-11 所示的地址译码电路实现两片 6264 芯片的片选。其中最高 3 位地址总线 A15～A13 作为 74LS138 译码器的译码输入端。3 个控制输入端分别直接接电源和地，让其始终有效。74LS138 译码器的两个输出端子 CS1 和 CS2 作为片选信号分别与两片 6264 芯片的 $\overline{\text{CE}}$ 端相连接。

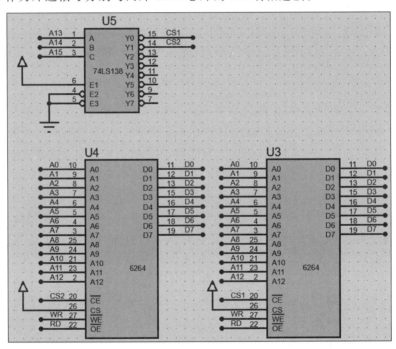

图 6-11　地址译码电路及其与存储芯片的连接

按照上述接法，当 16 位地址中最高 3 位二进制代码分别为 000 和 001 时，对应 74LS138 译码器输出的 CS1 和 CS2 分别为有效的低电平，从而分别选中两片 6264 芯片。这意味着两片 6264 芯片中所有单元地址的高 3 位必须分别为 000 和 001，而低 13 位从全 0 到全 1，分别对应芯片内的第一个单元到最后一个单元。因此，两片 6264 芯片内 8K 个单元的地址范围分别为：

$$000\,0000000000000 \sim 000\,1111111111111 = 0000H \sim 1FFFH$$
$$001\,0000000000000 \sim 001\,1111111111111 = 2000H \sim 3FFFH$$

在上述方法中，除了低 13 位用于实现片内单元选择以外，剩下的高 3 位全部参与译码，称为全译码法。采用这种地址译码方法，所有存储芯片中的每个单元都有确定的地址，不存在地址重叠。

此外,图 6-11 中的 74LS138 译码器还有 6 个输出端,可另外再接 6 片 6264 芯片,从而使整个系统可以有 8 片 6264 芯片,得到总的存储器容量为 8×8 KB $= 64$ KB。这是 51 单片机能够管理的最大外部 RAM 容量。由此可见,采用全译码法,不仅不存在地址重叠,还可以使存储地址空间得到充分的利用。

在实际系统中,如果所需的存储容量不大,存储芯片的数量和片选信号较少,也可以只将一部分高位地址总线接到地址译码电路,这种方法相应地称为部分译码法。在这种方法中,没有参与地址译码的高位地址可以任意取为 1 码或 0 码,从而使得扩展的每个存储单元将有多个地址,即存在地址重叠。

6.3.3 MOVX 指令与扩展资源的访问

根据地址译码电路确定了外部扩展芯片的单元地址后,51 单片机即可通过执行 MOVC 和 MOVX 指令,实现外部存储器的访问操作。前面已经介绍过用 MOVC 指令实现 ROM 中表的查找操作,这里再对 MOVX 指令及其实现外部扩展 RAM 及各种接口芯片访问的基本方法做些介绍。

1. MOVX 指令及其用法

在 51 单片机的指令系统中,MOVX 指令的用法和书写格式只有如下 4 种:

```
MOVX  A,@DPTR
MOVX  A,@Ri
MOVX  @DPTR,A
MOVX  @Ri,A
```

其中,前面两条和后面两条分别用于实现外部 RAM 单元和扩展并口的读和写操作。

在上述 4 条指令中,两个操作数必须有一个是累加器 A,另一个操作数可以是以 DPTR、R0 或 R1 作为间接寻址寄存器的寄存器间接寻址。其中 DPTR 是 16 位寄存器,可以提供 RAM 单元完整的 16 位地址,访问外部 RAM 时高 8 位和低 8 位分别由 P2 口和 P0 口送出到地址总线,再用于实现外部 RAM 芯片和单元的选择。如果采用 R0 或 R1 作为间接寻址寄存器,由于这两个寄存器都只有 8 位,只能提供 RAM 单元地址的低 8 位。在这种情况下,高 8 位地址默认仍然由 P2 口提供,因此必须将地址的高 8 位事先存入 P2 口中。

例如,要从地址为 2010H 的外部 RAM 单元读取 1 字节数据,可以用如下指令:

```
MOV  DPTR,#2010H
MOVX A,@DPTR
```

也可以用如下程序段实现:

```
MOV  P2,#20H        ; 地址的高 8 位到 P2
MOV  R0,#10H        ; 第 8 位地址存入 R0
MOVX A,@R0          ; 读取 RAM 单元
```

在动手实践 6-1 的程序 **p6_1.asm** 中,主程序一共由两个循环组成。第一个循环用于将

连续的奇数依次存入地址从 4100H 开始的第一片 6264 芯片（U3）单元中。在循环的开始，设置一共存入 100 个奇数（即循环 100 次），并将 RAM 单元的起始地址 4100H（该地址定义为常量 BUF1）存入 DPTR。之后，将累加器 A 中的奇数用 MOVX 指令存入指定的单元。

第二个循环用于将存入 6264 芯片中的前面 10 个奇数依次取来并转存入内部 RAM 地址从 30H 开始的单元。在循环的初始化部分，将外部 RAM 的起始地址 BUF1 重新装入 DPTR，同时将内部 RAM 单元的起始地址（程序一开始用 DATA 伪指令定义为 BUF 符号地址）存入 R0，并将循环次数存入 R7。在每次循环中，用 MOVX 指令从外部 RAM 取出一个数据，并立即用 MOV 指令将其存入 R0 指向的内部 RAM 单元，之后用 INC 指令修改两个地址指针。

强调一下，由于本案例中 R0 代表的是内部 RAM 单元，所以必须用 MOV 指令访问内部 RAM 单元，而不是用 MOVX 指令。

2. 外部 RAM 的访问时序

51 单片机执行 MOVX 指令访问一次外部 RAM，从中读取或写入 1 字节的操作又可以分解为很多小步骤，在每个步骤内，51 单片机和存储器分别需要信号配合和控制，称为时序（Time Sequence），一般用时序图表示。

51 单片机执行 MOVX 指令需要 2 个机器周期，其中第一个机器周期从 ROM 中将程序中的该条指令取入 CPU（取指令）；第二个机器周期实现该条指令规定的操作（执行指令）。对 MOVX 指令来说，执行指令就是访问外部 RAM，实现外部 RAM 单元的读写操作。

图 6-12 给出了 51 单片机 CPU 执行 MOVX 指令实现外部 RAM 读写时的基本时序。其中 P1 和 P2 分别代表一个时钟周期，S1～S6 分别都由两个时钟周期构成，称为状态。左侧和右侧的 S1～S6 分别构成两个机器周期。

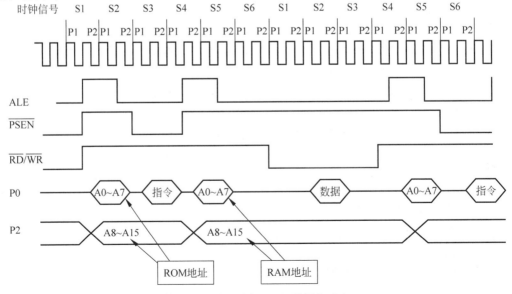

图 6-12　访问外部 RAM 的操作时序

MOVX 指令的操作时序可以总结如下。

（1）在第一个机器周期的 S1 状态，51 单片机通过 ALE 引脚送出正脉冲，并由 P0 和 P2 口输出 MOVX 指令在 ROM 单元中的地址；之后，在 $\overline{PSEN}$ 和 $\overline{RD}$ 负脉冲作用下，从 ROM 单元中取出 MOVX 指令。

（2）在第一个机器周期的 S4 状态，CPU 将 MOVX 指令中由 DPTR、R0 或 R1 给定的 RAM 单元地址送到 P0 口和 P2 口，再经外部的地址总线送到外部 RAM 的译码电路和地址引脚，从而选中需要访问的外部 RAM 单元。

（3）在第二个机器周期的 S1 状态，51 单片机通过 P3.7 引脚送出 $\overline{RD}$ 负脉冲，控制被选中的片外 RAM 单元将数据送到 P0 口，CPU 读入后存入累加器 A 中，从而实现从外部 RAM 单元的读操作。对于写操作，51 单片机将累加器 A 的数据由 P0 口送到数据总线，同时由 P3.6 引脚送出 $\overline{WR}$ 负脉冲，控制将数据总线上的数据打入被选中的外部 RAM 单元。

3. 扩展并口的访问时序

由于在 51 单片机中扩展并口与外部 RAM 会进行统一编制，因此 51 单片机对其访问的方法是完全一样的，例如都采用 MOVX 指令实现扩展并口数据的输入和输出。

以动手实践 **6-2** 的图 6-7 为例，在程序 **p6_2.asm** 中，当执行第一条 MOVX 指令时，51 单片机将由 DPTR 中提供的地址 0BFFFH 输出到地址总线，从而使得地址总线的 A14 变为低电平，其他地址线路输出为高电平。同时，在执行该条 MOVX 指令时，51 单片机通过 P3.7 引脚自动输出 $\overline{RD}$ 负脉冲。

在 A14 和 $\overline{RD}$ 的作用下，或门 U9 输出一个负脉冲，控制 74HC245 芯片内部的三态门打开，开关数据通过该缓冲器立即送到数据总线，并进一步由 CPU 读取到累加器 A 中，从而实现从输入设备（即图中的开关）读取一个数据的过程。

在接下来执行第二条 MOVX 指令时，DPTR 中的数据变为 7FFFH，代表原理图中锁存器 74HC273 的地址。执行该条指令时，输出的地址使得地址总线的 A15 变为低电平，同时 51 单片机的 $\overline{WR}$ 引脚会自动输出一个负脉冲。两个信号进行或非运算后作为该锁存器的时钟信号，将累加器 A 中的数据通过数据总线打入锁存器，并输出到 LED。

动手实践 6-3：地址译码电路的设计

本案例用 4 片 6264 芯片为 AT89C52 系统扩展 32 KB 的外部 RAM，已知各片 6264 芯片的单元地址从 8000H 开始连续分配。要求：

（1）分别用基本逻辑门电路和集成 3-8 译码器设计地址译码电路，画出电路原理图；

（2）编制程序将 1♯6264 芯片内部的 8 KB 个单元存入常数 0AH；2♯6264 芯片内部的 8 KB 个单元存入常数 0BH；3♯和 4♯6264 芯片内部的 8 KB 个单元分别存入常数 0CH 和 0DH。

解析：

（1）6264 芯片的容量为 8 KB，因此地址总线的低 13 位 A12～A0 直接与各芯片上的地址引脚相连接。剩下的高 5 位地址 A15 和 A14 送到地址译码电路，经译码后得到各存储芯片的片选信号。

根据已知的起始地址，得到 4 片 6264 芯片的单元地址范围（地址分配表），如表 6-2 所示。注意到对各片 6264 芯片，地址总线的最高位 A15 取值都为 1 码，而 A14 和 A13 两位的取值分别为 00～11。因此，可以将 A15 作为 3-8 译码器的控制输入端 E1，而将 A14 和 A13 两位分别作为 3-8 译码器的译码输入端 B 和 A，译码器的 $\overline{E2}$、$\overline{E3}$ 和译码输入端 C 直接接地，使其始终有效。按照该接法，3-8 译码器的 $\overline{Y0}$～$\overline{Y3}$ 分别作为 4 片 6264 芯片的片选信号即可。

表 6-2   4 片 6264 芯片的地址分配表

芯　　片	A15	A14	A13	A12……A0	单元地址范围
1♯	1	0	0	×……×	8000H～9FFFH
2♯	1	0	1	×……×	0A000H～0BFFH
3♯	1	1	0	×……×	0C000H～0DFFH
4♯	1	1	1	×……×	0E000H～0FFFFH

根据上述分析，得到本案例的电路原理图如图 6-13 所示（参见文件 **ex6_3. pdsprj**）。其中图 6-13(a)是用基本门电路实现的地址译码电路；而图 6-13(b)用集成 74LS138 译码器实现地址译码电路；图 6-13(c)是 4 片 6264 芯片与地址译码电路和 51 单片机系统总线的连接。

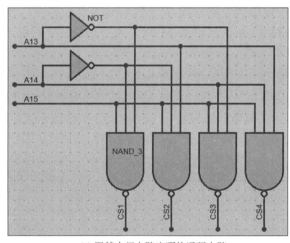

(a) 用基本门电路实现的译码电路

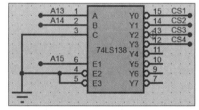

(b) 用集成3-8译码器实现的地址译码电路

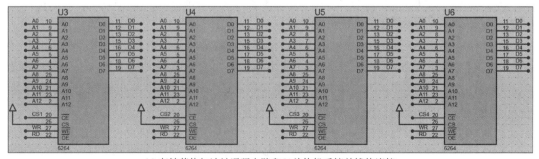

(c) 存储芯片与地址译码电路和51单片机系统总线的连接

图 6-13   地址译码电路的设计

（2）本案例的程序代码如下（参见文件 p6_3.asm）：

```
ABEGIN  XDATA   8000H           ;定义外部RAM单元的起始地址
        ORG     0000H
        AJMP    MAIN
        ORG     0100H
MAIN:   MOV     DPTR,#ABEGIN     ;设置外部RAM地址指针
        MOV     A,#0AH           ;设置数据初值
        MOV     R5,#4            ;6264芯片数
LP0:    MOV     R6,#32           ;设置多个芯片总的单元数
LP1:    MOV     R7,#0
LP2:    MOVX    @DPTR,A          ;向RAM写入1字节数据
        INC     DPTR
        DJNZ    R7,LP2           ;未完循环
        DJNZ    R6,LP1
        INC     A                ;写完一个芯片8KB个单元,数据加1
        DJNZ    R5,LP0           ;4个芯片写完否?
        END
```

在上述程序中，将 4 片 6264 芯片对应的外部 RAM 单元起始地址定义为常量 ABEGIN。在主程序中用了三层循环实现题目要求的功能。最内层循环设置计数变量为 R7，设其初值为 0，因此一共循环 256 次；第二层循环用 R6 控制共循环 32 次。则两层循环共进行 $32 \times 256 = 8192 = 8K$ 次，每次写入一个 RAM 单元。两层循环结束后，正好写完一片 6264 芯片内部的 8 KB 个单元。

内层循环每执行一次，将 DPTR 的值加 1。当写完一片 6264 芯片后，DPTR 正好指向第二片 6264 芯片。因此，程序中在两层内层循环结束后，将累加器中的值加 1 变为 0BH，再重复指向内层循环时，将常数 0BH 写入第二片 6264 芯片，以此类推。

6.4 牛气冲天——实战进阶

上述小规模的集成锁存器和缓冲器芯片，每个芯片只能扩展一个 8 位并口。当系统中需要扩展的并口较多时，所需芯片数也将大大增加，势必导致系统的体积增大，芯片之间相互连接导致的可靠性降低等。解决的办法之一是选用一些集成度较高的芯片，例如 8255A、8155 等。

本节将对 8155 及其用法进行简单介绍。利用 8155 可以为 51 单片机系统扩展 2 个 8 位并口和一个 6 位并口。8155 内部还提供了 256 字节的 SRAM 和一个 14 位的定时/计数器，可以为 51 单片机系统扩展 256B 的外部 RAM，并额外扩展一个 14 位定时/计数器，因此在 51 单片机系统中得到了广泛应用。

6.4.1 8155 的引脚及内部结构

8155 的引脚及内部结构如图 6-14 所示，对各引脚功能特性做如下几点说明。

（1）PA 和 PB 端口是 8 位并口（端口），对应 2 组 8 根引脚 PA0~PA7 和 PB0~PB7，可

连接外部 8 位并行输入或输出设备,但 PC 接口(端口)只有 6 位,对应的引脚也只有 6 根,即 PC0～PC5。

(2) 地址/数据线 AD0～AD7 采用分时复用技术,一般直接与 51 单片机的 P0 口相连接,在 51 单片机与 8155 内部各端口和 RAM 单元之间传输 8 位数据和低 8 位地址。

(3) ALE 引脚传输地址锁存信号,高电平有效,一般和 51 单片机的 ALE 端直接相连。当 51 单片机通过 P0 送来低 8 位地址时,同时由 ALE 端送来的脉冲下降沿将低 8 位地址锁存到 8155 内部的地址锁存器。因此 8155 的地址线可以直接与 51 单片机的 P0 口相连接,无须另外再连接地址锁存器。

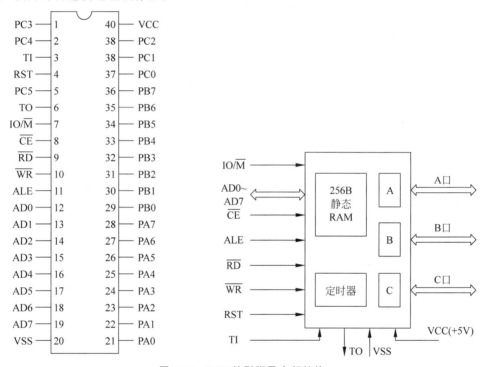

图 6-14　8155 的引脚及内部结构

(4) IO/$\overline{\text{M}}$ 为内部 RAM 和端口选择信号引脚。访问内部 RAM 单元时,该信号为低电平;当访问片内 3 个端口以及命令/状态寄存器和定时/计数器时,该信号为高电平。

(5) $\overline{\text{CE}}$ 为片选信号引脚,当从该引脚送入低电平时,选中该片 8155,再由 IO/$\overline{\text{M}}$ 上的高/低电平区分是访问内部的端口还是 RAM 单元。

(6) $\overline{\text{RD}}$ 和 $\overline{\text{WR}}$ 为读和写信号输入引脚,一般直接与 51 单片机的 P3.6 和 P3.7 引脚相连接,控制实现内部端口和 RAM 单元数据的读与写。

(7) TI 和 $\overline{\text{TO}}$ 是片内定时/计数器的计数脉冲输入和输出引脚。在 TI 端送入计数脉冲作用下,内部的 14 位定时/计数器实现递减计数。当计数值递减到 0 时,$\overline{\text{TO}}$ 引脚输出脉冲或方波,波形形状由定时/计数器的工作方式决定。

8155 内部除了 3 个并口、一个计数器和 256 字节 RAM 单元以外,还有一个控制寄存器,这些端口和控制寄存器通过 AD7～AD0 送入的 8 位地址进行寻址,各端口的地址分配如表 6-3 所示。

表 6-3 8155 端口的地址分配

$\overline{CS}$	IO/$\overline{M}$	A7	A6	A5	A4	A3	A2	A1	A0	端　　口
0	1	×	×	×	×	×	0	0	0	控制寄存器
		×	×	×	×	×	0	0	1	PA 端口
		×	×	×	×	×	0	1	0	PB 端口
		×	×	×	×	×	0	1	1	PC 端口
		×	×	×	×	×	1	0	0	定时/计数器低 8 位
		×	×	×	×	×	1	0	1	定时/计数器高 8 位
0	×	×	×	×	×	×	×	×	×	RAM 单元

6.4.2　8155 的命令字与状态字

当 51 单片机输出 16 位地址的低 3 位地址 A2A1A0＝000 时,表示对控制寄存器进行读写访问,再进一步由 $\overline{RD}$ 或 $\overline{WR}$ 引脚送入的负脉冲决定是读操作还是写操作。如果是写操作,表示向 8155 写入命令字,以指定 8155 的工作方式;如果是读操作,则表示读取其中保存的状态字。

8155 的命令字格式如图 6-15 所示。其中,最低两位分别用于设置 PA 和 PB 端口的输入及输出功能,0 为输入,1 为输出;PAB1 和 PAB2 用于定义各端口的输入/输出方式;IEA 和 IEB 分别为端口 PA 和 PB 的中断允许控制位,当设为 1 时,允许 8155 的 PA 或 PB 端口在传输数据的过程中向 51 单片机发出中断请求;TM1 和 TM2 用于控制定时/计数器的启停,具体控制方式将在后面详细介绍。

D7	D6	D5	D4	D3	D2	D1	D0
TM2	TM1	IEB	IEA	PAB2	PAB1	PB	PA

图 6-15 8155 的命令字格式

8155 的状态字格式如图 6-16 所示。其中 TIM 为定时/计数器溢出中断,读状态字后将自动复位。低 6 位分别表示 PA 或 PB 端口有中断请求 INTR、缓冲器满 BF、中断允许状态 INTE,都是 1 码有效。

D7	D6	D5	D4	D3	D2	D1	D0
×	TIM	INTEB	BFB	INTRB	INTEA	BFA	INTRA

图 6-16 8155 的状态字格式

6.4.3　8155 的工作方式

8155 内部除了 3 个并行 I/O 端口外,还有 256 字节的 RAM 和一个 14 位递减计数器,这些部件的工作方式可以分为 I/O 方式、存储器方式和定时/计数器方式。

1. 存储器方式

当 IO/$\overline{\text{M}}$＝0，并且 $\overline{\text{CE}}$＝0 时，8155 工作在存储器方式，51 单片机可以利用 MOVX 指令对 8155 内部的 RAM 单元进行读写访问。在访问过程中，51 单片机首先通过 AD7～AD0 向 8155 送入需要读写的 RAM 单元的 8 位地址，并利用 ALE 信号将其存入 8155；之后，在 $\overline{\text{RD}}$ 和 $\overline{\text{WR}}$ 信号的作用下，再通过 AD7～AD0 传输选中单元的数据。

一般情况下，8155 的 AD7～AD0 直接与 51 单片机的 P0 相连接，则执行 MOVX 指令时，由 DPTR 提供的 16 位地址中，只有低 8 位能够由 AD7～AD0 送入 8155，用于内部 RAM 单元的选择。16 位地址中的其他位可以直接或者经过译码后作为 IO/$\overline{\text{M}}$ 或 $\overline{\text{CE}}$ 端信号。

2. 输入/输出方式

当 IO/$\overline{\text{M}}$＝1，并且 $\overline{\text{CE}}$＝0 时，8155 工作在端口的数据输入/输出方式，由 PA、PB 和 PC 端口根据命令字中 PAB1、PAB2 和 PA、PB 位设置的输入/输出方式控制实现。

命令字中的 PAB1 和 PAB2 位共有 4 种组合 00～11，可分别设置 PA 和 PB 端口工作在 4 种输入/输出工作方式，这 4 种工作方式依次表示为 ALT1、ALT2、ALT3 和 ALT4，其中前两种方式称为基本输入/输出方式；后两种方式称为选通输入/输出方式。

（1）基本输入/输出方式。

如果通过命令字设置 8155 工作在 ALT1 或 ALT2 方式，则内部的 3 个端口 PA、PB 和 PC 都工作在基本输入/输出方式。如果端口连接输入设备，则外部设备准备好数据后，立即存入 8155 内部的端口寄存器中，等待 51 单片机读取；如果端口连接的是输出设备，则 51 单片机需要输出数据时，将数据送到 8155 内部的端口寄存器后，会立即通过 PA 或 PB 端口送到外部设备。具体是输入还是输出，取决于命令字中的最低两位。

（2）选通输入输出方式。

如果通过命令字设置 8155 工作在 ALT3 或 ALT4 方式，则内部的端口 PA 和 PB 工作在选通输入/输出方式。所谓选通输入/输出方式，指的是在传输数据的过程中，8155 与 51 单片机和外部设备之间需要一些应答联络信号，以配合实现数据的准确可靠传输。

在选通输入方式时，外部设备由 PC2 或 PC5 引脚送来 $\overline{\text{STB}}$ 负脉冲选通信号，将数据打入 8155。此时，BF 信号变为高电平，通知 51 单片机读取数据。如果中断允许（命令字中的 INTEA 或 INTEB 设为 1），8155 内部会自动将 PC0 或 PC3 置为高电平，向 51 单片机发出中断请求。51 单片机从相应端口读取数据后，BF 和 INTR 恢复为低电平。此后，51 单片机将等待外部设备送来下一个数据，并重复上述过程。

在选通输出方式时，51 单片机向 PA 或 PB 端口输出一个数据，立即使 BF 信号变为高电平，通知外部设备从 8155 读取数据。外部设备将数据读取后，$\overline{\text{STB}}$ 信号变为低电平。此时，如果中断允许，则 8155 内部将使 INTR 信号变为高电平，从而向 51 单片机发出中断请求。51 单片机检测到 $\overline{\text{STB}}$ 信号为低电平，或者响应中断后，可以向 8155 端口输出下一个数据，并重复上述过程。

在 ALT3 方式下，PA 口工作在选通输入/输出方式，并由 PC0～PC2 提供应答联络信号；而 PB 口和 PC 口中的 PC5～PC3 可用作普通的输入/输出并口，实现基本输入/输出数据传输。

在 ALT4 方式下,PA 和 PB 端口都为选通输入/输出方式,两个端口一共需要 6 个应答联络信号,分别由 PC 口的各位提供。表 6-4 给出了 8155 各种输入/输出方式下,PC 口的作用及提供的应答联络信号。

表 6-4　8155 各种输入/输出方式下 PC 口各位的含义

PC 口	通用输入/输出方式		选通输入/输出方式	
	ALT1	ALT2	ALT3	ALT4
PC0	输入	输出	PA 口中断 INTR	PA 口中断 INTR
PC1			PA 口缓冲器满 BF	PA 口缓冲器满 BF
PC2			PA 口选通 $\overline{\text{STB}}$	PA 口选通 $\overline{\text{STB}}$
PC3			输出	PB 口中断 INTR
PC4				PB 口缓冲器满 BF
PC5				PB 口选通 $\overline{\text{STB}}$

3. 定时/计数器方式

8155 的定时/计数器是一个 14 位递减计数器,该计数器的 14 位计数初值分别放在两个 8 位寄存器中,其中高 6 位作为在一个寄存器的低 6 位,低 8 位存放在另一个寄存器中。该计数器的计数脉冲来自 8155 的 TI 引脚。

当计数器计数到零时,状态字中的 TIM 位被置位,可供 51 单片机读取和查询。同时,通过 $\overline{\text{TO}}$ 引脚输出不同的矩形脉冲波,输出波形决定于存放计数初值高 6 位的寄存器中的最高两位 M2M1。这两位共有 4 种取值,决定了计数器可以有 4 种不同的工作方式。

- 当 M2M1＝00 时,输出单次方波。在计数前半周输出高电平,后半周输出低电平。如果计数初值为偶数,则输出高电平和低电平的时间宽度相同;否则,高电平比指定持续的时间多一个计数脉冲周期。
- 当 M2M1＝01 时,输出连续方波。在计数到零时自动装入初值,重新开始计数,并连续不断地输出方波脉冲。
- 当 M2M1＝10 时,输出单次负脉冲。计数到零时输出一个单脉冲,脉冲宽度等于一个计数脉冲周期,之后自动恢复为高电平。
- 当 M2M1＝11 时,输出连续负脉冲。每次计数到零时,自动重装初值,从而连续不断地输出宽度等于一个计数脉冲周期的负脉冲。

在计数过程中,51 单片机向 8155 写入命令字,通过命令字最高两位 TM2 和 TM1 控制计数器的启停。

- 当 TM2TM1＝00 时,无操作,即输出这样的命令字对计数器工作不产生影响。
- 当 TM2TM1＝01 时,停止计数。若计数器原为停止状态,则继续保持停止计数;若计数器正在运行,则输出该命令字到 8155 后便立即停止计数。
- 当 TM2TM1＝10 时,计满后停止。若计数器原为停止状态,则继续停止;若计数器正在运行,则 8155 收到该命令字后,必须等到计数到零时才停止计数。

- 当 TM2TM1＝11 时，开始计数。若计数器原为停止状态，则收到该命令字立即开始计数；若原来计数器正在计数运行，则在计数到零后立即按新设置的计数初值开始计数。

在使用计数器时，需要首先进行如下 3 项操作：

- 根据计数要求确定 14 位计数初值；
- 确定计数器工作方式，将计数初值写入两个初值寄存器；
- 向控制寄存器写入最高两位是 11 的控制字，启动计数器。

下面通过具体案例介绍 8155 的基本使用方法。

动手实践 6-4：8155 的应用

本案例利用 8155 扩展 2 个并口，用于驱动 8 位数码管。8 个数码管每隔 10 ms 将显示缓冲区中的数据刷新显示一次，显示缓冲区定义在 8155 内部的 RAM 中。原理图如图 6-17 所示（参见文件 **ex6_4. pdsprj**）。

图 6-17

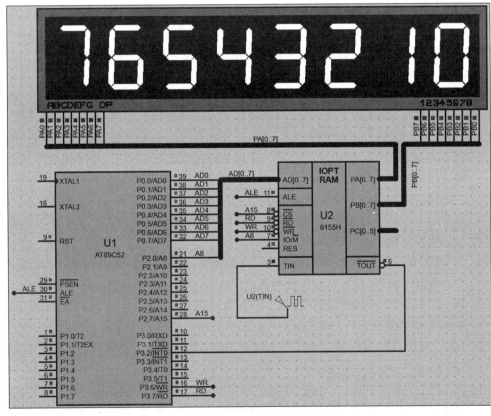

图 6-17　8155 应用电路原理图

在原理图中，8155 的 AD7～AD0 直接与 51 单片机的 P0 相连接，片选信号由地址总线中的 A15 采用线选法得到，IO/M̄ 信号由地址总线中的 A8 直接提供，由此得到 8155 内部端口和所有 RAM 单元地址的高 8 位分别为 01111111B 和 01111110B,再根据表 6-4 分别得到各端口和定时/计数器初值寄存器地址的低 8 位。将上述地址在程序中用 XDATA 伪指令分别定义为常量。

本案例中,8155A 的 PA 和 PB 端口都工作在基本的输出方式,分别用于输出数码管的字段码和位选码。此外,在原理图中用 DCLOCK 信号发生器产生 1 kHz 的周期脉冲,由 TIN(即 TI)引脚送入,作为 8155 内部定时/计数器的计数脉冲,定时/计数器的输出信号 TOUT(即 TO)直接作为外部中断 0,从 INT0 引脚送入 51 单片机。

根据上述连接和题目要求的功能,编制完整的汇编语言程序如下(参见文件 **p6_4. asm**):

```
; 8155 的典型应用
CON       XDATA     0111111100000000B          ; 控制寄存器地址
PA        XDATA     0111111100000001B          ; PA 端口地址
PB        XDATA     0111111100000010B          ; PB 端口地址
PTL       XDATA     0111111100000100B          ; 定时/计数器低 8 位地址
PTH       XDATA     0111111100000101B          ; 定时/计数器高 8 位地址
PRAM      XDATA     0111111000000000B          ; RAM 起始地址
BUF       XDATA     0111111000010000B          ; 显示缓冲区
          ORG       0000H
          AJMP      MAIN
          ORG       0003H
          AJMP      PINT0                       ; 外部中断 0 入口
; ==========================================================
; 主程序
; ==========================================================
          ORG       0100H
MAIN:     MOV       SP, #60H
          ACALL     BUF_INI                     ; 显示缓冲区初始化
          MOV       DPTR, #PTH
          MOV       A, #0C0H
          MOVX      @DPTR, A                     ; 设置计数初值及定时/计数器工作方式 01
          MOV       A, #0AH
          MOV       DPTR, #PTL
          MOVX      @DPTR, A
          SETB      IT0
          SETB      EX0
          SETB      EA                           ; 开外部中断 0(8155 定时计数器中断)
          MOV       A, #11000011B
          MOV       DPTR, #CON
          MOVX      @DPTR, A                     ; 设置 8155 的工作方式,PA、PB,基本输出
                                                 ; 并启动定时
          SJMP      $                            ; 等待定时中断
; ==========================================================
; 显示缓冲区初始化子程序
; ==========================================================
BUF_INI:  MOV       DPTR, #BUF
          MOV       A, #0
          MOV       R7, #8
LP0:      MOVX      @DPTR, A
          INC       A
```

```
            INC      DPTR
            DJNZ     R7,LP0
            RET
; ===========================================================
; 外部中断 0 中断服务程序
; ===========================================================
PINT0:      MOV      R7,#8              ; 设置显示位数
            MOV      R0,#0FEH           ; 设置初始位选码
            MOV      DPTR,#BUF          ; 设置缓冲区指针
            MOV      R2,DPH             ; 暂存到 R2、R3
            MOV      R3,DPL
LP1:        MOV      A,R0
            MOV      DPTR,#PB
            MOVX     @DPTR,A            ; 输出位选码
            RL       A
            MOV      R0,A               ; 位选码左移
            MOV      DPL,R3             ; 设置缓冲区指针
            MOV      DPH,R2
            MOVX     A,@DPTR            ; 读缓冲区并从中取一个数
            INC      DPTR
            MOV      R2,DPH             ; 修改缓冲区指针,暂存到 R2、R3
            MOV      R3,DPL
            MOV      DPTR,#TBL
            MOVC     A,@A+DPTR          ; 查表求字段码
            MOV      DPTR,#PA
            MOVX     @DPTR,A            ; 输出字段码
            ACALL    DEL1
            DJNZ     R7,LP1
            RETI
TBL:        DB       3FH,06H,5BH,4FH,66H,6DH,7DH,07H,7FH,6FH   ; 定义字段码表
; ===========================================================
; 延时子程序
; ===========================================================
DEL1:       MOV      R6,#200            ; 延时 0.4 ms
            DJNZ     R6,$
            RET
            END
```

　　上述程序主要包括主程序和中断服务程序,此外还有显示缓冲区初始化、延时等子程序。

　　(1) 主程序。

　　在主程序中,通过调用 BUF_INI 子程序,将显示缓冲区中需要显示的数字字符初始化为 0～7。特别注意显示缓冲区位于 8155 扩展的外部 RAM 中,因此必须用 MOVX 指令进行访问。

　　主程序中接下来设置 8155 内部定时/计数器的工作方式和计数初值。程序中设置的计数初值为 0C00AH,其中高字节 0C0H 和低字节 0AH 分别存入 PTH 和 PTL 寄存器。高字节 0C0H＝11000000B 的最高两位 11 指定定时/计数器连续输出负脉冲,计数初值剩下的 14 位指定计数初值 10。由于 DCLOCK 产生的计数脉冲为 1 kHz,因此一旦启动定时/

计数后,每隔 10 ms 定时/计数器将发出一次中断请求。

之后,主程序开放 51 单片机外部中断 0 的中断,并通过设置 8155 的命令字,指定 PA 和 PB 端口都工作在基本输出方式。由于命令字的最高两位为 11,因此将该方式控制字写入 8155 的控制端口即可启动定时/计数器定时。

(2) 中断服务程序。

定时/计数器每定时 10 ms,向 51 单片机发出一次外部中断 $\overline{INT0}$INT0 中断请求。在中断服务程序中,通过 8 次循环,依次将显示缓冲区中的数据取出来送往数码管显示。这里数码管采用动态扫描显示方式。特别注意,数码管的位选码和字段码现在都是通过 8155 扩展的 PA 和 PB 端口输出,因此必须使用 MOVX 指令像访问外部扩展存储器单元一样进行访问。

程序中的延时子程序 DEL1 每执行一次,近似延时 0.4 ms,这是在对各数码管进行动态扫描显示时,为保证每个数码管显示稳定而设置的。

运行上述程序时,注意设置 51 单片机的时钟频率为 12 MHz,数字时钟频率为 1 kHz。运行后,将在数码管上稳定地显示缓冲区中存放的数字 0~7。此外,暂停程序运行时,将立即弹出 8155 内部 RAM、各端口观察窗口,如图 6-18 所示。通过 RAM-U2 窗口可以观察到 8155 内部 256 字节 RAM 单元的分配情况,其中 10~17H 单元即为显示缓冲区。由 I/O ports and timer-U2 窗口可以观察到 8155 中 PA 和 PB 端口当前输出的字段码和位选码,以及 8155 内部定时/计数器的工作方式和当前计数值。显然,运行程序暂停的时刻不同,该窗口中显示的结果也有区别。

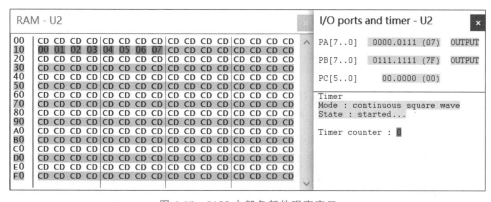

图 6-18   8155 内部各部件观察窗口

本章小结

51 单片机虽然集成了一定的内部资源,但在应用系统中,如果这些内部资源不够用,就必须在设计系统时自行选择相应的外部芯片和器件,实现资源的扩充和扩展。本章主要介绍了 51 单片机系统中外部存储器和并口扩展的基本方法。

1. 扩展的基本方法与系统总线

(1) 不管是扩展片外的存储器还是并口,所有的扩展芯片都必须通过三组系数总线与

51 单片机进行连接和数据传输。

（2）在 51 单片机中，利用 P0 和 P2 口形成 16 位地址总线和 8 位数据总线，利用 P3 口中某些位(引脚)的第二功能提供控制总线。

（3）在需要进行片外资源扩展的系统中，P0、P2 和 P3 口不能再用作普通的并口。

2. 外部存储器的扩展

（1）51 单片机系统的程序和数据存储器是分开的、相对独立的，可以分别选用合适的 ROM 和 RAM 芯片实现扩展。

（2）不同型号的存储器芯片具有不同的存储容量，存储容量决定了芯片上数据线和地址线的位数。

（3）在同一个系统中，根据要求得到的存储器容量和所选用的存储器芯片的容量，可能需要若干存储器芯片。由于所有这些存储器芯片与 51 单片机之间的数据传输都是通过同一组数据总线进行的，因此在任何时刻，只能有一个芯片被选中进行访问。这就要求每个芯片除了地址引脚、数据引脚、读写控制引脚以外，还必须要有片选信号引脚。

（4）在任何时刻只能有一个存储器芯片的片选信号有效。一般采用译码器或组合逻辑电路将 51 单片机送出的 16 位地址的某些位(一般为高位)进行逻辑组合和译码后，得到各芯片的片选信号。而地址总线的低位一般与各存储器芯片上的地址引脚直接对应连接。具体电路设计可以采用线选法、全译码法和部分译码法实现。

（5）根据上述硬件电路连接，可以确定各存储器芯片内各存储单元的地址，在程序中即可采用 MOVX 指令对指定的单元进行访问。对外部扩展的 RAM 芯片，在执行 MOVX 指令的过程中，由 DPTR 提供单元的地址，同时 51 单片机会自动发出 ALE、RD 或 WR 等信号，从而控制对存储器实现正确的读写访问。

3. 并行接口的扩展

（1）在需要进行外部并行资源的扩展时，51 单片机只剩下 P1 口可用作普通的并口。因此系统中经常也需要进行并口的扩展。

（2）与 51 单片机内部集成的并口一样，通过扩展并口可以将外部的各种并行输入或输出设备连接到 51 单片机，实现 51 单片机对这些外部设备的访问控制。

（3）简单的并行输入和输出接口可以选用现成的缓冲器和锁存器芯片实现。这些芯片的工作(数据的锁存输出、缓冲输入等)都需要 51 单片机进行控制。

（4）扩展并口与 51 单片机之间的数据传输仍然是通过三组总线，因此可以采用与外部扩展存储器芯片一样的方法进行电路设计和程序编写。例如，所有的扩展并口都需要译码和读写控制信号，这些信号都是 51 单片机通过执行 MOVX 指令产生的。

4. 集成可编程接口芯片的应用

8155 是集成了很多功能的可编程接口芯片，利用一片 8155 可以为 51 单片机系统同时扩展 256 字节的外部 RAM、3 个并口和一个定时/计数器。在程序中，这些资源都可以通过执行 MOVX 指令、通过正确设置命令字，实现期望的扩展功能。

思考练习

6-1　填空题

(1) 某 RAM 芯片有 8 根数据线和 12 根地址线,则该芯片的存储容量为＿＿＿＿。要为 51 单片机扩展 32 KB 的外部 RAM,需要＿＿＿＿片这样的芯片,需要＿＿＿＿个片选信号。

(2) 为了解决 CPU 与低速设备之间的速度匹配问题,在并行输出接口中必须要有＿＿＿＿。为了避免总线冲突,在并行输入接口中必须要有＿＿＿＿。

(3) 锁存器内部主要是利用＿＿＿＿实现数据的稳定锁存,缓冲器内部是利用＿＿＿＿实现数据通路的通断控制。

(4) 在并行扩展时,地址总线由＿＿＿＿和＿＿＿＿共同形成,数据总线由＿＿＿＿提供。

(5) 扩展外部存储器时,RAM 和 ROM 芯片的 $\overline{OE}$ 引脚一般分别与 51 单片机的＿＿＿＿和＿＿＿＿引脚相连接。

(6) 51 单片机 P0 口输出低 8 位地址必须经过锁存后送到地址总线上,锁存器所需的锁存信号由 51 单片机的＿＿＿＿引脚提供。

(7) 访问外部扩展存储器时,首先必须通过＿＿＿＿选中相应的芯片,然后选中芯片中指定的单元。

(8) 8155 内部除＿＿＿＿个并行 I/O 端口外,还有 256 字节的＿＿＿＿和一个＿＿＿＿位的递减计数器。

(9) 要允许 8155 的 PA 端口在收到外部设备送来的数据时向 51 单片机发出中断请求,必须在初始化时将命令字中的＿＿＿＿位置位。

(10) 要通过 8155 内部的计数器产生周期方波或周期的负脉冲,应将其计数初值的最高两位设置为＿＿＿＿或＿＿＿＿。

6-2　选择题

(1) 某 RAM 芯片的容量为 16 KB,则 P2 口中需要有(　　)位引脚与该芯片的地址引脚相连。

　　　A. 1　　　　　　　　B. 2　　　　　　　　C. 6　　　　　　　　D. 7

(2) 某 RAM 芯片的容量为 16 KB,在 51 单片机系统中采用线选法进行地址译码,则最多可以选用(　　)片这样的芯片。

　　　A. 2　　　　　　　　B. 4　　　　　　　　C. 8　　　　　　　　D. 16

(3) 某 RAM 芯片的容量为 16 KB,在 51 单片机系统中采用全译码法进行地址译码,则最多可以选用(　　)片这样的芯片。

　　　A. 2　　　　　　　　B. 4　　　　　　　　C. 8　　　　　　　　D. 16

（4）在总线控制方式下，外部 RAM 和扩展并口的数据都是通过 51 单片机的（　　）传输的。

　　A. P0 口　　　　　　　　B. P1 口　　　　　　　C. P2 口　　　　　　　D. P3 口

（5）下面有关系统总线的描述，错误的是（　　）。

　　A. 系统总线包括三组，即地址总线 AB、数据总线 DB 和控制总线 CB。

　　B. 数据既可以由 51 单片机送往外部，也可以由外部部件送入 51 单片机，因此 DB
　　　　是双向的。

　　C. 地址只能由 51 单片机送往外部，因此 AB 是单向的。

　　D. 控制命令有些是由 51 单片机送往外部，有些是由外部送入 51 单片机，因此 CB
　　　　是双向的。

（6）下面有关 51 单片机外部扩展并口的描述，错误的是（　　）。

　　A. 扩展并口占用的是片外 RAM 单元的地址空间。

　　B. 51 单片机只能通过系统总线访问和控制扩展并口。

　　C. 使用 MOVX 指令从扩展并口读入数据时，51 单片机会通过 P3.7 引脚自动发
　　　　出 $\overline{RD}$ 信号。

　　D. 使用 MOVX 指令将数据输出到扩展并口时，51 单片机会通过 P3.6 引脚自动
　　　　发出 $\overline{WR}$ 信号。

（7）在通过系统总线访问片外扩展存储器和并口时，下列不能用于提供地址的是（　　）。

　　A. R0　　　　　　　　　B. R7　　　　　　　　　C. PC　　　　　　　　D. DPTR

6-3　简述 ROM 芯片和 RAM 芯片在 51 单片机系统扩展存储器中的主要区别。

6-4　在扩展并口时，简述锁存器的作用。

6-5　2764 是容量为 8 KB 的 EPROM 芯片，在 51 单片机系统中为该芯片设计的地址
译码电路如图 6-19 所示。

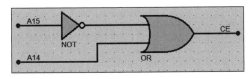

图 6-19　2764 芯片的地址译码电路

（1）分析写出该片 2764 芯片中各单元的地址范围。

（2）分析说明采用的地址译码方法，以及是否存在地址重叠。

（3）要从该芯片中读出第 2 个单元的数据到累加器 A 中，写出相应的程序段。

6-6　分析如下程序段实现的功能。

（1）

```
MOV   DPTR,#7FFFH
MOV   R0,#48H
MOVX  A,@DPTR
MOV   @R0,A
```

（2）

```
MOV   P2,♯7FH
MOV   R0,♯00H
MOV   R1,♯10H
MOVX  A,@R0
MOVX  @R1,A
```

6-7 简述 ALT4 方式下,通过 8155 的 PB 端口实现中断方式数据输出的过程。

6-8 已知 8155 的地址为 0BFFFH,编写启动内部计数器计数的程序段。

综合设计

6-1 62256 是容量为 32 KB 的 SRAM 芯片,某 AT89C52 单片机系统用这样的芯片扩展 64 KB 的外部 RAM。

（1）一共需要多少片 62256 芯片?

（2）画出 62256 芯片与 51 单片机连接的主要电路示意图。

（3）编制程序首先将 0～99 共 100 个数据写入 1♯芯片的前面 100 个单元,之后再从 1♯芯片顺序搬移到 2♯芯片的最后 100 个单元。

6-2 用两片 74HC373 芯片为 51 单片机扩展两个输出口,并用于 8 位 7 段数码管的显示控制。

（1）画出主要电路原理图。

（2）将内部 RAM 中 30H 开始的 8 个单元初始化设置任意十进制字符数据,采用动态扫描方式将其显示到数码管上,编写汇编语言程序。

6-3 用一片 8155 扩展并口,对 4×4 键盘进行管理。要求 8155 的端口地址为 0EFFFH,PC5～0 作为键盘的列扫描线,PA3～0 作为行回读线。51 单片机采用无条件方式与 8155 进行数据传输。

（1）画出 8155 与 51 单片机和键盘的连接线路;

（2）编写键盘全扫描和列扫描子程序;

（3）编写主程序,调用上述子程序,将从键盘上连续输入的字符重复存入 51 单片机内部 RAM 的 30H 开始的 8 个单元。

第 7 章

51 单片机资源的串行扩展

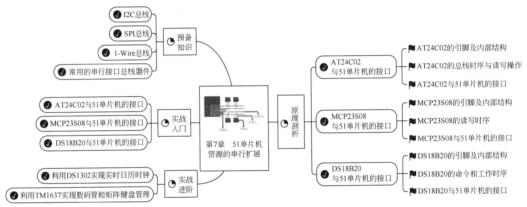

第 6 章介绍的并行扩展采用并行总线扩展外围设备利用并行总线传输数据,传输速度快,但需要占用 51 单片机很多的引脚以及本身有限的内部资源,芯片封装体积增大使成本升高,同时电路板体积增大,布线复杂度高,故障出现概率增大,调试维修不方便等。

随着电子技术的发展,串行总线技术日益成熟,采用串行总线扩展技术可以使系统的硬件设计简化,系统的体积减小,系统的更新和扩充更为容易,目前已成为 51 单片机总线的主导技术,为多功能、小型化和低成本的 51 单片机系统的设计提供了有效的解决方案。本章将列举 51 单片机系统中几种常用的串行总线及其扩展技术。

7.1 磨刀霍霍——预备知识

作为本章内容的入门,这里首先对 51 单片机系统中常用的 3 种串行总线扩展做个简要了解。

7.1.1 I2C 总线

I2C 总线(Inter-IC Bus)是 Philips 公司开发的集成电路间总线,这是一个两线双向串行总线接口标准,采用这种接口标准的集成电路芯片只需要使用两条信号线与 51 单片机进行连接,就可以完成 51 单片机与接口器件之间的同步串行通信。

I2C 总线采用两线制连接,其中一条是数据线 SDA(Serial Data,串行数据线),另一条是时钟线 SCL(Serial Clock,串行时钟线),SDA 和 SCL 是双向的。I2C 总线上所有器件的数据线都接到 SDA 线上,时钟线都接到 SCL 线上,如图 7-1 所示。

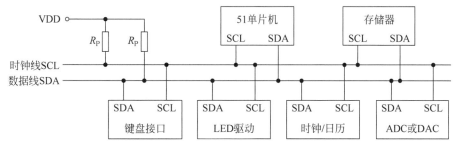

图 7-1 I2C 总线结构

I2C 总线接口电路均为漏极开路或集电极开路,I2C 总线上必须有上拉电阻 R_P。上拉电阻与电源电压 VDD 和 SDA/SCL 总线串接电阻有关,一般可选 5~10 kΩ。此外,I2C 总线的外围扩展器件大都是 CMOS 器件,I2C 总线有足够的电流驱动能力,因此 I2C 总线扩展的节点数由负载电容特性决定,I2C 总线的驱动能力为 400 pF。可根据器件的 I2C 总线接口的等效电容确定可扩展的器件数目和 I2C 总线的长度,以减小其传输的延迟和出错。

1. I2C 总线上器件的分类

根据在 I2C 总线结构中所处的位置以及对数据的收发控制方式,所有挂接在 I2C 总线上的器件(集成电路、芯片)分为主器件(Master Device)和从器件(Slave Device)。主器件控制 I2C 总线的存取,产生串行时钟信号、启动及结束传输信号等。从器件是被主器件寻址的器件,根据主器件的命令接收和发送数据。

在 51 单片机应用系统中,一般来说只有一个器件是 I2C 总线的主器件。在这种单主器件系统中,只有作为主器件的 51 单片机对 I2C 总线器件进行读/写操作。由于 I2C 总线的双向特性,I2C 总线上的主器件和从器件都可能成为发送器(Transmitter)和接收器(Receiver),因此主器件和从器件可以有 4 种工作方式,即主发送方式、主接收方式、从发送方式和从接收方式。对任何一次数据或命令的传输过程来说,可以是主器件发送数据、从器件接收数据;也可以是从器件发送数据、主器件接收数据。

2. I2C 总线上的信号

I2C 总线的数据传输过程完全由主器件控制。主器件产生起始和停止条件,控制 I2C 总线的传输方向,并产生时钟信号以同步数据传输。从器件接收上述信号,与主器件进行数据传输,并及时做出应答。主从器件之间的数据传输过程中,需要很多信号的配合,如图 7-2 所示。

(1)时钟信号。

时钟信号一定是由主器件产生的,并通过时钟线 SCL 进行传输。在每一个时钟周期,通过数据线 SDA 传输一位数据。I2C 总线的通信速率受主器件控制,也就是取决于主器件发送时钟信号的频率或周期。

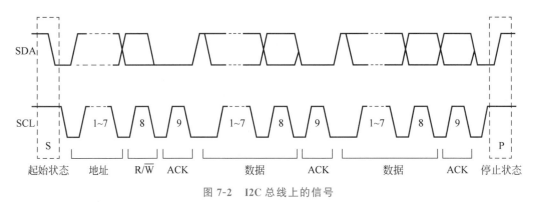

图 7-2　I2C 总线上的信号

由于采用串行数据传输方式，I2C 总线的传输速率不是太高，在标准模式、快速模式和高速模式下的数据传输速率可分别达到 100 kb/s、400 kb/s 和 3.4 Mb/s。

（2）器件地址。

在 I2C 总线上可能连接多个器件，挂在 I2C 总线上的每个从器件都有一个唯一确定的地址，主器件通过该地址实现对从器件的寻址和数据传输。

I2C 器件的器件地址由 7 位组成，分为 4 位固定位和 3 位可编程位，如图 7-3 所示。在 7 位地址的后面再附加一位方向位，用于指定后续数据的传输方向。

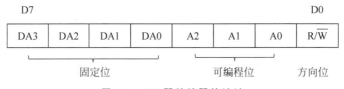

图 7-3　I2C 器件的器件地址

器件地址的固定位由器件生产厂家确定，用户不能改变。如果一个系统中多个器件地址的固定位相同，则再通过可编程位进行区分。可编程位取决于应用系统中各器件上地址引脚的连接，在同一个系统中，只需要将各芯片的地址引脚接不同的高/低电平，即可使得各器件地址的可编程位各不相同。

在进行数据传输时，器件地址由主器件发出，并送往各从器件。I2C 总线上连接的所有从器件将接收到的地址数据分别与其器件地址进行比较，被选中的从器件再根据方向位确定是接收数据还是发送数据。当方向位为 0 码时，表示主器件对该从器件进行写操作；当方向位为 1 码时，表示主器件对该从器件进行读操作。因此如果一个从器件既可以读也可以写，则该器件具有两个器件地址，分别为读地址和写地址。显然，同一个从器件的读地址和写地址一般是相邻的奇数和偶数。

（3）I2C 总线控制信号。

I2C 总线上传输的 I2C 总线控制信号有起始信号 START、终止信号 STOP、应答信号 ACK 和非应答信号 NACK。这些信号是保证数据正确可靠传输所需的关键。由于每个信号都与数据一起通过同样的两根线进行传输，因此必须有严格的时序要求，以便与普通的数据位传输相区分。图 7-4 给出了这些控制信号的时序。

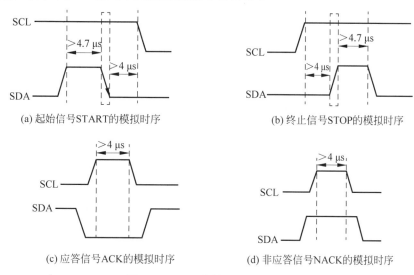

(a) 起始信号START的模拟时序　　　　　　　(b) 终止信号STOP的模拟时序

(c) 应答信号ACK的模拟时序　　　　　　　(d) 非应答信号NACK的模拟时序

图 7-4　I2C 总线控制信号的时序

在时钟信号 SCL 为高电平期间,主器件令数据线 SDA 从高电平到低电平跳变,从而启动 I2C 总线,称为起始信号 START,简称 S 信号。在一次 I2C 总线传输过程结束时,主器件在时钟信号 SCL 为高电平期间令数据线 SDA 从低电平到高电平产生跳变,称为终止信号 STOP,简称 P 信号。

I2C 总线协议规定,在发送 S 信号和 P 信号时,SDA 线上的正脉冲必须至少持续 4.7 μs。此外,对 S 信号,SDA 线上的负跳变必须出现在 SCL 线上的信号变为低电平之前至少 4 μs;对 P 信号,出现在 SCL 线上时钟信号的正跳变以后至少 4 μs,才能使 SDA 线上产生正跳变。

I2C 总线协议规定 I2C 总线上每传输一字节数据,接收器(可以是主器件或从器件)都必须发送一个应答位,称为应答信号 ACK,简称 A 信号,有时又称为应答位 0。A 信号是在 SDA 为低电平期间,SCL 线上传输一个正脉冲。

当主器件作为接收器接收完指定个数的数据后,必须给从器件发一个非应答信号 NACK,简称 NA 信号或 $\overline{A}$ 信号,有时又称为非应答位 1。NA 信号是在 SDA 为高电平期间,SCL 线上传输的一个正脉冲。该信号令从器件释放 SDA 线,以便主器件发送终止信号结束数据传输。

3. I2C 总线的数据传输过程

通过 I2C 总线进行的每一次数据传输,都是在主器件发送 S 信号和从器件地址后开始。之后,数据可能是从主器件发往从器件(称为主器件写,即主器件发送、从器件接收)或者由从器件发往主器件(称为主器件读,即从器件发送、主器件接收);也可能是主器件对从器件同时进行读写(先写后读)。这几种典型的数据传输过程如图 7-5 所示。图中带阴影的信号表示是主器件发往从器件,不带阴影的信号表示是从器件发往主器件。

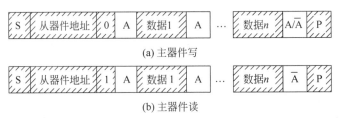

(a) 主器件写

(b) 主器件读

(c) 主器件先写后读

图 7-5　I2C 总线上的数据传输过程

（1）主器件写。

主器件通过写操作向从器件发送命令和数据，一次完整的传输过程如图 7-5（a）所示。主器件首先向从器件发送器件地址，其中器件地址的最低位（方向位）为 0，表示后面将进行数据写操作。之后主器件通过 SDA 线向从接收器发送若干字节的数据。从器件每接收 1 字节数据，向主器件发回一个 A 信号。当主器件发送完最后 1 字节数据时，向从器件发送一个应答或非应答信号，然后发送终止信号，以结束这一次数据传输过程。

（2）主器件读。

主器件通过读操作读取从器件的数据，一次完整的传输过程如图 7-5（b）所示。与主器件写数据过程类似，首先主器件还是需要向从器件发送 S 信号和器件地址，只是器件地址的最低位必须是 1 码，表示后续需要进行的是读操作。

从器件在接收到器件地址后，向主器件发回一个应答信号。此时主器件由发送器转为接收器，从器件则成为发送器。主器件接收从器件发送的数据，每接收一个数据，向从器件发送一个应答信号。

当主器件接收最后 1 字节数据时，向从器件发送一个非应答信号，然后发送终止信号，以结束传输过程。

（3）主器件读写（复合读写、先写后读）。

主器件通过上述写或读操作与从器件进行若干字节数据的传输，之后再次与从器件进行一次方向相反的读写操作。这种典型的操作是 51 单片机对采用 I2C 总线接口的 EEPROM 器件进行访问。主器件（51 单片机）先向该器件写入要访问的存储器单元地址，然后再读取该单元的数据。

读写操作的一次完整传输过程如图 7-5（c）所示。对 EEPROM 器件的读操作过程，图 7-5（c）中从左向右的第一个"数据"可以是需要访问的存储器单元地址（又称为子地址，不是器件地址，也不是存储单元中的数据），显然必须是主器件发送到从器件。右侧的"数据"是主器件从指定存储单元读取的数据，应该是从器件发送到主器件。

上述两次数据传输的方向是相反的。但是在切换数据传输的方向时，主器件不必发送 P 信号停止前一次数据传输，而是再一次发送起始信号和器件地址，并立即启动第二次数据传输，只是前后两次发送的器件地址的方向位相反。I2C 总线在已经处于忙（没有发送 P 信号)的状态下,再一次发送起始信号,启动新一次数据传输,这种起始信号称为重复起始信号 Sr。在进行多字节数据传输过程中,只要数据的收发方向需要发生切换,就必须发送重复起始信号 Sr,而不用发送 P 信号。

需要说明的是,在上述 3 种数据传输过程中,从器件地址和数据都是从高位到低位逐位发送。从器件地址(包括方向位)和传输的每个数据都是 8 位二进制数,每个时钟脉冲周期传输一位,并且在每个 SCL 时钟脉冲的低电平期间将地址或数据发送到 SDA 线上。

7.1.2　SPI 总线

SPI(Serial Peripheral Interface,串行外设接口)总线是由 Motorola 公司开发的一种串行外设接口总线,用于单片机与各种外围设备(数据存储器、网络控制器、键盘和显示驱动器、A/D 转换器和 D/A 转换器等)之间的串行数据传输。

SPI 总线采用 4 线同步串行通信,可以工作在全双工通信方式下,同时进行数据的发送和接收,最高数据传输速率可达几 Mb/s。

1. SPI 总线结构

SPI 总线协议中定义的 4 根信号线包括时钟线、两根数据线和一根从器件选择线,各信号线的具体定义如下:

(1) SCK(Serial Clock,串行时钟),有的芯片称为 CLK 或 SCLK;

(2) MISO(Master Input/Slave Output,主器件输入/从器件输出),有的芯片称为 SDI、DI 或 SI;

(3) MOSI(Master Output/Slave Input,主器件输出/从器件输入),有的芯片称为 SDO、DO 或 SO;

(4) $\overline{CS}$(Chip Select,芯片选择),有的芯片称为 $\overline{nCS}$、$\overline{CE}$ 或 $\overline{STE}$ 等。

对从器件来说,SCK、MOSI 和 $\overline{CS}$ 是输入信号线,MISO 是输出信号线。其中,SCK 用于主器件和从器件串行通信的同步,MOSI 用于将指令和数据信息从主器件传输到从器件,MISO 用于将状态和数据信息从从器件送往主器件。

对特定的某一个 SPI 器件,可能只需要 MISO 或 MOSI 信号线。例如 MCP23S08 是并口扩展芯片,引脚上的 SI 和 SO 分别相当于上述 MOSI 和 MISO 信号线。MAX1241 是采用 SPI 的 A/D 转换器,只需要一根数据线 DOUT 用于输出 A/D 转换结果,相当于上述 MISO 信号线,但芯片上没有 MOSI 信号线,因为不需要输入数据。

SPI 总线的结构如图 7-6 所示。如果总线上只有一个 SPI 器件,则不需要进行寻址操作,可以进行全双工通信。当总线上有多个 SPI 的单片机时,在某一时刻只能有一个单片机为主器件。

在一个系统中如果需要扩展多个 SPI 器件,这些 SPI 器件作为从器件,单片机应分别通过不同的 I/O 口线为每个从器件提供独立的从器件选择信号线 $\overline{CS}$,而不需要在总线上发送寻址序列,从而使得控制程序简单高效。有些带 SPI 总线接口的芯片(例如 MCP23S08)也可以采用与 I2C 总线类似的器件地址实现芯片器件的选择。

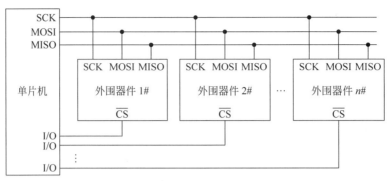

图 7-6　SPI 总线的结构

此外，大多数 SPI 总线从器件具有三态输出，器件没有选中时处于高阻态，从而允许多个从器件的 MISO 引脚并接在同一条信号线上。

2. SPI 总线的数据传输过程

在 SPI 总线中，同步时钟信号由主器件通过 SCK 线发送到从器件，从而控制主/从器件之间的同步串行数据传输。在任何时刻，SPI 总线上只能有一台主器件和一台从器件进行通信。主器件通过发出 $\overline{CS}$ 来选择与哪个从器件进行通信，在从器件接收到 $\overline{CS}$ 信号为低电平期间，才能通过 MOSI 端接收指令数据，或者通过 MISO 端发送数据，而其他未被选中的从器件不能传输数据，其 MISO 端处于高阻状态。

在 SPI 总线串行扩展系统中，主器件（例如单片机）将从器件的 $\overline{CS}$ 信号置为低电平，即开始一次数据传输。在此期间，主器件发送 8 个时钟脉冲 SCK，并传输给从器件芯片作为同步时钟，控制数据的输入和输出。数据的传输格式是高位（MSB）在前，低位（LSB）在后，如图 7-7 所示。数据线上输出数据的变化以及输入数据时的采样，都取决于 SCK。但对不同的外围芯片，有的可能是 SCK 的上升沿起作用，有的可能是 SCK 的下降沿起作用。

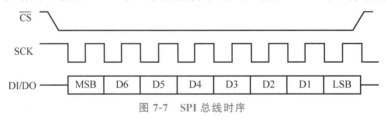

图 7-7　SPI 总线时序

7.1.3　1-Wire 总线

1-Wire 总线（单线总线，又称单总线）是由 DALLAS 公司推出的微控制器外围设备串行扩展总线。单线总线采用一根数据线完成从器件的供电和主从器件之间的数据交换，加上地线共需两根线，即可保证器件的全速运行。采用单线总线可最大限度减少系统的连线，降低电路板设计的复杂度。

1. 单线总线的总线结构

图 7-8 是单片机通过单线总线与多个带有单线总线接口的温度传感器 DS18B20 的连接。

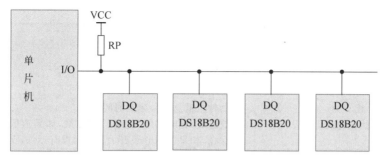

图 7-8　单线总线的总线结构

　　每个单线总线器件内部都有一个唯一的 64 位器件 ROM 码序列号,从而允许多个器件同时挂接在同一条单线总线上。通过网络操作命令协议,主器件可以对其进行寻址和操控。图 7-9 是单线总线器件 ROM 码的格式,其中最低 8 位是单线家族码,中间 48 位是唯一的序列号,高 8 位是前 56 位的 CRC(循环冗余校验)码。主器件根据 ROM 码的前 56 位计算 CRC 码值,并与读取回来的值进行比较,判断接收的 ROM 码是否正确,以便确定是否寻址到从器件。

MSB		LSB
8位 CRC校验码	48位串行数据	8位器件 家族码（43h）
MSB　　　LSB	MSB　　　　　　　　　　　　　　　　　LSB	MSB　　　LSB

图 7-9　单线总线器件的 ROM 码格式

　　需要注意的是,大多数单线总线器件都没有电源引脚,而采用寄生供电的方式从总线线路获取电源。因此单线总线通常需要接上拉电阻,如图 7-8 中的电阻 R_P。上拉电压越高,各单线总线器件所得到的功率就越大,同一根单线总线上可以挂接的器件越多,单线总线完成一位传输后总线的恢复时间也越短。如果距离较远的情况下,需要提供额外的电源。

　　2. 单线总线的基本操作及数据传输过程

　　单线总线器件有 4 种基本操作,分别是复位、置位、清零和读位操作。对器件的所有读写操作都是通过反复调用这些基本操作实现的。

　　单线总线基本操作的定义和实现方法如表 7-1 所示,操作时序如图 7-10 所示。时序中各延时时间的典型值如表 7-2 所示。

表 7-1　单线总线的基本操作

操　作	定　义	实 现 方 法
置位	向从器件发送 1 码	主器件拉低总线并延时时间 A; 释放总线,由上拉电阻拉高总线,延时时间 B
清零	向从器件写 0 码	主器件拉低总线并延时时间 C; 释放总线,由上拉电阻拉高总线,延时时间 D

续表

操 作	定 义	实 现 方 法
读	主器件从总线上读一位数据	主器件拉低总线并延时时间 A； 释放总线，由上拉电阻拉高总线，延时时间 E 后对总线采样，读回从器件输出值；然后延时时间 F
复位	初始化总线上的从器件	主器件拉低总线并延时时间 G； 释放总线，延时时间 H 后检测总线，如果为低电平表示有器件存在，如果为高电平表示总线上没有器件；延时时间 I

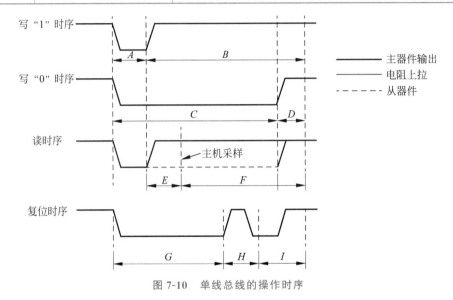

图 7-10　单线总线的操作时序

表 7-2　时序中各延时时间典型值

延 时 时 间	典型值/μs	延 时 时 间	典型值/μs	延 时 时 间	典型值/μs
A	6	D	10	G	480
B	64	E	9	H	70
C	60	F	55	I	410

单线总线数据传输的过程为：

（1）初始化复位单线总线上的器件；

（2）主器件利用 ROM 操作命令寻找和匹配并指定待操作的器件；

（3）发送操作命令，进行具体操作或数据传输。

单线总线协议针对不同类型的器件规定了详细的命令。命令有两种类型，即器件操作命令和 **ROM** 命令。器件操作命令包括存储器操作、启动转换等，具体的命令与器件相关；ROM 命令都是 8 位，实现从器件寻址或简化单线总线操作。常用的 ROM 命令有：

（1）搜索 ROM 命令（0F0H）：获取从器件的类型和数量；

（2）读 ROM 命令（33H）：读取从器件的 64 位 ROM 码；

（3）匹配 ROM 命令（55H）：用于选定单线总线上的从器件；

（4）跳过 ROM 命令（0CCH）：不发 ROM 命令而直接访问单线总线器件；

（5）重复命令（0A5H）：重复访问器件。

7.1.4　常用的串行接口总线器件

在 51 单片机系统中，可以采用很多厂家生产的各种型号的串行接口芯片，分别用于实现并行 I/O 口、外部 ROM 和 RAM 的扩展、A/D 和 D/A 转换、LED 显示和键盘接口、温度检测等。

常用的 EEPROM 器件有采用 I2C 总线接口的 **AT24Cxx** 系列，采用 SPI 总线接口的 AT25xxx 系列等，采用单线总线的 DS2502 等。

常用的实时时钟芯片有采用 I2C 总线接口的 DS1307，采用 SPI 总线接口的 DS1390、**DS1302**、DS1305 等，采用单线总线接口的 DS2417、DS1904 等。

常用的 LED 显示和键盘接口芯片有采用 I2C 总线接口的 ZLG7290、MAX6964、**TM1637**、TM1638 等，采用 SPI 总线接口的 ZLG7289、MAX6954、CH451 等。

常用的温度传感器有采用 I2C 总线接口的 DS1621、MAX6625 等，采用 SPI 总线接口的 MAX31722、DS1722 等，采用单线总线接口的 DS1825、DS1822、**DS18B20** 等。

7.2　小试牛刀——实战入门

这里对上述 3 种典型的串行扩展总线，分别各举一例介绍其与 51 单片机接口硬件电路和控制程序的编写方法。

动手实践 7-1：AT24C02 与 51 单片机的接口

本案例的电路连接原理图如图 7-11 所示（参见文件 **ex7_1.pdsprj**），完整的程序代码参见文件 **p7_1.asm**。

AT24C02 是采用 I2C 总线接口的 EEPROM 芯片，内部含有 2 Kb 或 256 字节的 EEPROM 单元。图 7-11 中，AT24C02 的 I2C 总线接口引脚 SCK 和 SDA 分别接 51 单片机的 P3.4 和 P3.5 引脚。一般情况下，这两根引脚必须外接上拉电阻（如图 7-11 中的 R1 和 R2）。考虑到单片机的 P3.4 和 P3.5 引脚内部电路中已经有上拉电阻，这两个电阻也可以省略。

AT24C02 器件地址的固定位为 1010B，在原理图中其地址线 A2、A1 和 A0 接地，因此器件地址为 10100000B＝0A0H（写器件地址）和 10100001B＝0A1H（读器件地址）。WP 引脚为写保护，当将其接高电平时，不能对其进行写操作；当接低电平或悬空时，可以对其进行正常的读写访问。本案例要求将给定数据存入，然后再读出，因此将该引脚接地。

本案例将 51 单片机内部 RAM 中事先存放的若干数据存入 AT24C02 内部指定的单元，然后将其读出再存入内部 RAM 的其他单元。在原理图加载并启动运行后，在弹出的 I2C 总线存储器观察窗口可以看到，51 单片机内部 RAM 中从 30H 单元存放的 8 字节数据被写入 AT24C02 中地址为 00H 开始的单元，之后又被读回并存入从 60H 开始的单元，如图 7-12 所示。

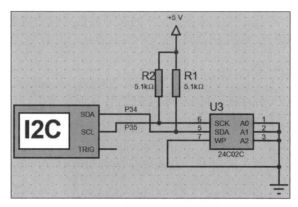

图 7-11　AT24C02 的电路连接原理图

8051 CPU\Internal (IDATA) Memory - U1									
30	20	21	22	23	24	25	26	27	00 00
3C	00	00	00	00	00	00	00	00	00 00
48	00	00	00	00	00	00	00	00	00 00
54	00	00	00	00	00	00	00	00	00 00
60	20	21	22	23	24	25	26	27	00 00
6C	00	00	00	00	00	00	00	00	00 00

I2C Memory\Internal Memory - U3									
00	20	21	22	23	24	25	26	27	2
10	1A	1B	1C	1D	1E	1F	20	21	2
20	2A	2B	2C	2D	2E	2F	30	31	3
30	3A	3B	3C	3D	3E	3F	40	41	4
40	4A	4B	4C	4D	4E	4F	50	51	5
50	5A	5B	5C	5D	5E	5F	60	61	6

图 7-12　程序 p7_1.asm 运行结果

　　图 7-11 中左侧的虚拟仪器是 I2C 调试器（I2C Debugger），运行过程中可以用来观察 SDA 和 SCK 上传输的各种信号及其时序。

动手实践 7-2：MCP23S08 与 51 单片机的接口

　　本案例的原理图如图 7-13 所示（参见文件 ex7_2.pdsprj），完整的程序代码参见文件 p7_2.asm。

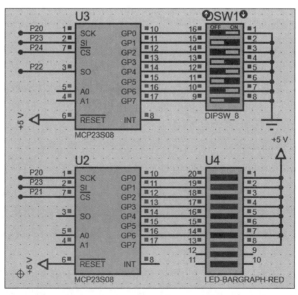

图 7-13　MCP23S08 与 51 单片机的连接

MCP23S08 是采用 SPI 总线接口的并口扩展芯片。在本案例中,利用两片 MCP23S08 扩展了两个 8 位并口,分别用作输入并口和输出并口,连接 8 个开关和 8 个 LED。

两片 MCP23S08 的 SPI 总线接口线由 51 单片机 P2 口的 5 个引脚提供。注意这两个芯片的 SCK 和 SI 分别接在一起,而 U2 芯片的 SO 没有用;两个芯片的 CS 分别接 51 单片机的 P2.1 和 P2.4 引脚,用于实现片选;两个芯片的硬件地址引脚 A1 和 A0 都悬空未用。

加载程序并启动运行后,单击各开关以改变其通断状态,可以看到 8 个 LED 的亮灭状态做出了相应的变化。

动手实践 7-3：DS18B20 与 51 单片机的接口

DS18B20 是采用单线总线的数字温度传感器芯片。本案例利用一片 DS18B20 实现温度的检测,并用 LCD1602 实现温度的显示。本案例的原理图如图 7-14 所示(参见文件 **ex7_3. pdsprj**)。

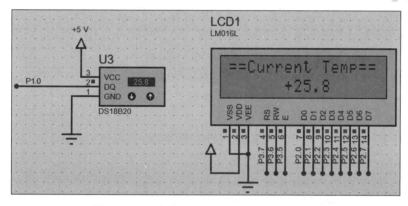

图 7-14　51 单片机与 DS18B20 的连接原理图

图 7-14 中 DS18B20 的总线 DQ 与 51 单片机的 P1.0 口相连接,并用 51 单片机 P3 口的高 3 位控制 LCD1602 的显示,用 P2 口传输 LCD1602 的命令和数据。

根据原理图编制的汇编语言程序完整代码参见文件 **p7_3. asm**。在原理图中加载并启动运行后,单击 DS18B20 上面的分别指示上和下的两个箭头以模拟调节环境温度,在 DS18B20 的图标上将显示实际的温度值。温度值由 51 单片机检测后,将同步在 LCD1602 液晶显示器上显示。

需要注意的是,默认情况下,DS18B20 上的环境温度以 1℃ 递增或递减变化。如果需要修改步进值,可以右击 DS18B20,在弹出的快捷菜单中选择 Edit Properties(编辑属性)命令;之后,在弹出的对话框中的 Granularity(间隔)框中输入期望的递增或递减量(例如 0.5)即可。

7.3　庖丁解牛——原理剖析

本节对上述案例中用到的 AT24C02、MCP23S08 和 DS18B20 及其与 51 单片机的接口做进一步介绍。

7.3.1 AT24C02 与 51 单片机的接口

对于集成有 I2C 总线接口的单片机（如 STM32 系列）系统，可以直接用 I2C 总线进行系统的串行扩展。而大多数 51 系列单片机都没有 I2C 总线接口功能，在需要使用 I2C 总线器件时可以采用软件模拟 I2C 总线传输协议的方法来实现系统的串行扩展。这里结合动手实践 7-1 介绍 AT24C02 在 51 单片机系统中的使用方法。

1. AT24C02 的引脚及内部结构

AT24Cxx 系列是 EEPROM 芯片，其中 AT24C02/04/08/16/32/64 的容量分别为 256、512、1024、2048、4096 和 8192B，一次数据传输可以写入 8、16、16、16、32 和 32 字节数据。

AT24Cxx 系列芯片的电源电压为 $1.8 \sim 5.5$ V，待机电流和工作电流分别为 1 μA 和 1 mA。在电源电压为 5 V 时，I2C 总线的时钟频率为 1 MHz，当电源电压为其他值时，时钟频率为 400 kHz。AT24Cxx 系列芯片具有施密特触发输入噪声抑制能力、硬件数据写保护功能，内部写周期最大为 5 ms。

（1）AT24C02 的引脚。

AT24C02 的引脚如图 7-15 所示，各主要引脚的功能如下：

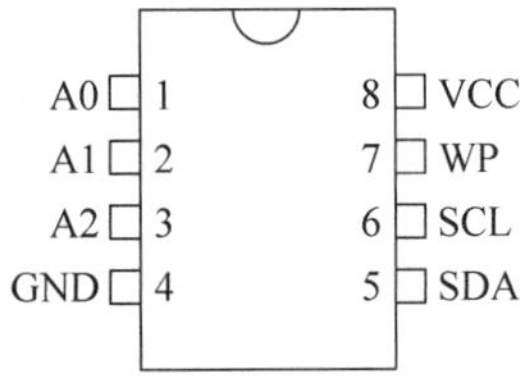

- SCL（串行时钟）引脚：正边沿时将数据输入，负边沿时将数据输出。

- SDA（串行数据）引脚：实现双向串行数据传输，开漏驱动，从而可实现任意个数器件的线与功能。

图 7-15　AT24C02 的引脚

- A2,A1,A0 引脚：器件地址可编程位，用于设置器件地址的可编程位，允许在一套 I2C 总线上最多挂接 8 个容量为 1 KB 或 2 KB 的器件。AT24C02 的器件地址高 4 位固定为 1010。

- WP（Write Protect，写保护）引脚：提供硬件写保护功能。当该引脚接地时，允许正常的读写操作；当接电源时，实现写保护功能，数据只能读出不能写入。

（2）AT24C02 的内部结构。

图 7-16 所示为 AT24C02 的内部结构，其中有 256 字节或 2 KB 的 EEPROM 存储单元，在数据字地址计数器的作用下，可以实现字节单元地址的递减计数，从而实现以页为单位数据的写操作。

器件地址比较器从 A2～A0 引脚接收外部电路送来的器件地址，并与由 SDA 引脚串行输入（由主器件送来）的器件地址进行比较。根据比较结果输出 CMP 信号，控制该器件能否传输数据。器件地址中的读写信号 R/W 通过器件地址比较器送到数据字地址计数器，控制对 EEPROM 单元的读写。

上述所有器件的工作都在通过 SCL 和 SDA 线送入的 START 信号和 STOP 信号的控制下，按照 I2C 总线协议实现各种命令和数据传输的启动与停止。

2. AT24C02 的总线时序与读写操作

在 51 单片机系统中，AT24C02 通常作为从器件，接收主器件（51 单片机）送来的 I2C

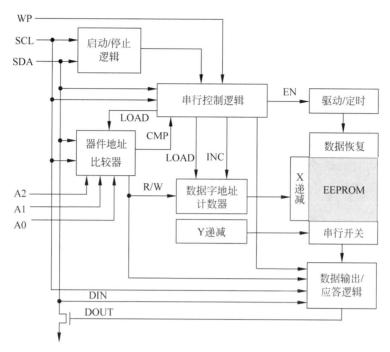

图 7-16 AT24C02 的内部结构

总线 S 信号和 P 信号,并产生 A 信号返回主器件。当 I2C 总线处于空闲状态(SCL 和 SDA 都处于高电平)时,可以启动数据传输。每次数据传输以主器件发送 S 信号开始,直到接收到 S 信号。数据以字节为单位,并逐位通过 SDA 线传输,8 位数据传输完毕后,在第 9 个 SCL 的时钟期间由接收器向发送器发送应答信号。每次数据传输过程中传输的数据字节数都没有限制,而由 I2C 总线上的主器件决定。

51 单片机可以对 AT24C02 进行读或写,通过执行程序可以采用多种数据读写方式。

(1) AT24C02 的写操作。

AT24C02 的写操作是将 51 单片机送来的数据存入内部指定的单元,可以实现字节写和页写两种写操作。图 7-17 为两种写操作数据帧的格式(时序)。

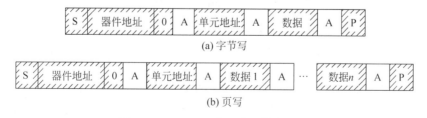

(a) 字节写

(b) 页写

图 7-17 AT24C02 的两种写操作时序

AT24C02 在接收到器件地址(方向位必须为 0 码)并向主器件发送 A 信号后,再接收主器件发来的 8 位单元地址(又称为字地址,子地址)以选中当前需要写入数据的存储单元,并向 51 单片机发回一个应答信号,之后开始接收主器件送来的 8 位数据。8 位数据按先高位(MSB)后低位(LSB)的顺序逐位发送和接收。AT24C02 接收完 1 字节数据后，会向 51 单片机再发回一个应答信号，主器件接收到该信号后送来 P 信号从而结束本次写操作。

AT24C02 器件也可以以页为单位进行写操作，一页最多可有 8 字节。页写过程与字节写相同，只是在写入第一个数据后 51 单片机不发送 P 信号，而是在收到 AT24C02 发来的应答信号后，接着继续发送后面的数据。AT24C02 收到每个数据后都必须向 51 单片机发回应答信号，否则主器件处于等待状态。

在页写方式下，AT24C02 每接收到一个数据，字地址的低 3 位会自动加 1，高位地址位不变。当写完的数据超过 8 个时，后面的数据将重新存入从该页的第一个单元开始的单元，覆盖原来存入的数据。如果需要写入的数据个数超过一页，必须重新启动一次新的写操作时序。

需要说明的是，不管是字节写还是页写，在接收到 P 信号后，AT24C02 将进入内部写周期，将数据写入非易失性存储器中。主器件必须等待写周期完成，才能开始对同一片 AT24C02 的下一次数据读写操作。对 AT24C02 来说，写周期的时间近似为 5 ms。在此期间，如果主器件通过发送 S 信号并写器件地址，AT24C02 不会发出应答信号，也就不会开始下一次读写操作。

（2）AT24C02 的读操作。

AT24C02 的读操作分为当前地址读、随机读和顺序读操作，3 种读操作时序如图 7-18 所示。

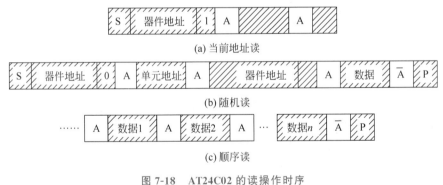

(a) 当前地址读

(b) 随机读

(c) 顺序读

图 7-18 AT24C02 的读操作时序

所谓当前地址读，指的是在 AT24C02 接收到器件地址（方向位为 1）并发回应答信号后，不需要主器件发送字地址，而是将当前地址的数据立即读出。主器件在读到数据后，向 AT24C02 发送一个非应答信号。这种方式的时序如图 7-18(a)所示。

在这种方式下，需要读取的数据在 AT24C02 中的单元地址（字地址）由内部地址计数器提供，地址计数器保存着上次访问时最后 1 地址加 1 的值。当读到最后一页的最后 1 字节时，地址自动变为 0；当写到某一页的最后 1 字节时，地址会自动变为该页第一个单元的地址。

随机读方式的时序如图 7-18(b)所示。在这种方式下，主器件在发送器件地址（方向位为 0）后，再发送一个字地址，以指定当前需要读取的字节数据所在单元。之后主器件发送一个重复起始信号 Sr,并再次发送方向位为 1 码的器件地址,并等待 AT24C02 应答。主器件接收到送来的数据后,无须应答,而直接发送 P 信号以结束本次读数据的操作。

顺序读类似于页写,其操作时序如图 7-18(c)所示。其中前面的操作与随机读一样,主器件需要向 AT24C02 发送器件地址和单元地址。之后,主器件每接收到 1 字节数据后,立即向 AT24C02 发送应答信号。AT24C02 接收到 ACK 信号后,将自动使字地址递增,以便访问后续的单元,从中读取指定个数的数据。如果达到存储器地址末尾,地址将自动变为 0,可继续从第一个单元开始顺序读取数据。

3. AT24C02 与 51 单片机的接口

这里以程序 p7_1.asm 为例,介绍 AT24C02 与 51 单片机之间进行数据传输的典型程序编写方法。

本系统中 51 单片机是主器件,AT24C02 是从器件。51 单片机需要实现的操作主要有 I2C 总线控制信号的发送、从器件应答信号的检测、数据的读写等,这些操作都被分别编制为子程序,以便在程序中可多次被调用。

(1) 命令信号的发送。

I2C 总线传输所需的命令信号主要有 S 信号、P 信号、A 信号和 NA。由于 51 单片机没有 I2C 总线接口,这些信号的产生都必须通过执行相应的指令实现。在程序中,产生这些零信号的代码是类似的,这里以起始信号的产生为例,相应的子程序代码如下:

```
START:  SETB  SDA
        NOP
        SETB  SCL
        NOP
        NOP
        NOP
        NOP
        NOP              ; 起始信号建立时间大于 4.7 μs,延时
        CLR   SDA        ; 发送起始信号
        NOP
        NOP
        NOP
        NOP
        NOP              ; 起始信号锁定时间大于 4 μs
        CLR   SCL        ; 准备发送或接收数据
        NOP
        RET
```

上述程序中首先通过执行 SETB 指令由 SDA 信号线输出高电平,之后将 SCL 信号线置为高电平,利用 NOP 指令延时 5 μs 后再将 SDA 信号线复位,从而得到一个负跳变,这就是 S 信号。根据 I2C 总线信号的时序要求,在产生 S 信号后,必须经过至少 4 μs 的时延再将 SCL 信号复位。

注意:NOP 指令是 51 单片机中的空操作指令,该指令不实现任何具体功能,已经在程序中用于实现 μs 级别的延迟。当 51 单片机的时钟频率为 12 MHz 时,执行一次 NOP 指令

延迟的时间为 1 μs。

  本案例中 51 单片机对 AT24C02 进行读操作，此时 51 单片机为接收器，除了向 AT24C02 发送 S 信号和 P 信号以外，还需要向 AT24C02 发送应答和非应答信号。应答信号是在 SDA 信号线为低电平期间，在 SCL 线上传输的一个脉冲。因此只需要首先将 SDA 信号复位为低电平，经过适当延时后在 SCL 信号线上产生一个宽度满足要求的脉冲。

  在从 AT24C02 读操作的过程中，当接收完指定个数的数据后，51 单片机需要向 AT24C02 发送一个非应答信号。在程序中，51 单片机分别执行 MACK 和 MNACK 子程序发送应答和非应答信号，两个子程序与上述 START 子程序类似，这里就不详细介绍了。

  （2）从器件应答信号的检测。

  在对 AT24C02 进行写器件地址、字地址和数据的过程中，51 单片机必须在发送完 1 字节数据后，检测等待 AT24C02 是否发来应答信号。检查从器件应答信号的子程序 CACK 定义如下：

```
CACK:   SETB    SDA
        NOP
        NOP
        SETB    SCL
        CLR     ACK
        NOP
        NOP
        MOV     C,SDA
        JC      CEND
        SETB    ACK         ; 接收到应答信号, ACK = 1; 否则, ACK = 0
CEND:   NOP
        CLR     SCL
        NOP
        RET
```

  上述程序中，首先 51 单片机将 SDA 线置位。当 AT24C02 接收到数据后，自动将 SDA 信号线重新复位。51 单片机只需要在此期间检测 SDA 是否变为低电平，即可确定 AT24C02 是否接收到数据。

  根据 I2C 总线信号的时序，在 AT24C02 将 SDA 复位后，51 单片机必须通过 SCL 信号线输出一个正脉冲，正脉冲的宽度至少为 4 μs。程序中将 SDA 置位后，通过 SETB 和 CLR 两条指令在 SCL 线上产生该正脉冲。为了保证脉冲宽度，在这两条指令之间插入 2 条 NOP 指令，之后检测 SDA 信号是否被 ATAT24C02 复位。如果是，则将位单元变量 ACK 置位。因此子程序返回后，通过检测 ACK 位变量是否为 1，即可确定 AT24C02 是否发回应答信号。

  （3）地址和数据的读写。

  51 单片机对 AT24C02 的读写操作主要包括写器件地址和字地址、读写数据。器件地址和字地址都是 1 字节，多个数据也是以字节为单位进行读写。因此在程序中，将这些地址和字节数据的读写分别编制为子程序 WBYTE 和 RBYTE。两个子程序代码类似，这里以

WBYTE 为例,其代码如下:

```
WBYTE:  MOV   R1,#08H      ; 数据位数送入 R1
WLP:    RLC   A            ; 数据左移
        MOV   SDA,C        ; 发送当前最高位
        NOP
        SETB  SCL
        NOP
        CLR   SCL
        DJNZ  R1,WLP
        RET
```

上述子程序的入口参数为待发送的 1 字节地址或数据,调用时需要先将其存入累加器 A。在上述子程序中,利用 R1 作为计数变量,控制循环 8 次,每次循环向 AT24C02 写入数据中的一位。在每次循环中,利用 RLC 指令将待发送字节数据从高位到低位逐位送到 SDA 线上发送出去。

需要注意的是,每调用该子程序向 AT24C02 执行一次写入操作后,都必须调用 CACK 子程序检测 AT24C02 是否应答。如果没有检测到应答,则需要重新启动数据传输过程。

向 AT24C02 写入多字节的数据是通过调用 WBYTE 子程序实现的,其流程如图 7-19(a) 表示,其中主要包括向 AT24C02 发送 S 信号、发送器件地址、发送字地址、写若干字节数据、发送 P 信号等操作。每个操作分别调用相应的子程序实现的,其中写若干字节数据是通过反复调用上述 WBYTE 子程序实现的。每个子程序执行完后都立即调用 CACK 子程序检测 AT24C02 是否发来应答信号。如果没有收到应答信号,则重新启动写操作过程。

51 单片机从 AT24C02 读多字节的数据也是通过重复调用上述 RBYTE 子程序实现的,该程序中将其定义名为 RBYTE,其流程如图 7-19(b)所示,与图 7-18(c)所示顺序读流程完全一致,其中主要包括向 AT24C02 发送 S 信号、发送写器件地址、发送字地址、再次发送 S 信号、发送读器件地址、读取若干字节数据、发送 P 信号等操作。

需要注意的是,在循环读取每字节数据后,需要调用 MACK 子程序由 51 单片机向 AT24C02 发送应答信号,因为在这种情况下 51 单片机是接收器,AT24C02 是发送器。在指定个数的数据读完后,还需要调用 MNACK 子程序,由 51 单片机发送非应答信号,再发送 P 信号。

此外,在 WBYTE 和 RBYTE 子程序中,循环读写多字节数据之前,将写和读数据缓冲区的地址送入 R0,读写数据的字节数送入 R7。读写数据缓冲区都定义在 51 单片机的内部 RAM 中,起始地址分别定义为常量 TBUF 和 RBUF,字节数定义为常量 LEN。此外,AT24C02 的写器件地址定义为常量 DEVADD,读写单元的地址(字地址)定义为常量 SUBADD。

(4) 主程序。

在主程序中,首先对写数据缓冲区进行初始化,也就是将需要写入 AT24C02 的数据存入 51 单片机内部 RAM 中从地址为 30H 开始的单元。之后调用 WBYTE 子程序将这些数据写入 AT24C02 中地址从 00H 开始的 8 个单元。

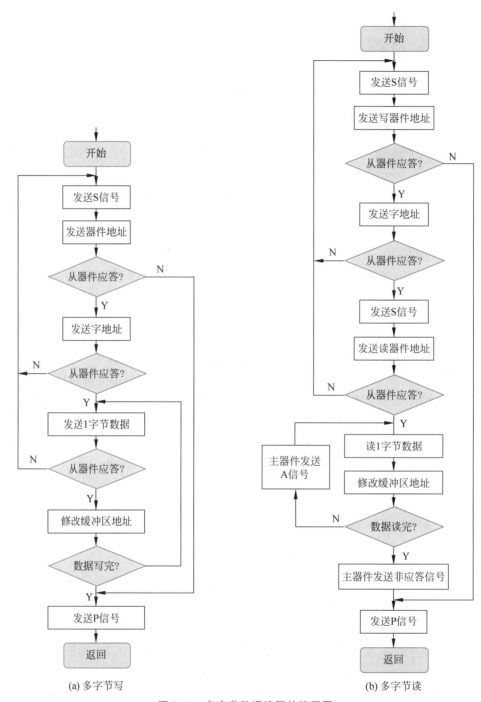

(a) 多字节写　　　　　　　　　　　(b) 多字节读

图 7-19　多字节数据读写的流程图

　　在 8 个数据写完后，调用 DELAY 子程序延时 5 ms，等待 AT24C02 对内部单元进行擦写。擦写完毕后，再调用 RBYTE 子程序将这些数据读出来存入 51 单片机内部 RAM 中地址从 60H 开始的单元。

程序运行后,51 单片机内部 RAM 单元和 AT24C02 内部 EEPROM 单元中存放的数据如图 7-20 所示。在暂停运行后,打开 I2C 总线调试器窗口,可以观察到上述读写操作过程中 I2C 总线上传输的命令、地址和数据,如图 7-20 所示。

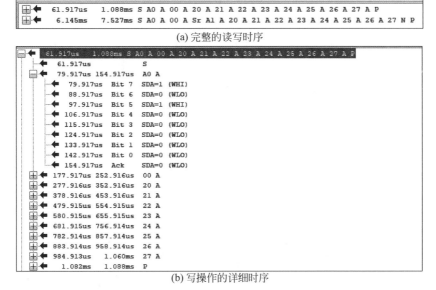

图 7-20   I2C 总线调试器观察到的 I2C 总线传输过程

图 7-20(a)为上述程序完整的 I2C 总线操作时序,其中共有两行,分别代表主程序中对 AT24C02 的读操作和写操作。以第一行为例,写操作一共向 AT24C02 写入 20H~27H 这 8 字节数据。在写入这些数据之前,51 单片机首先向 AT24C02 发送 S 信号、读器件地址 A0、字地址 00H;然后将 8 字节数据依次传输到 AT24C02;最后发送 P 信号。上述每个操作结束后,都需要传送 A 信号。

对于第二行读操作时序,在发送完 S 信号、读器件地址 A0、字地址 00H 后,51 单片机立即发送一个重复起始信号 Sr,再发送读器件地址 A1,之后顺序读出 8 个数据。在 8 个数据读完后,51 单片机向 AT24C02 发送一个非应答信号 N,再发送 P 信号。

单击图 7-20(a)中两行最左侧的"+"按钮,可以展开观察各信号的详细时序。例如,在图 7-20(b)中显示 S 信号在 61.917 μs 时刻发送。从 79.917 μs 时刻开始,发送 8 位器件地址,其中每位地址发送所需的时间为 9 μs。8 位器件地址发送完毕后,在 154.917 μs 时刻传输 AT24C02 发出的 A 信号。

7.3.2   MCP23S08 与 51 单片机的接口

MCP23S08 是由 MicroChip 公司生产的带 SPI 总线接口的 8 位通用并口扩展芯片,通过配置可以使扩展得到的 8 位并口工作在输入、输出或双向传输方式,还可以采用中断方式进行数据传输。限于篇幅,这里对用中断方式进行数据传输的相关内容不做介绍,读者可以参看 MCP23S08 的芯片手册。

1. MCP23S08 的引脚及内部结构

图 7-21 和图 7-22 分别为 MCP23S08 的引脚和内部结构。其中与 SPI 总线接口相关的引脚有如下 5 个：

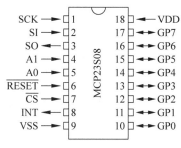

图 7-21　MCP23S08 的引脚

- $\overline{CS}$：片选，当该引脚为低电平期间，主器件可以与该片 MCP23S08 进行数据和命令的传输。
- SCK：串行时钟输入，输入主器件发来的 SPI 总线时钟。
- SI：串行数据输入，接收主器件送来的串行数据。
- SO：串行数据输出，向主器件发送串行数据。
- A1～A0：器件地址输入。

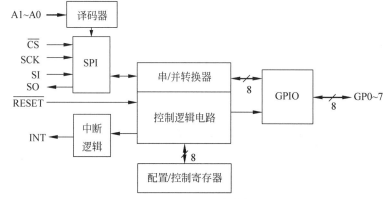

图 7-22　MCP23S08 的内部结构

作为并口扩展芯片，MCP23S08 还有如下两组引脚：

- GP7～0：数据双向 I/O，连接外部并行数据输入或输出设备，来自输入设备的数据通过这 8 根引脚存入芯片内部的 GPIO（通用 I/O）寄存器，GPIO 或内部 OLAT（输出锁存）寄存器中的数据可以通过这 8 根引脚送出到外部设备。
- INT：中断请求输出，如果允许，当满足一定的条件时，MCP23S08 内部中断逻辑电路通过该引脚发出中断请求。

MCP23S08 内部主要包括配置/控制寄存器、控制逻辑电路和 8 位双向数据端口。控制逻辑电路通过串/并转换器与内部的 SPI 总线接口逻辑电路相连接，再与外部 4 根 SPI 信号线相连接。控制逻辑电路还可以接收配置/控制寄存器中的命令字，控制中断逻辑电路发出中断请求。

MCP23S08 采用 4 线制 SPI 总线接口，一般作为 SPI 总线中的从器件。主器件按照 SPI 总线协议对其进行读写操作，实现对内部并行端口数据的输入/输出以及芯片的配置和控制。同时，主器件还可以采用类似 I2C 总线中的器件地址对系统中最多 4 片 MCP23S08 进行器件寻址。

2. MCP23S08 的读写时序

主器件对 MCP23S08 的每次读写操作都包括 3 个操作，即器件寻址、寄存器寻址、寄存器数据传输,其时序如图 7-23 所示。MCP23S08 的每次读写操作都必须在片选引脚输入低电平期间进行,读写操作的数据通过 SI 和 SO 总线逐位进行传输,这两个引脚也就是 SPI 总线的两根数据线 MOSI 和 MISO。

图 7-23 MCP23S08 的器件与寄存器寻址

通过对 IOCON 寄存器进行配置,主器件可以对 MCP23S08 进行字节读写或顺序读写。在字节读写(模式 1)时,执行每次读写操作只传送 1 字节数据。在顺序读写(模式 0)时,每次访问可以读写多字节数据,每读写 1 字节,读写的寄存器地址会自动递增。

(1)器件地址。

器件地址用于选择当前主器件需要进行数据传输的 MCP23S08。当主器件送出的器件地址与某芯片的器件地址匹配时,该芯片被选中。

MCP23S08 的器件地址格式与 I2C 总线上的器件地址类似,如图 7-24 所示。其中最高 5 位固定为 01000;A1 和 A0 取决于芯片上同名引脚的电路连接;读写方向位 R/W 位取为 1 和 0 时,分别对应读操作和写操作。

D7	D6	D5	D4	D3	D2	D1	D0
0	1	0	0	0	A1	A0	R/W

图 7-24 MCP23S08 的器件地址

通过适当配置,也可以使各片 MCP23S08 的器件地址中不包含 A1 和 A0,也就是禁用 A1 和 A0 引脚。此时,这两根引脚直接悬空,而 8 位器件地址中的相应两位设为 0。在这种情况下,系统中所有 MCP23S08 的器件地址都为 01000000B=40H(写器件地址)和 01000001B=41H(读器件地址)。

(2)寄存器。

每一片 MCP23S08 内部都有 11 个寄存器,每个寄存器都有一个唯一的地址编号,主器件通过对这些寄存器的访问实现对 MCP23S08 的配置、控制和外部设备数据的并行输入/输出。这 11 个寄存器如表 7-3 所示,这里主要介绍与芯片配置和控制及数据端口相关的寄存器。

表 7-3 MCP23S08 内部寄存器

寄存器名称	地址	位格式							
		D7	D6	D5	D4	D3	D2	D1	D0
IODIR	00H	IO7	IO6	IO5	IO4	IO3	IO2	IO1	IO0
IPOL	01H	IP7	IP6	IP5	IP4	IP3	IP2	IP1	IP0
GPINTE	02H	GPINT7	GPINT6	GPINT5	GPINT4	GPINT3	GPINT2	GPINT1	GPINT0
DEFVAL	03H	DEF7	DEF	DEF	DEF	DEF	DEF	DEF	DEF
INTCON	04H	IOC7	IOC	IOC	IOC	IOC	IOC	IOC	IOC

续表

寄存器名称	地址	位格式							
		D7	D6	D5	D4	D3	D2	D1	D0
IOCON	05H	—	—	SREAD	—	HEAN	ODR	INTPOL	—
GPPU	06H	PU7	PU6	PU5	PU4	PU3	PU2	PU1	PU0
INTF	07H	INT7	INT6	INT5	INT4	INT3	INT2	INT2	INT0
INTCAP	08H	ICP7	ICP6	ICP5	ICP4	ICP3	ICP2	ICP2	ICP0
GPIO	09H	GP7	GP6	GP5	GP4	GP3	GP2	GP2	GP0
OLAT	0AH	OL7	OL6	OL5	OL4	OL3	OL2	OL2	OL0

首先需要说明的是，每个寄存器都是 8 位，大多数寄存器的各位与芯片的 I/O 端口引脚 GP7~0 相对应。例如，IODIR 中的 D5 位为 IO5，对应芯片的 GP5 引脚。

- **IODIR**：I/O 方向（I/O Direction）寄存器，控制数据端口各位数据的传输方向。1 为输入，0 为输出。例如，如果配置 IODIR=0FH=00001111B，则使 GP0~3 为输入，这 4 根引脚可连接开关之类的输入设备；GP4~7 为输出，其可以连接 LED 之类的输出设备。上电复位时，IODIR=0FFH，因此所有 I/O 引脚都配置为输入引脚。

- **IPOL** 寄存器：输入极性（Input Polarity）寄存器，设置 GPIO 寄存器中各位 1 码和 0 码与 I/O 引脚上高/低电平的对应关系。如果 IPOL 中某位设为 1 时，则 GPIO 对应位中 1 码和 0 码分别代表相应 I/O 引脚上的低电平和高电平。复位时该寄存器值为 00H，则 GPIO 对应位中 1 码和 0 码分别代表相应 I/O 引脚上的高电平和低电平。

- **IOCON** 寄存器：I/O 配置（I/O Configuration）寄存器，对 MCP23S08 的工作模式进行配置。其中，SEQOP 用于配置读写的顺序操作（Sequence Operation），1 和 0 分别为字节读写和顺序读写；HAEN（Hardware Address Enabled，硬件地址启用）位控制是否启用 A1 和 A0 地址输入引脚，1 和 0 分别为启动和禁用。另外两位与中断有关，限于篇幅，这里就不详细介绍了。

- **GPPU** 寄存器：通用上拉电阻（General Purpose Pull-Up）寄存器，配置输入引脚是否有上拉电阻。当设为 1 时，配置对应的输入引脚有 10 kΩ 内部上拉电阻；设为 0 时，输入引脚没有上拉电阻。

- **GPIO** 寄存器：通用 I/O（General Purpose Input/Output）寄存器，保存 GP 数据端口各引脚的状态。读该寄存器也就是读取各 I/O 引脚的高低电平；写该寄存器时将使 OLAT 同步变化，从而使各 I/O 引脚输出相应的高低电平。复位时由于 IPOL=00H，因此 GPIO 寄存器中各位 1 码和 0 码对应各 I/O 引脚的高电平和低电平。

- **OLAT** 寄存器：输出锁存（Output Latch）寄存器。要通过 I/O 引脚输出相应的高/低电平和数据，可以直接对该寄存器进行写操作，也可以对 GPIO 寄存器进行写操作。

（3）读写时序。

在字节读写和顺序读写这 4 种不同的读写模式下，传输 1 字节的器件地址、寄存器地址或寄存器数据的时序如图 7-25 所示。

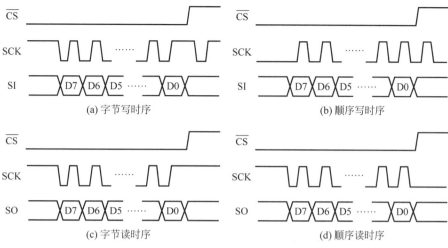

图 7-25　MCP23S08 传输 1 字节数据的读写时序

- 字节写操作：每个 SCK 的下降沿将一位数据按先高位后低位的顺序逐位送到 SI 线上，在其后的上升沿将数据锁存入芯片内，写操作结束时 $\overline{CS}$ 恢复为高电平，SCK 输出一个负脉冲后恢复并保持为高电平。

- 顺序写操作：每字节的最高位在 SCK 第一个上升沿之前（即 SCK 为低电平期间）送到 SI 线上，其后的上升沿将数据锁存入芯片内。数据中的其他低位与字节写操作一样，都是在每个 SCK 的下降沿将一位数据按先高位后低位的顺序逐位送到 SI 线上，在其后的上升沿将数据锁存入芯片内。写入最低位后，将 $\overline{CS}$ 恢复为高电平，SCK 保持为低电平，以便准备写入下 1 字节数据。

- 读操作：在 SCK 的低电平期间，MCP23S08 将数据按先高位后低位的顺序送到 SO 线上。在 SCK 的上升沿主器件读入数据。字节读操作结束时 SCK 保持为高电平，而顺序读操作结束时 SCK 变为低电平，以便立即开始读下 1 字节数据。

3. 数据的输入/输出

作为并行扩展接口，MCP23S08 的 8 个 I/O 引脚 GP7～0 可以分别连接一个 8 位的输入设备或者输出设备，从而实现主器件通过该芯片与外部设备之间的并行数据传输。MCP23S08 与输入/输出设备和主器件之间的连接如图 7-26 所示。

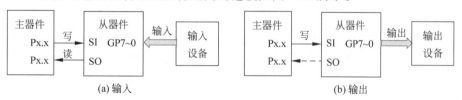

图 7-26　MCP23S08 数据的输入/输出

数据传输的方向可以是数据的输入和输出，取决于 GP7～0 引脚上连接的是输入设备还是输出设备，从而也就决定了 GP 引脚上数据传输的方向。对数据的输入和输出，在程序中必须对 MCP23S08 做如下相关配置和操作：

- 配置 IODIR 寄存器以指定各 GP 引脚的数据传输方向（输入或输出）；
- 对数据的输入，配置 IPOL 寄存器以确定 GPIO 寄存器各位与各 GP 引脚电平的对应关系，配置 GPPU 寄存器以确定输入引脚是否需要内部上拉电阻，读 GPIO 寄存器从而读取输入设备送来的数据；
- 对数据的输出，将需要送到外部设备的数据写入 GPIO 或 OLAT 寄存器。

在上述操作中，各项配置操作都是主器件通过 SPI 总线对 MCP23S08 内部寄存器进行写操作实现的，因此都需要用到 SI 信号线。具体实现外部设备数据的输入和输出操作都是通过对 GPIO 或 OLAT 寄存器的读或写操作实现，其中数据的输入是读取 GPIO 寄存器，因此需要用到 SO 数据线；数据的输出是将数据送到 GPIO 或 OLAT 寄存器，因此需要用到 SI 而不需要 SO 信号线，在图 7-26(b)中用虚线表示。

除了上述步骤以外，在进行任何其他读写操作之前，一般都必须先通过写操作配置 IOCON 寄存器，以决定是否启用硬件地址 A1 和 A0、采用字节读写还是顺序读写模式。

4. MCP23S08 与 51 单片机的接口

这里以动手实践 7-2 为例，介绍 MCP23S08 与 51 单片机之间进行数据传输的典型程序编写方法。

在本案例中，两片 MCP23S08 扩展的两个 8 位的并口分别用作输入并口和输出并口。MCP23S08 的 SPI 总线由 51 单片机 P2 口的 5 个引脚提供，具体连接如下：

（1）两个芯片都需要 SCK 和 SI，这两个信号线分别接 51 单片机的 P2.0 和 P2.3 引脚；

（2）U2 芯片用于扩展输出口，51 单片机只需要对其进行配置和写操作，因此只需要用到数据线 SI，不需要信号线 SO；

（3）U3 芯片需要接收主器件送来的配置信号，也需要向主器件发送开关数据，因此信号线 SI 和 SO 都需要；

（4）两片 MCP23S08 都不启用硬件地址，主器件通过 $\overline{\text{CS}}$ 信号进行芯片选择，因此两个芯片的 $\overline{\text{CS}}$ 分别接不同的 P2 口引脚，硬件地址引脚 A1 和 A0 都悬空不用。

在程序 p7_2.asm 中，首先定义了上述各信号线、两片 MCP23S08 的器件地址和要用到的寄存器地址。由于不启用 A1 和 A0，因此两片的器件地址相同。但是 U2 芯片不需要进行读操作，因此只为其定义了写器件地址。在主程序中，不断重复调用子程序 INPUT 和 OUTPUT，读取开关数据并立即送出控制 LED。这两个子程序又分别调用了 WBYTE 和 RBYTE，实现器件配置和数据的读写。

（1）WBYTE 和 RBYTE 子程序。

两个子程序分别实现 1 字节数据的逐位串行写和读。以 WBYTE 为例，其定义如下：

```
WBYTE:  MOV   R7,#8
LPW:    CLR   SCK              ; SCK 复位为低电平
        RLC   A                ; 数据左移一位,最高位移出到 C
        MOV   SI,C             ; 输出一位
        SETB  SCK              ; SCK 脉冲正跳变
        DJNZ  R7,LPW
        RET
```

在上述子程序中,首先设置数据的位数,之后通过循环实现累加器 A 中数据的逐位输出。根据字节写操作的时序,每位数据都必须在 SCK 的下降沿送到 SI 线上,在其后的上升沿数据锁存入芯片内。因此,在程序中首先将 SCK 复位为低电平,即产生一个 SCK 下降沿;之后,立即通过 RLC 指令将累加器 A 中的数据左移,也就是将其当前最高位移出到进位标志 C,并利用位操作 MOV 指令将其送到 SI 线上;最后,将 SCK 信号线置位,使其恢复高电平,准备传输下一位数据。

实现字节读操作的 RBYTE 子程序与 WBYTE 子程序类似。首先将 SCK 复位为低电平,MCP23S08 接收到该信号为低电平时,将一位数据送到 SO 线上。之后主器件发送一个 SCK 脉冲,在此脉冲作用下,将数据从 SO 线上读入标志位,再利用 RLC 指令将其移入累加器 A 中。

（2）INPUT 子程序。

该子程序实现 51 单片机通过 U3 芯片读取开关数据,其完整定义如下:

```
INPUT:  SETB  CS2
        CLR   CS2
        MOV   A,#DEVW
        ACALL WBYTE        ; 写器件地址
        MOV   A,#IOCON
        ACALL WBYTE        ; 写 IOCON 寄存器地址
        MOV   A,#00100000B
        ACALL WBYTE        ; 字节读,不启用 A1A0
        SETB  CS2
        CLR   CS2
        MOV   A,#DEVW
        ACALL WBYTE        ; 写器件地址
        MOV   A,#IODIR
        ACALL WBYTE        ; 写 IODIR 寄存器地址
        MOV   A,#0FFH
        ACALL WBYTE        ; 设置 I/O 引脚为输入
        SETB  CS2
        CLR   CS2
        MOV   A,#DEVW
        ACALL WBYTE        ; 写器件地址
        MOV   A,#GPPU
        ACALL WBYTE        ; 写 GPPU 寄存器地址
        MOV   A,#0FFH
        ACALL WBYTE        ; 设置 I/O 引脚上拉电阻
        SETB  CS2
        CLR   CS2
        MOV   A,#DEVR
        ACALL WBYTE        ; 写器件地址
        MOV   A,#GPIO
        ACALL WBYTE        ; 写 GPIO 寄存器地址
        ACALL RBYTE        ; 输入数据
        SETB  CS2
        MOV   R0,A
        RET
```

上述子程序每执行一次，51单片机从U3芯片读取1字节的开关数据，其中顺序执行如下4项操作：

- 写IOCON寄存器对U3芯片的器件地址和读写模式进行配置；
- 配置U3芯片的GP引脚数据传输方向为输入；
- 配置U3芯片的GP引脚采用内部上拉电阻，因此U3芯片连接开关时不需要另外用电阻排进行上拉；
- 读GPIO寄存器，从而读取开关数据。

在上述4项操作中，前面3项操作是对U3芯片进行配置，因此都是调用WBYTE子程序实现写操作。每项写操作之前，先将$\overline{CS}$复位为低电平，写操作结束后将其再恢复为高电平。对U3芯片来说，其片选信号由51单片机的P2.4引脚提供，程序最开始将其定义为位变量CS2。

此外，每项写操作都必须先发送写器件地址，再发送当前写操作需要访问的寄存器地址。由于采用字节写操作模式，发送一个寄存器地址后，立即写入寄存器数据实现配置，之后结束本次写操作。

在上述4项操作中，最后一项操作是读取开关数据，因此需要发送的是读器件地址41H，在程序的最开始将其定义为常量DEVR。之后发送GPIO寄存器地址，再调用RBYTE子程序读取GPIO寄存器中保存的开关数据，并存入R0。

（3）OUTPUT子程序。

该子程序实现51单片机通过U2芯片输出数据，以控制LED的亮灭，其完整定义如下：

```
OUTPUT:    SETB   CS1
           CLR    CS1
           MOV    A,#DEVW
           ACALL  WBYTE           ;写器件地址
           MOV    A,#IOCON
           ACALL  WBYTE           ;写IOCON寄存器地址
           MOV    A,#00100000B
           ACALL  WBYTE           ;设置字节写,不启用A1、A0
           SETB   CS1
           CLR    CS1
           MOV    A,#DEVW
           ACALL  WBYTE           ;写器件地址
           MOV    A,#IODIR
           ACALL  WBYTE           ;写IODIR寄存器地址
           MOV    A,#0
           ACALL  WBYTE           ;设置I/O引脚为输出
           SETB   CS1
           CLR    CS1
           MOV    A,#DEVW
           ACALL  WBYTE           ;写器件地址
           MOV    A,#GPIO
           ACALL  WBYTE           ;写GPIO寄存器地址
           MOV    A,R0
           ACALL  WBYTE           ;输出数据
           SETB   CS1
           RET
```

上述子程序的基本结构与 INPUT 类似,只是需要做的配置有些区别。由于 U2 芯片用于扩展并行输出口,因此只需要做如下两项配置:

- 写 IOCON 寄存器,对 U2 芯片的硬件地址和读写模式进行配置;
- 配置 U2 芯片的 GP 引脚数据传输方向为输入。

注意 U2 芯片的片选信号由 51 单片机的 P2.2 引脚提供,在程序一开始将其定义为 CS1。

在最后一项写操作时,写入 GPIO 寄存器地址后,调用 WBYTE 子程序将 R0 中保存的开关数据写入 GPIO 寄存器,再由 GP 引脚送出控制 LED。

(4) 读写时序的观察。

在本案例的原理图中可以添加一个逻辑分析仪,以便观察并进一步熟悉前面介绍的 MCP23S08 的读写时序。启动程序运行后,逻辑分析仪上显示的各信号时序波形如图 7-27 所示。

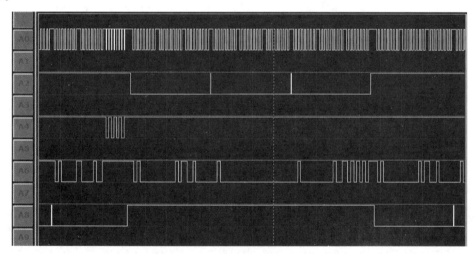

图 7-27

图 7-27　MCP23S08 时序的观察

在图 7-27 中,逻辑分析仪的 A0、A2、A4、A6 和 A8 分别是 P2.0～P2.4 引脚上信号的波形。在通道 A8(即 U3 芯片的片选信号)变为高电平之前,A4 通道上显示 51 单片机读取的开关数据为 01010101B。之后,在通道 A2 波形上的各段低电平期间,通道 A6 波形上显示依次传输的器件地址、寄存器地址和寄存器数据。在最后一段低电平期间,A2 变为高电平之前,通道 A6 传输的数据波形与通道 A4 上的数据波形完全一样,也就是 51 单片机将前面读取的开关数据通过 P2.3 和 SI 引脚送出,再由 U2 芯片送到 LED。

7.3.3　DS18B20 与 51 单片机的接口

DS18B20 是 DALLAS 公司生产的单线总线数字温度传感器芯片,温度测量范围为 $-55\sim+125\ ℃$,测温分辨率可达 $0.0625\ ℃$,可编程为 9～12 位 A/D 转换精度,被测温度用 16 位补码方式串行输出,还可由用户设定温度报警的上下限值。DS18B20 具有 3 引脚

TO-92 小体积封装形式，其工作电源既可在远端引入，也可采用寄生电源方式产生。
DS18B20 带有单线总线接口，CPU 只需一根端口线就能与诸多 DS18B20 通信，占用微处理
器的端口较少。

1．DS18B20 的引脚及内部结构

DS18B20 的一种封装形式（引脚）如图 7-28（a）所示，其中除电源 VDD 和地 GND 引脚
以外，主要是 DQ 引脚，该引脚是数据输入/输出引脚，实现芯片与外部所有的数据输入和
输出。

DS18B20 的内部结构组成如图 7-28（b）所示，其中主要包括 64 位 ROM、单线总线接口
电路和高速缓存。其中，64 位 ROM 中存放的是 64 位地址序列号，出厂前已被光刻好，用
户不能随意改变。

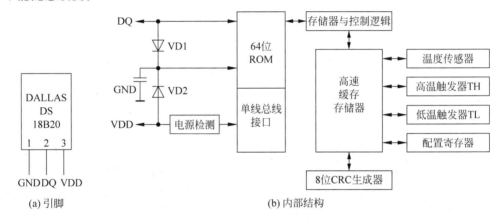

图 7-28　DS18B20 的引脚及内部结构

DS18B20 内部的高速缓存存储器又分为 RAM 和 EEPROM，共有 9 字节单元。其中
RAM 用于存放温度传感器采集得到的温度数据；EEPROM 用于存放一些用户配置信息和
数据，包括配置寄存器、高温和低温触发器 TH 和 TL 及 CRC 生成器等。高速缓存存储器
中的 RAM 和 EEPROM 各字节的分配表 7-4 所示。

表 7-4　DS18B20 的高速缓存存储器字节分配

字 节 序 号	功　　　能	字 节 序 号	功　　　能
0	温度转换后的低字节	1	温度转换后的高字节
2	高温触发器 TH	3	低温触发器 TL
4	配置寄存器	5～7	保留
8	CRC 生成器		

（1）第 0、1 字节：保存 DS18B20 温度转换所得温度数据，以两字节补码形式存放在其
中。51 单片机通过单线总线可读得该数据，读取时低位在前，高位在后。

表 7-5 给出了转换位数为 12 位时部分典型的温度数据。温度数据都以 16 位补码形式
保存，其中低 4 位和高 4 位分别表示温度的小数部分和温度的正负（4 位全 0 表示正温度，

4位全1表示负温度),中间8位表示温度的整数部分。注意,对于负温度,温度数据各位取反加1后表示温度的绝对值。

表 7-5　12 位转换时 DS18B20 的部分温度数据

温度/℃	缓存中存放的温度数据		温度/℃	缓存中存放的温度数据	
	二进制形式	十六进制形式		二进制形式	十六进制形式
+125	0000 0111 1101 0000	07D0H	0	0000 0000 0000 0000	0000H
+85	0000 0101 0101 0000	0550H	−0.5	1111 1111 1111 1000	FFF8H
+25.0625	0000 0001 1001 0001	0191H	−10.125	1111 1111 0101 1110	FF5EH
+10.125	0000 0000 1010 0010	00A2H	−25.0625	1111 1110 0110 1111	FE6FH
+0.5	0000 0000 0000 1000	0008H	−55	1111 1100 1001 0000	FC90H

当转换位数为12位时,由于12位转换时温度数据的最低4位表示小数部分,因此此时的温度分辨率为 $1/2^4 = 0.0625$ ℃,表示温度数据有1 bit变化时,对应温度值的变化。如果设置DS18B20的转换位数为10位,则16位补码形式的温度数据中,最低2位为温度的小数部分,中间8位为整数部分,高6位为扩展的符号位。因此,此时温度分辨率为 $1/2^2 = 0.25$ ℃。

(2) 第2、3字节:分别是由用户程序写入温度报警的上下限值TH和TL。一般很少用到,如果确实需要实现温度超限报警功能,可以考虑另外用程序对读取的温度数据进行比较和判断。

(3) 第4字节:配置寄存器,用于配置DS18B20的测温分辨率。在配置寄存器中保存的8位二进制代码中,最高位TM出厂时已被写入0,用户不能改变;低5位都为1;D6和D5位R1和R0用于设置分辨率。表7-6列出了R1、R0与分辨率和转换时间的关系。在默认情况下,DS18B20的转换位数为12位,因此R1R0=11。

(4) 第8字节:保存CRC码,用来保证正确通信。

表 7-6　温度分辨率的设置

R1	R0	转换位数	温度分辨率/℃	最大转换时间/ms
0	0	9	0.5	93.75
0	1	10	0.25	187.5
1	0	11	0.125	275.00
1	1	12	0.0625	750.00

2. DS18B20 的命令和工作时序

DS18B20采用单线总线接口,主器件(51单片机)控制DS18B20进行温度转换和温度数据的读取之前,必须先将DS18B20复位和初始化。复位成功后,51单片机向DS18B20发送的命令有两大类,分别是ROM命令和RAM命令,其中RAM命令也就是前面介绍的器件操作命令。表7-7给出了DS18B20的常用命令。

表 7-7　DS18B20 的常用命令

分　类	命　令	命令代码	功　能
ROM 命令	读 ROM	33H	读器件 ROM 码
	匹配 ROM	55H	发器件 ROM 码并匹配寻址,总线上有多片时使用
	搜索 ROM	0F0H	搜索确定挂接在总线上的芯片个数,并识别 64 位 ROM 地址
	跳过 ROM	0CCH	跳过 ROM 命令,直接发送 RAM 命令,总线上只有一片时使用
RAM 命令	温度变换	44H	启动温度转换
	读暂存器	0BEH	读温度数据

　　如果系统中有多片 DS18B20,当主器件(51 单片机)需要对其中的某片进行操作时,首先通过发送代码为 33H 的读 ROM 命令读出各片的序列号(器件 ROM 码),之后发出匹配 ROM 命令(55H),并发出 64 位的器件 ROM 码,从而寻址到指定的 DS18B20 芯片进行操作访问。

　　如果系统中只有一片 DS18B20,则不需要读取和匹配 ROM 编码,此时只需要向 DS18B20 发送一个"跳过 ROM"(0CCH)命令,之后即可利用 RAM 命令启动温度转换和读取转换结果。

　　上述每一步操作都有严格的时序要求,所有时序都是将主器件作为主设备,单线总线器件作为从设备。每一次命令和数据的传输都是从主器件启动写时序开始。如果要求单线总线器件回送数据,在执行写命令后,主器件需启动读时序完成数据接收。数据和命令的传输都是低位在前、高位在后。

　　(1) 单线初始化和复位时序。

　　主器件将单线数据线 DQ 复位为低电平至少需要 480 μs 的时间,然后释放 DQ,此时 DQ 经过上拉电阻被拉到高电平。DS18B20 在接收到复位脉冲后,等待 15~60 μs 将 DQ 复位,并向主器件发送 60~240 μs 的低电平脉冲。在此时间范围内,主器件如果检测到低电平,则表示复位成功;如果总线上没有 DS18B20,DQ 信号线不会被重新复位,主器件收到 DQ 信号始终为高电平,也就无法进行后续的数据的读写操作。检测结束后,再延时 240 μs 的时间,以保证主器件处于接收过程的总时间至少为 480 μs。

　　上述复位和初始化过程可以用图 7-29 所示的时序表示。

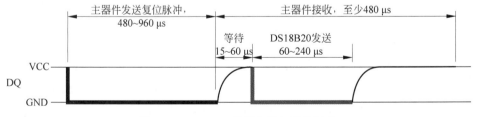

图 7-29　DS18B20 的复位及初始化时序

　　(2) 写操作时序。

　　写时序从 51 单片机将 DQ 线从高电平拉到低电平至少 1 μs 后开始,之后 DQ 保持为低电平(写0),或者在 1 μs 之后主器件释放 DQ 线使其变为高电平(写1)。DS18B20 等待 15 μs 之后,在 15~45 μs 的时间范围内检测采样数据线。根据采样得到的低电平和高电平,识别判断从而接收到主器件送来的一位 0 码或 1 码。写操作的时序如图 7-30 所示。

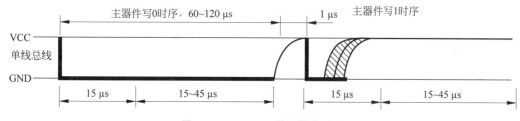

图 7-30　DS18B20 的写操作时序

需要注意的是,一位 0 码或 1 码的写周期时序至少为 60 μs,最长不超过 120 μs。如果需要连续向 DS18B20 写入多位 0 码和 1 码,在每位写操作时序之间至少需拉高 DQ 线电平 1 μs 的时间。

(3) 读操作时序。

当 51 单片机从 DS18B20 读取数据时,执行读操作时序。读时序也是从 51 单片机将数据线 DQ 电平从高电平拉到低电平时刻开始。在此后 15 μs 内 51 单片机检测采样数据线 DQ,将采样到的高、低电平分别识别为 1 码和 0 码,从而读取到一位数据。读操作的时序如图 7-31 所示。

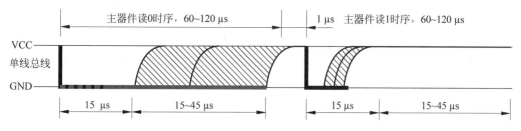

图 7-31　DS18B20 的读操作时序

3. DS18B20 与 51 单片机的接口

在程序 **p7_3. asm** 中,液晶显示器 LCD1602 相关的代码与前面各案例完全相同,这里主要介绍与 DS18B20 相关的部分。

在程序最前面,用 EQU 和 BIT 伪指令定义了相关的常量,其中将获取的温度数据和温度值的整数、小数部分及正负号分别存放到 51 单片机内部 RAM 的 30H~34H 单元。

在主程序中主要实现如下 4 项操作:

① 控制在 LCD1602 的第一行显示的提示信息;

② 调用 GET_T 子程序从 DS18B20 读取温度数据;

③ 调用 CON_T 子程序实现温度值的转换,将温度值拆分为整数和小数部分;

④ 在 LCD1602 的第二行显示温度值。

在上述操作中,子程序 GET_T 实现的主要操作流程为:DS18B20 复位和初始化、发送跳过 ROM 命令、启动温度转换，DS18B20 再次复位、发送跳过 ROM 命令，之后发送读暂存器命令，并读温度数据的低字节和高字节分别存入 TL 和 TH 单元。这些操作分别进一步调用 TINIT、TWRITE、TREAD 子程序实现。

（1）DS18B20 的复位和初始化操作。

每次向 DS18B20 发送 ROM 命令之前都必须对其进行复位和初始化。在程序中，复位操作定义为子程序 TINIT，其完整的定义代码如下：

```
; =======================================================
; DS18B20 复位子程序
; =======================================================
TINIT:  SETB  DQ
        NOP
        CLR   DQ          ; 单线总线 DQ 复位为低电平
        MOV   R7,#32      ; 延时 32 * 15 = 480 μs
LP0:    ACALL DELAY1
        DJNZ  R7,LP0
        SETB  DQ          ; 释放总线
        MOV   R7,#4
LP01:   ACALL DELAY1      ; 等待 4 * 15 = 60 μs
        DJNZ  R7,LP01
        MOV   C,DQ        ; 采样总线
        JC    TINIT       ; DQ = 1 表示总线上无器件
        MOV   R7,#16
LP02:   ACALL DELAY1      ; 延时 16 * 15 = 240 μs
        DJNZ  R7,LP02
        RET
```

上述代码严格按照 DS18B20 的复位时序依次实现相应的操作。例如，首先用 CLR DQ 指令将 DQ 线由高电平复位为低电平，之后必须延时至少 480 μs，这一延时通过重复调用 DELAY1 子程序实现。执行 DELAY1 子程序一次所需的时间为 13 个机器周期，加上执行 ACALL 指令调用该子程序所需的 2 个机器周期，每次调用执行该子程序（包括调用后的 DJNZ 指令）一共需要 15 个机器周期。假设 51 单片机的时钟频率为 12 MHz，则只需重复 32 次，即可实现 480 μs 的延时。

在子程序 TINIT 中，延时 480 μs 后 51 单片机通过执行 SETB DQ 指令释放总线，之后等待 60 μs 再检测 DQ 线上的电平。如果检测到 DQ 线为高电平，则返回重复上述复位操作过程；否则，表示总线上有器件响应，则复位操作成功。

（2）ROM 命令的发送和温度转换的启动。

由于本案例中只有一片 DS18B20，因此不需要实现匹配 ROM 等操作，在复位后发送跳过 ROM 命令，之后即可发送 RAM 命令启动温度转换或读取温度数据。需要注意的是，每次发送命令都必须根据 DS18B20 的时序延迟适当的时间。

在上述操作流程中，发送跳过 ROM 命令、发送 RAM 命令启动温度转换和读暂存器命令都是通过调用 TWRITE 子程序实现的。该子程序的完整定义如下：

```
; ==============================================================
; 向 DS18B20 写入 1 字节,数据在累加器 A 中
; ==============================================================
TWRITE:   MOV    R7,♯08H              ; 写数据的位数
          SETB   DQ                   ; 写时序开始
          NOP
LP2:      CLR    DQ                   ; DQ 负跳变
          NOP                         ; 等待 1 μs
          NOP
          RRC    A                    ; 先低后高输出
          MOV    DQ,C                 ; 写一位
          ACALL  DELAY1               ; 延时 4 * 14 = 60 μs
          ACALL  DELAY1
          ACALL  DELAY1
          ACALL  DELAY1
          SETB   DQ                   ; 释放 DQ 线
          DJNZ   R7,LP2
          RET
```

调用上述子程序时,将相应的命令代码 0CCH、44H 和 0BEH 事先存入累加器 A。每个命令代码都是 8 位二进制,因此在子程序中循环 8 次,每次通过 DS18B20 的写操作时序发送命令代码的一位。在每次循环的写操作中,首先利用 CLR 指令将 DQ 拉低并等待 1 μs。之后,利用 RRC 指令将累加器 A 中的 8 位命令代码由低位到高位逐一移出到 C 标志位中,再用 MOV 指令将其送到 DQ 线上,延时 60 μs 后再释放 DQ 线。

(3) 温度值的读取。

在 GET_T 子程序中,向 DS18B20 发出读暂存器的命令后,两次调用 TREAD 子程序,读取温度数据。TREAD 子程序的完整定义如下:

```
; ==============================================================
; 从 DS18B20 读 1 字节,存入累加器 A
; ==============================================================
TREAD:    MOV    R7,♯08H              ; 读数据的位数
          SETB   DQ
          NOP
LP1:      CLR    DQ                   ; 读时序开始
          ACALL  DELAY1
          SETB   DQ
          ACALL  DELAY1
          MOV    C,DQ                 ; 采样 DQ 线
          RRC    A                    ; 读取一位存入累加器 A
          ACALL  DELAY1               ; 延时 4 * 14 = 60 μs
          ACALL  DELAY1
          ACALL  DELAY1
          ACALL  DELAY1
          SETB   DQ                   ; 释放 DQ 线
          DJNZ   R7,LP1
          RET
```

　　与 TWRITE 子程序类似,上述子程序根据 DS18B20 的读操作时序进行相应的操作。由于从 DS18B20 的高速缓存中读取的温度数据为 2 字节,因此该子程序也循环 8 次,每次循环读取一个字节温度数据中的一位。在每次循环的读操作中,首先利用 CLR 指令将 DQ 拉低,延迟适当时间后释放 DQ 线,等待 DS18B20 送来的一位温度数据将其保持为低电平或拉高为高电平。之后,检测 DQ 线,并将其高/低电平对应的 1 码或 0 码存入标志位 C,再利用 RRC 指令存入累加器 A。延时 60 μs 后再释放 DQ 线。

　　（4）温度值的转换。

　　在主程序的死循环中,每次读取获得温度值后,再调用 CON_T 子程序将其转换为适合在 LCD1602 上显示的数值格式,之后送往液晶显示器显示。

　　子程序 CON_T 的完整定义如下:

```
; ===========================================================
; 将从 DS18B20 中读取的温度值拆分成整数和小数
; ===========================================================
CON_T:  MOV   FLAG0,#'+'              ;设当前温度值为正
        MOV   A,TH
        CLC
        SUBB  A,#80H
        JC    TEM0                    ;检查温度值是否为负?否,则跳转
        MOV   FLAG0,#'-'              ;是,置 FLAG0 为'-'
        MOV   A,TL
        CPL   A
        ADD   A,#01
        MOV   TL,A
        MOV   A,TH
        CPL   A
        ADDC  A,#00
        MOV   TH,A
TEM0:   MOV   A,TL                    ;存放小数部分到 TPOT
        ANL   A,#0FH
        MOV   TPOT,A
        MOV   A,TL                    ;存放整数部分到 TNUM
        ANL   A,#0F0H
        SWAP  A
        MOV   TNUM,A
        MOV   A,TH
        SWAP  A
        ORL   A,TNUM
        MOV   TNUM,A
        RET
```

　　该子程序将读取的 2 字节温度数据转换为整数和小数两部分,并判断温度的正负。

　　程序中首先假设温度为正。为了在 LCD1602 上显示出"＋"号,需要将其 ASCII 码存入常量 FLAG0 代表的 51 单片机内部 RAM 的 34H 单元。注意指令中字符用单引号引起来作为操作数,代表该字符的 ASCII 码。

　　之后,根据读取温度数据的高 8 位判断温度的正负。DS18B20 默认的温度转换位数为

12 位,但转换结果都用 16 位补码表示,并且在温度数据的高字节中,最高位表示数据的正负(0 码表示非负数,1 码表示负数)。因此,所有正温度数据 16 位补码的高字节一定小于 80H,而所有负温度数据的高字节一定小于或等于 80H。据此,将读取温度数据的高字节与 80H 相减,根据是否有借位(C 标志位是否为 1)即可判断温度数据的正负。

如果判断温度数据为负数的补码,则需要通过"求反加 1"的运算将其转换为实际温度值。上述子程序中后面的指令就是为了实现这一转换而设置的,其中求反用 CPL 指令实现,加 1 直接用 ADD 或 ADDC 指令实现。

除了上述温度正负的判断和补码的转换以外,子程序中后面的操作实现的功能是将温度数据的整数和小数部分进行拆分。根据 16 位温度转换数据的存放格式,低 4 位表示小数部分,因此只需要提取出 16 位温度数据的最低 4 位,即可得到小数部分。在程序中,直接用 AND 指令屏蔽 16 位温度数据低字节中的高 4 位,从而得到小数部分,存入常量 TPOT 代表的内部 RAM 单元。

在 16 位温度数据中,低字节的高 4 位和高字节的低 4 位合起来表示 12 位温度数据的整数部分,因此程序中通过 AND、OR 和 SWAP 指令将这两个 4 位二进制数合并起来表示温度数据的 8 位整数部分。

(5) 温度值的显示。

在主程序中,调用 GET_T 和 CON_T 子程序读取温度,并将温度数据转换为整数和小数部分,分别存放到常量 TNUM 和 TPOT 所代表的内部 RAM 的 32H 和 33H 单元,在 34H 单元存放的是"+""−"字符的 ASCII 码。

做了上述转换后,即可将温度显示到 LCD1602 显示器的第二行。在主程序中,相关的主要代码如下:

```
        MOV    A,#0C6H          ;设置温度值在 LCD 上的显示位置
        ACALL  WRTI
        MOV    A,FLAG0          ;显示符号
        ACALL  WRTD
        MOV    A,TNUM           ;温度整数拆分成十位和个位显示
        MOV    B,#10
        DIV    AB
        ADD    A,#30H           ;显示 2 位整数部分
        CJNE   A,#30H,REP1      ;如果十位为 0 则不显示
        MOV    A,#20H
REP1:   ACALL  WRTD
        MOV    A,B
        ADD    A,#30H
        ACALL  WRTD
        MOV    A,#'.'           ;显示小数点
        ACALL  WRTD
        MOV    DPTR,#TABLE
        MOV    A,TPOT           ;显示小数部分
        MOVC   A,@A+DPTR
        ACALL  WRTD
        LJMP   REP
```

```
TABLE: DB   30H,31H,31H,32H,33H,33H,34H,34H
       DB   35H,36H,36H,37H,38H,38H,39H,39H            ; 小数温度转换表
BUF:   DB   ' == Current Temp == '                      ; 定义 LCD 第一行提示信息
```

由于 FLAG0 单元中存放的已经是 ASCII 码，所以在上述程序的一开始，直接调用 WRTD 子程序显示温度的正负号。之后，分别处理和显示温度的整数和小数部分。

温度的整数部分为 1 字节，存放在 TNUM 单元，因此能够表示的温度值最大为 +255℃。这里假设实际温度的绝对值不超过 100℃，因此整数部分用两位十进制形式显示。小数部分存放在 TPOT 中，但真正有效的是其中的低 4 位（高 4 位全为 0 码）。

在显示温度的整数部分时，一个关键的问题是求得两位十进制形式的温度值中的十位和个位。上述程序中利用 DIV 指令将温度的整数部分除以 10，得到的商即为十位，存放在累加器 A 中；余数为个位，存放在 51 单片机内部的暂存器 B 中（DIV 指令的功能规定）。之后，将十位和个位十进制数字加上 30H，即可得到数字字符的 ASCII 码，送入 LCD1602 显示。

此外，如果实际温度的整数部分只有一位，也就是 DIV 指令执行后得到的商为 0，在显示时当然只需要显示一位整数部分。因此在程序中求得十位和个位数后，还可利用 CJNE 指令检测到这种情况。如果是，则将空格字符的 ASCII 码 20H 存入累加器 A，从而在液晶显示器上对应位置显示一个空格。

对于小数部分，在 TPOT 单元存放的是对应的 4 位二进制代码。对于 12 位转换，温度分辨率为 0.0625 ℃，4 位二进制代码对应的小数部分温度依次为 $0 \times 0.0625 = 0$ ℃、$1 \times 0.0625 = 0.0625$ ℃、$2 \times 0.0625 = 0.125$ ℃、$3 \times 0.0625 = 0.1875$ ℃、$4 \times 0.0625 = 0.25$ ℃、…。这里采用四舍五入的方法只显示一位小数。为此，在程序中将 4 位二进制代码对应的一位十进制小数温度值定义为表，在程序中采用查表的方法得到。在定义表时，可以将温度值直接定义为一位十进制数的 ASCII 码，查表得到结果后直接输出显示。

7.4　牛气冲天——实战进阶

前面介绍了 3 种典型的集成电路芯片，分别采用 I2C 总线、SPI 总线和单线总线实现 51 单片机系统存储器、ADC 和 DAC 的扩展。在此基础上，本节继续举例介绍两种典型的专用串口扩展芯片，即 DS1302 和 TM1637。其中 DS1302 是采用类似 SPI 总线协议的集成时钟日历芯片；TM1637 是基于 I2C 总线协议的数码管/键盘管理芯片。

7.4.1　DS1302 及其与 51 单片机的接口

DS1302 是美国 DALLAS 公司推出的一种高性能、低功耗、带有 RAM 的实时日历时钟的电路，采用类似于 SPI 总线的串口标准协议与单片机通信。DS1302 可对年、月、日、星期、时、分、秒进行实时计时，并具有闰年补偿功能；内部有一个大小为 31 字节的 RAM 区，可用于存放临时性数据；采用三线接口与 MCU 进行同步通信；具有宽电压的工作特点。

1. DS1302 的引脚和内部结构

DS1302 的引脚和内部结构如图 7-32 所示,各引脚的功能如下。

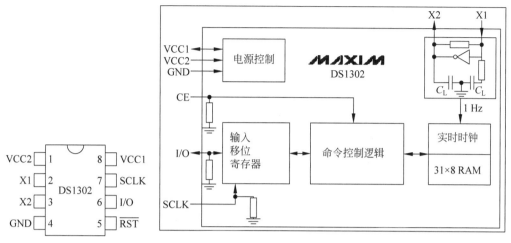

图 7-32 DS1302 的引脚和内部结构

VCC1、VCC2、GND:电源和地引脚。VCC1 为备份电源输入引脚,通常接 2.7～3.5 V 电源;VCC2 为主电源引脚。DS1302 采用双电源供电,电源控制模块可实现 VCC1 和 VCC2 的供电与充电切换。当 VCC2＞VCC1＋0.2 V 时,芯片由 VCC2 供电;当 VCC2＜VCC1 时,芯片由 VCC1 供电。

X1 和 X2:内部振荡源引脚,与外部标准晶振元件(32.768 kHz)一起为实时时钟模块 RTC(Real Time Clock)提供 1Hz 时基信号。

RTC 和 RAM 中的数据经输入移位寄存器 ISR 后实现双向串行传输。

SCLK:同步串行时钟输入引脚,提供串行移位时钟脉冲,该引脚内部通过一个 40 kΩ 电阻接地。

I/O:数据输入/输出。该引脚内部通过一个 40 kΩ 电阻接地。

$\overline{\text{RST}}$:复位引脚。高电平时允许进行读写,低电平时芯片复位并禁止读写。注意,新的数据手册将该引脚名称修正为 CE。该引脚内部通过一个 40 kΩ 电阻接地。

2. DS1302 的寄存器与 RAM

DS1302 内部有 1 个控制寄存器、12 个工作寄存器和 31 字节 RAM。在 12 个工作寄存器中,7 个寄存器与 RTC 信息存储相关,5 个寄存器与控制、充电、时钟突发和 RAM 突发等工作有关。

(1)控制寄存器。

51 单片机在对 DS1302 进行读/写之前,都必须向 DS1302 内部的控制寄存器写入一个 8 位的命令字,其格式如图 7-33 所示。

其中,最高位 D7 固定为 1;D6 位为片内 RAM 或日历/时钟寄存器选择位,D6＝1 时读写 RAM 数据,D6＝0 时读写时钟日历数据;D5～D1 为地址位,用于选择进行读写的日历、时钟寄存器或片内 RAM;D0 位为读写位,D0＝1 时为读操作,D0＝0 时为写操作。

D7	D6	D5	D4	D3	D2	D1	D0
1	RAM/$\overline{\text{CK}}$	A4	A3	A2	A1	A0	RD/$\overline{\text{WR}}$

图 7-33　DS1302 的命令字格式

（2）工作寄存器。

DS1302 内部的 12 个工作寄存器如表 7-8 所示。表中各符号的含义如下：

- CH：时钟启停位，1 表示停止时钟；0 表示启动时钟开始工作。
- 10SEC：秒的十位数；SEC：秒的个位数。
- 10MIN：分的十位数；MIN：分的个位数。
- 12/24：12 或 24 小时方式选择位。
- AP：小时格式设置位，0 表示上午模式（AM）；1 表示下午模式（PM）。
- 10DATE：日期的十位数；DATE：日期的个位数。
- 10M：月的十位数；MONTH：日期的个位数。

表 7-8　DS1302 的工作寄存器

寄存器名称	命令字		取值范围	数据格式							
	写	读		D7	D6	D5	D4	D3	D2	D1	D0
秒寄存器	80H	81H	00～59	CH	10SEC			SEC			
分寄存器	82H	83H	00～59	0	10MIN			MIN			
小时寄存器	84H	85H	01～12 或 0023	12/24	0	AM/PM	HR	HR			
日寄存器	86H	87H	01～31	0	0	10DATE		DATE			
月寄存器	88H	89H	01～12	0	0	0	10M	MONTH			
星期寄存器	8AH	8BH	01～07	0	0	0	0	0	DAY		
年寄存器	8CH	8DH	00～99	10YEAR				YEAR			
写保护寄存器	8EH	8FH		WP	0	0	0	0	0	0	0
涓流充电寄存器	90H	91H		TCS	TCS	TCS	TCS	DS	DS	RS	RS
时钟突发寄存器	0BEH	0BFH									

- DAY：星期的个位数字。
- 10YEAR：年的十位数；YEAR：年的个位数。
- WP：写保护寄存器的写保护位。在对时钟/日历单元和 RAM 单元进行写操作前，WP 必须为 0，即允许写入；当 WP 为 1 时，用来防止对其他寄存器进行写操作。
- TCS：涓流充电寄存器。涓流充电寄存器用于管理对备用电源的充电。当 TCS=1010B 时，才允许使用涓流充电寄存器，其他任何状态都将禁止使用涓流充电寄存器。
- DS：用于选择连接在 VCC2 和 VCC1 间的二极管数目，01 表示选择 1 个二极管；10 表示选择 2 个二极管；11 或 00 表示涓流充电寄存器被禁止。
- RS：用于选择涓流充电寄存器内部在 VCC2 和 VCC1 之间的连接电阻。01 表示选择 R_1（2 kΩ）；10 表示选择 R_2（4 kΩ）；11 表示选择 R_3（8 kΩ）；RS=00 时，不选择任何电阻。

　　51单片机对DS1302除单字节数据读写外,还可采用突发方式(又称为脉冲串方式),即多字节连续读写。在多字节连续读写中,只要对时钟突发寄存器进行读写操作,即可设置对时钟/日历寄存器进行多字节读写操作。在该方式下,必须按照传输的次序将数据写入前面的8个寄存器。

　　通过向寄存器写入命令字即可实现对DS1302进行操作。例如,如要设置秒寄存器的初始值,需要先写入命令字80H,然后再向秒寄存器写入初始值;如要读出某时刻秒值,需要先写入命令字81H,然后再从秒寄存器读取秒值。

　　需要注意的是,表7-8中所列各寄存器的取值范围都是BCD码格式。

　　(3) RAM。

　　DS1302内部有31字节的RAM,可以实现单字节或多字节读写操作。当命令字为0C0～0FDH时为单字节操作,每次只能读写1字节。与上述寄存器操作类似,命令字中的最低位D0用于区分是读操作(1码)还是写操作(0码),D1～D5用于指定访问的RAM单元。

　　当命令字为0FEH或0FFH时,实现多字节访问,其中0FEH为写操作命令字,0FFH为读操作命令字。在该方式下,对RAM从地址为0的单元中的最低位开始连续读写若干字节数据,但是不一定是读写所有的31字节。

　　3. DS1302的读写时序

　　DS1302采用与SPI总线类似的协议进行数据传输,其读写时序如图7-34所示。当 $\overline{RST}$ 为低电平时,无数据传输,SCLK保持低电平。在 $\overline{RST}$ 为高电平期间,SCLK从低电平变为高电平时,即启动命令和数据传输。

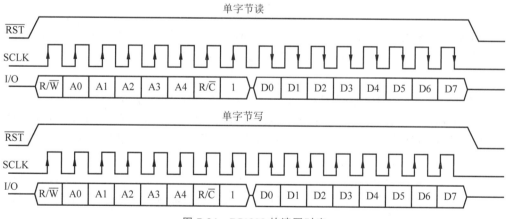

图7-34　DS1302的读写时序

　　传输命令字或数据时,都是低位在前高位在后。每次读写数据之前都必须先发送相应的命令字,以确定是读还是写操作、读写的是寄存器或RAM、寄存器和RAM单元的地址等。

　　对于单字节读操作,首先在SCLK的每个上升沿向DS1320写入8位命令字,之后在SCLK的每个下降沿从DS1302中读出数据。当1字节读取完毕, $\overline{RST}$ 信号必须复位。

对于单字节写操作，首先向 DS1320 写入 8 位命令字，之后再写入数据。写入命令字和数据的每位都是在 SCLK 的上升沿进行的。当 1 字节写入完毕，$\overline{RST}$ 信号必须复位。

当进行多字节读写操作时，在上述时序的基础上，通过附加额外的 SCLK 周期以便传输多字节数据，直到 $\overline{RST}$ 信号变为低电平为止。

动手实践 7-4：利用 DS1302 实现实时日历时钟

本案例的电路连接如图 7-35 所示（参见文件 ex7_4.pdsprj）。其中，DS1032 的 RST、SCLK 和 I/O 引脚直接与 51 单片机的 P3.0、P3.1 和 P3.2 相连接，X1 和 X2 引脚之间接一个 32.768 kHz 的晶振。液晶显示器 LCD1602 的连接与前面各章中的案例相同。

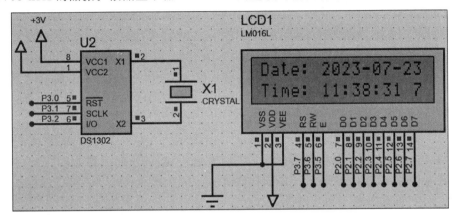

图 7-35　实时日历时钟电路连接

本案例的完整程序代码参见文件 p7_4.asm，其中与 LCD1602 相关的部分代码在前面已有介绍，下面对与 DS1302 有关的代码做一些解释说明。

（1）主程序。

在主程序中，首先调用 DTINIT 子程序对 DS1302 的日期和时间进行初始化，并控制在 LCD1602 显示器上两行的起始位置显示提示信息 Date 和 Time，之后通过循环，不断从 DS1302 读取当前日期和时间，并调用 DISP 子程序将其显示在提示信息的后面。

（2）日期时间及 DS1302 的初始化。

本案例将日期和时间的初始值以及从 DS1302 读取的日期和时间数据都以相同的格式存放在 51 单片机内部 RAM 中 40H～46H 单元。各项设置值都是 BCD 码格式，例如设置"时"为 18H，则表示时间为 18 点（下午 6 点）。

在子程序 DTINIT 中，首先将初始日期和时间存入内部 RAM 中的 40H～46H 单元，之后通过如下程序段向 DS1302 进行一次单字节写操作：

```
CLR    CTRST
CLR    CTCLK
SETB   CTRST
MOV    B, #8EH
```

```
ACALL   W1302            ; 发命令字, 指定将对写保护寄存器进行写操作
MOV     B, #00H
ACALL   W1302            ; 向写保护寄存器写入数据, 使写保护位 W 复位
SETB    CTCLK
CLR     CTRST
```

根据前面介绍的时序, DS1302 的单字节写操作从 $\overline{\text{RST}}$ 信号变为高电平开始, 到其变为低电平时结束。因此, 在上述程序段中, 首先将 $\overline{\text{RST}}$ 信号复位, 再将 CLK 信号复位。之后, 将 $\overline{\text{RST}}$ 置位, 直到最后将 $\overline{\text{RST}}$ 再复位, 这就实现了一次单字节写操作。

在 $\overline{\text{RST}}$ 置位期间, 首先调用 W1302 子程序向 DS1302 发送命令字 8EH, 以指定将接下来的数据写入写保护寄存器。之后, 再次调用 W1302 子程序, 将数据 00H 写入。根据写保护寄存器中的数据格式, 写入该数据将使得其中的最高位 D7=0, 从而清除写保护位 W, 即关闭写保护。

在子程序 DTINIT 中, 接下来通过循环向 DS1302 中的 7 个寄存器依次进行写操作。在循环之前, 将 R1 的初始值设为 80H, 这是秒寄存器的写命令字。之后, 在循环体中将命令字用两条 INC 指令加 2, 从而依次得到对后面各寄存器进行写操作的命令字。

在每次循环中, 将设置的日期和时间初始值依次写入各寄存器。每次循环中的操作也都是一个单字节写操作, 因此也必须从 $\overline{\text{RST}}$ 置位时开始、到 $\overline{\text{RST}}$ 复位时结束。在此期间, 调用两次 W1302 子程序将命令字和一项日期及时间初始值写入 DS1302。

需要注意的是, 在第一次循环向秒寄存器写入初始值时, 正常的初始值设置应不超过 59, 其 1 字节 BCD 码 59H 的最高位为 0。因此当将该初始值写入秒寄存器时, 表 7-8 中的 CH 位自然为 0, 从而立即启动 DS1302 计时。

在子程序 DTINIT 的最后, 当所有日期和时间初始值写入完毕后, 再进行与上述第 (1) 步相反的操作, 即打开写保护。相关代码这里就不再详细介绍了。

(3) DS1302 写子程序。

在上述 DTINIT 子程序中, 将进一步调用 W1302 子程序, 向 DS1302 执行单字节写命令字或日期时间数据的操作。子程序 W1302 的定义如下:

```
W1302:  PUSH  07H            ; 保护现场
        MOV   R7, #8          ; 命令字/数据 1 字节有 8 位, 循环 8 次
LPW:    MOV   A, B
        RRC   A
        MOV   B, A
        MOV   CTDIO, C
        SETB  CTCLK           ; SCLK 正跳变, 写 1 位
        CLR   CTCLK
        DJNZ  R7, LPW         ; 循环
        POP   07H             ; 恢复现场
        RET
```

每调用一次该子程序, 向 DS1302 写入 1 字节的命令字或数据。调用之前, 需要将写入的命令字或数据事先存入暂存器 B。

在该子程序中,利用 R7 控制共循环 8 次(1 字节)。每次循环,将暂存器 B 中的数据利用 RRC 指令按照先低位后高位的顺序移出到标志位 C,再送到 DS1302 的 I/O 数据线上。之后利用 SETB 指令在 SCLK 端产生一个正跳变,从而将 I/O 数据线上的当前数据位打入 DS1302 内部指定的寄存器。

(4) DS1302 读子程序。

在启动计时后,DS1302 就在其内部时钟脉冲作用下不断进行计时。在主程序的每次循环中,调用 GETDT 子程序读取 DS1302 的计时数据,该子程序又继续调用了 R1302 子程序。

子程序 R1302 实现从 DS1302 指定的寄存器读取 1 字节数据的操作。其中也是利用 RRC 指令将 I/O 数据线的数据按照先低位后高位的顺序读入累加器 A 中。与 W1302 子程序的主要区别在于,由于是从 DS1302 读数据,因此必须先用 SETB 指令将 SCLK 端置位为高电平,再执行 CLR 指令将其复位,从而得到一个负跳变。在此负跳变作用下,当前位数据由 I/O 端输出。

子程序 GETDT 将从 DS1302 读取的日期和时间保存到内部 RAM 的 40H～46H 单元,其定义如下:

```
GETDT:  MOV    R0,#40H
        MOV    R7,#7
        MOV    R1,#81H           ; 读秒寄存器命令
LPG:    CLR    CTRST
        CLR    CTCLK
        SETB   CTRST
        MOV    B, R1
        ACALL  W1302             ; 写命令字
        ACALL  R1302             ; 读数据
        MOV    @R0,A             ; 存数据到内部 RAM 单元
        INC    R0                ; 修改缓冲区指针
        INC    R1                ; 修改命令字以指向下一个 DS1302 寄存器
        INC    R1
        SETB   CTCLK
        CLR    CTRST
        DJNZ   R7, LPG           ; 未读完,读下一个
        RET
```

(5) DISP 子程序。

在主程序中,调用 GETDT 子程序获取的日期和时间数据都以 BCD 码格式存放在 51 单片机内部 RAM 中。之后,通过调用 DISP 子程序将各项数据写入 LCD1602 显示。

DISP 子程序的入口参数为当前需要显示的年、月、日、时、分、秒和星期。该程序中考虑每项信息都以两位十进制形式显示,因此每项信息在 51 单片机的内部 RAM 中都以一字节 BCD 码格式存储。但是 LCD1602 要求显示的每位字符都必须是以 ASCII 码信息表示。因此,在 DISP 子程序中一个主要的操作就是将 BCD 码转换为 ASCII 码。

DISP 子程序的代码如下:

```
DISP:   MOV     A,B
        SWAP    A
        ANL     A,#0FH
        ADD     A,#30H          ; 获取十位字符的 ASCII 码
        ACALL   WRTD
        MOV     A,B
        ANL     A,#0FH
        ADD     A,#30H          ; 获取个位字符的 ASCII 码
        ACALL   WRTD
        RET
```

为便于理解程序代码,这里假设当前需要显示的日期为 24,其 BCD 码为 24H。在 DISP 子程序中,从暂存器 B 中获取该 BCD 码并存入累加器 A。之后利用 SWAP 指令将其高低 4 位交换得到 42H。因此,再执行 ANL 指令将其高 4 位屏蔽后与 30H 相加,得到 42H,这就是日期的十位上数字代码 2 的 ASCII 码。

该子程序中接下来从暂存器 B 中再次取出日期的 BCD 码 24H,利用 ANL 指令将其高 4 位屏蔽再叠加 30H,得到日期个位上的数字代码 4 的 ASCII 码。在上述过程中,每得到一位字符的 ASCII 码,立即调用 WRTD 子程序将其送入 LCD1602 显示。

程序加载启动运行后,在原理图中的 LCD1602 显示器上可以看到显示的日期和时间,并且每隔 1 s 显示的时间会不断变化,经过 60 s 后,分钟数再递增 1。以此类推。

7.4.2 TM1637 及其应用

TM1637(国内与之兼容的 AiP1637)是一块采用 I2C 总线接口的数码管和矩阵键盘驱动控制专用集成电路,内置键盘扫描接口、MCU 数字接口、数据锁存器、LED 高压驱动等电路。该芯片主要应用于电磁炉、微波炉及小家电产品的显示屏驱动,其主要特点如下:

- 采用功率 CMOS 工艺;
- 显示模式:8 段×6 位共阴极数码管输出,也支持共阳极数码管;
- 键扫描:2 行×8 列,带增强型抗干扰按键识别电路;
- 辉度调节电路,占空比 8 级可调;
- 两线串行接口 CLK 和 DIO;
- 内置 450 kHz±5% RC 振荡电路;
- 内置上电复位电路和数码管自动消隐电路。

TM1637 的引脚和电路符号如图 7-36 所示。其中的主要引脚如下:

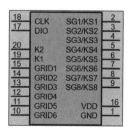

图 7-36 TM1637 的引脚和电路符号

- SG1/KS1～SG8/KS8:数码管字段码输出引脚/矩阵键盘列线连接引脚;
- GRID1～GRID6:数码管位选码输出引脚;
- K1、K2:矩阵键盘行线连接引脚;
- DIO:串行数据输入/输出引脚;
- CLK:时钟输入引脚。

1. TM1637 的数据命令

51 单片机对 TM1637 的主要操作包括读取按键编码和送出数码管的字段码，数据传输时序严格按照 I2C 总线协议进行。

51 单片机向 TM1637 发送的每个命令都是 1 字节，其中最高两位 01、10 和 11 分别用于指定是数据命令、地址命令还是显示控制命令。数据命令用于设置 TM1637 的工作模式、指定写数码管字段码或读取按键编码操作等。数据命令字的格式如图 7-37 所示。

D7	D6	D5	D4	D3	D2	D1 D0
0	1	-	-	1：测试模式 0：普通模式	1：固定地址模式 0：地址递增模式	00：写数码管字段码 10：读按键编码

图 7-37　数据命令字的格式

2. 按键的连接和读操作时序

TM1637 通过 K1、K2 和 KS1～KS8 引脚分别连接 2×8 矩阵键盘的行线和列线，最多可以管理 16 个按键。内部电路能够自动对 16 个按键进行扫描，并保存按键编码等待从 DIO 引脚读取输出。

TM1637 读取按键编码的时序如图 7-38 所示。该时序与 I2C 总线时序一致，读取一次按键编码的过程从 S 信号开始，到 P 信号结束。其中 S 信号是在 CLK 信号为高电平期间，DIO 信号线上的负跳变；P 信号是在 CLK 信号为高电平期间，DIO 信号线上的正跳变。

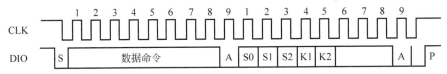

图 7-38　TM1637 读取按键编码的时序

启动信号过后，在每个 CLK 脉冲期间，先通过 DIO 向 TM1637 发送 1 字节的命令字 01000010B＝42H，应答之后再从 DIO 读取 1 字节的按键编码。注意命令字和数据都是从左向右分别为低位到高位。

在读取的 1 字节按键编码中，高 3 位始终为 1，低 5 位为 S0～S2 和 K1、K2。各位的编码组合与 2×8 矩阵键盘上各按键字符的对应关系如表 7-9 所示。

表 7-9　按键编码表（无键按下，按键编码为 0FFH）

按 键 位 置		编码（111S2S1S0K2K1）		按 键 位 置		编码（111S2S1S0K2K1）	
行	列	二进制	十六进制	行	列	二进制	十六进制
第 1 行 （K1）	SG1	11110111	0F7H	第 2 行 （K2）	SG1	11101111	0EFH
	SG2	11110110	0F6H		SG2	11101110	0EEH
	SG3	11110101	0F5H		SG3	11101101	0EDH
	SG4	11110100	0F4H		SG4	11101100	0ECH
	SG5	11110011	0F3H		SG5	11101011	0EBH
	SG6	11110010	0F2H		SG6	11101010	0EAH
	SG7	11110001	0F1H		SG7	11101001	0E9H
	SG8	11110000	0F0H		SG8	11101000	0E8H

需要注意的是,在工作过程中,TM1637 内部电路会连续不断地自动扫描按键,并将上述各按键对应的编码保存在内部电路中。相邻两次扫描按键的时间间隔约为 3 ms。如果当前扫描没有按键按下,则保存的按键编码为 0FFH。

3. 数码管的连接与显示控制

TM1637 通过 SG1~SG8 和 GRID1~6 可以最多连接 6 个 8 段共阴极数码管,其中 SG1~SG8 和 GRID1~6 分别作为数码管的字段码和位选码输出端。内部电路能够自动对最多 6 个数码管进行动态扫描显示,动态扫描的时间间隔为 0.5 ms,即动态扫描显示过程中两个数码管之间的间隔时间。字段码出现在 SG1~SG8 线上的时间(脉冲宽度)可以通过程序进行设置。

(1) 地址命令。

TM1637 中 6 个数码管的字段码依次存放在内部的 6 个 RAM 单元中,地址命令用于指定当前送来的字段码对应的 RAM 单元,也就是对应的数码管。地址命令字的格式如图 7-39 所示。

D7	D6	D5	D4	D3 D2 D1 D0	数码管	地址命令字
1	1	-	-	0000	与GRID1连接的数码管	0C0H
				0001	与GRID2连接的数码管	0C1H
				0010	与GRID3连接的数码管	0C2H
				0011	与GRID4连接的数码管	0C3H
				0100	与GRID5连接的数码管	0C4H
				0101	与GRID6连接的数码管	0C5H

图 7-39 地址命令字的格式

(2) 显示控制命令。

显示控制命令用于设置字段码脉冲的宽度及控制数码管显示的开关,其命令字格式如图 7-40 所示,其中 1/16、2/16、…为脉冲宽度,分别表示 0.5 ms 的 1/16、2/16。根据实测,一般设置脉冲宽度至少为 11/16,数码管能够点亮。当设置命令字 D3=0 时,数码管熄灭,命令字的低 3 位无意义。

D7	D6	D5	D4	D3	D3 D2 D1 D0
1	0	-	-	0:显示关 1:显示开	000:1/16 001:2/16 010:4/16 011:10/16 100:11/16 101:12/16 110:13/16 111:14/16

图 7-40 显示控制命令字格式

（3）显示控制时序。

51 单片机通过 TM1637 对其所连接的数码管进行显示控制，主要操作是通过 CLK 和 DIO 引脚向 TM1637 内部写入各位数码管所需的字段码，并存放到 TM1637 内部 6 字节的 RAM 单元中。具体的写入过程可以有两种工作模式，两种模式写入字段码的时序如图 7-41 所示。

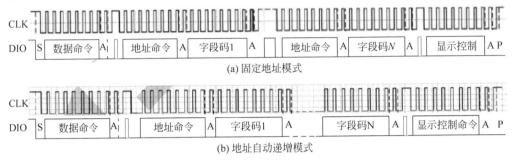

图 7-41 两种模式写入字段码的时序

所谓固定地址模式，即每次只写入一个数码管的字段码。每写一个字段码，都必须先向 TM1637 发送地址命令，以指定字段码存入 RAM 的单元。在所有字段码发送完毕后，再发送显示控制命令以打开数码管的显示。

所谓地址自动递增模式，是在发送数据命令和地址命令后，连续发送 N 字节的字段码。发送的地址命令只需要给定第一个字段码所需存入的 RAM 单元，TM1637 每接收到一个字段码，地址会自动递增，从而将后续各字段码依次存入对应的 RAM 单元。最后，发送 1 字节的显示控制命令。

需要注意的是，每次执行上述操作时序都是以 S 信号开始、以 P 信号结束。每发送一个地址命令或字段码，都必须等待 TM1637 发回 A 信号。此外，每个地址命令和显示控制命令之前（即数据命令之后、所有字段码发送完毕前后）都必须先发送一个 P 信号再发送一个 S 信号。

动手实践 7-5：利用 TM1637 实现数码管和矩阵键盘管理

本案例的电路连接如图 7-42 所示（参见文件 ex7_5.pdsprj）。TM1637 的 CLK 和 DIO 分别通过上拉电阻和滤波电容连接到电源和地，并作为 SCL 和 SDA 线与 51 单片机的 P2.2 和 P2.3 相连接。

TM1637 通过 K1 和 K2 引脚分别连接 8 个按钮，16 个按钮分为 8 列分别与 TM1637 的 SG1～SG8 端子相连接，从而构成 2×8 的矩阵键盘。SG1～SG8 同时提供 6 个共阴极数码管的字段码，数码管的 6 根位选线分别对应与 TM1637 的 GRID1～GRID6 相连接。

本案例的完整程序代码参见文件 p7_5.asm，下面对其中的关键代码做一些解释说明。

在程序中首先定义了 TM1637 的两个 I2C 总线引脚信号 CLK 和 DIO，并且将 51 单片机的内部 RAM 中 30H～35H 单元定义为按键字符和数码管显示缓冲区 BUF。在主程序中，将缓冲区中的数据初始化为 0～5 共 6 个字符，并调用 DISP 子程序将这 6 个字符通过 TM1637 送入数码管显示。

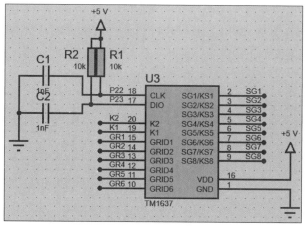

(a) 与51单片机的连接

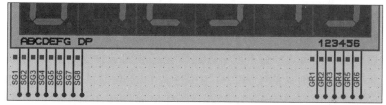

(b) 与数码管的连接

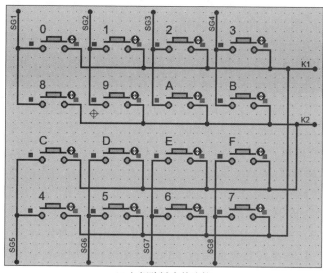

(c) 与矩阵键盘的连接

图 7-42 TM1637 的连接电路原理图

在主程序中,做了上述初始化以后,不断循环调用 RKEY 子程序读取按键编码,并将其存入缓冲区,同时更新缓冲区中的各单元数据,再调用 DISP 子程序更新数码管上的显示。

(1) 开始、结束信号及写 1 字节子程序。

上述各子程序实现 51 单片机与 TM1637 之间的数据传输,因此程序中根据 I2C 总线协议及 TM1637 的时序定义了 3 个子程序 TSTART、TSTOP 和 WBYTE。

以 WBYTE 子程序为例，调用该子程序可以向 TM1637 写入 1 字节的命令字或字段码。该子程序的完整定义如下：

```
WBYTE:  MOV   R6,#8
        MOV   A,R2
LP1:    CLR   CLK
        RRC   A
        MOV   DIO,C          ; 发送一位
        SETB  CLK
        DJNZ  R6,LP1
        CLR   CLK            ; 8 位发送完毕
        NOP
        JB    DIO,$          ; 等待应答
        NOP
        SETB  CLK
        NOP
        RET
```

上述子程序要求将待写入的命令或字段码事先存放到 R2 中作为入口参数。在子程序中，通过循环，将命令或数据从低位到高位逐位送到 DIO 数据线上，在 CLK 时钟脉冲的上升沿送入 TM1637。当 8 位数据发送完毕后，在 CLK 时钟脉冲为低电平器件，不断检测并等待 DIO 引脚送来低电平应答。51 单片机接收到应答信号后，将 CLK 信号重新置位，以便后续重新将其复位、置位以产生时钟脉冲。

（2）读取按键编码子程序 RKEY。

该子程序严格按照图 7-38 所示时序编写，主要的操作步骤如下。

- 调用 TSTART 子程序发送 S 信号；
- 调用 WBYTE 子程序发送数据命令，以指定读按键编码操作；
- 循环读取 8 位按键编码，存入累加器 A 中；
- 8 位按键编码读取完毕后，等待 TM1637 应答；
- 应答后向 TM1637 发 P 信号；
- 将读取的按键编码存入 R3，子程序返回。

根据前面的介绍，该子程序返回时，读取的按键编码在 R3 中。如果当前没有按键，则读取的编码为 0FFH。因此，在主程序的每次循环中调用该子程序后，立即检测 R3 中的数据是否为 0FFH，若是，则循环重复调用该子程序；只有当读取的按键编码不为 0FFH，才执行后续的操作。

（3）更新缓冲区子程序 UPBUF。

读取到按键编码后，根据编码获得当前按键字符，存入缓冲区，以便送数码管显示。这是通过子程序 UPBUF 实现的。

TM1637 内部没有提供专门的电路实现按键释放的检测。为此，在子程序 UPBUF 中，利用如下 3 条指令实现按键释放的检测：

```
LPW:   MOV    B,R3
       ACALL  RKEY
       CJNE   R3,♯0FFH,LPW              ;等待按键释放
```

在上述 3 条指令中,首先将前面读取的按键编码暂存到 B 中,再一次调用 RKEY 读取按键编码。如果读取到编码为 0FFH,则说明当前没有按键按下,也就意味着前一次按键已经释放。

等到按键释放后,在子程序中继续执行后面的指令,根据读取的按键编码求得按键字符,并存入缓冲区。其中,根据读取的编码求得按键字符的程序段如下:

```
MOV   R3,B
MOV   A,♯0F7H
CLR   C
SUBB  A,R3               ;根据按键编码求按键字符:0F7H-按键编码 = 0~9、A~F
MOV   B,A
```

该段程序的基本原理是:根据电路连接,字符 0 按键接在 TM1637 的 K1 和 SEG1 引脚,由表 7-9 可知其编码为 0F7H。以此类推,字符 1 对应的编码为 0F6H,…,字符 F 对应的编码为 0E8H。因此,将 0F7H 与获取的按键编码相减,正好等于各按键字符对应的大小。

求得各按键字符后,子程序后面通过循环将缓冲区中原来保存的字符依次前移一个单元,再将当前按键字符存入缓冲区最后一个单元。

(4) 数码管显示子程序 DISP。

本案例实现的功能是将每次按键字符显示到最右侧数码管上,同时将数码管上原来显示的字符顺序左移一位。实现数码管显示控制的子程序 DISP 定义如下:

```
DISP:  LCALL  TSTART
       MOV    R2,♯40H
       LCALL  WBYTE               ;发送数据命令,地址自动递增模式
       LCALL  TSTOP
       LCALL  TSTART
       MOV    R2,♯0xC0
       LCALL  WBYTE               ;发送地址命令
       MOV    DPTR,♯SCODE
       MOV    R7,♯6
       MOV    R0,♯BUF
LP2:   MOV    A,@R0
       MOVC   A,@A+DPTR
       MOV    R2,A
       LCALL  WBYTE               ;写一个字符到显示寄存器
       INC    R0
       DJNZ   R7,LP2
       LCALL  TSTOP
       LCALL  TSTART
       MOV    R2,♯8CH
       LCALL  WBYTE               ;开显示
       ACALL  TSTOP
       RET
SCODE: DB     3FH,06H,5BH,4FH,66H,6DH,7DH,07H   ;定义字段码表 0-F
       DB     7FH,6FH,77H,7CH,39H,5EH,79H,71H
```

上述子程序的操作步骤按照图 7-42(b)所示时序进行,具体总结如下。

- 发送 S 信号;发送数据命令,并设置地址自动递增模式;发送 P 信号。
- 发送 S 信号;发送起始地址命令。
- 循环读缓冲区,并查表获得各数码管的字段码,调用 WBYTE 子程序发送到 TM1637。
- 6 个数码管字段码发送完毕,发送 P 信号。
- 发送 S 信号,发送显示控制命令以开显示,发送 P 信号。

本章小结

51 单片机内部集成了一定容量的存储器、4 个 I/O 接口、2 个或 3 个定时/计数器以及一个串口。在实现的功能较多时,这些资源不够,而采用第 6 章介绍的并行扩展技术进行资源扩展时,又需要占用 51 单片机的 3 个并口。因此,在现代单片机测控系统中,广泛采用串行总线接口技术实现资源的扩展。

本章主要介绍了 51 单片机中常用的 3 种串行总线协议,即 I2C、SPI 和 1-Wire(单线)总线。并通过案例列举了几种典型的串行总线扩展接口芯片,主要知识点包括:

(1) I2C、SPI 和单线总线协议简介;

(2) 采用 I2C 总线接口的 AT24C02 及其与 51 单片机的连接和读写访问,51 单片机中 I2C 协议的程序实现方法;

(3) 采用 SPI 总线接口的并口扩展芯片 MCP23S08 及其与 51 单片机的接口;

(4) 采用单线总线的集成温度传感器 DS18B20 及其与 51 单片机的接口;

(5) 实时日历时钟芯片 DS1302 及其与 51 单片机的接口;

(6) 采用 I2C 总线接口的串行数码管/键盘管理芯片 TM1637 及其与 51 单片机的接口。

思考练习

7-1　填空题

(1) I2C 单线是一种两线接口标准,利用_____和_____两根线与单片机进行连接和数据传输。

(2) I2C 器件的地址由 8 位组成,包括_____位固定位、_____位可编程位和_____位读写方向位。

(3) 每次 I2C 总线的数据传输过程都以_____信号开始,以_____信号结束。

(4) 在 I2C 总线中,器件地址和字地址都是由主器件送往从器件,从器件接收到后,必须向主器件发送一个_____信号。

(5) I2C 总线中的主器件作为接收器件时,在接收数据完成后,必须向从器件发送_____信号。

（6）51 单片机需要为每个 SPI 从器件提供_____信号，因此硬件上比 I2C 系统要稍微复杂一些。

（7）挂接在 I2C 总线和 1-Wire 总线上的所有从器件都有一个_____，传输数据之前，必须由主器件发送到从器件，以选择当前需要进行通信的从器件。

（8）单线总线器件有_____、_____、_____和_____这 4 种基本操作，所有的器件操作都通过反复调用这些基本操作实现。

（9）AT24C02 具有页写能力，一次最多可以写入_____字节数据。

（10）MCP23S08 采用_____总线接口，当通过该芯片实现外部设备的输入时，51 单片机是从_____数据线逐位读取输入数据。

（11）DS18B20 采用单线总线接口，所有命令和数据都通过_____引脚传送。

（12）设置 DS18B20 的转换位数为 12 位，则温度为 +10 ℃ 和 -10 ℃ 时，转换得到的温度数据分别为_____和_____。

7-2　选择题

（1）下面有关 I2C 总线器件的器件地址，说法错误的是（　　）。
　　A. 挂在同一条 I2C 总线上的所有器件都有一个唯一的器件地址。
　　B. 每个 I2C 总线器件的器件地址都是 8 位二进制数。
　　C. 每个 I2C 从器件都有两个不同的器件地址。
　　D. 读器件地址一定为奇数，而写器件地址一定为偶数。

（2）下面有关 I2C 总线信号的说法，错误的是（　　）。
　　A. S 信号和 P 信号都是由主器件发往从器件。
　　B. 主器件从从器件接收完指定个数的数据后，必须给从器件发一个 A 信号。
　　C. 主器件作为接收器时，每接收到一个数据，都将发出 A 信号。
　　D. 在进行多字节数据传输时，数据的收发方向需要发生切换，主器件必须发送重复起始信号 Sr。

（3）在 SPI 总线系统中，用于串行同步时钟的信号线是（　　）。
　　A. $\overline{\text{CS}}$　　　　　　B. MISO　　　　　　C. MOSI　　　　　　D. SCK

（4）在 SPI 总线串行扩展系统中，主器件与从器件的每次数据传输都必须从 $\overline{\text{CS}}$ 的（　　）期间进行。
　　A. 高电平　　　　　B. 低电平　　　　　C. 正跳变　　　　　D. 负跳变

（5）下面不属于单线总线基本操作的是（　　）。
　　A. 复位　　　　　　　　　　　　B. 读一位数据
　　C. 读一字节数据　　　　　　　　D. 向从器件写一位 0 码或 1 码

（6）AT24C02 页写方式下，每次最多可以写入（　　）字节数据。
　　A. 1　　　　　　B. 2　　　　　　C. 4　　　　　　D. 8

（7）MCP23S08 作为带 SPI 总线的并口扩展芯片，通过（　　）引脚连接并行外部设备。
　　A. SCK　　　　　B. SI　　　　　C. SO　　　　　D. GP7～0

（8）设置 DS18B20 的转换位数为 10 位，某时刻在内部高速缓存中的第 1 和第 2 个单元保存的温度数据为 0FC32H，则表示当前温度为（　　　　）。

      A．＋12.5 ℃　　　　　　　　　　B．－12.5 ℃

      C．＋12.25 ℃　　　　　　　　　　D．－12.25 ℃

7-3　简述 I2C 协议中主器件、从器件、发送器和接收器的概念及其相互关系。

7-4　总结 I2C 总线上传输的有哪些总线控制信号，分别起什么作用。

7-5　已知 51 单片机的时钟频率为 6 MHz，采用 I2C 总线与某从器件进行数据传输。其中有如下程序段：

```
MACK:   CLR   SDA
        NOP
        SETB  SCL
        NOP
        NOP
        CLR   SCL
        NOP
        RET
```

（1）分析上述程序段的功能。

（2）简要说明程序中各 NOP 指令的作用。

7-6　当单线总线上有一个和多个 DS18B20 时，总结操作访问上的区别。

综合设计

7-1　在动手实践 7-1 的基础上，如果需要将 0～255 依次写入 AT24C02 内部 256 字节单元，编写实现该功能的主程序。

7-2　用 MCP23S08 的 GP0 引脚连接一个按钮。51 单片机采用中断方式读取按钮状态并统计按钮按动的次数，按动次数存入 R0。画出该电路连接图，并参考 MCP23S08 芯片手册编写汇编语言程序。

7-3　在动手实践 7-3 的基础上，添加如下功能：当温度超过 50 ℃时，点亮 P1.7 引脚上接的 LED；当温度降下来后再将其熄灭。给出添加部分的功能代码。

第 8 章

模拟外设及其与 51 单片机的接口

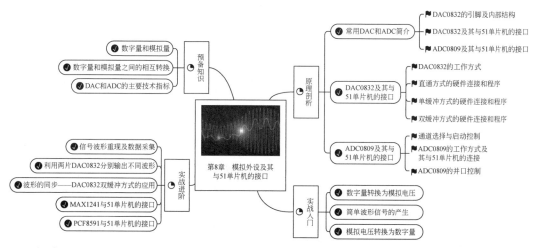

预备知识
- ✓ 数字量和模拟量
- ✓ 数字量和模拟量之间的相互转换
- ✓ DAC和ADC的主要技术指标

原理剖析
- ✓ 常用DAC和ADC简介
  - DAC0832的引脚及内部结构
  - DAC0832及其与51单片机的接口
  - ADC0809及其与51单片机的接口
- ✓ DAC0832及其与51单片机的接口
  - DAC0832的工作方式
  - 直通方式的硬件连接和程序
  - 单缓冲方式的硬件连接和程序
  - 双缓冲方式的硬件连接和程序
- ✓ ADC0809及其与51单片机的接口
  - 通道选择与启动控制
  - ADC0809的工作方式及其与51单片机的连接
  - ADC0809的并口控制

实战进阶
- ✓ 信号波形重现及数据采集
- ✓ 利用两片DAC0832分别输出不同波形
- ✓ 波形的同步——DAC0832双缓冲方式的应用
- ✓ MAX1241与51单片机的接口
- ✓ PCF8591与51单片机的接口

第8章 模拟外设及其与51单片机的接口

实战入门
- ✓ 数字量转换为模拟电压
- ✓ 简单波形信号的产生
- ✓ 模拟电压转换为数字量

在单片机测控系统中,不仅需要处理开关量和数字量,很多场合也需要处理模拟量。例如,现场很多传感器电路输出的都是模拟电压或电流,有些执行部件或机构也需要用模拟电压或电流作为控制信号,以便对被控制的对象进行调节和控制。

单片机作为一个数字电路系统,无法直接处理这样的模拟量,因此就需要采用专门的接口电路,实现数字量和模拟量之间的相互转换,这些接口统称为模拟外设接口。实际上,在现代各种嵌入式微处理器中都集成有一定数量的模拟外设接口,可以实现与模拟外设之间的直接连接。51系列单片机的内部资源中大多没有模拟外设接口,在需要的情况下就只有在外部自行扩展。

8.1 磨刀霍霍——预备知识

数字电路只能处理数字量,如果需要对外部的模拟电压和电流进行处理,就必须通过专门的电路进行转换。这里首先介绍数字量和模拟量的基本概念及其相互转换的基本原理。

8.1.1 数字量和模拟量

在单片机内部的 CPU 和集成的各种内部资源中，以及单片机芯片内部的总线和外部的系统总线中，处理和传输的一位或多位二进制代码，称为数字量。数字量中的每一位二进制代码可用于控制一个 LED 的亮灭，或者代表开关的通断状态、定时/计数器是否溢出等，称为开关量。

多个开关量的编码组合可以表示更多的信息，例如 8 个开关的通断状态可以用 8 位二进制代码表示。显然，数字量的位数越多，能够表示的信息种类就越多。

在模拟电路系统中，各点电压和电流的幅度大小会随时间连续不断地变化。这意味着，在给定的一个变化范围内，幅度可以有很多甚至无穷多个取值。这样的电压和电流幅度取值称为模拟量。如果将模拟量的取值用数字量进行表示，就需要无穷多位二进制代码。显然，这是不现实的。

在实际系统中，通常的做法是通过量化（Quantization）和编码（Code），将模拟量所有可能的取值用事先规定的有限个二进制编码组合表示。这样得到的各种编码组合就成为数字量，而且是位数有限的，就可以用计算机进行处理了。

例如，在图 8-1 中，曲线表示一个电压模拟量的幅度随时间的变化关系。在 $t=1$ s、2 s 和 3 s 时刻，模拟电压的幅度取值分别为 1.6 V、2.2 V 和 2.1 V，通过量化可以分别近似表示为 1 V、2 V 和 2 V。这些离散的电压幅度取值称为量化电平。之后，假设规定用 4 位二进制编码的不同组合表示这些幅度，则 3 个时刻的电压幅度对应的数字量可以分别取为 0001B、0010B、0010B。

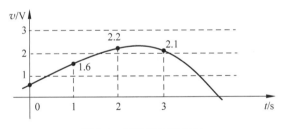

图 8-1　数字量和模拟量

显然，在上述模拟量到数字量的转换过程中，数字量的位数越多，能够表示的量化电平的个数也就越多，这意味着图中水平虚线之间的间隔（称为量化区间）越小，用数字量表示模拟量的误差也越小，这一误差称为量化误差。

8.1.2 数字量和模拟量之间的相互转换

通过上述量化和编码可以将模拟量转换为数字量。在实际系统中，也需要做相反的变换，即将数字量转换为对应的模拟量，也就是确定给定数字量所表示的模拟量的幅度大小。下面继续介绍数字量和模拟量之间相互转换的基本原理和方法。

1. 数字量到模拟量的转换

数字量到模拟量的转换简称为 D/A 转换(Digital to Analog Conversion),实现 D/A 转换的电路或器件称为 **D/A 转换器**或 **DAC**(Digital to Analog Converter)。

图 8-2 给出了一个典型的 8 位 DAC 电路原理图。

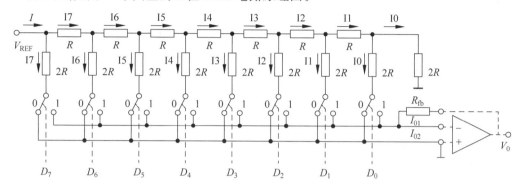

图 8-2　数字量到模拟量转换的基本原理

图中,用待转换的 8 位二进制数字量作为控制信号,其中每一位二进制数字量分别控制一个开关触点的切换。当某位为 1 码时,对应的开关接通 1 号触点,相应电阻支路的电流经过运算放大器的反相端,全部流过电阻 R_{fb};当某位为 0 码时,开关接通 0 号触点,相应电阻支路的电流经过运算放大器的同相端,流入电源地而不流经电阻 R_{fb}。

由此可见,流经电阻 R_{fb} 的总电流可以表示为

$$I_{01} = \sum_{i=0}^{7} D_i I_i = \sum_{i=0}^{7} D_i \frac{I}{2^{8-i}} = \sum_{i=0}^{7} D_i \frac{V_{\mathrm{REF}}/R}{2^{8-i}} = \sum_{i=0}^{7} 2^i D_i \frac{V_{\mathrm{REF}}}{2^8 R}$$

$$= (2^7 D_7 + 2^6 D_6 + \cdots + 2^1 D_1 + 2^0 D_0) \frac{V_{\mathrm{REF}}}{2^8 R} = D \frac{V_{\mathrm{REF}}}{2^8 R} \tag{8-1}$$

其中 $D = 2^7 D_7 + 2^6 D_6 + \cdots + 2^1 D_1 + 2^0 D_0$ 正好是 8 位二进制数字量表示的十进制数大小。

假设 $R_{\mathrm{fb}} = R$,则电流 I_{01} 通过 R_{fb} 后,在运算放大器输出端得到输出电压为

$$V_0 = -I_{01} R_{\mathrm{fb}} = -D \frac{V_{\mathrm{REF}}}{2^8 R} R_{\mathrm{fb}} = -D \frac{V_{\mathrm{REF}}}{2^8} \tag{8-2}$$

由此可见,输出电压与输入数字量的大小成正比,这就实现了数字量到模拟量的转换。

例如,已知参考电压 $V_{\mathrm{REF}} = -5$ V,当输入数字量 $D = 00000000\mathrm{B} = 00\mathrm{H}$ 时,$V_0 = 0$ V;当 $D = 00000001\mathrm{B} = 01\mathrm{H} = 1$ 时,$V_0 = -1 \times (-5)/2^8 \approx 19.5$ mV;当 $D = 11111111\mathrm{B} = 0\mathrm{FFH} = 255$ 时,$V_0 = -255 \times (-5)/2^8 \approx 4.980$ V。

2. 模拟量到数字量的转换

模拟量到数字量的转换简称为 A/D 转换(Analog to Digital Conversion),实现 A/D 转换的电路或器件称为 **A/D 转换器**或 **ADC**(Analog to Digital Converter)。

ADC 按实现的原理可以分为逐次逼近式、双积分式、并行/串行比较式、压频转换式等;

根据转换的速度可以分为低速、中断、高速、超高速等；根据转换得到数字量的位数，典型的有 8 位、12 位、14 位和 16 位等。

图 8-3 给出了常用的逐次逼近式 ADC 的基本原理。其转换过程可以简单描述为：

（1）首先将 N 位寄存器中数据的最高位设为 1，其余位设为 0。将该数据送到 ADC，转换得到对应的电压为 $V_N = 1/2 \times V_{REF}$；

（2）将输入的模拟量 V_{IN} 与 V_N 进行比较，比较结果通过控制逻辑控制将寄存器中数据的最高位置 1 或清零。若 $V_{IN} > V_N$，则将寄存器中数据的最高位保持 1 不变；否则最高位清零。

（3）将次高位设为 1，得到转换结果为 $V_N = 1/4 V_{REF}$ 或 $3/4 V_{REF}$，再重复步骤（2），直到 N 位数字量中的各位处理完毕，转换结束，此时寄存器中的数据即为转换结果。

上述过程在 START（启动）送入的脉冲信号作用下开始，直到转换结束由控制逻辑电路输出 EOC（End of Conversion，转换结束）信号。

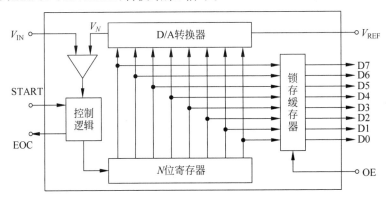

图 8-3 逐次逼近式 ADC 的基本原理

例如，已知 $V_{REF} = 5$ V，输入模拟量 $V_{IN} = 1.30$ V，ADC 的位数 $N = 8$，则转换过程如下：

① 设数字量的最高位 $D_7 = 1$，则 $D = 10000000B = 128$，$V_N = 128 \times 5/256 = 2.5$ V。由于 $V_N > V_{IN}$，则确定数字量的最高位 $D_7 = 0$。

② 设次高位 $D_6 = 1$，则 $D = 01000000B = 64$，$V_N = 64 \times 5/256 = 1.25$ V。由于 $V_N < V_{IN}$，则确定数字量的最高位 $D_6 = 1$。

⋮

⑧ 设 $D_0 = 1$，则 $D = 01000011B = 67$，$V_N = 67 \times 5/256 \approx 1.309$ V。由于 $V_N > V_{IN}$，则确定数字量的最高位 $D_0 = 0$。

最后得到转换结果为 $D = 01000010B = 42H$。该数字量表示的模拟量大小为 $V \approx 1.289$ V，与输入模拟量的误差为 $\Delta V = V_{IN} - V = 11$ mV。显然，增加数字量的位数，最后得到的误差会减小。

8.1.3 DAC 和 ADC 的主要技术指标

在大多数应用场合中，为 DAC 和 ADC 选型时主要考虑的技术指标有分辨率、转换时间和转换精度。

1. 分辨率

对 DAC 来说,分辨率指的是输入单位数字量的变化所引起的输出模拟量幅度的变化,通常描述为输出满刻度(满量程)值与 2^n 之比(n 为 DAC 的二进制位数),或者 DAC 的最小输出电压,习惯上常用输入数字量的位数表示。

例如,假设满量程输出为 5 V,则当 DAC 转换位数为 8 位时,根据定义得到其分辨率为 $5/2^n = 5/256 \approx 19.5$ mV,即输入的二进制数最低位数字量的变化可引起输出的模拟电压变化 19.5 mV,该值占满量程的 $0.39\% \approx 1/2^8$,常用符号 1 LSB 表示,即 $1\text{LSB} = 1/2^8$。如果 DAC 的位数增加为 12 位,则分辨率为 $1 \text{ LSB} = 1/2^{12} \approx 0.024\%$。

对 ADC 来说,分辨率表示系统可分辨的最小输入模拟电压,一般用 1 位对应的模拟电压大小,或者转换后输出的二进制位数 n 描述,通常 $n = 8$ 位、10 位、12 位、16 位等。

例如,12 位 A/D 转换器 AD1674 的最大输入电压为 5 V,则分辨率为 $1 \text{ LSB} = 5/2^{12} \approx 1.22$ mV,也就意味着当输入模拟电压变化幅度超过 1.22 mV 时,转换输出数字量有 1 位的变化。

由此可见,ADC 和 DAC 的分辨率都主要取决于转换位数。二进制位数越多,分辨率越高,转换的灵敏度和精度也就越高。

2. 转换精度

理想情况下,转换精度与分辨率基本一致,二进制位数越多精度越高。但由于在生产和使用 ADC 和 DAC 的过程中,电源电压、基准电压、电阻、制造工艺等各种因素的影响,即便是两个相同二进制位数的 DAC 和 ADC,其分辨率虽相同,但转换精度也会有区别。因此严格地说,转换精度与分辨率并不完全一致。例如,某种型号的 8 位 DAC 精度为 $\pm 0.19\%$,而另一种型号的 8 位 DAC 精度为 $\pm 0.05\%$。

3. 转换时间

转换时间又称为建立时间,是描述 DAC 转换速度的一项重要参数。转换时间指的是将数字量转换为稳定的模拟信号所需的时间,一般表示为从输入数字量到输出达到终值误差的 $\pm 1/2$ LSB 时所需的时间。一般 DAC 的转换时间在几十纳秒～几微秒,而逐次逼近型 ADC 转换时间的典型值为 $1 \sim 200$ μs。

8.2　小试牛刀——实战入门

这里结合几个案例对 DAC0832 和 ADC0809/0808 的基本功能、原理和用法进行初步了解。

动手实践 8-1：数字量转换为模拟电压

本案例利用 DAC0832 将给定的一个数字量转换为模拟电压输出,电路原理图如图 8-4 所示(参见文件 **ex8_1. pdsprj**)。

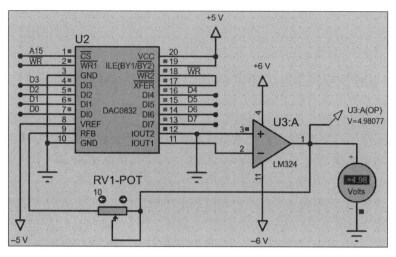

图 8-4　DAC0832 的简单应用电路原理图

在图 8-4 中,51 单片机的数据总线 D7～D0 与 DAC0832 的数据引脚 DI7～DI0 对应相连接,以便输入待转换的 8 位数字量。DAC0832 的 RFB 引脚通过滑动变阻器 RV1-POT（Proteus 元件库中名为 POT）接到运算放大器的输出端,同相和反相电流由 IOUT2 和 IOUT1 端子输出,并分别送到运算放大器的同相端和反相端。

DAC0832 的控制端子 $\overline{WR1}$、$\overline{WR2}$ 和 $\overline{XFER}$ 端子接 51 单片机的 $\overline{WR}$（P3.6）引脚,ILE 端接＋5 V 电源使其时钟有效,VCC 和 VREF 端分别接＋5 V 和－5 V 电源,片选端 $\overline{CS}$ 接地址总线的最高位 A15。

根据上述的电路连接,可以确定 DAC0832 的地址为 7FFFH,据此编写如下汇编语言程序（参见文件 p8_1.asm）：

```
; 数字量转换为模拟电压
DAC   XDATA   7FFFH          ; 定义 DAC0832 的地址
      ORG     0000H
      AJMP    MAIN
      ORG     0100H
MAIN: MOV     DPTR, # DAC     ; DPTR 指向 DAC0832
      MOV     A, # 0FFH       ; 待转换的数字量存入 A
      MOVX    @DPTR, A        ; 输出数字量转换结果
      SJMP    $
      END
```

将上述程序编译成功并加载到原理图的 51 单片机中,启动运行,在原理图右侧的电压探针（Probe）上显示转换输出的模拟电压为 4.98077 V,在直流电压表上显示电压为 4.98 V。

注意：单击原理图中滑动变阻器上面的左右箭头,可以改变变阻器的阻值,从而对输出电压进行微调。改变程序中待转换的数字量,可以观察并验证转换的输出结果。

动手实践8-2：简单波形信号的产生

利用51单片机的定时/计数器实现定时,可以由指定的并口引脚输出期望的周期或频率的脉冲波或方波,这些波形只有高/低电平两种幅度取值。为了产生幅度随时间变化的周期波形,就要用到 D/A 转换器。

本案例用一片 DAC0832 分别输出锯齿波和三角波信号,原理图与上一个案例相同,只是将运算放大器的输出端接到示波器的通道 A(参见文件 ex8_2. pdsprj)。

(1) 输出锯齿波。

产生锯齿波的程序(参见文件 p8_2_1. asm)如下:

```
; 产生锯齿波
DAC1   XDATA   7FFFH              ; 定义 DAC0832 的地址
       ORG     0000H
       AJMP    MAIN
       ORG     0100H
MAIN:  MOV     DPTR,＃DAC1         ; DPTR 指向 DAC0832
LP:    MOV     R7,＃200
       MOV     A,＃0               ; 数字量初值设为 0
LP0:   MOVX    @DPTR,A            ; 输出数字量转换结果
       INC     A
       ACALL   DELAY
       DJNZ    R7,LP0
       SJMP    LP
; ====================================================
; 延时子程序:延时时间 1 + 2 * 20 + 2 = 43 个机器周期
; ====================================================
DELAY: MOV     R6,＃20
       DJNZ    R6,$
       RET
       END
```

微课视频

(2) 输出三角波。

产生三角波的程序(参见文件 p8_2_2. asm)如下:

```
; 产生三角波
DAC1   XDATA   7FFFH              ; 定义 DAC0832 的地址
       ORG     0000H
       AJMP    MAIN
       ORG     0100H
MAIN:  MOV     DPTR,＃DAC1         ; DPTR 指向 DAC0832
LP:    MOV     R7,＃200
       MOV     A,＃0               ; 数字量初值设为 0
```

```
LP0:    MOVX   @DPTR,A              ; 输出数字量转换结果
        INC    A
        ACALL  DELAY
        DJNZ   R7,LP0
        MOV    R7,#200
LP1:    DEC    A
        MOVX   @DPTR,A
        ACALL  DELAY
        DJNZ   R7,LP1
        SJMP   LP
; ====================================================
; 延时子程序:延时时间 = 43 个机器周期
; ====================================================
DELAY:MOV    R6,#20
       DJNZ   R6,$
       RET
       END
```

　　运行前,设置 51 单片机的时钟频率为 12 MHz,分别加载并运行上述两个程序,在示波器窗口观察到输出锯齿波和三角波信号的波形分别如图 8-5(a)和图 8-5(b)所示。注意到输出三角波和锯齿波的最大幅度都近似为 4 V,而锯齿波的周期近似为 10 ms,三角波的周期近似为 20 ms。

　　改变程序中 R7 的初值,可以观察到输出三角波的最大幅度和周期都会随之变化。如果只改变延时子程序中 R6 的初值,则输出三角波的幅度不变,但周期将随之变化。

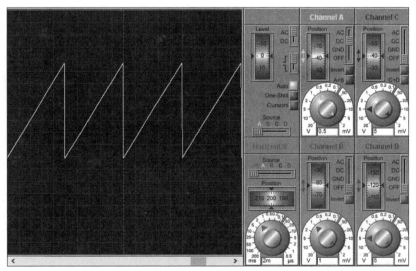

(a) 锯齿波

图 8-5　输出锯齿波和三角波信号的波形

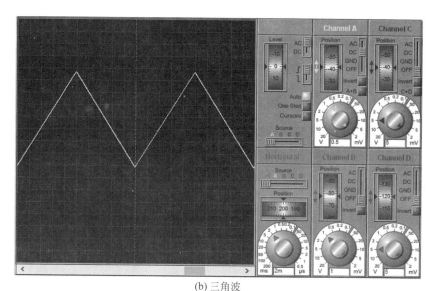

(b) 三角波

图8-5 （续）

动手实践8-3：模拟电压转换为数字量

本案例利用滑动变阻器产生一个模拟电压,并利用 ADC0808 将其转换为 8 位数字量。电路原理图如图 8-6 所示(参见文件 **ex8_3. pdsprj**)。在图 8-6 中,滑动变阻器 RV1(Proteus 中元件名称为 POT-HG)对电源电压进行分压得到待转换的模拟量,由 IN0 端子送入。ADD A、ADD B 和 ADD C 分别与地址总线的 A0、A1 和 A2 连接。ADC0808 所需的转换时钟由 CLOCK 信号发生器产生,频率为 500 kHz。ADC0808 转换的参考电压为+5 V 和 0 V(接地)。

微课视频

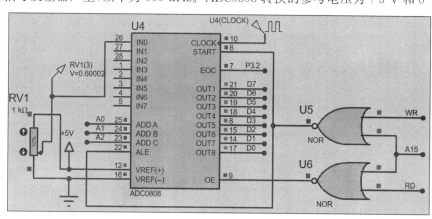

图8-6 ADC0808 的应用电路原理图

51 单片机的读写控制信号分别与地址总线的最高位 A15 进行或非运算后,分别作为 ADC0808 的地址锁存信号 ALE、启动转换信号 START 和读转换结果控制信号 OE。转换结束信号 EOC 由 P3.2 并口引脚送入 51 单片机。数据总线 D7～D0 与 ADC0808 的数据引脚 OUT1～OUT8 对应连接。

根据上述连接，编制如下汇编语言程序（参见文件 **p8_3.asm**）：

```
; ADC0808 的应用
ADC   XDATA   7FF8H              ; 定义 ADC0808 的地址
      ORG     0000H
      AJMP    MAIN
      ORG     0100H
MAIN: SETB    P3.2               ; P3.2 初始化输出高电平，以便正确输入
      MOV     DPTR, #ADC         ; DPTR 指向 ADC0808
LP:   MOVX    @DPTR, A           ; 启动 ADC 转换
      JB      P3.2, $            ; 等待高电平结束
      JNB     P3.2, $            ; 等待重新变为高电平，转换结束
      MOVX    A, @DPTR           ; 读取转换结果
      ACALL   DELAY              ; 延时
      SJMP    LP
; ==================================================
; 延时子程序：延时时间 1 + 2 * 100 + 2 = 203 个机器周期
; ==================================================
DELAY MOV     R6, #100
      DJNZ    R6, $
      RET
      END
```

启动运行后，单击滑动变阻器可以改变输入模拟电压的幅度，幅度值可以在原理图中用探针或电压表观察。

暂停运行后，在弹出的寄存器观察窗口可以看到累加器 A 中读取的转换结果，如图 8-7 所示。图中调节模拟电压为 1.40 V，转换结果为 47H，存放在累加器 A 中（图中表示为 ACC）。

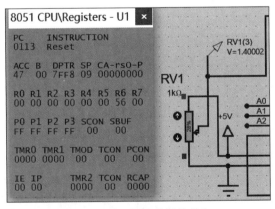

图 8-7 A/D 转换结果的观察

8.3 庖丁解牛——原理剖析

在单片机测控系统中，单片机作为控制器，需要通过传感器和变送器采集被控对象的状态信息等参数，并据此发出控制信号，控制和调节被控对象的参数按照期望的规律变化。由

于被控对象的参数大多数情况下都是模拟量,所需的控制信号很多也都是模拟量,这就必然要用到 A/D 和 D/A 转换器。

8.3.1 常用 DAC 和 ADC 简介

在 8 位的 51 系列单片机中,最常用的 DAC 和 ADC 是 DAC0832 和 ADC0809/ADC0808。在 Proteus 中,ADC0809 没有仿真模型,可以用 ADC0808 替代,在后面的描述中所用图的名称都统称为 ADC0809。

1. DAC0832 的引脚及内部结构

DAC0832 是采用 CMOS 工艺制成的电流型 8 位 T 型电阻解码网络 D/A 转换器芯片,是 DAC0830 系列的一种。其分辨率为 8 位,满刻度误差为 ±1 LSB,线性误差为 ±0.1%,建立时间为 1 μs,功耗为 20 mW,采用单一 +5 V~+15 V 电源供电。

DAC0832 的数字输入端具有双重缓冲功能,可以双缓冲、单缓冲或直通方式输入。DAC0832 输入数字量与输出模拟电压之间的关系可以用式(8-2)描述。大多数情况下,参考电压 $V_{REF} = -5$ V,因此 $V_0 = 5/2^8 D \approx 0.0195D$ V,其中 D 为输入数字量表示的大小。

DAC0832 的引脚和内部结构分别如图 8-8(a)和图 8-8(b)所示,各主要引脚功能如下:

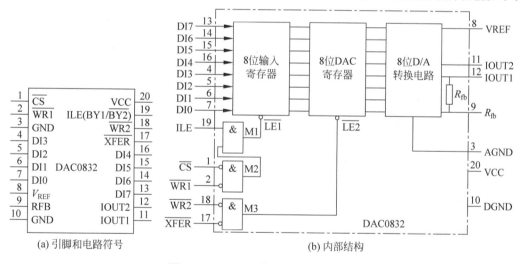

图 8-8 DAC0832 的引脚和内部结构

(1) DI7~DI0:8 位数字量的输入端,其中 DI7 为最高位,DI0 为最低位。

(2) $\overline{CS}$:片选信号,低电平有效。

(3) ILE:允许输入锁存信号,高电平有效。

(4) $\overline{WR1}$:写信号 1,低电平有效。

当上述 3 个信号有效时,将数据线上的 8 位数字量打入内部 8 位输入寄存器中。只要有任何一个无效,都不能对输入寄存器进行写操作,也就是外部的数字量不能送入输入寄存器。

（5）$\overline{\text{WR2}}$：写信号2，低电平有效。

（6）$\overline{\text{XFER}}$：数据传送信号，低电平有效。

当上述两个信号有效时，将输入寄存器中的数据打入 DAC 寄存器中，从而开始 D/A 转换。只要有任何一个信号无效，数据都不能存入 DAC 寄存器，也就不能进行 D/A 转换。

（7）V_{REF}：基准电源输入端，作为 D/A 转换的参考电压。

（8）IOUT1 和 IOUT2：DAC 的电流输出端，IOUT1 和 IOUT2 是互补的。当输入的数字量全为 1 时，IOUT1 最大，IOUT2 为 0；当输入的数字量全为 0 时，IOUT2 最大，IOUT1 为 0。

（9）R_{fb}：反馈电阻，DAC0832 内部有反馈电阻，该端连接外部运算放大器的输出端即可。考虑到电源电压和电路元器件参数的精度等，一般将该反馈电阻在外部串联一个小阻值的滑动变阻器再接到运算放大器的输出端。

2．ADC0809 的引脚及内部结构

ADC0809/ADC0808 都是 8 位 CMOS 逐次逼近型 A/D 转换器，ADC0808 的最小转换误差为 1/2 LSB，而 ADC0809 的最小转换误差为 1 LSB。两个芯片都有 8 路模拟量输入通道，带转换启停控制，输入模拟电压范围为 0～5 V。

ADC0809 输入模拟电压 V_{IN} 与转换输出数字量 D 之间的关系可以表示为

$$V_{\text{IN}} = \frac{V_{\text{REF}(+)} - V_{\text{REF}(-)}}{256} \cdot D + V_{\text{REF}(-)} \tag{8-3}$$

大多数情况下，参考电压 $V_{\text{REF}(+)} = 5$ V，$V_{\text{REF}(-)} = 0$，则 $V_{\text{IN}} = 5/256D$，输出数字量 $D = 256V_{\text{IN}}/5 = 51.2V_{\text{IN}}$，最后结果按四舍五入取整数。

ADC0809 的引脚和内部结构分别如图 8-9(a) 和图 8-9(b) 所示。

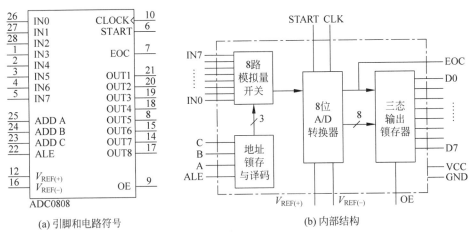

(a) 引脚和电路符号　　　　　　　　　　(b) 内部结构

图 8-9　ADC0809 的引脚和内部结构

ADC0809 的主要引脚功能如下：

（1）IN0～IN7：待转换的模拟电压输入端，每个输入端称为一个通道。

（2）C、B、A（ADD C、ADD B、ADD A）：通道选择信号（地址）输入端。

（3）ALE：地址锁存允许信号，输入正脉冲将从 C、B、A 端子送来的地址打入内部地址锁存器,以选择 8 个模拟量中的一个送入 A/D 转换器。

（4）START：A/D 转换启动信号,正跳变时启动 A/D 转换。

（5）EOC：A/D 转换结束信号,启动转换后为低电平,变为高电平时表示转换结束。

（6）OE：数据输出允许信号,正跳变时将转换结果数字量由数据线 D7～D0 输出。

（7）CLK：时钟脉冲输入端,要求时钟频率不高于 640 kHz。

（8）$V_{REF(+)}$、$V_{REF(-)}$：基准电压输入端。一般将 $V_{REF(+)}$ 接电源,$V_{REF(-)}$ 接地。

（9）D7～D0 或 OUT1～OUT8：转换结果输出端。

3. ADC0809 的工作时序

ADC0809 的工作时序如图 8-10 所示,其工作过程可以总结如下：

（1）在 ALE 脉冲作用下,将地址打入内部的地址锁存器中,经译码后从 8 个模拟通道中选择一个模拟量送到比较器。

（2）在 START 端输入脉冲正跳变作用下,使内部的逐次逼近寄存器复位,下降沿启动 A/D 转换,并使 EOC 信号为低电平。

（3）转换结束时,EOC 信号回到高电平,同时转换的结果存入三态输出锁存器。

（4）OE 端输入的正脉冲将转换结果数据由 D0～D7（ADC0809）或 IOUT1～IOUT8（ADC0808）端子输出。

（5）上述操作完毕后,如果需要,可以通过再次执行相同的程序重复上述过程。

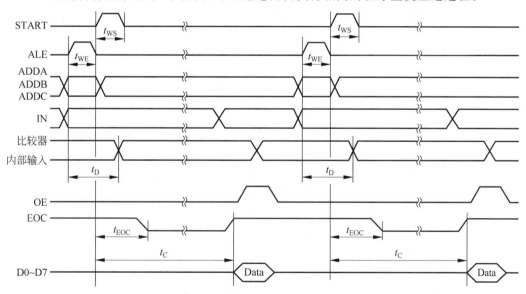

图 8-10　ADC0809 的工作时序

8.3.2　DAC0832 及其与 51 单片机的接口

从 51 单片机的角度,DAC0832 相当于输出设备,接收 51 单片机送来的数字量,将其转换为相应的模拟量。ADC0809 相当于输入设备,将模拟量转换为数字量送入 51 单片机。

两种芯片在与 51 单片机进行连接和数据传输时，有两种典型的方法，即总线控制方法和并口控制方法。

所谓总线控制方式，就是将 DAC0832 中的输入寄存器和 DAC 寄存器视为两个可写的外部 RAM 单元，将 ADC0809 的 8 个通道分别视为 8 个可读的外部 RAM 单元，从而采用与访问外部 RAM 单元一样的方法进行控制和访问。

所谓并口控制方式，就是 51 单片机与 DAC0832 和 ADC0809 之间数字量的输入和输出通过普通的并口进行，所需的应答联络和控制信号也都通过并口引脚输出或者输入。

本节首先介绍 DAC0832 采用上述两种方式与 51 单片机的接口设计方法。

1. DAC0832 的工作方式

DAC0832 的工作方式有直通方式、单缓冲方式和双缓冲方式。

所谓直通方式，指的是 8 位输入寄存器和 8 位 DAC 寄存器都直接处于导通状态，数字量由数据线直接输入，并立即启动转换。

所谓单缓冲方式，指的是 DAC0832 8 位输入寄存器和 8 位 DAC 寄存器中的一个处于直通状态，另一个处于受控制状态，或者两个同时被控制。数字量必须在外部有效的控制信号作用下打入 DAC0832 内部，并立即启动转换。

所谓双缓冲方式，指的是 8 位输入寄存器和 8 位 DAC 寄存器利用两组信号分别进行控制，数字量先送到输入寄存器，再送入 DAC 寄存器并启动转换。

2. 直通方式的硬件连接和程序

在直通方式下，DAC0832 所有的控制信号线都直接接有效电平，一种典型的连接方式如图 8-11 所示（参见文件 **ex8_4. pdsprj**）。此时，在程序中只需要执行如下指令：

```
MOV  P1, #0FFH
```

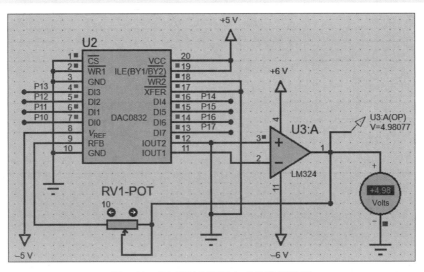

图 8-11　DAC0832 直通方式的电路连接

将待转换的数字量 0FFH 输出到并口 P1,即可立即送入 DAC0832 内部进行 D/A 转换,在运算放大器输出端的探针和直流电压表显示转换结果为 4.98 V。

需要注意的是,在直通方式下,DAC0832 的数字量必须通过执行 MOV 指令,将其由普通的并口输出,而不能通过执行 MOVX 指令由数据总线 P0 口输出。这是由于总线上数据出现的时间是短暂的,DAC0832 还没来得及将该数据转换为模拟量,数据就已经消失了。

3. 单缓冲方式的硬件连接和程序

在动手实践 **8-1** 和 **8-2** 中,DAC0832 就工作在单缓冲方式下。此时,将 DAC0832 的数据线与 51 单片机的数据总线(即 P0 口)相连接。在 5 个控制信号中,ILE 接电源使其始终有效;$\overline{CS}$ 端接地址总线的最高位 A15;$\overline{WR1}$、$\overline{WR2}$ 和 $\overline{XFER}$ 端接在一起,并与 51 单片机的控制总线 $\overline{WR}$(P3.6)相连接。

根据上述连接,在执行如下指令

```
MOV    DPTR,#7FFFH
MOVX   @DPTR,A
```

时,51 单片机通过地址总线送出 16 位地址,其中最高 A15=0,而使 $\overline{CS}$ 有效。同时,51 单片机会自动使 P3.6 引脚输出 $\overline{WR}$ 的负脉冲,从而使得另外 3 个控制信号有效。在这些信号作用下,累加器 A 的数据由 P0 口输出,并打入 DAC0832 内部的输入寄存器和 DAC 寄存器,转换为模拟量输出。

显然,上述各控制信号的连接方法不是唯一的,但一定要保证 DAC0832 内部的输入寄存器和 DAC 寄存器同时打开,使得数据送入后立即通过这两个寄存器送入转换。

在上述连接中,51 单片机通过执行 MOVX 指令,产生相应的总线控制信号,控制输出数据并启动 A/D 转换,因此属于总线控制方式。如果 51 单片机有空闲的并口,也可以采用并口控制方式进行连接,即用并口传输待转换的数字量,并产生所需的控制信号。

图 8-12 给出了一种采用并口控制的连接方法(参见文件 **ex8_5. pdsprj**)。与直通方式、单缓冲方式相比,这里将 DAC0832 的片选信号 $\overline{CS}$ 接 P3.0 引脚,也就是用并口引脚 P3.0 产生所需的片选信号。此外,DAC0832 的数据线接 P1 而不是数据总线 P0 口。

采用并口控制的单缓冲方式,待转换的数据是通过普通的并口输出的,因此必须用 MOV 指令而不是 MOVX 指令。在执行 MOV 指令时,51 单片机不会产生 $\overline{WR}$ 信号,也不会输出地址和片选信号等,因此必须在程序中自行用指令(一般是位操作指令)产生所需的控制信号。

例如,根据图 8-12 所示的连接,可以编写如下程序:

```
MOV  P1,#0FFH        ; 由 P1 口输出待转换数字量
SETB P3.0            ; 产生 CS 负脉冲
CLR  P3.0
SETB P3.0
```

其中 3 条位操作指令执行时,依次使 P3.0 引脚输出高电平、低电平、高电平,从而通过 P3.0

引脚输出一个负脉冲，以模拟 DAC0832 所需的片选信号，将 P1 口输出的数字量送入 DAC0832。

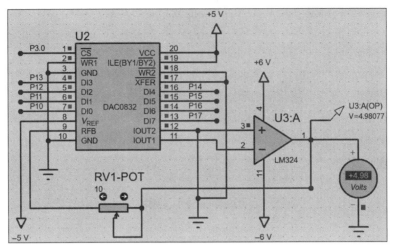

图 8-12 采用并口控制的 DAC0832 单缓冲方式

4. 双缓冲方式的硬件连接和程序

在双缓冲方式下，待转换的数字量要经过 51 单片机执行两次输出操作才能送入 DAC 寄存器并进行 D/A 转换。一种典型的连接如图 8-13 所示（参见文件 **ex8_6.pdsprj**）。

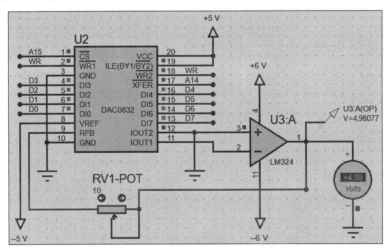

图 8-13 总线控制的 DAC0832 双缓冲方式

与动手实践 **8-1** 和 **8-2** 中的原理图相比，在图 8-13 中，DAC0832 的 $\overline{\text{WR2}}$ 和 $\overline{\text{XFER}}$ 改为分别与 $\overline{\text{WR}}$ 和地址总线中的 A14 相连接。

按照上述连接，要将一个数字量送 DAC0832 进行 D/A 转换，可以编写如下程序（参见文件 **p8_6.asm**）：

```
DAC1    XDATA   7FFFH           ; 定义 DAC0832 的地址 1
DAC2    XDATA   0BFFFH          ; 定义 DAC0832 的地址 2
        ORG     0000H
        AJMP    MAIN
        ORG     0100H
MAIN:   MOV     DPTR,#DAC1      ; DPTR 指向 DAC0832
        MOV     A,#0FFH         ; 待转换的数字量存入 A
        MOVX    @DPTR,A         ; 输出数字量到输入寄存器
        MOV     DPTR,#DAC2
        MOVX    @DPTR,A         ; 数字量送 DAC 寄存器转换
        SJMP    $
        END
```

在上述程序中,执行第一条 MOVX 指令时,51 单片机送出地址 7FFFH,其中 A15＝0 使 DAC0832 的片选信号有效,同时 51 单片机送出一个 $\overline{WR}$ 信号使得 $\overline{WR1}$ 有效。在这些信号作用下,将待转换的数据 0FFH 送到 DAC0832 内部的输入寄存器。由于此时地址的 A14＝1,因此 $\overline{XFER}$ 信号无效,数据不进入 DAC 寄存器。

在执行第二条 MOVX 指令时,送出的地址变为 0BFFFH,其中 A14＝0 使 DAC0832 的 $\overline{XFER}$ 有效,同时 51 单片机送出 $\overline{WR}$ 信号使 $\overline{WR2}$ 信号有效,在这两个信号作用下,将输入寄存器中存放的数字量打入 DAC 寄存器并进行 D/A 转换。

双缓冲方式也可以采用并口控制,读者可以模仿图 8-12 画出电路连接图,并编写相应的控制程序。

微课视频

8.3.3　ADC0809 及其与 51 单片机的接口

51 单片机对 ADC0809 控制的主要任务是控制 A/D 转换的启动和转换结果的读取。A/D 转换的启动完全取决于程序,在需要测量、采集和获取模拟量的时刻,通过执行相应的指令立即启动 A/D 转换。

微课视频

不管是哪一种类型的 ADC,启动后的转换过程都需要时间,在转换结束时才能读取转换结果,否则读取的数据是错误的。因此,对 51 单片机来说,必须确定等到每次 A/D 转换已经结束才能读取转换结果。

1. 通道选择与启动控制

一片 ADC0809 通过 IN7～IN0 引脚可以同时接入最多 8 个模拟量,这 8 个模拟量在芯片内部都是由同一套电路进行转换的。因此在任何一个时刻,只能选择一个通道的模拟量送入并进行 A/D 转换。

在 ADC0809 的引脚中,通过端子 C、B、A 或 ADDC、ADDB、ADDA 送入 3 位二进制代码,即可确定选择当前需要转换的通道,其中 CBA＝000～111 依次对应 IN0～IN7。需要注意的是,3 位地址必须在 ALE 端子送来的正脉冲作用下,才能打入芯片内部。这就要求 51 单片机在送出这 3 位地址的同时,利用相关信号产生正脉冲送入 ALE 端。

例如,在动手实践 8-3 中,利用控制总线信号 $\overline{WR}$ 和地址总线的 A15 经或非门 U5 后得到 ALE 信号。当 51 单片机执行如下指令

```
MOV   DPTR,＃7FF8H
MOVX  @DPTR,A
```

时，输出 A15＝0，同时由 $\overline{WR}$ 引脚送出一个负脉冲，则控制或非门输出一个正脉冲，正好作为 ALE 信号，将 16 位地址的低 3 位打入 ADC0809。

在该案例中，由于地址的低 3 位为 000，因此选择的是 IN0 引脚输入的模拟量。如果待转换的模拟量从其他端子接入，必须相应地修改上述地址的低 3 位。

需要注意的是，上述 MOVX 指令实现的基本功能是将累加器 A 中的数据输出到地址为 7FF8H 的外部 RAM 单元（这里即为 ADC）。但是在此之前并没有向累加器 A 中存入待输出的数据。这条指令的作用仅仅是为了输出地址，同时产生 $\overline{WR}$ 信号，而不是真正为了输出一个数据。

此外，一般情况下，通过地址选中通道并通过相应的引脚送入模拟量以后，即可立即开始 A/D 转换。因此一般将上述 ALE 信号同时作为起始信号 START，在或非门输出正脉冲作用下，立即启动转换。在动手实践 8-3 的原理图中，ADC0809 的 ALE 和 START 端接在一起，由或非门 U5 输出的信号同时作为这两个信号。

2. ADC0809 的工作方式及其与 51 单片机的连接

对 ADC0809 来说，其工作方式指的是启动一次 A/D 转换后，51 单片机如何读取转换结果。根据读入转换结果的处理方法和步骤分为如下三种方式。

（1）延时方式（无条件传输方式）。

对大多数集成的 A/D 转换器，通过查阅技术手册可以了解其转换的速度和每次转换所需的时间。如果该时间是确定不变的，则可以让 51 单片机在启动转换后延时对应的时间，再读取转换结果。这种方式不需要 A/D 转换器向 51 单片机传输专门的应答联络信号，称为延时方式或者条件传送方式。

例如，在转换时钟频率为 500 kHz 时，ADC0809 的转换时间为 128 μs，因此在程序中启动转换后，利用软件延时或定时/计数器定时等待 128 μs 再读取转换结果即可。

在这种方式下，由于 51 单片机不需要通过专门的信号了解 A/D 转换是否结束，因此一般将 ADC0809 的 EOC 悬空不用。

（2）查询方式（条件传输方式）

51 单片机启动 A/D 转换后，不断查询其状态，将该状态作为条件，当检测到条件满足时，说明转换结束，立即读入转换结果。

在 ADC0809 引脚中，当转换结束时，EOC 引脚会自动输出一个由原来的低电平到高电平的正跳变。因此可以将该引脚与 51 单片机的某个并口引脚相连接，51 单片机利用指令 JB 或 JNB 不断检测该引脚的状态，即可知道 ADC 的转换是否结束。

在动手实践 8-3 中，将 ADC0808 的 EOC 引脚直接接到 51 单片机的 P3.2 引脚。在程序中，执行 MOVX 指令启动 A/D 转换后，依次执行如下指令：

```
JB   P3.2,$
JNB  P3.2,$
```

其中第一条指令的作用是等待 EOC 端高电平结束。因为在当前启动转换之前,上一次 A/D 转换已经结束,EOC 已经变为高电平,并且转换结果已经读走。显然,必须要等到再次启动转换后才能读取转换结果。

根据 ADC0809 的工作时序,当再次启动转换时,EOC 信号重新变为低电平。在转换结束时,又再变为高电平。因此,程序必须等待 P3.2 再次变为低电平,利用 JNB 指令再次检测 P3.2 的低电平是否结束。等到当前转换结束,重新变为高电平时,程序继续往下执行,读取转换结果。

当检测到 A/D 转换结束时,主程序中利用如下指令读取转换结果:

```
MOVX    A,@DPTR              ;读取转换结果
```

执行该条指令时,DPTR 中保存的地址仍然为 7FF8H,将该地址通过地址总线送出时,利用 A15＝0 选中该芯片,同时 WR 信号输出负脉冲,这两个信号经或非门 U6 后得到正脉冲,由 OE 端送入芯片,从而将转换结果送出到数据总线 P0,再存入累加器 A 中。

(3) 中断方式。

在中断方式下,51 单片机不是执行指令主动查询转换是否结束,而是在启动 A/D 转换后被动等待 A/D 转换器送来中断请求,响应中断后执行中断服务程序,在中断服务中通过执行相应的指令读取转换结果。

显然,在这种方式下,A/D 转换器必须在转换结束时才能够向 51 单片机发出中断请求。根据工作时序,在转换结束时 EOC 引脚会自动输出一个正跳变。因此,只需要将 ADC0809 的 EOC 信号通过非门反相后,再与 51 单片机的 INT0 或 INT1 连接,即可在转换结束时得到一个负跳变,从而向 51 单片机发出外部中断请求。

为了体会中断方式的应用,将图 8-6 所示的电路修改后得到图 8-14 所示连接电路(参见文件 **ex8_7. pdsprj**),其中主要是 EOC 端子相关电路连接的改动。

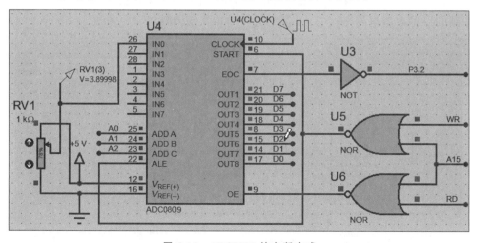

图 8-14 ADC0809 的中断方式

根据上述电路，编写如下汇编语言程序（参见文件 **p8_7.asm**）：

```
ADC   XDATA   7FF8H              ; 定义 ADC0809 通道 0 地址
      ORG     0000H
      AJMP    MAIN
      ORG     0003H
      AJMP    ADC_D              ; ADC 中断入口
      ORG     0100H
MAIN: SETB    P3.2               ; P3.2 初始化输出高电平,以便正确输入
      MOV     DPTR, #ADC         ; DPTR 指向 ADC0809
      MOVX    @DPTR, A           ; 启动 ADC 转换
      SETB    IT0                ; 设置 INT0 为边沿触发
      SETB    EA
      SETB    EX0                ; 开外部中断
      SJMP    $                  ; 等待 ADC 中断
; =============================================================
; ADC 中断服务程序
; =============================================================
ADC_D MOVX    A, @DPTR           ; 读取转换结果
      MOVX    @DPTR, A           ; 重新启动转换
      RETI
      END
```

在上述程序中，主程序包括第一次启动 A/D 转换、设置外部中断 0 的触发方式并开中断，之后等待中断请求到来。一旦接收到外部中断 0 的中断请求，响应后启动中断服务程序，在其中即可读取转换结果。

3. ADC0809 的并口控制

在上述 3 种方式下，51 单片机都是通过执行 MOVX 指令送出地址和读写命令，以选择转换通道，或由 P0 口数据总线读取 A/D 转换结果，因此都属于总线控制方式。在并口够用的情况下，ADC0809 也能很方便地实现并口控制。图 8-15 所示是在查询方式下利用并口进行控制的一种典型电路连接方法（参见文件 **ex8_8.pdsprj**）。

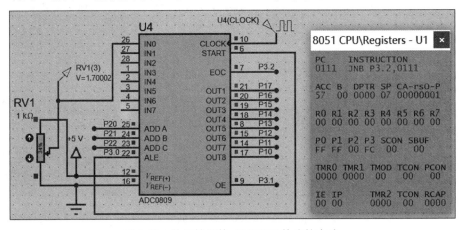

图 8-15　并口控制的 ADC0809 的连接电路

在图 8-15 中,ADC0809 的数据线 OUT1～OUT7 对应地与 51 单片机的 P1 口连接,OE 端与并口 P3.1 引脚连接,地址锁存信号和转换启动信号利用 P3.1 口提供,而 EOC 信号由 P3.2 引脚送入 51 单片机,以供 51 单片机查询。

根据上述连接,可以编写如下汇编语言程序(参见文件 **p8_8.asm**):

```
; ADC0809 的并口控制(查询方式)
EOC        BIT     P3.2            ; 定义 EOC 信号引脚
START      BIT     P3.0            ; 定义 ALE 和 START 信号引脚
OE         BIT     P3.1            ; 定义 OE 信号引脚
ADCDATA    DATA    P1              ; 定义 ADC 数据输入端口
ADCADDR    DATA    P2              ; 定义 ADC 通道地址输出端口
           ORG     0000H
           AJMP    MAIN
           ORG     0100H
MAIN:      SETB    EOC             ; P3.2 初始化输出高电平,以便正确输入
           MOV     ADCDATA, #0FFH  ; P1 口用作输入口,初始化输出全 1
           MOV     ADCADDR, #00H   ; 模拟通道选择地址,只有低 3 位有用
LP:        CLR     START
           SETB    START
           CLR     START           ; 产生 ALE 和 START 信号,以选择通道,启动转换
           JB      EOC, $
           JNB     EOC, $          ; 等待转换结束
           CLR     OE
           SETB    OE
           CLR     OE              ; 产生 OE 脉冲,读取转换结果
           MOV     A,P1
           ACALL   DELAY           ; 延时
           SJMP    LP
; ==============================================================
; 延时子程序:延时时间 = 203 个机器周期
; ==============================================================
DELAY:     MOV     R6, #100
           DJNZ    R6, $
           RET
           END
```

由于 P3.2 和 P1 口用作输入口,在上述程序中首先必须使这些并口引脚输出高电平;之后,将模拟量通道选择信号由 P2 口输出,其中只有 P3.0～P3.2 有用,高 5 位在电路中没用,可任意设为 1 码或 0 码。

在地址送到 P2 口以后,利用 3 条位操作指令在 P3.0 引脚上产生一个正脉冲,从而将通道选择信号打入 ADC0809,选择通道 0 并启动 A/D 转换。

之后,查询 P3.2 口送入的 EOC 信号。等到转换结束时,同样利用 3 条位操作指令在 P3.1 引脚上输出一个正脉冲,由 ADC0809 的 OE 端送入,将转换结果由 OUT1～OUT8 端子送出,并经过 P1 口送入 51 单片机。

在 51 单片机时钟频率为 12 MHz 时,程序中的延时子程序实现约 200 μs 的延时,再循环启动下一次 A/D 转换。

8.4　牛气冲天——实战进阶

这里再举几个案例介绍 DAC0832 和 ADC0809 的高级应用，并补充介绍采用串行扩展总线接口的 ADC 和 DAC。

8.4.1　ADC0809 和 DAC0832 的高级应用

在一个典型的测控系统中，可能同时需要 DAC 和 ADC，其中 ADC 实现现场数据的采集，而 DAC 用于将 51 单片机计算得到的控制信号数字量转换为模拟电压或电流，对被控对象进行控制。

此外，在现场测控系统中，还可能用到多片 DAC 实现多路信号波形的产生，其中有一个典型的问题是各信号波形之间的同步问题。上述问题中的关键技术通过如下几个案例进行体会。

动手实践 8-4：信号波形重现及数据采集

本案例利用 ADC0809 采集各种不同信号的波形数据，并利用 DAC0832 实现波形的重现。原理图如图 8-16 所示（参见文件 ex8_9.pdsprj）。

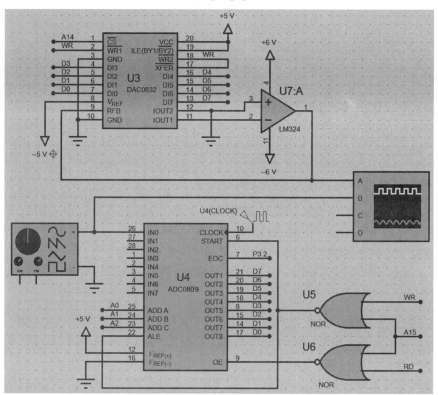

图 8-16　信号波形重现及数据采集电路原理图

在图 8-16 中,利用信号发生器(Signal Generator)产生不同幅度和频率的单极性脉冲波、锯齿波、三角波和正弦波,利用 51 单片机内的定时/计数器 T0 定时,控制 ADC0809 每隔 $100\ \mu s$ 采集一次波形数据。

采集的每个点波形数据立即送 DAC0832 转换,从而在输出端还原出与信号发生器输出一样的波形信号。此外,还将最开始的若干点波形数据保存到 51 单片机的内部 RAM 单元。

根据原理图中的连接方法,ADC0809 采用查询方式实现转换结果的读取;DAC0832 采用单缓冲方式实现 D/A 转换和信号波形的重现,其地址分别为 7FF8H 和 0BFFFH。

编译、加载并启动程序运行。在信号发生器窗口选择波形,并设置波形的幅度和频率参数等,如图 8-17 所示。在调节信号参数的过程中,观察示波器窗口中显示的信号发生器和 DAC0832 输出信号的波形,如图 8-18 所示。暂停运行,在弹出的内部 RAM 观察窗口观察波形数据,如图 8-19 所示。

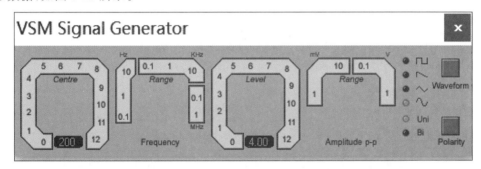

图 8-17　输入信号波形选择及参数设置

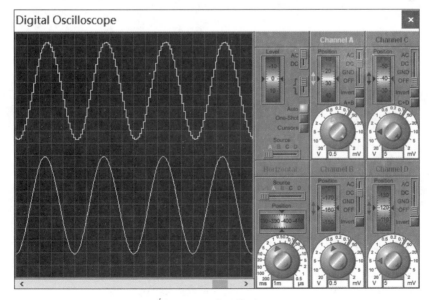

图 8-18　波形的重现

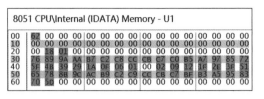

图 8-19　采集保存的波形数据

　　需要注意的是，在运行状态下改变信号发生器输出信号的波形及参数，在示波器上显示的波形将同步更新，但保存在内部 RAM 单元中的波形数据不会立即变化，必须要停止并重新启动运行后再观察。

　　本案例完整的汇编语言程序如下（参见文件 p8_9.asm）：

```
; 信号波形的重现(ADC0809 和 DAC0832 的配合使用)
ADC   XDATA   7FF8H            ; 定义 ADC0809 的地址及通道
DAC   XDATA   0BFFFH           ; 定义 DAC0832 地址
BUF   DATA    30H              ; 定义波形数据缓冲区
LEN   EQU     50               ; 定义缓冲区长度
EOC   BIT     P3.2             ; 定义 ADC0809 的 EOC 信号引脚
      ORG     0000H
      AJMP    MAIN
      ORG     000BH
      AJMP    T0_D             ; 定时/计时器 T0 中断服务程序入口
; =================================================================
; 主程序
; =================================================================
      ORG     0100H
MAIN: MOV     SP, #20H
      SETB    EOC              ; P3.2 初始化输出高电平,以便正确输入
      MOV     R0, #BUF
      MOV     R7, #LEN
      MOV     TMOD, #10010010B ; 定时/计数器 T0 初始化,定时为 100 μs
      MOV     TH0, #156
      MOV     TL0, #156
      SETB    ET0
      SETB    EA               ; 开 T0 中断
      SETB    TR0
      SJMP    $
; =================================================================
; T0 中断服务程序
; =================================================================
T0_D: MOV     DPTR, #ADC
LP:   MOVX    @DPTR, A         ; 启动 A/D 转换
      JB      EOC, $
      JNB     EOC, $           ; 等待 A/D 转换结束
      MOVX    A, @DPTR         ; 读取 A/D 转换结果
      MOV     DPTR, #DAC
      MOVX    @DPTR, A         ; 送 DAC0832 转换
      CJNE    R7, #0, ST0      ; 指定个数的波形数据是否保存完?
```

```
        RETI                    ; 是,则跳转
STO:MOV  @R0,A
        INC   R0                ; 保存波形数据到内部 RAM
        DEC   R7
RT: RETI                        ; 中断返回
        END
```

在上述程序的主程序中,主要做如下操作:

(1) P3.2 引脚即波形数据保存缓冲区的初始化(缓冲区的起始地址指针、缓冲区的长度);

(2) 定时/计数器 T0 的初始化:定时方式和禁用门控,方式 2;

(3) 定时/计数器 T0 的计数初值设为 156,当 51 单片机时钟脉冲频率为 12 MHz 时,定时为 100 μs;

(4) 定时/计数器 T0 开中断;

(5) 等待定时中断。

在定时/计数器 T0 的中断服务程序中,主要做如下操作:

(1) 启动 A/D 转换,采用查询方式(检测 P3.2 即 EOC 状态)等待 A/D 转换结束;

(2) 读取 A/D 转换结果,立即送 DAC0832 进行 D/A 转换;

(3) 保存波形数据到内部 RAM;

(4) 判断指定个数的波形数据是否保存完。若是,则不再保存。

动手实践 8-5：利用两片 DAC0832 分别输出不同波形

本案例利用两片 DAC0832 分别产生两个不同波形的信号。原理图如图 8-20 所示(参见文件 ex8_10. pdsprj)。图中,两片 DAC0832 都采用单缓冲方式连接,只是两片的片选信号分别由地址总线的 A15 和 A14 位提供,因此地址分别为 7FFFH 和 0BFFFH。

根据原理图编制如下汇编语言程序(参见文件 p8_10. asm):

```
; 两路波形的输出
DAC1 XDATA  7FFFH              ; 定义 1#DAC0832 的地址
DAC2 XDATA  0BFFFH             ; 定义 2#DAC0832 的地址
     ORG    0000H
     AJMP   MAIN
     ORG    0100H
MAIN: MOV   R0,#0              ; 锯齿波波形数据初始化为 0
     MOV    R1,#0              ; 三角波波形数据初始化为 0
     MOV    R7,#200            ; 设置波形周期长度
LP:  MOV    DPTR,#DAC1
     MOV    A,R0
     MOVX   @DPTR,A            ; 输出锯齿波一个点
     MOV    DPTR,#DAC2
     MOV    A,R1
     MOVX   @DPTR,A            ; 输出三角波一个点
     ACALL  DELAY             ; 延时
     CJNE   R7,#100,NEXT       ; 修改波形数据
```

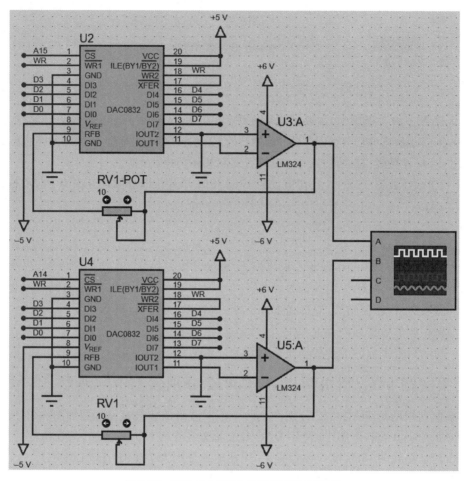

图 8-20 两片 DAC0832 的电路连接原理图

```
        MOV   R0,#-1              ;锯齿波回零
NEXT:   INC   R0
        CJNE  R7,#101,NEXT1
NEXT1:  JC    NEXT2
        INC   R1                  ;三角波上升段
        SJMP  NEXT3
NEXT2:  DEC   R1                  ;三角波下降段
NEXT3:  DJNZ  R7,LP
        SJMP  MAIN
DELAY:  MOV   R6,#50              ;延时子程序
        DJNZ  R6,$
        RET
        END
```

上述程序的运行效果如图 8-21 所示，注意示波器面板上的各项参数设置。此外，改变程序中的常数 200 和 100，以及延时子程序延时的时间，观察信号波形的变化。

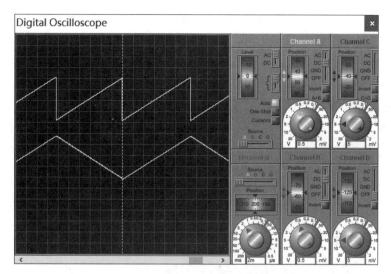

图 8-21　两片 DAC0832 输出的两路信号

上述程序的主程序整个是一个循环,每次循环输出锯齿波和三角波波形上的一个点,其中延时子程序决定了相邻波形上两个点之间的时间间隔。两个信号的波形数据分别存放在 R0 和 R1 寄存器中,因此根据 DAC0832 的地址直接输出即可。程序中的关键是每次循环对两个信号波形数据的修改,具体的程序实现取决于要求输出的波形形状和参数。这里假设要求输出锯齿波和三角波,并且锯齿波与三角波的上升段相同,因此锯齿波的周期实际上只有三角波周期的一半。

在程序中,利用 R7 控制共循环 200 次,也就是在三角波的一个周期或锯齿波的两个周期波形上分别输出 200 个点。之后,跳转到主程序的开始进行无限循环。

在每次循环输出波形上的一个点之后,延时适当时间,再利用 CJNE 指令判断锯齿波的一个周期(或三角波的上升段)是否已经结束。如果是,则将 R0 重新赋初值为 0,从而开始锯齿波的下一个周期,而 R1 将在之后改为递减计数,开始输出下降段波形。

动手实践 8-6：波形的同步——DAC0832 双缓冲方式的应用

在动手实践 8-5 中,两片 DAC0832 的工作是相互独立的,从而将导致两个信号的波形不同步。为了说明这个问题,在该案例的主程序中,输出两个信号波形数据的操作之间添加一条调用延时子程序的语句,即做如下修改:

```
...
MOV    A,R0
MOVX   @DPTR,A        ; 输出锯齿波一个点
MOV    DPTR, #DAC2
ACALL  DELAY
MOV    A,R1
MOVX   @DPTR,A        ; 输出三角波一个点
...
```

重新运行程序，并将示波器上的纵横轴刻度减小到足够小，在示波器上将观察到如图 8-22 所示的波形。波形上的每个台阶就是程序循环一次输出一个点所需的时间，其中包括通过延时子程序实现的延时以及程序中循环执行其他指令所需的时间。

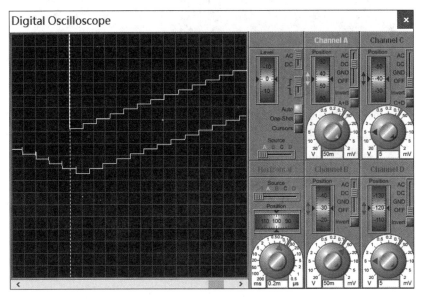

图 8-22　波形的不同步问题

在实际系统中，利用计算机进行信号的产生和波形的变换等处理，基本原理都是这样的，即通过循环依次处理信号波形上的各点。由于执行每次循环都需要时间，因此计算机系统只能输出离散的或台阶形状的波形。只是当这些时间足够小时，示波器看到各信号的波形都比较平滑。

由图 8-22 可以清楚地看到两个信号波形的不同步，具体体现在：两个波形上同一个采样台阶在时间上是错开的。显然，错开的时间也就是程序中增加的调用子程序实现的延时等。可以想象，即便没有在程序中增加调用延时子程序的操作，由于在程序中是通过先后执行两条 MOVX 指令依次输出两个波形上对应的两个采样点，也将会导致这两个采样点在时间上不可能完全同步。

利用 DAC0832 工作在双缓冲方式，即可很方便地实现两片 DAC0832 输出信号波形的同步。为此，只需要修改图 8-20 所示原理图中两片 DAC0832 的 $\overline{\text{WR2}}$ 和 $\overline{\text{XFER}}$ 引脚连接。其中，两个芯片的 $\overline{\text{WR2}}$ 仍然接 51 单片机的 P3.2 引脚，而将两个芯片的 $\overline{\text{XFER}}$ 引脚都接到地址总线 A13。本案例原理图参见文件 **ex8_11. pdsprj**。

在这种情况下，当执行原程序中的两条 MOVX 指令时，两个信号的波形数据只是先后输出并存入两个芯片内部的输入寄存器中，但还没有转换得到波形上的对应点。程序接下来再执行一条 MOVX 指令，并给定地址为 0DFFFH，其中的 A13＝0，因此执行时两个芯片的 XFER 信号同时有效，会将波形数据同时送到两个芯片的 DAC 寄存器并转换得到一个采样点。根据上述方法得到如下完整的汇编语言程序（参见文件 **p8_11. asm**）：

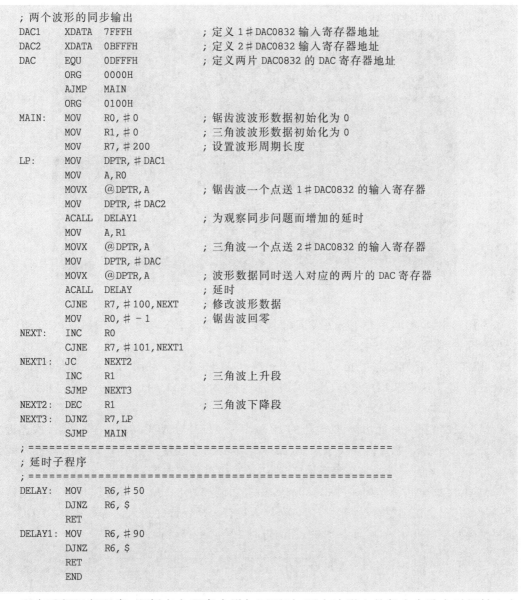

```
; 两个波形的同步输出
DAC1    XDATA   7FFFH           ; 定义 1♯ DAC0832 输入寄存器地址
DAC2    XDATA   0BFFFH          ; 定义 2♯ DAC0832 输入寄存器地址
DAC     EQU     0DFFFH          ; 定义两片 DAC0832 的 DAC 寄存器地址
        ORG     0000H
        AJMP    MAIN
        ORG     0100H
MAIN:   MOV     R0,♯0           ; 锯齿波波形数据初始化为 0
        MOV     R1,♯0           ; 三角波波形数据初始化为 0
        MOV     R7,♯200         ; 设置波形周期长度
LP:     MOV     DPTR,♯DAC1
        MOV     A,R0
        MOVX    @DPTR,A         ; 锯齿波一个点送 1♯ DAC0832 的输入寄存器
        MOV     DPTR,♯DAC2
        ACALL   DELAY1          ; 为观察同步问题而增加的延时
        MOV     A,R1
        MOVX    @DPTR,A         ; 三角波一个点送 2♯ DAC0832 的输入寄存器
        MOV     DPTR,♯DAC
        MOVX    @DPTR,A         ; 波形数据同时送入对应的两片的 DAC 寄存器
        ACALL   DELAY           ; 延时
        CJNE    R7,♯100,NEXT    ; 修改波形数据
        MOV     R0,♯-1          ; 锯齿波回零
NEXT:   INC     R0
        CJNE    R7,♯101,NEXT1
NEXT1:  JC      NEXT2
        INC     R1              ; 三角波上升段
        SJMP    NEXT3
NEXT2:  DEC     R1              ; 三角波下降段
NEXT3:  DJNZ    R7,LP
        SJMP    MAIN
; ==================================================
; 延时子程序
; ==================================================
DELAY:  MOV     R6,♯50
        DJNZ    R6,$
        RET
DELAY1: MOV     R6,♯90
        DJNZ    R6,$
        RET
        END
```

现在重新运行程序,即便在主程序中增加了延时,两个波形上的每个台阶在时间轴上方向都是完全对齐的,从而实现了完全同步,如图 8-23 所示。

8.4.2 串行总线接口 ADC 和 DAC

DAC0832 和 ADC0809 可以通过 51 单片机内部集成的并口或者并行扩展接口与 51 单片机进行数据传输,但是这将占用过多的 51 单片机资源,需要较多的扩展芯片电路等。目前,在 51 单片机系统中也越来越多地采用带串行总线接口的 ADC 和 DAC 器件。

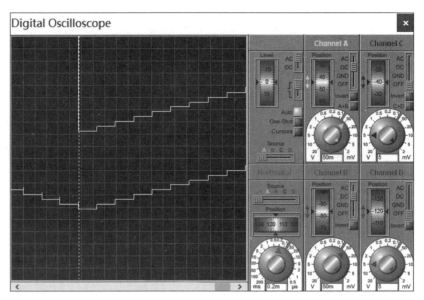

图 8-23 两个波形的同步输出

常用的串口 ADC 器件有采用 I2C 总线接口的 12 位 MX1238、ADS1112、**PCF8591** 等，采用 SPI 总线的 **MAX1241**、TLC4541 等，采用 1-Wire 总线的 DS2450 等。常用的串口 DAC 器件有采用 I2C 总线接口的 DAC5574、DAC8571 等，采用 SPI 总线的 DAC7611、DAC7631 等。这里以 MAX1241 和 PCF8591 为例，介绍串口 ADC 和 DAC 的基本用法。

1. MAX1241 及其与 51 单片机的接口

MAX1241 是一种低功耗、低电压的 12 位串行 ADC，与 ADC0809 一样采用逐次逼近方法实现 A/D 转换。芯片内置快速采样/保持电路，最大非线性误差小于 1 LSB，转换时间为 9 μs。该芯片采用三线式 SPI 串行接口与 51 单片机进行数据传输。

MAX1241 的内部结构如图 8-24 所示，引脚功能如表 8-1 所示。在 $\overline{\text{SHDN}}$ 和片选信号 $\overline{\text{CS}}$ 的作用下，由控制逻辑电路对模拟电压输入进行采样保持并送入内部的 12 位 ADC。控制逻辑电路同时产生 ADC 转换时钟，控制进行 12 位 A/D 转换。

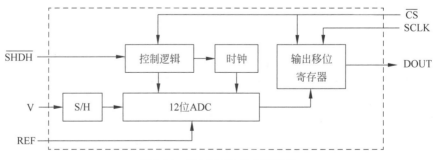

图 8-24 MAX1241 的内部结构

表 8-1　MAX1241 的引脚

引脚序号	引脚名称	功　能	参　数
1	VDD	电源	$+2.7\sim+5.2$ V
2	V_{IN}	模拟量输入	$0\sim V_{REF}$
3	$\overline{SHDN}$	节电方式控制端	0：节电休眠；1：正常工作
4	REF	参考电压输入端	$V_{REF}=1$ V$\sim$VDD
5	GND	电源地	模拟和数字地
6	DOUT	串行数据输出端	三态输出
7	$\overline{CS}$	片选端	0：选通；1：禁止
8	SCLK	时钟脉冲输入端	频率 $0\sim2.1$ MHz

MAX1241 芯片上的 SPI 总线只有 3 根，转换结果在 $\overline{CS}$ 和外部送入时钟脉冲 SCLK 作用下，通过输出移位寄存器逐位由 DOUT 端输出。

MAX1241 的工作过程可以用图 8-25 所示时序图进行描述，具体总结如下。

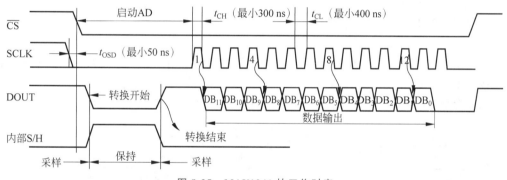

图 8-25　MAX1241 的工作时序

（1）在 $\overline{SHDN}$ 为高电平的前提下，片选信号 $\overline{CS}$ 由高电平到低电平的负跳变启动转换，此时时钟脉冲 SCLK 必须为低电平。

（2）启动 A/D 转换后，内部控制逻辑切换 S/H(采样/保持电路)为保持状态，并使数据输出线 DOUT 变为低电平，转换结束时 DOUT 再由低电平变为高电平。在整个转换期内，SCLK 保持为低电平。转换所需最长时间为 7.5 μs。

（3）转换结束后，DOUT 端输出高电平作为转换结束标志，之后在每个时钟脉冲的负跳变将转换结果从高位到低位逐位输出，读出全部 12 位转换结果所需的最长时间为 5.95 μs。

（4）在 13 个时钟脉冲过后，12 位转换结果读取完毕。此时，$\overline{CS}$ 和 DOUT 线重新复位为初始的高电平状态，等待再次启动 A/D 转换。

MAX1241 与 51 单片机的接口可以有两种方法，一种是使用普通并口通过程序实现串行输入；另一种是直接使用 51 单片机的串口实现数据传输，其中也需要占用几个并口引脚实现控制（例如片选）。

2. PCF8591 及其与 51 单片机的接口

PCF8591 是带 I2C 总线接口的单电源低功率 8 位 CMOS 数据采集器件，具有 4 个模拟输入通道和一个模拟输出通道，具有模拟输入多路复用、片上采样和保持功能、8 位 A/D 转换和 8 位 D/A 转换等功能。最大转换速率取决于 I2C 总线的最大速度。

（1）PCF8591 的引脚与内部结构。

图 8-26 为 PCF8591 的引脚，其中的主要引脚如下。

- AIN0～AIN3：模拟信号输入端。
- A0～A2：器件地址可编程位设置端。与 AT24C02 类似，PCF8591 的器件地址高 4 位固定为 1001，可编程位取决于 A0～A2。
- VDD：电源端（2.5～6 V）。
- VSS：接地端。
- SDA、SCL：I2C 总线的数据线、时钟线。
- OSC：外部时钟输入端/内部时钟输出端。
- EXT：内/外部时钟选择线，使用内部时钟时 EXT 接地。
- AGND：模拟信号地。
- AOUT：D/A 转换输出端。
- V_{REF}：基准电源端。

图 8-27 为 PCF8591 的内部结构。其中通过 PCF8591 内部的 I2C 总线接口，51 单片机可以按照 I2C 总线协议访问内部的 ADC 寄存器、DAC 寄存器和状态寄存器，这 3 个寄存器分别用于存放 51 单片机写入的控制命令、D/A 转换的数字量和 A/D 转换结果。

图 8-26 PCF8591 的引脚

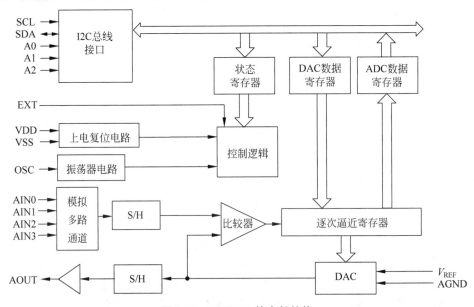

图 8-27 PCF8591 的内部结构

（2）PCF8591 的控制字。

在工作过程中，51 单片机通过 I2C 总线将一个 8 位的控制字写入 PCF8591 的控制寄存器，从而实现 A/D 和 D/A 转换的启动、通道选择、A/D 转换结果的读取等操作。8 位控制字中各位的含义如下。

- D7：固定为 0。
- D6：模拟量输出允许。该位为 1 时允许模拟输出；为 0 时禁止模拟输出。
- D5、D4：模拟输入方式选择。设置模拟量输入的 4 种方式。这两位为 00～11 时，分别对应 4 路单端输入、3 路差分输入、单端与差分配合输入、两路差分输入方式。这 4 种模拟量输入方式下 4 根模拟量输入引脚的连接如图 8-28 所示。

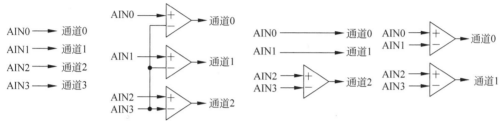

图 8-28　PCF8591 模拟量输入方式

- D3：固定为 0。
- D2：自动递增选择。当该位设为 1 时，每次 A/D 转换结束后模拟输入通道号自动递增。
- D1、D0：模拟输入通道选择。这两位为 00～11 时，分别对应选择通道 0～3。

（3）A/D 和 D/A 转换时序。

PCF8591 内部的 ADC 采用逐次逼近式转换技术，借用片上 D/A 转换器和高增益比较器实现 A/D 转换。A/D 转换的时序如图 8-29 所示。

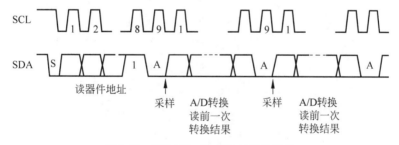

图 8-29　PCF8591 的 A/D 转换的时序

当通过 I2C 总线向 PCF8591 发送写器件地址（方向位为 1）后即可启动 A/D 转换。一旦触发了一个转换周期，当前所选通道的输入电压就被转换为相应的 8 位二进制代码并存储在 ADC 数据寄存器中，同时读出上一次转换结果。之后，51 单片机发送一个非应答信号令 PCF8591 释放总线，再发送 P 信号结束读操作时序。

如果设置了自动递增标志（控制寄存器的 D2 位设为 1），则在转换完当前通道并读取了上一次转换的前一个通道数据后，将自动选择下一个通道。如此重复，直到 51 单片机发送非应答信号和 P 信号时停止。在上电复位时，读取的第一个字节为 80H。

PCF8591 的 D/A 转换原理和电路与 DAC0832 类似，只是内部除电阻网络外，还集成了运算放大器和所需的反馈电阻。在应用电路中，只需要送入合适的参考电压即可。

与 DAC0832 采用并口传送待转换的数字量不同，PCF8591 采用 I2C 总线实现待转换数字量的写入，其时序如图 8-30 所示。

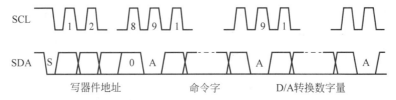

图 8-30　PCF8591 的 D/A 转换时序

向 PCF8591 发送数字量之前，首先需要向其发送写器件地址（方向位为 0），再发送 1 字节的控制命令以设置允许模拟量输出。等到 PCF8591 应答后，再将数字量发送并存入内部的 DAC 数据寄存器，再使用片上的 D/A 转换器转换为相应的模拟电压。

转换得到的模拟电压由一个自校零单位增益放大器进行缓冲。该增益放大器可以通过控制字设置开启或关闭。在激活状态下，保持输出电压，直到发送另一个数据字节。

动手实践 8-7：MAX1241 与 51 单片机的接口

本案例利用该器件实现 12 位 A/D 转换，并将转换结果用 LCD1602 显示，电路原理图如图 8-31 所示（参见文件 **ex8_12.pdsprj**）。图中 51 单片机的 P3.0～P3.2 引脚用作 SPI 总线的 3 根信号线，与 MAX1241 的 DOUT、SCLK 和 $\overline{\text{CS}}$ 相连接。51 单片机的 P3.3 与 $\overline{\text{SHDN}}$ 引脚相连接。利用滑动变阻器对电源电压分压得到待转换的模拟量，由 AIN 引脚送

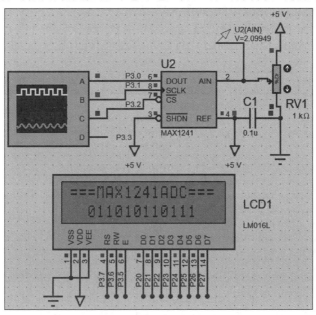

图 8-31　51 单片机与 MAX1241 的连接原理图及运行结果

入 MAX1241。此外,原理图中还利用 LCD 液晶显示器 LM016L 显示 MAX1241 转换得到的 12 位数字量,其数据线由 51 单片机的 P2 提供,3 根控制信号线由 P3.5～P3.7 提供。

本案例完整的汇编语言程序参见文件 **p8_12.asm**。在主程序中,首先调用 LCD_INIT 对 LCD1602 进行初始化,并调用 LCD_L1 在第一行显示提示信息。之后循环调用 ADC 子程序,控制 MAX1241 进行 A/D 转换,并读取和显示转换结果。

子程序 ADC 的完整定义如下:

```
; ==================================================
; ADC 控制子程序
; ADC 转换控制并读取 12 位转换结果
; 送 LCD 显示
; ==================================================
ADC:    CLR     SCLK
        SETB    CS
        CLR     CS              ; 启动 A/D 转换
        JNB     DOUT, $         ; 等待 A/D 转换结束
        SETB    SCLK
        MOV     R7, #12         ; 设置读取位数
        MOV     A, #0C2H        ; 设置 LCD 显示缓冲区地址(第 2 行第 3 列)
        ACALL   WRTI
LRD:    CLR     SCLK
        NOP
        SETB    SCLK
        MOV     C, DOUT         ; 读取一位,存入 C
        MOV     A, #30H         ; LCD1602 显示一位
        ADDC    A, #0
        ACALL   WRTD
        DJNZ    R7, LRD
        SETB    CS              ; 读取完毕,CS 恢复为高电平
        RET
```

上述子程序主要实现如下两个功能。

(1) 启动 A/D 转换。

根据 MAX1241 的工作时序,程序中将 SCLK 复位为低电平,之后在 CS 端产生一个负跳变从而启动 A/D 转换。启动转换后,不断检测 DOUT 线是否变为低电平,若是,则等待直到 A/D 转换结束。

(2) 转换结果的读取与显示。

在转换结束后,读取转换结果。同样根据工作时序,在读取转换结果时,需要不断重复由 SCLK 端子向 MAX1241 送入负跳变和正跳变,从而将转换结果中的每一位代码由 DOUT 线输出。在程序中,利用 CLR 和 SETB 指令使 SCLK 引脚不断在高/低电平之间切换。在每个 SCLK 正跳变时刻,转换结果中的一位代码由 DOUT 引脚输出,立即存入标志位 C 中。

本案例将 MAX1241 的每次 12 位转换结果直接以二进制形式显示。LCD1602 要求 51 单片机必须将待显示的字符用 ASCII 码格式送算术内部的显示缓冲区。因此,在程序中,

通过执行 ADDC 指令，将累加器中的 30H 与标志位 C 中保存的一位转换结果相加，即可得到当前位转换结果的 ASCII 码。之后调用 WRTD 子程序将其写入 LCD1602，从而在指定位置显示出来。

在图 8-31 所示的原理图中，还添加了一个示波器，用于观察运行过程中与 MAX1241 相关的 3 个 SPI 总线信号。运行后，打开的示波器窗口如图 8-32 所示，图中从上往下分别为 DOUT、SCLK 和 $\overline{CS}$ 信号的波形。两个 $\overline{CS}$ 正脉冲之间的时间代表一次转换和读取及显示操作。在 $\overline{CS}$ 的第一个负跳变时刻开始转换，转换结束时 DOUT 端输出一个正脉冲，之后逐位输出转换结果。

图 8-32

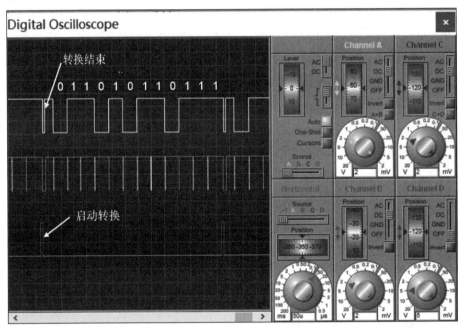

图 8-32　MX1241 中各 SPI 总线信号的波形

程序加载启动运行后，单击原理图中的滑动变阻器 RV1 改变模拟量，在液晶显示器上可以观察到转换的结果。

注意：原理图中设置 A/D 转换参考电压为 +5 V，因此 MAX1241 转换的分辨率为 $5/2^{12} \approx 1.22$ mV。设置的模拟量利用探针测得为 2.09949 V，则理论上转换结果应为 2.09949/0.00122，四舍五入取整得到 1720 = 011010111000B，液晶显示器上显示的结果与理论值有 1 位的分辨率误差。

动手实践 8-8：PCF8591 与 51 单片机的接口

本案例利用 PCF8591 将外部输入的模拟电压转换为数字量，经 51 单片机读取后存入内部 RAM 中指定的单元，同时将其减小一半后再送回 PCF8591 进行 D/A 转换。电路原理图如图 8-33 所示（参见文件 ex8_13.pdsprj）。

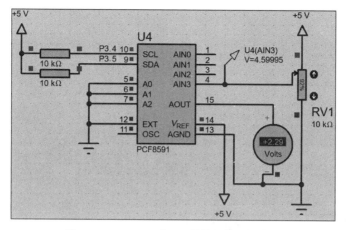

图 8-33　PCF8591 与 51 单片机的连接电路

在图 8-33 中,PCF8591 的两根 I2C 总线信号引脚 SCL 和 SDA 分别与 51 单片机的 P3.4
和 P3.5 引脚连接。A2～A0 接地,则 PCF8591 的读写器件地址分别为 10010001B＝91H 和
100010000B＝90H。EXT 引脚接地,则使用 PCF8591 内部时钟作为 A/D 转换时钟,该
时钟可以由 OSC 端子输出。

PCF8591 的电源和参考电压都设为＋5 V,AGND 接地,则转换分辨率为 $5/2^8 \approx 2$ mV。
D/A 转换输出模拟量接电压表,A/D 转换模拟量由 IN3 即通道 3 输入,因此控制字为 43H。

在本案例的控制程序中,发送 I2C 总线 S 信号、P 信号、A 信号的子程序以及对 I2C 总
线接口器件读写 1 字节数据的子程序 WBYTE、RBYTE 与文件 **p7_1.asm** 完全相同,与本
案例中 PCF8591 相关的部分代码(参见文件 **p8_13.asm**)如下:

```
; PCF8591 的应用(带 SPI 总线的 12 位串行 ADC)
SCL     BIT     P3.4            ; 引脚定义
SDA     BIT     P3.5
ACK     BIT     20H.0           ; 定义应答位
WADD    EQU     90H             ; 定义 PCF8591 写器件地址
RADD    EQU     91H             ; 定义 PCF8591 读器件地址
BUF     DATA    30H             ; 定义缓冲区单元地址
……
; =======================================================
; 主程序
; =======================================================
        ORG     0100H
;选中该片 PCF8591
MAIN:   MOV     SP, ＃20H
LP:     ACALL   START           ; 发 S 信号
        MOV     A, ＃WADD
        ACALL   WBYTE           ; 发写器件地址命令,以选中该片 PCF8591
        LCALL   CACK
        JNB     ACK, $          ; 无应答则等待
        MOV     A, ＃43H
        ACALL   WBYTE           ; 发 PCF8591 控制字,选择 ADC 模拟量输入通道
        LCALL   CACK
```

```
                JNB     ACK, $
        ; 启动 ADC、读操作时序
                ACALL   START                       ; 发 S 信号
                MOV     A, #RADD
                ACALL   WBYTE                       ; 发读器件地址命令,准备读
                LCALL   CACK
                JNB     ACK, $
                ACALL   RBYTE                       ; 读 ADC 结果
                MOV     30H,A                       ; 保存到内部 RAM 缓冲区
                ACALL   MNACK                       ; 发非应答信号,令 PCF8591 释放总线
                ACALL   STOP                        ; 发 P 信号,结束读操作
                ACALL   DELAY                       ; 延时
        ; 写 D/A 转换数字量时序
                ACALL   START                       ; 发 S 信号
                MOV     A, #WADD
                ACALL   WBYTE                       ; 发写器件地址命令
                ACALL   CACK
                JNB     ACK, $
                MOV     A, #43H
                ACALL   WBYTE                       ; 发控制字,允许 D/A 模拟的输出
                ACALL   CACK
                JNB     ACK, $
                MOV     A, BUF
                CLR     C
                RRC     A                           ; 数字量减半(除以 2)
                ACALL   WBYTE                       ; 向 PCF8591 写入数字量
                ACALL   MNACK                       ; 发非应答信号
                ACALL   STOP                        ; 发 P 信号,结束写操作
                SJMP    LP
```

上述程序主要包括 3 个操作,即选中该片 PCF8591 并设置模拟量输入通道、读 A/D 转换结果、写 D/A 转换完成的数字量。每个操作都是一个完整的 I2C 操作时序,因此都从发送 S 信号开始。详细操作流程如下:

（1）发送 S 信号和写器件地址,以启动 51 单片机与该片 PCF8591 之间的数据传输。在等待 PCF8591 应答后,51 单片机再向其发送控制字 43H,以选择模拟量输入通道,允许 D/A 转换模拟量输出。

（2）发送 S 信号及读器件地址,启动 A/D 转换,并读取上一次 A/D 转换结果,存入 BUF 缓冲区。之后,发送非应答信号和 P 信号,结束 A/D 读时序。

（3）适当延时后,启动写操作时序。在发送 S 信号之后发送读器件地址及控制字,以允许输出 D/A 转换的模拟量。之后,将前面读得的 A/D 转换结果利用 RRC 指令除以 2 后写入 PCF8591。最后,发送非应答信号和 P 信号,结束读操作时序。

加载并启动程序运行后,单击原理图中的滑动变阻器可以改变 A/D 转换器输入的模拟电压,并通过图中的探针可以观察电压值。经过 A/D 转换得到的数字量送入 D/A 转换器,立即转换输出,D/A 转换输出的模拟量可以由直流电压表观察。暂停运行后,可以在弹出的 8051 内部寄存器窗口观察 30H 单元中保存的 A/D 转换结果。

本章小结

单片机测控系统中经常需要利用 ADC 和 DAC 实现对现场很多模拟量进行数据采集和控制。本章主要介绍了 A/D 和 D/A 转换的基本原理,常用的芯片及其与 51 单片机的接口设计方法。

(1) 单片机只能识别和处理数字量和开关量,工业现场的模拟量必须通过 A/D 转换变为数字量,反之,单片机输出的数字量必须通过 D/A 转换变为现场所需的模拟量。

(2) D/A 和 A/D 转换是通过专门的电路实现的,分别称为 DAC 和 ADC。根据转换的原理和过程,DAC 和 ADC 都有转换精度、转换速度和分辨率这些重要的技术指标。

(3) 对 51 单片机系统来说,有各种不同技术指标的集成 DAC 和 ADC,可以根据实际系统的需要选用。

(4) 本书主要介绍了常用的 DAC0832 和 ADC0809 这两种并口芯片,如果系统中需要选用其他芯片,可以查阅相关芯片的技术手册和资料。

(5) DAC0832 可以有直通、单缓冲和双缓冲三种工作方式,而 ADC0809 可以用无条件、查询和中断方式读取转换结果,各种工作方式的电路连接和控制程序各不相同。

(6) 51 单片机可以采用总线控制和并口控制两种方法对 DAC0832 和 ADC0809 的工作过程进行控制,包括 DAC 数字量的打入、ADC 的通道选择和转换结果的读取。

(7) 本章也以 MAX1241 和 PCF8591 为例,介绍了现代单片机测控系统中广泛采用的串行总线接口 DAC 和 ADC,其他芯片可以参考相关技术手册。

思考练习

8-1 填空题

(1) 在图 8-2 中,已知 $V_{REF}=+5$ V,当输入数字量 $D=80$H 时,$V_0=$ _____。

(2) 已知某 8 位 DAC 的分辨率为 1 LSB$=9.77$ mV,则当输入数字量为 0FFH 时,输出模拟电压为_____,满量程电压为_____。

(3) 已知 8 位 ADC 的最大输入电压为 5 V,则当输入电压不超过_____时,输出为 01H;当输入超过_____时,输出为 0FFH。

(4) DAC0832 内部的数字量需要依次通过两个寄存器才能送到 D/A 转换器进行转换,这两个寄存器分别是_____和_____。

(5) ADC0809 在_____信号的下降沿启动转换,在转换过程中 EOC 保持为_____,转换结束后变为_____,再用_____信号的正脉冲读出转换结果。

(6) 为了使 51 单片机采用中断方式读取 ADC0809 的转换结果,可以将_____信号反相后向 51 单片机发出外部中断请求。

(7) MAX1241 是带有_____总线接口的_____位 A/D 转换器,引脚上的 3 根 SPI

总线分别是_____、_____和_____。

（8）在 A/D 转换和读取转换结果的过程中，MAX1241 的 $\overline{CS}$ 引脚必须保持为_____电平，转换结束时，DOUT 引脚输出_____电平。

（9）PCF8591 带_____总线接口，同时具有_____位 A/D 和 D/A 转换功能。

（10）PCF8591 中的 ADC 有_____个模拟量输入通道，通过_____进行选择。

8-2　选择题

（1）下列型号的芯片中，（　　）是 ADC，（　　）是 DAC。

  A. 74LS373   B. 74HC245   C. ADC0809   D. DAC0832

（2）下面有关 DAC0832 的描述，错误的是（　　）。

  A. DAC0832 是一个 8 位电压输出型 D/A 转换器

  B. 内部包括一个输入锁存器、一个 DAC 寄存器和一个 D/A 转换器

  C. D/A 转换输出结果取决于参考电压、输入数字量和内部电阻网络

  D. 可以有直通、单缓冲和双缓冲三种工作方式

（3）当 DAC0832 的引脚 ILE 接电源，引脚 $\overline{CS}$、$\overline{WR1}$、$\overline{WR2}$ 和 $\overline{XFER}$ 都接地时，工作在（　　）。

  A. 直通方式   B. 单缓冲方式

  C. 双缓冲方式   D. 中断方式

（4）下面有关 ADC0809 工作过程的描述，正确的是（　　）。

① EOC 引脚上产生负跳变，并保持低电平到转换结束

② 转换结束后 EOC 引脚输出正跳变

③ START 引脚输入脉冲的正跳变时启动 A/D 转换

④ OE 引脚上的正跳变输出转换结果，CPU 读取转换结果后 OE 变为低电平

  A. ①③②④   B. ③①②④   C. ①④③②   D. ③④①②

（5）下面不属于 ADC0809 工作方式的是（　　）。

  A. 延时方式   B. 查询方式   C. 中断方式   D. 并口控制方式

8-3　简述 51 单片机对 ADC 和 DAC 两种控制方式的主要区别。

8-4　简述 DAC0832 三种工作方式的主要特点。

8-5　51 单片机可以采用三种方式读取 ADC0809 转换结果，总结这三种方式读取过程的主要区别。

8-6　已知 DAC0832 采用总线控制单缓冲方式，地址为 0BFFFH，要求将 51 单片机内部 RAM 中从 40H 开始的 10 个单元中存放的数字量依次转换为模拟电压输出。简要说明电路连接，并编写实现主要功能的程序段。

8-7　在图 8-6 所示原理图中，假设在 IN0～IN7 端分别接入一个模拟电压，要求将这 8 个模拟电压在某个时刻的幅度转换为数字量，51 单片机采用查询方式读取并依次存入 51 单片机中从 40H 开始的内部 RAM 单元，编写相应的程序段。

8-8　PCF8591 可以同时作为 ADC 和 DAC，总结这两种转换的工作时序。

综合设计

8-1　用图 8-4 所示电路产生锯齿波,要求锯齿波的周期用定时/计数器中断实现定时,编写汇编语言程序。

8-2　利用一片 ADC0809 轮流采集 8 个模拟电压。要求 51 单片机采用中断方式读取每路模拟电压的转换结果,并顺序存入内部 RAM 中 40H 开始的单元;8 个模拟电压采集完毕后,又从第一个开始重新采集,并放回同样的单元。已知通道 IN0 的地址为 0EFF8H。

(1) 画出电路连接原理图;

(2) 编写完整的汇编语言程序。

8-3　在图 8-31 所示原理图的基础上,改写程序,将 MAX1241 的一次转换结果存入 51 单片机内部 RAM 的 40H(低字节)和 41H(高字节)单元。

第 9 章
51 单片机应用系统的设计与开发

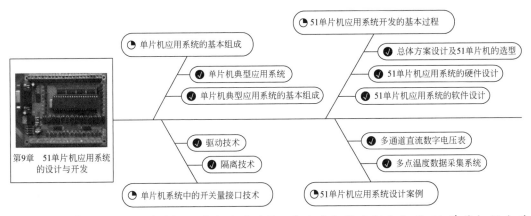

前面各章介绍了 51 单片机的基本体系结构,并通过大量案例介绍了 51 单片机指令系统中常用的指令、汇编语言程序设计的基本方法及其应用。本章将结合几个比较综合的工程实践案例,简要介绍 51 单片机应用系统开发和设计的基本方法和步骤。

9.1 单片机应用系统的基本组成

相对于通用微机,单片机具有集成度高、体积小、可靠性高、性能价格比高、系统结构简单、处理功能强和速度快等优点,在工业控制、仪器仪表、家电自动化、智能化等方面得到了日益广泛的应用。

9.1.1 单片机典型应用系统

从工业自动化、自动控制、智能仪器仪表、消费类电子产品等方面,再到国防尖端技术领域,单片机都发挥着十分重要的作用。

1. 工业检测与控制

单片机已在工业过程控制、机床控制、机器人控制、汽车控制、过程监测和机电一体化控制等系统得到广泛的应用,主要应用场合有工业过程控制、智能控制、设备控制、数据采集和传输、测试、测量、监控等,如图 9-1 所示。

(a) 机器人

(b) 自动生产线

图 9-1

图 9-1　单片机在工业控制系统中的应用

2. 仪器仪表

目前对仪器仪表的自动化和智能化要求越来越高。单片机的使用有助于提高仪器仪表的精度和准确度,简化结构,减小体积而易于携带和使用,加速仪器仪表向数字化、智能化、多功能化方向发展。图 9-2 给出了几款典型的智能仪器仪表产品。

(a) 智能仪表

(b) 数字温控仪

(c) 数字示波器

图 9-2

图 9-2　智能仪器仪表

3. 消费和汽车类电子产品

各种传统家用电器(例如洗衣机、电冰箱、空调、电风扇、电视机、微波炉等)嵌入了单片机后,功能和性能得到了大大提高,并实现了智能化、最优化控制,如图 9-3 所示。单片机在各种汽车电子设备中(如汽车安全系统、汽车信息系统、智能自动驾驶系统、汽车卫星导航系统、汽车紧急请求服务系统、汽车防撞监控系统、汽车自动诊断系统及汽车黑匣子等)也都得到了广泛应用。

(a) 洗衣机

(b) 电冰箱

(c) 扫地机器人

图 9-3

图 9-3　消费类电子产品

4. 通信终端和计算机外围设备

在调制解调器、各类手机、传真机、程控电话交换机、信息网络及各种通信设备、计算机网络终端(如银行终端)及计算机外部设备(如打印机、硬盘驱动器、绘图机、传真机、复印机等)中也都使用了单片机作为控制器。智能化键盘、智能化显示器、智能化打印机、智能化软盘和硬盘驱动器、智能化磁带驱动器及智能化绘图仪、网络设备等，都可用单片机作为控制器。图 9-4 给出了几款典型的通信终端和计算机外设产品。

图 9-4

(a) 一体机　　　　(b) 路由器　　　　(c) 智能手机

图 9-4　通信终端和计算机外设产品

5. 武器装备

现代化武器装备如飞机、军舰、坦克、导弹、鱼雷制导、智能武器装备、航天飞机导航系统等，都有单片机嵌入其中，以提高其智能化、现代化。

9.1.2　单片机典型应用系统的基本组成

一个完整的单片机典型应用系统由单片机最小系统、前向通道、后向通道、人机交互通道与网络通道及被控对象组成，如图 9-5 所示。

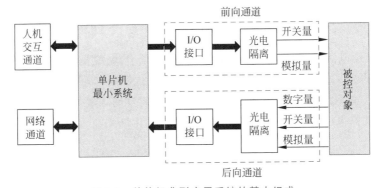

图 9-5　单片机典型应用系统的基本组成

单片机最小系统是能够保证单片机正常启动/复位运行所需连接的最少外部电路，主要由电源电路、复位电路和时钟电路等构成。对 51 单片机来说，典型的最小系统电路连接如图 1-4 所示。除此之外，不同型号的单片机，内部集成的存储器容量不同，还必须根据应用系统的需要为其扩展适当的外部 ROM 或 RAM 存储器。这些内容在前面各章已经做了重点介绍，下面继续对图中的前向和反向通道、人机交互和网络通道进行简要介绍。

1. 前向通道和后向通道

在单片机应用系统中，前向通道是单片机实现控制信息输出的通道。单片机通过前向通道对外部被控对象的运行和工作状态实施控制。例如,控制 LED 的亮灭、电机的启停、温度的升降等。

前向通道的组成与特点主要有以下几方面。

(1) 前向通道是应用系统的输出通道,大多数需要功率驱动。典型的驱动电路器件有继电器、晶闸管等功率半导体器件。

(2) 前向通道靠近伺服驱动现场,被控对象很多都是大功率的机电系统,其大功率负荷很容易通过前向通道串入单片机系统,影响单片机系统运行的安全和可靠性,因此前向通道必须采取有效的隔离措施,例如使用光电耦合隔离电路。

(3) 根据被控对象的工作原理,对其实施控制的前向通道电路及其输出信号的形式多种多样,可以是模拟电路、数字电路或开关电路等,输出信号可以是模拟电流/电压、开关量或数字量等。数字量和开关量可以通过驱动和隔离后直接送到被控对象;对于模拟量输出,在前向通道中还需要 D/A 转换将单片机输出的数字量转换为模拟量控制信号。

对于单片机测控系统,后向通道又称为反馈通道。后向通道是单片机实现外部信息输入的通道,单片机通过后向通道对外部的现场数据等进行采集和处理,以了解被控对象的工作状态、各种所需的现场实时数据等。

来自被控对象的现场信息是多种多样的,根据描述和表示这些信息的物理量特征可以分为模拟量、数字量和开关量。由于单片机本身是一个数字系统,因此来自被控对象的数字量(例如频率、周期、各种计数值等)可以通过并口、串口等直接送入单片机,并保存到单片机内部的寄存器、存储器单元中。对于模拟量,必须通过 A/D 转换才能送入单片机。

对于开关量的采集,一般是通过单片机的并口或串口引脚或扩展接口直接输入。在数字量和开关量的采集通道中,必须采用有效的隔离器件进行隔离,典型的隔离器件有光耦隔离器中、变压器隔离器件等。

后向通道具有以下特点。

(1) 与被控对象相连,是现场干扰进入的主要通道,必须采取有效的隔离措施。

(2) 单片机系统需要采集的被控对象参数形式多样,这些参数一般都是由现场的各种传感器和变换器等装置产生的,很多时候无法满足单片机输入信号的要求,因此需要大量形式多样的信号变换调理电路,如放大器和整形电路等。

2. 人机交互通道与网络通道

人机交互通道即人机接口是为了对单片机应用系统的运行进行人为(用户)干预或了解系统运行状态所设置的交互通道,主要有键盘、显示器等接口电路。单片机应用系统中的人机接口具有如下主要特点。

(1) 单片机应用系统中的人机接口设备都是小规模的,如按键和开关、功能简单的小键盘、LED 指示灯和 LCD 显示器等。若需高水平的人机接口设备(如通用打印机、U 盘、Windows 标准键盘等),一般需要将单片机应用系统通过各种串行接口总线与通用计算机相连,共用通用计算机的外围人机对话设备。

(2) 单片机应用系统中,人机对话设备大多采用并口、串口或三组系统总线及串行扩展总线的形式进行连接。

（3）人机接口一般都是数字电路，电路结构简单，可靠性好。

现代单片机测控系统的功能越来越强大，在很多应用系统中需要多套单片机系统实现对多个被控对象的数据采集和运行控制，也广泛采用上下位机等形式，实现由下层单片机系统与上层计算机系统构成的集中分布式测控网络。网络通道是为达到各套单片机应用系统以及单片机与其他计算机系统之间信息交换的目的而建立的数据传输通道。

在测控网络中，一般单片机作为下位机位于工业生产现场，直接与各被控对象相连接。上层计算机位于集中控制室，与工业现场具有一定的距离。各台单片机系统的网络通道必须根据现场环境和条件、传输的距离远近等采用各种串行通信总线或者通信方式。常用的传输通信技术有 RFID 射频识别、蓝牙、ZigBee 和 Wi-Fi 等技术。

RFID 射频识别技术是一种非接触式的自动识别技术。蓝牙技术是一种支持设备短距离通信的无线电技术，能在包括移动电话、无线耳机、笔记本电脑、相关外设等众多设备之间进行无线信息交换。**ZigBee** 技术采用 DSSS（直接序列扩频）技术调制发射，是基于 IEEE 802.15.4 标准的低功耗局域网协议，它是一种近距离、低复杂度、低功耗、低速率、低成本的双向无线通信技术。**Wi-Fi** 技术是一种短程无线传输技术，最高带宽为 11Mb/s，在信号较弱或有干扰的情况下，带宽可调整为 5Mb/s、2Mb/s 和 1Mb/s。

9.2　单片机系统中的开关量接口技术

单片机系统中的各种开关信号一般是通过芯片给出的低压直流 TTL 电平信号，这种电平信号一般不能直接驱动外设，需要经过接口转换等处理后才能用于驱动设备开启或关闭。此外，前向通道所连接的许多外设如大功率交流接触器、制冷机等在开关过程中会产生很强的电磁干扰信号，如不加隔离则可能会串到单片机测控系统中，造成系统误动作或损坏，因此在接口处理中必须考虑隔离和驱动技术。下面针对上述问题，简要介绍开关量接口中的隔离和驱动技术。

9.2.1　隔离技术

在开关量前向通道中，为防止现场强电磁干扰或工频电压通过前向通道反串到测控系统中，一般需采用通道隔离技术。在前向输出通道的隔离技术中，最常用的是光电隔离技术，因为光信号的传输不受电场和磁场的干扰，可以有效地隔离电信号。

图 9-6 所示为光电隔离集成芯片 PC817 的一种典型电路连接。PC817 内部是一对光耦（Opto-Coupler），由一个发光二极管和一个光敏三极管构成。当单片机的某个并口引脚 P$x.x$ 输出低电平时，发光二极管中有电流流过，从而发出特定的

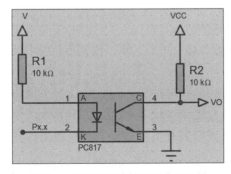

图 9-6　光电隔离器的典型电路连接

光。在芯片内部,发光二极管发出的光由光敏三极管接收,使其导通,从而输出 VO 为低电平。当 P$x.x$ 输出高电平时,发光二极管没有电流流过,则不发光,光敏三极管截止,使输出 VO 为高电平。

不同的光电隔离器,其特性参数也有所不同,主要的特性参数有如下几个。

(1)导通电流和截止电流:对于开关量输出场合,光电隔离器主要用其非线性输出导通和截止特性。不同的光电隔离器通常有不同的导通电流,这也就决定了需要采取的驱动方式也不一样。一般典型的导通电流值为 10 mA。

(2)输出端工作电流:当光电隔离器处于导通状态时,流过光敏三极管的电流若超过某个额定值,就可能使输出端击穿而导致光电隔离器的损坏。通常用输出端工作电流表示光电隔离器的驱动能力。

(3)输出端暗电流:是当光电隔离器处于截止状态时的输出电流。该电流过大,将引起输出端连接的电路或设备的误动作。

(4)输入输出压降:指的是输入端发光二极管和输出端光敏三极管导通时两端的压降。在设计和计算电路中元器件的参数时,需要考虑这些压降的影响。

(5)隔离电压:表示光电隔离器对电压的隔离能力。

(6)频率特性:由于受发光二极管和光敏三极管响应时间的影响,开关信号传输速度和频率受光电隔离器频率特性的影响,因此在高频信号传输中要考虑其频率特性。在开关量输出通道中,输出开关信号频率一般较低,不会因光电隔离器的频率特性而受影响。

在利用光电隔离器实现输出通道的隔离时,被隔离的通道两侧必须单独使用各自的电源,也就是用于驱动发光二极管的电源与驱动光敏三极管的电源不应是共地的电源。隔离后的输出通道必须单独供电,否则外部干扰信号可能通过电源串到系统中来,从而失去隔离的意义。

9.2.2 驱动技术

对于低电压开关量,可以采用三极管、OC(集电极开路)门或运算放大器等器件直接输出,以驱动 LED 指示灯、直流电机、低压电磁阀等。对于大功率被控对象设备,在设计前向通道时必须考虑合适的驱动电路和器件。常用的驱动器件有继电器、可控硅等。

1. 继电器驱动技术

在驱动大功率设备时,广泛采用继电器(Relay)作为测控系统输出到输出驱动的第一级执行机构,实现从低压直流输出到高压交流的驱动转换,同时起到隔离作用。

最基本的继电器由一个线圈和若干开关触点构成,在 Proteus 中的几种常用的继电器如图 9-7 所示,从左向右依次为单刀单执常开(SPNO)、单刀双执(SPCO)、双刀单执常开(DPNO)、双刀双执(DPCO)继电器。

对单刀单执常开(SPNO)继电器,当线圈中没有电流流过时,开关触点断开(称为常开);当流过一定的电流时,触点闭合,电路接通。对双刀双执继电器来说,当线圈中没有电流流过时,两个开关触点打在右侧;当线圈流过电流时,两个开关触点都打向左侧,因此通过这两个开关触点可以同时对两个电路进行控制。

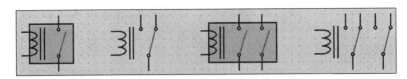

图 9-7　Proteus 中常用的继电器

继电器是一种机电器件，各种继电器的参数在生产厂家的产品手册或产品说明书中都有说明，其中主要电气参数有如下几个。

（1）线圈电源和功率：线圈电源是直流还是交流，以及线圈消耗的额定功率。

（2）额定工作电压或额定工作电流：正常工作时线圈需要的电压或电流值。一般同一种型号的继电器都有不同的额定工作电压或额定工作电流，以适应不同电路的需要。

（3）线圈电阻：线圈的电阻值。利用该值和额定工作电压，就可知其额定工作电流，反之亦然。

（4）吸合电压或电流：继电器能产生吸合动作的线圈两端最小电压或电流，其值一般为额定电压或电流值的 75％左右。如 JZC-21F/006-1H 继电器，其额定电压为 6 V，而吸合电压为 4.5 V。

（5）释放电压或电流：当继电器线圈两端的电压减小到一定数值时，继电器就从吸合状态转换到释放状态，释放电压或电流是指产生释放动作的最大电压或电流，其值往往比吸合电压小得多，因此继电器类似于一种带大回差电压的施密特触发器。

（6）接点负荷：指接点的负载能力。继电器的接点在切换时能承受的电压和电流值是有限的，当继电器工作时其电流和电压都不应超过该参数值，否则会影响甚至损坏接点。一般同一型号的继电器的接点负荷值都是相同的。

目前，在单片机系统中还广泛采用固态继电器（Solid State Relay，SSR）。SSR 是由微电子电路、分立电子器件、电力电子功率器件组成的无触点开关，用输入端微小的控制信号直接驱动大电流负载，其外观如图 9-8 所示。

SSR 除具有与上述电磁继电器一样的功能外，还具有逻辑电路兼容、输入功率小、灵敏度高、控制功率小、电磁兼容性好和工作频率高等特点，如今已广泛应用于各种计算机外围接口设备、电机控制和数控机械等工业自动化装置、医疗器械和家用电器等。

图 9-8

图 9-8　固态继电器

固态继电器内部的电路结构与光电隔离器类似，其中主要由发光二极管和大功率光敏三极管或可控硅构成，因此不仅能够实现负载驱动，也能在一定程度上实现光电隔离。

2. 可控硅驱动技术

可控硅（Silicon Control）是一种大功率电器元件，也称晶闸管（Thyristor），具有体积小、效率高、寿命长等优点。可作为大功率驱动器件，实现用小功率控件控制大功率设备，在交直流电机调速系统、调功系统及随动系统中得到了广泛的应用。

可控硅分为单向可控硅和双向可控硅两种。单向可控硅(Silicon Controlled Rectifier,**SCR**)的外观和电路符号如图 9-9(a)和(b)所示,其中 A 引脚为阳极,K 引脚为阴极,G 引脚为控制极。通常大功率的单向可控硅 A 和 K 引脚较粗,G 引脚一般较细。

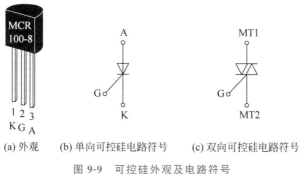

(a) 外观   (b) 单向可控硅电路符号   (c) 双向可控硅电路符号

图 9-9   可控硅外观及电路符号

单向可控硅与二极管有些相似,只是增加了一个控制引脚。当在 A 和 K 引脚之间加以正向电压时,该可控硅不会导通,正向电流很小,处于正向阻断状态。当在控制极 G 与阳极 A 之间加上正向电压时,该可控硅才导通,正向压降很少,此时即使撤去控制电压,仍能保持导通状态。

由此可见,利用切断或撤除控制电压的办法不能阻断负载电流。只有当阳极电压降到足够小,使阳极电流降到一定值后,负载回路才能阻断。若在交流回路中使用,如作大功率整流器件时,当电流过零进入负半周时,就能自动关断;如果到正半周要再次导通,则必须重新施加控制电压。

由于单向可控硅具有单向导通功能,因此在控制中多使用于直流大电流场合,或作为双向可控硅控制端输入器件。在交流场合一般用于大功率整充送变器等场合。

双向可控硅在结构上相当于两个单向可控硅反向连接。如果将两个反向并联的单向可控硅做在同一硅片上,则组成一个双向可控硅,其符号如图 9-9(c)所示。双向可控硅具有双向导通功能,其通断情况由控制极 G 决定。当 G 上无控制电压时,MT1 与 MT2 间呈高阻状态,两个硅管截止;当 MT1 与 MT2 之间加一个大于阈值的电压(一般大于 1.5 V)时,就可利用 G 端电压使硅管导通。

由于双向可控硅具有双向导通功能,能在交流、大电流场合使用,且开关无触点,因此在工业控制领域有着极为广泛的应用。目前已经有带光电隔离的双向可控硅驱动器件,例如 MOC3000 系列。在这种可控硅中,控制端送入的控制信号加到发光二极管上,利用光敏现象双向可控硅可接收发光二极管发出的光,以控制其通断。

图 9-10 给出了利用 MOC3031M 和双向可控硅实现对一只白炽灯的驱动接口电路。该图中用按钮控制 MOC3031M 中的发光二极管。当按住按钮时,发光二极管导通,使 MOC3031M 中的双向可控硅导通,220V 交流电流过 MOC3031M,内部的过零检测电路检测到交流电的每个过零点,使双向可控硅 U6 导通,灯泡负载上有交流电流过而被点亮。当按下释放后,交流电无法流过 MOC3031M,因而检测不到过零点,则 U6 始终断开,L1 熄灭。

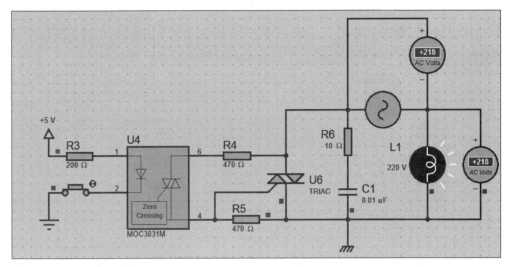

图 9-10　MOC3031 接口电路

需要注意的是，当双向可控硅接有感性负载时，电流与电压间有一定的相位差，使得在电流为零时反向电压可能不为零，使管子反向导通，故要管子能承受这种反向电压，需要在回路中加 RC 电路加以吸收。图中的 R6 和 C1 就是为此而设置的。

9.3　51 单片机应用系统开发的基本过程

单片机应用系统的设计，首先要经过深入细致的需求分析，周密而科学的方案论证才能使系统设计工作顺利完成。一个单片机应用系统的设计，一般可分为以下 4 个阶段。

（1）明确任务和需求分析以及拟定设计方案阶段。

明确系统要完成的任务十分重要，是设计工作的基础以及系统设计方案正确性的保证。确定单片机系统的总体方案，是进行系统设计最重要、最关键的一步。总体方案的好坏，直接影响整个系统的设计周期及产品成本等。

（2）硬件和软件设计阶段。

根据拟定的方案，设计系统硬件电路。在硬件电路设计时，最好能够与软件的设计结合起来统一考虑，合理地安排软、硬件的比例，使系统具有最佳的性价比。当硬件电路设计完成后，就可进行硬件电路板的绘制和焊接工作了。

硬件设计完成后，就可以进行软件设计。为了提高开发效率，很多情况下软件和硬件设计也可以同步进行。在软件设计过程中，必须先绘制出软件的流程图，绘制过程可以由简到繁逐步细化：首先绘制系统大体上需要执行的程序模块；然后将这些模块按照要求组合在一起（如主程序、子程序以及中断服务子程序等）；在大方向没问题后，再将每个模块细化；最后形成流程图。

在上述软、硬件设计完成后，可以先使用单片机软件仿真开发工具 Proteus 进行仿真设计。软件仿真通过后,再进行软、硬件设计与实现,可大大减少设计上所走的弯路。这也是目前流行的一种开发方法。

（3）硬件与软件联合调试阶段。

通过硬件仿真开发工具进行软、硬件的联合调试。但是所有软件和硬件电路全部调试通过,并不意味系统设计成功,还需通过运行来调整系统的运行状态,例如系统中的 A/D 转换结果是否正确,如果不正确,是否要调零和调整基准电压等。

（4）资料与文件整理编制阶段。

系统调试通过后,就进入资料与文件整理编制阶段。资料与文件包括任务描述、设计的指导思想及设计方案论证、性能测定及现场试用报告与说明、使用指南、软件资料（流程图、子程序使用说明、地址分配、程序清单）、硬件资料（电原理图、元件布置图及接线图、接插件引脚图、线路板图、注意事项）。

文件不仅是设计工作的结果,而且是以后使用、维修以及进一步再设计的依据。因此,要精心编写,描述清楚,使数据及资料齐全。

9.3.1　总体方案设计及单片机的选型

在进行总体方案设计时,两个基本的问题是系统的总体结构和单片机的选型。在确定系统总体方案时,对系统的软件和硬件功能要做统一的综合考虑,特别是对于那些既可以用软件实现、也可以用硬件实现的功能,要根据对系统实时性以及系统的性价比等要求进行权衡取舍。

20 世纪 80 年代以来,单片机发展非常迅速,目前国内常用的是 51 系列、PIC 系列和 AVR 系列这三大系列单片机。其中 Intel 公司的 51 系列单片机是一款设计成功、易于掌握并在世界范围得到广泛使用的机型。

1. 51 系列单片机

51 系列单片机是在 MCS-48 系列基础上于 20 世纪 80 年代初发展起来的,是最早进入我国并在我国得到广泛应用的单片机主流品种。

51 系列单片机主要包括基本型（8031/8051/8751 和与其对应的低功耗型 80C31/80C51/87C51 等）和增强型（8032/8052/8752 等）,自 20 世纪 80 年代以来,该系列单片机是在我国应用最为广泛的机型之一。

51 单片机设计上的成功及较高的市场占有率,已成为许多厂家和公司（例如 ATMEL、Philips、Cygnal、ANALOG、LG、ADI、Maxim、DEVICES、DALLAS 等）竞相选用的对象,并且它们以此为基核,研制了很多兼容的系列产品。各厂家的兼容机型均采用 8051 内核、相同指令系统,采用 CMOS 工艺;有的公司还在 8051 内核基础上增加一些片内功能模块,集成度更高,功能和市场竞争力更强。人们常用 8051 或 80C51（其中 C 表示采用 CMOS 工艺）称呼所有这些具有 8051 内核,且使用 8051 指令系统的单片机,也习惯把这些兼容机等各种衍生品种统称为 8051 单片机。

在众多衍生机型中,**ATMEL** 公司的 AT89C5x/AT89S5x 系列在 8 位单片机市场中占有较大的市场份额。ATMEL 公司在 1994 年以 EEPROM 技术与 Intel 公司 80C51 内核的使用权进行交换。ATMEL 公司技术优势是闪烁（Flash）存储器技术，将 Flash 存储器技术与 80C51 内核相结合，形成了片内带有 Flash 存储器的 AT89C5x/AT89S5x 系列单片机。

AT89C5x/AT89S5x 系列与 51 系列在原有功能、引脚以及指令系统方面完全兼容。此外，某些品种又增加了一些新功能，如看门狗定时器 WDT、ISP（在系统编程中也称在线编程）及 SPI 总线串口技术等。片内 Flash 存储器允许在线（+5 V）电擦除、电写入或使用编程器对其重复编程。该系列单片机还支持由软件选择的两种节电工作方式，适用于低功耗场合。

除 AT89S5x 系列单片机外，世界各器件厂家推出的以 8051 为内核、各种集成度高、功能强的单片机，也得到广大用户的青睐。例如，具有我国独立自主知识产权的 STC 系列单片机生产的增强型 8051 单片机，该系列单片机有多种子系列，几百个品种，以满足不同需要。

STC 系列单片机可直接替换 ATMEL、Philips、Winbond（华邦）等公司的 8051 兼容产品，是一款高性能、高可靠性的机型，尤其具有较高的抗干扰特性。其中的 STC12C5410/STC12C2052 系列的主要性能及特点如下。

- 高速：传统 8051 的每个机器周期为 12 个时钟，而 STC 每个机器周期可为 1 个时钟，指令执行速度大大提高，速度比普通 8051 快 8～12 倍；
- 宽工作电压：5.5～3.8 V，2.4～3.8 V（STC12LE5410AD 系列）；
- 12KB/10KB/8KB/6KB/4KB 片内 Flash 程序存储器，擦写次数可达 10 万次以上；
- 512B 片内的 RAM 数据存储器；
- 可在线编程（ISP）/可在应用编程（IAP），无需编程器/仿真器，可远程升级；
- 8 通道 10 位 ADC，4 路 PWM 输出；
- 4 通道捕捉/比较单元，也可用来再实现 4 个定时器或 4 个外部中断；
- 2 个硬件 16 位定时器，兼容 8051 定时器。4 路 PCA 还可再实现 4 个定时器；
- 硬件看门狗定时器（WDT）；
- 高速 SPI 总线串口；
- 全双工异步串行口（UART），兼容普通 8051 的串口；
- 通用 I/O 口（27/23/15 个），可设置成 4 种模式（准双向口/弱上拉、推挽/强上拉、仅为输入/高阻、开漏），每个 I/O 口驱动能力均可达到 20 mA，但整个芯片最大不可超过 55 mA；
- 超强抗干扰能力与高可靠性；
- 采取了降低单片机时钟对外部电磁辐射的措施；
- 超低功耗设计。

2. PIC 和 AVR 系列单片机

除 8051 外，目前我国使用较为广泛的还有 PIC 系列与 AVR 系列单片机，这两种机型博采众长，又具独特技术，已占有较大的市场份额。

PIC 系列单片机是美国 Microchip 公司的产品，其分为低档型、中档型和高档型。

（1）低档 8 位单片机。

低档 8 位单片机包括 PIC12C5XXX/16C5X 系列。PIC16C5X 系列最早在市场上得到发展，价格低，有较完善的开发手段，因此在国内应用最为广泛；而 PIC12C5XX 是世界上第一个 8 位低价单片机，其可用于简单的智能控制等要求体积小的场合，前景广阔。

（2）中档 8 位单片机。

中档 8 位单片机包括 PIC12C6XX/PIC16CXXX 系列。该系列品种最为丰富，其性能比低档产品有所提高，增加了中断功能，指令周期可达到 200 ns，带 A/D 转换器，内部 EEPROM 数据存储器，双时钟工作，比较输出，捕捉输入，PWM 输出，I2C 和 SPI 总线接口，异步串行接口（UART），模拟电压比较器及 LCD 驱动等。其封装从 8～68 脚，可用于高、中、低档的电子产品设计中，价格适中，广泛应用在各类电子产品中。

（3）高档 8 位单片机。

PIC17CXX 系列是高档 8 位单片机。适合高级复杂系统开发的产品，其在中档位单片机的基础上增加了硬件乘法器，指令周期可达到 160 ns，它是目前世界上 8 位单片机中性价比最高的机种，可用于高、中档产品的开发，如电机控制等。

AVR 系列单片机是 1997 年 ATMEL 公司利用 Flash 新技术研发的精简指令集的高速 8 位机。AVR 系列单片机又分为以下 3 个档次，分别适用各种不同场合要求：

（1）低档 Tiny 系列：有 Tiny11/12/13/15/26/28 等；

（2）中档 AT90S 系列：有 AT90S1200/2313/8515/8535 等；

（3）高档 ATmega 系列：主要有 ATmega8/16/32/64/128（存储容量为 8 KB/16 KB/32 KB/64 KB/128 KB）及 ATmega8515/8535 等。

9.3.2 51 单片机应用系统的硬件设计

51 单片机应用系统硬件设计一般遵循的原则如下。

（1）尽可能选择典型通用的电路，并符合 51 单片机的常规用法。

（2）系统的扩展与外围设备配置的水平应充分满足应用系统当前的功能要求，并适当留有余地，便于以后进行功能的扩充。

（3）硬件结构应结合应用软件方案一并考虑。

原则上，只要软件能做到且能满足性能要求，就不用硬件。硬件多不但增加成本，而且系统故障率也会提高。以软代硬的实质是以时间换空间，软件执行过程需要消耗时间，因此带来的问题就是实时性下降。在实时性要求不高的场合，以软代硬是很划算的。

（4）51 单片机外接电路较多时，必须考虑其驱动能力。

当系统扩展的芯片较多时，可能造成负载过重，致使驱动能力不够，系统不能可靠地工作，所以通常要附加总线驱动器或其他驱动电路。因此在多芯片应用系统设计中首先要估计总线的负载情况，以确定是否需要对总线的驱动能力进行扩展。

（5）整个系统中相关的器件要尽可能做到性能匹配。

（6）可靠性及抗干扰设计是硬件设计中不可忽视的一部分，它包括芯片、器件选择、去耦滤波、印制电路板布线、通道隔离等。

9.3.3　51单片机应用系统的软件设计

51单片机软件开发过程与一般高级语言的软件开发基本相同，主要区别在于：51单片机应用系统软件开发必须根据所用51单片机的型号进行系统资源的分配。源程序的编写可以采用汇编语言或C51语言，也可以采用混合编程，即用C51编写主程序，用汇编语言编写硬件有关的子程序。

软件的功能分为两大类：一类是执行软件，完成各种实质性的功能，如测量、计算、显示、打印及输出控制等；另一类是监控软件，专门用来协调各个执行模块和合作者的关系，在系统软件中充当组织调度角色。设计人员在进行程序设计时应从以下几方面加以考虑：

- 根据软件功能要求，将系统软件分成若干相对独立的部分，设计出合理的软件总体结构，使其清晰、简洁、流程合理。
- 功能程序实行模块化、子程序化，既便于调试、连接，又便于移植、修改。
- 在编写应用软件之前，应绘制出程序流程图，这不仅是程序设计的一个重要组成部分，而且是决定着成败的关键部分。从某种意义上讲，多花一些时间设计程序流程图，就可以节约几倍于源程序编写、调试的时间。
- 要合理分配系统资源，包括ROM、RAM、定时/计数器及中断源等，其中最关键的是片内RAM分配。对于汇编语言编程需要人为筹划各个资源的使用，但若使用C51语言，则只需设置合理的变量类型，编译系统将会自动进行资源分配。
- 注意在程序的有关位置处写上功能注释，以提高程序的可读性。

9.4　51单片机应用系统设计案例

本节将综合应用前面各章介绍的51单片机系统基本概念和汇编语言程序设计的基础知识，结合几个实际应用案例介绍51单片机应用系统设计和开发的完整过程。

9.4.1　多通道直流数字电压表

多通道直流数字电压表案例用ADC0809实现最多8个通道的直流数字电压表。各通道的直流电压用数码管显示，利用两个按键选择需要测量和显示的通道。两个按键每按动一次，通道号（0~7）分别递增和递减，起始默认显示通道0的电压。

1. 硬件设计和电路连接

本系统的硬件电路主要包括51单片机最小系统、A/D转换和人机接口三大部分，电路连接如图9-11所示（参见文件 **ex9_1. pdsprj**）。其中以AT89C52单片机为核心，单片机最小系统电路图中没有画出。

（1）模拟电压通道和A/D转换。

电路中利用8个变阻器对电源电压进行分压，用于模拟待测量的8路模拟直流电压，运

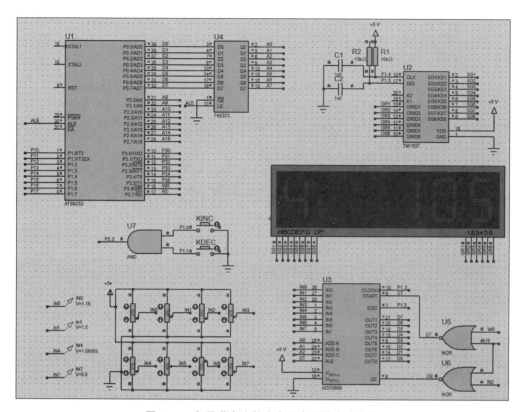

图 9-11　多通道直流数字电压表硬件电路连接

行过程中单击变阻器,可以在 0～5 V 的范围内任意调节电压值。在图 9-11 中同时设了 4 个探针以便在仿真运行过程中实时观察各通道电压值。

利用变阻器得到的模拟电压分别由 ADC0809 的 8 个通道送入进行 A/D 转换。 ADC0809 的参考电压设为 5 V,其 V_{REF}(一)端接地,因此分辨率为 $5/256 \approx 1/51 \approx 19.6$ mV。

ADC0809 的地址引脚 ADDA～ADDC 接地址总线的最低 3 位,其起始信号 START、地址锁存信号 ALE、输出允许信号 OE 由地址总线的最高位 A15 分别和 51 单片机读写控制信号进行或非运算后提供。由此得到 8 路模拟输入通道的地址依次为 7FF8H～7FFFH,各通道地址等于起始地址 7FF8H 与通道号之和。

ADC0809 的 EOC 引脚与 51 单片机的 P1.3 引脚相连接,因此程序中可以通过查询该引脚的状态,采用条件传输方式实现 A/D 转换结果的读取。

(2) 人机接口。

本系统要求在运行过程中,用户能够通过两个按键选择当前测量和显示的模拟电压通道,这些功能利用人机接口电路实现。

在原理图中,两个按键 KINC 和 KDEC 电路的输出通过与门与 51 单片机的 P3.3 相连接,因此任何一个按键,都可向 51 单片机发出外部中断 INT1 中断请求。51 单片机响应该中断请求后,修改当前需要测量的模拟电压通道号。两个按键分别实现通道号的递增和递减,因此51单片机在进行中断处理时还需要进一步识别用户当前按动的按键。为此,再借用51单片机两个并口引脚 P1.0 和 P1.1 将两个按钮电路的输出送入51单片机以供检测和识别。

图中6位共阴极数码管用于显示当前测量的通道号和电压值。数码管采用动态扫描软件译码方式,所需的字段码和位选码由51单片机通过 TM1637 提供。TM1637 所需的 I2C 信号线 CLK 和 DIO 接到51单片机的 P1.4 和 P1.5 引脚。

2. 主程序和系统初始化

本系统的程序采用汇编语言编写(参见文件 p9_1.asm),主要包括主程序、A/D 转换子程序、人机接口程序,其中人机接口部分又主要由按键中断服务程序和 TM1637 控制程序组成。

在主程序中,不断循环并依次调用 SYSINIT、ADC、UPBUF 和 DISP 子程序,分别实现系统的初始化、A/D 转换、更新显示缓冲区和显示测量结果的功能。

子程序 SYSINIT 主要实现如下初始化操作。

(1) 设置初始通道号。

系统上电运行时,将初始待测的模拟电压通道号设为0,并保存到 CHNO 代表的51单片机内部 RAM 的 30H 单元。

(2) 显示缓冲区初始化。

显示缓冲区占用51单片机内部 RAM 的 32H～37H 共6个单元,存放的是6个数码管上显示的数字字符,其中第一个单元存放通道号,最后3个单元存放模拟电压值的整数和两位小数数字。

在初始化子程序中,将前面设置的初始通道号0保存到缓冲区第一个单元。其他5个单元存放常数 10,根据程序中数码管字段码表的定义,该常数对应的字段码为 00H。因此上电复位时,从左向右第一个数码管显示初始通道号,其余5个数码管为熄灭状态。

(3) 产生 A/D 转换时钟。

ADC0809 在进行 A/D 转换过程中需要转换时钟。本案例中利用定时/计数器 T0 工作在方式2实现定时,并由51单片机的 P1.2 引脚输出周期脉冲作为 A/D 转换时钟。

在初始化子程序中,对 T0 进行初始化,并设置其计数初值为 206。假设51单片机的时钟频率为 12 MHz,则 T0 每次定时为 50 μs,在中断服务程序中将 P1.2 输出取反,从而得到 10 kHz 周期脉冲作为 A/D 转换时钟。

注意定时/计数器 T0 的中断服务程序入口地址为 000BH,在中断服务程序中只需要执行 CPL 指令将 P1.2 取反,因此程序中将其直接放在 000BH 单元,且后面不要遗漏了 RETI 指令。

(4) 开按键中断(外部中断 $\overline{\text{INT1}}$)。

本案例中的两个按键采用中断方式,利用外部中断 $\overline{\text{INT1}}$ 实现按键处理,因此在初始化子程序中除了启动定时并允许 T0 中断以外,还需要设置 $\overline{\text{INT1}}$ 为边沿触发方式并允许其中断。

3. ADC 子程序

ADC 子程序实现的功能是根据初始化和在运行过程中用户设置的通道号,启动相应通道的直流电压转换,并将结果保存到 ADCBUF 缓冲区,该缓冲区定义在 51 单片机内部 RAM 中的 31H 单元。

该子程序的完整定义如下:

```
; ================================================
; ADC 子程序
; 转换指定通道模拟量,结果存入 ADC 缓冲区
; ================================================
ADC:    MOV   R1,#ADCBUF
        MOV   DPTR,#ADCADD
        MOV   A,DPL
        ADD   A,CHNO
        MOV   DPL,A             ;计算通道地址
LPADC:  MOVX  @DPTR,A           ;启动 A/D 转换
        JNB   EOC,$
        MOVX  A,@DPTR           ;读取 A/D 转换结果
        MOV   @R1,A             ;保存到 ADC 缓冲区
        RET
```

在上述程序中,将 ADC0809 第一个通道的地址与通道号相加,得到当前通道号对应的地址,并保存到 DPTR 中。根据硬件电路连接,8 个通道的地址高 8 位相同,低 8 位依次为 0F8H~0FFH,因此为简化程序,这里只需要根据通道号计算和修改 DPL 中的值即可。

程序在启动 A/D 转换后,采用查询方式检测并等待 ADC0809 的 EOC 引脚变为高电平,之后读取转换结果,并保存到 ADCBUF 单元。

4. 按键中断服务子程序

人机接口程序包括按键中断服务程序、显示缓冲区更新子程序和数码管显示子程序。根据电路连接,本系统中的两个按键一起作为外部中断 1,按键中断服务子程序的完整定义如下:

```
; ================================================
; 按键中断服务子程序
; 通道号在 0~7 的范围内递增/递减
; ================================================
KEYDEL: MOV   A,CHNO           ;读取当前通道号
        JNB   KINC,CHINC       ;递增键按下?
        CJNE  A,#0,NEXT1        ;否,通道号递减
        SJMP  EXIT
NEXT1:  DEC   CHNO
        SJMP  EXIT
CHINC:  CJNE  A,#7,NEXT2        ;是,通道号递增
        SJMP  EXIT
NEXT2:  INC   CHNO
EXIT:   RETI
```

上述程序实现的主要操作是:在响应中断后,检测和识别当前按下的按键,再分别对通道号进行递增或递减运算。其中,两个位变量 KINC 和 KDEC 分别代表两个按键电路输出

所连接的 51 单片机并口引脚 P1.0 和 P1.1。因此，利用 JNB 指令分别检测这两个位变量是否为 0，即可识别到当前引起中断的按键。

此外，在通道号递增和递减的过程中，需要保证通道号不能超过 0～7 的有效范围。程序中的两条 CJNE 指令就是为此而设置的。以递增情况为例，如果当前通道号（事先已经保存到累加器 A 中）等于 7，则当用户再按下递增按键时，通道号应不再加 1 而应该保持不变，并且程序直接跳转返回。

5. 显示缓冲区更新和显示子程序

显示缓冲区更新子程序 UPBUF 实现的功能是将 ADCBUF 单元中保存的 A/D 转换结果转换为电压值，并保存到显示缓冲区的最后 3 个单元。此外，还需要将当前通道号保存到显示缓冲区的第一个单元。下面重点介绍将 A/D 转换结果转换为带两位小数的电压值的原理、方法和相关实现代码。

已知 ADC0809 的转换分辨率为 $5/256$，假设 A/D 转换结果数据为 D，则对应的电压值为 $V_0 = D \times 5/256 = D \times 5/2^8 = X/2^8$，其中 $X = 5D$，将 A/D 转换结果乘以 5，得到 16 位二进制数据 X，其中高 8 位为上述除法运算的整数部分，也就是电压值的整数部分。X 的低 8 位表示电压值的小数部分，再将其乘以 10 后得到 16 位二进制数据 Y。取 Y 的高字节即可得到电压值的十分位数字。以此类推，将 Y 的低 8 位乘以 10 再取高 8 位得到电压值的百分位数字，……。

例如，假设 $D = 120$，表示的电压值为 $V_0 = 120 \times 5/256 \approx 2.34$ V。按照上述算法，首先求得 $5D = 600 = 0258H$，取高 8 位得到电压值的个位为 2。将低 8 位 $58H = 88$ 乘以 10 得到 $880 = 0370H$，其中高 8 位 03H 即为电压值的十分位。低 8 位 $70H = 112$ 再乘以 10 得到 0460H，取高字节得到电压值的百分位为 04H，……。

根据上述算法编写的 UPBUF 子程序如下：

```
UPBUF:   MOV   R0, #DISPBUF
         MOV   A, CHNO
         MOV   @R0, A              ;通道号直接存入显示缓冲区
         INC   R0
         INC   R0
         INC   R0
         MOV   A, ADCBUF
         MOV   B, #5
         MUL   AB
         MOV   @R0, B              ;计算并保存电压值的整数位
         INC   R0
         MOV   B, #10
         MUL   AB
         MOV   @R0, B              ;计算并保存电压值的十分位数字
         INC   R0
         MOV   B, #10
         MUL   AB
         MOV   @R0, B              ;计算并保存电压值的百分位数字
         RET
```

在上述程序中,首先将通道号直接存入显示缓冲区的第一个单元;之后,从 ADCBUF 单元取出 A/D 转换结果,将其用 MUL 指令乘以 5,16 位乘积的高字节和低字节分别在 B 和 A 中,因此 B 中的结果即为电压值的个位数字。累加器 A 中乘积的低字节再乘以 10,得到结果的高字节作为电压值的十分位数字,再将 A 中的低字节乘以 10 取高字节,从而得到电压值的百分位数字。

需要注意的是,电压值小数部分的位数决定了测量的精度。在本案例中,小数部分取两位,上述程序在得到百分位数字后即返回。如果要求进一步提高测量精度,可以考虑增加位数,或者对上述结果再做四舍五入处理。

调用上述 UPBUF 子程序得到电压值的一位整数和两位小数,并连同通道号一起存入显示缓冲区后,主程序中进一步调用 DISP 子程序实现数码管的显示。该子程序根据电压值的各位数字查字段码表,并将各字段码通过 TM1637 送往数码管。因此子程序与 ex7_5.asm 中的 DISP 完全相同,只需要将程序中对 TM1637 相关的 I2C 总线信号定义根据硬件电路连接做相应的修改即可。

6. 调试运行

程序编译成功并加载到原理图中后,启动运行。单击原理图中的两个按键修改通道号,并单击原理图中的变阻器修改相应通道输入的模拟电压值,可以观察到数码管上显示的通道号及电压测量结果。

将数码管上显示的电压测量结果与相应通道连接的探针显示的电压值进行比较,可以观察并分析计算的精度。

9.4.2 多点温度数据采集系统

多点温度数据采集系统案例利用多片 DS18B20 实现多点温度数据的检测采集和显示,要求能够以一定的时间间隔轮流检测并显示各点温度,也能够固定显示给定某点的温度值。

1. 硬件设计和电路连接

本系统的硬件电路主要包括单 4 片 DS18B20 连接电路和人机接口两大部分,电路连接如图 9-12 所示(参见文件 ex9_2.pdsprj)。

(1) DS18B20 的连接和 ROM 码。

第 7 章通过具体案例介绍了单片 DS18B20 的使用方法。在本案例中,为了模拟工业现场多个观测点的温度监测,电路中用了 4 片 DS18B20。

DS18B20 采用单线总线与 51 单片机进行通信。对多个这样的芯片,从硬件电路上来说,与单片使用时完全一样,只需要将各片的 DQ 线直接接在一起,51 单片机与各片 DS18B20 之间的数据传输都通过同一根引脚(图 9-12 中为 P3.0)进行传输。该图中的 R1 为 5 kΩ 的上拉电阻。

与单片 DS18B20 不同的是,在多片系统中,51 单片机通过向各片 DS18B20 发送 ROM 码进行识别,以便确定当前需要进行数据传送的芯片。各片 DS18B20 的 ROM 码是在芯片出厂时由厂家写入芯片内部的 ROM 中,其在系统设计和运行过程中都保持不变。

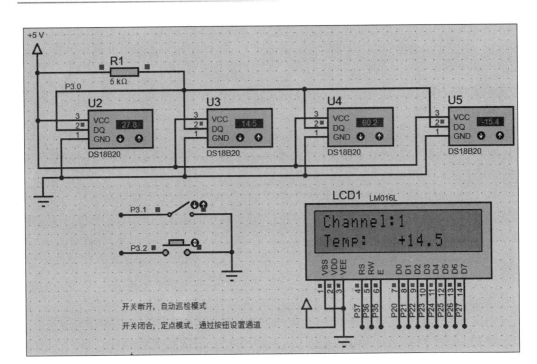

图 9-12　多点温度数据采集系统硬件电路连接

在 Proteus 中，将各片 DS18B20 调入原理图中，可以通过属性对话框对各片的 ROM 码进行设置。具体方法为：右击 DS18B20，在弹出的快捷菜单中选择 Edit Properties（编辑属性）菜单命令，如图 9-13 所示，打开 Edit Component（编辑元器件）对话框，在其中的 ROM Serial Number（ROM 序列号）文本框中以十六进制的形式输入一个 24 位序列号。

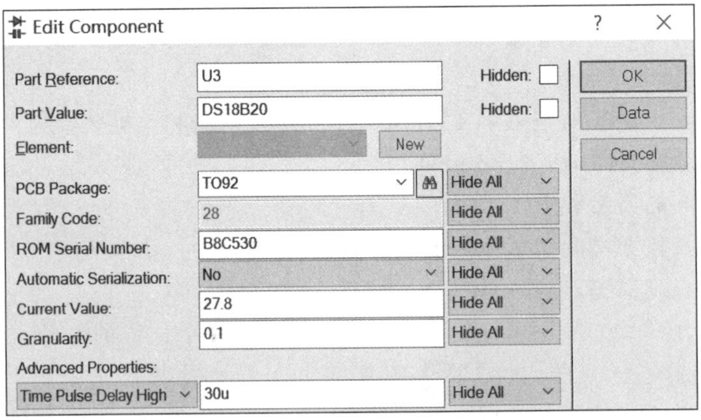

图 9-13　DS18B20 ROM 码的设置

需要注意的是，每片 DS18B20 的 ROM 码为 64 位，其格式如图 9-14 所示。其中最低字节为产品系列码，也就是在图 9-13 所示对话框中 Family Code（系列码）文本框中的设置值，该文本框为灰色，表示不可修改，默认为 28H。

字节7	字节6	字节5	字节4	字节3	字节2	字节1	字节0
D63~D56	D55~48	D47~40	D39~32	D31~24	D23~16	D15~8	D7~0
CRC码	-			ROM序列号			产品系列码

图 9-14 DS18B20 ROM 码的格式

按照上述设置,在本案例电路设计时,利用专门的电路读得 4 片 DS18B20 的 ROM 码如下(按从低字节到高字节的顺序排列):

U2:28H,30H,0C5H,0B8H,0,0,0,8EH

U3:28H,31H,0C5H,0B8H,0,0,0,0B9H

U4:28H,32H,0C5H,0B8H,0,0,0,0E0H

U5:28H,33H,0C5H,0B8H,0,0,0,0D7H

其中,各片 ROM 码的第 1 字节都为 28H,中间 3 个非零字节就是为各片设置的 ROM 序列号,最后 1 字节是按照一定的算法自动计算出来的 CRC 码(循环冗余校验码)。

(2)人机接口。

本案例用一个开关设置系统的两种工作模式,即定点模式和巡检模式。开关电路输出的高/低电平通过 51 单片机的 P3.1 送入,51 单片机检测到后利用程序在两种工作模式之间进行切换。

在定点模式下,需要进一步指定当前需要检测的温度点(通道),为此设置了一个按钮。按钮电路的输出通过 P3.2 口送入 51 单片机。用户每按动一次按钮,通道号在 0~3 的范围内自动递增循环。

在定点模式下设置了通道号后,51 单片机再通过程序启动相应通道对应的 DS18B20 进行温度转换,读取的温度及通道号显示到 LCD1602 液晶显示器上。

在巡检模式,利用 51 单片机内部的定时/计数器实现一定的定时,每次定时到后自动切换通道,从而实现所有通道温度值的巡回检测显示。

在上述两种工作模式下,利用液晶显示器 LCD1602 实现各通道的通道号和温度值的显示,其硬件连接与前面各章案例中的相同。

2. 主程序

本案例的完整代码参见文件 p9_2. asm。这里首先对主程序流程及主要代码做些解释说明。

主程序实现的功能是检测开关的状态,实现两种工作模式之间的切换,其流程图如图 9-15 所示,其中的主要操作如下。

(1)初始化。

包括 LCD1602 和定时/计数器 T0 工作方式的设置,以及初始温度通道号的设置。

(2)两种模式的切换控制。

在定点模式下,如果用户没有按动按钮,则通道号保持不变,直接跳转到流程图中的 A 点。当用户按动按钮时,等待按钮释放后跳转到修改通道号的操作。

在巡检模式下,需要利用定时/计数器和 R5 配合实现通道自动切换的定时。为此,需要设置 T0 的计数初值,计数溢出次数存入 R5。之后启动定时,定时到后修改通道号。

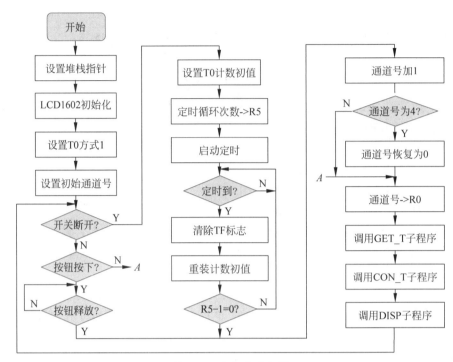

图 9-15　主程序流程图

（3）温度转换和显示。

主程序中根据前面得到的通道号，调用 GET_T 子程序启动相应的 DS18B20 进行温度转换，并读取温度数据，再调用 CON_T 子程序转换得到温度值，并将其转换为合适的格式后调用 DISP 子程序显示到液晶显示器上。

上述操作完成后，在液晶显示器上显示当前通道号及对应的温度。之后，程序跳转到开始，重新检测开关的状态，并重复上述过程。

3. 温度数据读取子程序

温度数据读取子程序为 GET_T，每次调用该子程序，转换并读取一片 DS18B20 的温度数据。因此调用前需要将当前通道号存入 R0。

该子程序实现的主要操作流程如下。

（1）DS18B20 复位：调用 TINIT 子程序实现所有 4 片 DS18B20 的复位和初始化。

（2）启动温度转换：依次发送 0CCH 和 44H 命令到所有 DS18B20 芯片，启动 4 个通道的温度转换。

以上两部分代码和 TINIT 子程序与第 7 章 **p7_3.asm** 中的对应部分完全相同。

（3）ROM 码匹配：向 4 片 DS18B20 发送 55H 命令，根据通道号查找程序中定义的 ROM 码表 ROMCODE，从中读取当前通道对应的芯片 ROM 码，并发送到各芯片。

在 ROMCODE 表中，每个芯片的 ROM 码为 64 位，依次分别占用 8 字节单元。因此程序中将通道号乘以 8，再叠加上表首单元地址，即可得到当前通道芯片 ROM 码存放的起始地址。

当 4 片 DS18B20 都接收到当前通道的 ROM 码后,只有与芯片中固化的 ROM 码相同的芯片才会有响应,并占用 DQ 总线。其他芯片由于输出端处于开漏状态,将从 DQ 线上断开。这就是多片 DS18B20 通过同一根数据线传输数据的基本原理。

(4) 读取温度数据:通过 ROM 码匹配后,被选中的当前通道 DS18B20 占用 DQ 线,此时通过向该片发送读温度数据的命令,即可将其中转换得到的温度数据由 DQ 线和 P3.0 引脚读入 51 单片机。

默认情况下,DS18B20 可以实现 12 位温度数据转换,但转换结果存放在内部的两个 RAM 单元中,因此需要调用两次 TREAD 子程序依次读取温度数据的低字节和高字节。所有通道的温度数据最后都保存到 TEMPL 和 TEMPH 两个 RAM 单元中。其中要用到的 TREAD 和 TWRITE 子程序与 **p7_3.am** 完全相同。

4. 温度值计算子程序

在本程序中,将最后的温度值用两位整数和一位小数显示,同时需要显示温度的正负。子程序 CON_T 实现温度值的计算,并根据读取的温度数据判断温度的正负,将得到的十进制温度值拆分为十位、各位和十分位。

在该子程序中首先定义了 TEMP1～TEMP4 这 4 个内部 RAM 单元,地址从 52H～55H,依次存放温度值的十分位、个位、十位上的十进制数字代码和温度的正负号。

(1) 温度值正负的判断及负温度的求补。

根据 DS18B20 中温度数据的存放格式,温度的正负分别用 16 位温度数据的最高位 0 和 1 表示,也就是高字节温度数据的最高位。因此在程序中用如下指令将高字节温度数据与 80H 相与。

```
MOV   A,TEMPH
ANL   A,#80H
```

根据与运算结果是否为 0 即可区分温度的正负,据此向 TEMP4 单元中存入正负号的 ASCII 码(指令中某个字符加单引号,表示其为 ASCII 码)。

如果温度为负,需要将 16 位温度数据求补才可以表示温度的绝对值大小,如下程序段:

```
MOV   A,TEMPL
CPL   A                    ; 低字节求反
ADD   A,#1                 ; 加1
MOV   TEMPL,A
MOV   A,TEMPH
CPL   A                    ; 高字节求反
ADDC  A,#0                 ; 加1
MOV   TEMPH,A
```

即是实现温度数据的求补运算。

(2) 温度值的拆分。

做了上述操作后,为了得到十进制形式的温度值,并且便于后面送 LCD1620 显示,需要将其拆分得到各位十进制代码。这是用如下程序实现的:

```
PLUS:   MOV   A,TEMPL
        ANL   A,#0FH
        MOV   B,#10
        MUL   AB
        MOV   B,#10H
        DIV   AB
        MOV   TEMP4,A            ;求十分位
        MOV   A,TEMPL
        ANL   A,#0F0H
        SWAP  A
        MOV   B,A
        MOV   A,TEMPH
        SWAP  A
        ORL   A,B
        MOV   B,#10
        DIV   AB
        MOV   TEMP3,B            ;求个位
        MOV   TEMP2,A            ;求十位
        RET
```

上述程序的转换原理是：默认情况下，DS18B20 的温度转换分辨率为 0.0625 ℃＝1/16 ℃，因此为了得到温度数据，只需要将读取的 16 位温度数据除以 16，也就是右移 4 位。

在此运算过程中，温度数据中原来的低 4 位（即 TEMPL 单元中的低 4 位）最大为 15，因此表示温度值的小数部分。本案例最后的温度值还是只保留一位小数，因此将这低 4 位乘以 10 后再除以 16（即上述程序中的 10H）后取商即可得到温度值的十分位，存入 TEMP4 单元。

剩下的 12 位温度数据表示温度值的整数部分，其中包括 TEMPL 单元中的高 4 位和 TEMPH 单元中的 8 位。考虑到 DS18B20 默认进行的是 12 位温度转换，因此 TEMPH 中的高 4 位一定全为 0，而其中的低 4 位和 TEMPL 单元中的高 4 位一起构成 8 位温度数据，表示温度的整数部分。将这 8 位数据除以 10，得到的商和余数即分别为温度值的十位和个位。

上述转换的关键是将 TEMPH 中的低 4 位和 TEMPL 中的高 4 位分别作为高 4 位和低 4 位，拼接为正确的 8 位数据。上述子程序中用了两条 SWAP 指令实现这一转换。为了体会这一转换的过程，假设读取的 16 位温度数据为 0123H，其中高字节 01H 和低字节 23H 分别存在 TEMPL 和 TEMPH 单元。

由 TEMPL 中的低 4 位求得温度值的十分位为 $3 \times 10/16 = 1.875$，则温度值的十分位为 1，表示 0.1 ℃。显然，其中没有考虑四舍五入的问题，读者可以对上述程序进行进一步修改，以提高测量精度。

TEMPL 中剩下的高 4 位为 2，将其作为低 4 位，再将 TEMPH 单元中的低 4 位 1 作为高 4 位，拼接后得到 12H＝18，表示温度值为 18 ℃。因此得到 12H 后将其除以 10，商和余数即为温度值的十位和个位代码。

5. 显示子程序

在主程序前面，还需要调用 LCD_INIT 子程序对 LCD1602 的相关属性做设置，并分别在液晶显示器的第一行和第二行显示通道号和温度提示信息，这些代码可以参看前面有关

LCD1602的介绍。这里主要介绍通道号和测量得到的温度值的实时显示,这是通过另外的DISP子程序实现的。

DISP子程序的完整定义如下:

```
; ========================================================
; 显示子程序
; ========================================================
DISP:   PUSH    07H
        MOV     A,#88H            ; 设置通道号的显示位置
        ACALL   WRTI
        MOV     A,CHNUM
        ADD     A,#30H
        ACALL   WRTD              ; 显示通道号
        MOV     A,#0C8H           ; 设置温度值的显示位置
        ACALL   WRTI
        MOV     A,TEMP1
        ACALL   WRTD              ; 显示温度正负号
        MOV     A,TEMP2
        ADD     A,#30H
        ACALL   WRTD              ; 显示温度值的十位
        MOV     A,TEMP3
        ADD     A,#30H
        ACALL   WRTD              ; 显示温度值的个位
        MOV     A,#'.'
        ACALL   WRTD              ; 显示小数点
        MOV     A,TEMP4
        ADD     A,#30H
        ACALL   WRTD              ; 显示温度值的十分位
        POP     07H
        RET
```

上述程序的关键是调用WRTD子程序(该子程序参考前面相关案例),设置通道号和温度值在液晶显示器上的显示位置。根据显示器上的布局,通道号和温度值分别显示在两行提示信息的后面,为了上下两行对齐,这里都从两行的第8列位置开始显示。因此程序中设置DDRAM地址命令分别为88H和0C8H。

由于初始化时设置LCD1602为光标自动右移模式,因此在设置了起始地址后,每显示一位通道号或温度值,光标自动右移一个字符位置,因此在程序中只需要从TEMP1～TEMP4单元取出各位温度值写入LCD1602即可。

本章小结

本章在前面各章知识的基础上,结合实际案例简要介绍了51单片机应用系统的设计和开发步骤及方法。

1. 51单片机典型应用系统的基本结构组成

一个完整的51单片机应用系统由单片机最小系统、前向通道、后向通道、人机交互通道与网络通道组成。前向通道是51单片机实现控制信息输出的通道,后向通道是51单片机

实现外部信息输入的通道。

2. 51单片机系统中开关量的隔离和驱动技术

51单片机系统中的各种开关信号一般是通过芯片给出的低压直流TTL电平信号，这种电平信号一般不能直接驱动外设，需要经过接口转换等处理后才能用于驱动设备开启或关闭。此外，前向通道所连接的许多外设，如大功率交流接触器、制冷机等，在开关过程中会产生很强的电磁干扰信号，如不加隔离可能会串到51单片机测控系统中，造成系统误动作或损坏，因此在接口处理中必须考虑隔离和驱动技术。

3. 51单片机应用系统开发的基本过程

51单片机应用系统的设计，首先要经过深入细致的需求分析，周密而科学的方案论证才能使系统设计工作顺利完成。一个51单片机应用系统设计，一般可分为以下4个阶段。

（1）明确任务和需求分析以及拟定设计方案阶段；

（2）硬件和软件设计阶段；

（3）硬件与软件联合调试阶段；

（4）资料与文件整理编制阶段。

思考练习

9-1 填空题

（1）一个完整的51单片机应用系统由_____、前向通道、后向通道、_____通道和网络通道组成。

（2）ADC一般位于51单片机系统中的_____通道，DAC一般位于_____通道。

（3）在51单片机系统的开关量前向通道中，为防止现场强电磁干扰或工频电压反串到测控系统中，常用的是_____隔离技术。

（4）在51单片机系统中，对于低电压开关量，可以采用_____、_____或_____等器件进行驱动；对于大功率被控对象设备可以采用_____、_____等驱动。

（5）国内常用的是_____系列、_____系列和_____系列单片机，其中_____公司的MCS-51系列单片机是一款设计成功、易于掌握并在世界范围得到广泛使用的机型。

9-2 简述什么是51单片机系统中的前向通道和反向通道。

9-3 简述在51单片机系统设计中，硬件和软件功能如何取舍。

综合设计

9-1 在工程文件ex9_1.pdsprj中，修改硬件和程序，实现每路电压以3位小数的精度显示。运行观察分析测量精度。

9-2 在工程文件ex9_2.pdsprj中，设计电路实现4片DS18B20的ROM码的读取，并保存到51单片机的内部RAM中，编写相应的控制程序。

第 10 章

C51 程序的编写和调试方法

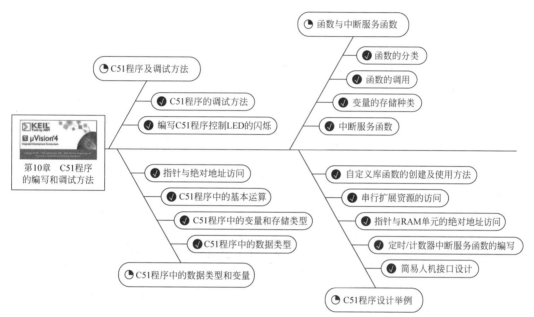

现代单片机测控系统功能越来越多,系统结构和需要采用的算法越来越复杂,程序中需要处理的数据类型也多种多样,因此在设计和开发过程中,越来越多地采用 C51 语言和嵌入式 C 语言编写控制程序。为了便于读者顺利地从汇编语言程序过渡到 C51 语言程序,以便为后续继续学习高档的嵌入式微处理器做准备,本章将对 C51 语言程序进行简要介绍。

10.1　C51 程序及调试方法

由 C 语言编写的 51 单片机应用程序,称为 51 单片机 C 语言程序,简称为 **C51** 程序。MCS-51 系列单片机开发系统的编译软件(例如 Keil C51)可以对 C51 程序进行编译,称为 **C51** 编译器。通过编译,不仅可以将 C51 程序转换为 51 单片机系统硬件能够识别和处理的目标程序,还能生成等价的汇编语言代码,为程序的调试提供方便,也能反过来辅助汇编语言程序的学习。

10.1.1　C51 程序的基本结构

C51 语言的语法规定、程序结构及程序设计方法都与标准的 C 语言相同，只是在如下几方面稍微有所区别：

（1）C51 语言中定义的库函数和标准 C 语言定义的库函数不同。标准的 C 语言定义的库函数是按通用微型计算机定义的，而 C51 语言中的库函数是按 51 单片机相应情况定义的；

（2）C51 语言中增加了一些针对 51 单片机特有的数据类型；

（3）与标准 C 语言不一样，C51 语言变量的存储模式与 51 单片机的存储器（有片内、外程序存储器，片内、外数据存储器，还有特殊功能寄存器）紧密相关；

（4）与标准 C 语言不一样，C51 语言中的输入/输出是通过 51 串口完成的，输入/输出指令执行前必须要对串口进行初始化；

（5）C51 语言与标准 C 语言在函数使用方面也有一定的区别，C51 语言中有专门的中断函数。

下面首先给出一个简单的 C51 程序案例。

动手实践 10-1：编写 C51 程序控制 LED 的闪烁

在本案例中，将 LED 通过限流电阻接到 51 单片机的 P1.7 引脚，其原理图参见文件 **p10_1.pdsprj**。为控制该 LED 的闪烁，编写的 C51 程序如下（参见文件 **p10_1.c**）：

```
// 控制 LED 闪烁的 C51 程序
#include<reg51.h>
#define uchar unsigned char        //定义 uchar 为无符号字符型数据类型
sbit led = P1^7;                   //定义位变量 led 代表 51 单片机的 P1.7 引脚
void delay(uchar t);
void main(void){                   //主程序
     while(1){
         delay(200);               //延时
         led = ~led;               //LED 亮/灭切换
     }
}
void delay(uchar t){               //延时子程序
     while((t--) != 0){ }
}
```

与普通的 C 语言程序一样，上述 C51 程序也包括一个主函数（主程序）main() 和一个子函数 delay()。在程序的最开始，根据需要必须包含所需的头文件和库函数声明文件，并进行所需常量的定义。例如，在程序最开始导入了一个特殊的头文件 reg51.h。

在主函数中重复调用子函数 delay()，每隔一段延时控制 51 单片机 P1.0 引脚输出电平的翻转，从而控制 LED 的亮/灭。

10.1.2　C51 程序的调试方法

调试 C51 程序时,仍然需要首先用同样的方法新建工程,并将程序文件放在工程文件夹中,只是新建的程序文件的后缀必须为.c。将 C51 源程序添加到工程后,设置工程选项,并进行编译。

与汇编语言程序一样,如果需要将 C51 程序编译生成 HEX 文件,则必须在工程配置中勾选相应的选项。此外编译器还将自动生成一个后缀为.LST 的文件,称为列表文件(Listing File),在其中将列出程序中所用的变量及其硬件资源分配等信息。如果在"工程配置"对话框的 Listing 选项卡(如图 10-1 所示)中勾选 C Compiler Listing 下的 Assembly Code 选项,还将在列表文件中插入与 C51 源程序等价的汇编语言程序。

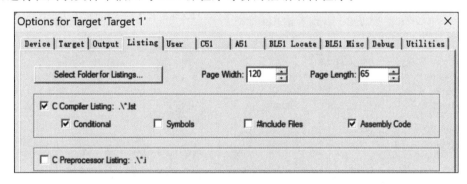

图 10-1　"工程配置"对话框

对上述源程序 p10_1.c,生成的列表文件(可以在 Keil C 软件中直接打开)的主要代码如下:

```
...
line level source
    1              //p10_1.pdsprj,p10_1.c
    2              //控制 LED 闪烁的 C51 程序
    3              # include< reg51.h>
    4              # define uchar unsigned char      //定义 uchar 为无符号字符型数据类型
    5              sbit led = P1^0;                  //定义位变量 led 代表 51 单片机的 P1.7 引脚
    6              void delay(uchar t);
    7              void main(void){                  //主程序
    8    1             while(1){
    9    2                 delay(200);               //延时
   10    2                 led = ~led;               //LED 亮/灭切换
   11    2             }
   12    1         }
   13              void delay(uchar t){              // 延时子程序
   14    1             while(t!= 0){t-- ;}
   15    1         }
   16
   17

ASSEMBLY LISTING OF GENERATED OBJECT CODE
```

```
                    ; FUNCTION main (BEGIN)
                                                   ; SOURCE LINE # 7
        0000      ?C0001:
                                                   ; SOURCE LINE # 8
                                                   ; SOURCE LINE # 9
        0000 7FC8          MOV     R7,#0C8H
        0002 120000   R    LCALL   _delay
                                                   ; SOURCE LINE # 10
        0005 B290           CPL     led
                                                   ; SOURCE LINE # 11
        0007 80F7           SJMP    ?C0001
                    ; FUNCTION main (END)

                    ; FUNCTION _delay (BEGIN)
                                                   ; SOURCE LINE # 13
        ; ---- Variable 't' assigned to Register 'R7' ----
        0000      ?C0004:
                                                   ; SOURCE LINE # 14
        0000 EF             MOV     A,R7
        0001 6003           JZ      ?C0006
        0003 1F             DEC     R7
        0004 80FA           SJMP    ?C0004
                                                   ; SOURCE LINE # 15
        0006      ?C0006:
        0006 22             RET
                    ; FUNCTION _delay (END)
        …
```

上述代码主要包括两部分，分别是 C51 源程序和编译后生成的汇编语言代码。由此可见，通过调试 C51 程序，特别是对编译生成的汇编语言代码进行分析和研究，也可以反过来帮助学习汇编语言程序的编写。

1. 反汇编语言程序的观察

除了在列表文件中观察分析与 C51 程序等价的汇编语言代码以外，还可以进入调试状态，在反汇编（Disassembly）窗口中进行观察，如图 10-2 所示。

在反汇编窗口同时列出了 C51 程序中的语句及其对应的汇编语言指令，每条指令左侧同时给出了该指令对应的机器代码及所分配的 ROM 单元地址。例如，原程序中的语句：

```
delay(200);
```

编译后得到等价的汇编语言指令为：

```
MOV    R7,#0xc8
LCALL  delay(C:0018)
```

其中，C:0018 表示延时子程序的入口地址为 0x0018，调用延时子程序 delay 所需的入口参数 200 或 0xc8 存入 51 单片机的工作寄存器 R7。

2. 程序调试

C51 程序编译通过后，也可以像汇编语言程序一样进行调试运行。例如，通过主窗口左侧的寄存器窗口观察程序运行后 51 单片机中各寄存器的内容,通过主窗口右下角的观察窗口(Watch Window)对 51 单片机的内部和外部存储器单元、程序中的变量等进行观察,如图 10-3 所示。

```
Disassembly
        7: void main(void){                                    //主程序
        8:          while(1){
        9:              delay(200);          // 延时
C:0x000F    7FC8     MOV      R7,#0xC8
C:0x0011    120018   LCALL    delay(C:0018)
        10:              led = ~led;          // LED亮灭切换
C:0x0014    B290     CPL      led(0x90.0)
        11:      }
        12: }
C:0x0016    80F7     SJMP     main(C:000F)
        13: void delay(uchar t){          // 延时子程序
        14:          while(t!=0){t--;}
C:0x0018    EF       MOV      A,R7
C:0x0019    6003     JZ       C:001E
C:0x001B    1F       DEC      R7
C:0x001C    80FA     SJMP     delay(C:0018)
        15: }
C:0x001E    22       RET
```

图 10-2　反汇编窗口

图 10-3　观察窗口及程序变量的观察

单击观察窗口中的 **Locals** 标签,在观察窗口中将显示程序中的各变量值。例如,图 10-3 所示是刚进入延时子程序时的情况,子程序中的形参 t 赋值为 0xC8。通过单步运行程序,在观察窗口可以看到变量 t 的值在不断递减变化。

利用观察窗口可以观察 51 单片机程序存储器中存放的程序代码,也可以观察内部和外部数据存储器中各单元存放的数据。为此,只需要在地址框中输入指定单元或者该单元附近单元的地址。由于 51 单片机的存储器有 4 个物理地址空间,因此在输入地址时,必须在地址的前面加上不同的前缀,以指定单元所在的存储区。具体对应关系为:对内部可直接寻址的 RAM 区、内部间接寻址 RAM 区单元、外部 RAM 区和程序存储器 ROM 区,单元地址前面分别添加前缀 **D**、**I**、**X** 和 **C**,这些前缀符号与单元地址之间用“:”隔开。

例如,在 **Address** 文本框中输入“d:0x00”并按回车键后,显示结果如图 10-4 所示,其中地址为 0x07 的单元(即工作寄存器 R7)中的数据为 0xC8。注意单元中的数据都是十六进制的。

在输入单元地址时,对于内部 RAM 区,输入的地址必须为 8 位二进制(即 2 位十六进制);对外部 RAM 和 ROM 区,地址必须为 16 位二进制(即 4 位十六进制)。由于输入的地址可以是各种进制,因此必须注意在地址前后添加正确的前缀或后缀,例如:X:1000H 或 X:0x1000。

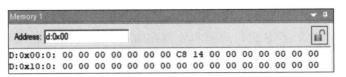

图 10-4　观察窗口中内部 RAM 单元内容的观察

10.2　C51 程序中的数据类型和变量

在 C51 程序中，一般都需要对单片机系统中的内部集成资源和外部扩展资源进行访问控制。头文件 **reg51.h**（对 51 子系列单片机）和 **reg52.h**（对 52 子系列单片机）中定义了单片机内部的各种硬件资源，特别是对其中的所有特殊功能寄存器进行了定义。以 reg51.h 为例，该文件中的部分内容如下：

```
…
/* BYTE Register */
sfr P0 = 0x80;
sfr P1 = 0x90;
…
sfr SBUF = 0x99;
…
/* TCON */
sbit TF1 = 0x8F;
sbit TR1 = 0x8E;
…
```

上述文件中的主要内容包括用 sfr 关键字定义的特殊功能寄存器和用 sbit 关键字定义的位单元，关键字 sfr 和 sbit 是 C51 语言中新增加的数据类型，可以与标准 C 语言中的 int、float 等关键字一样用于定义程序中所需的变量。下面将对这些关键字进行详细介绍。

10.2.1　C51 程序中的数据类型

C51 语言支持的基本数据类型与标准 C 语言完全一样，如表 10-1 所示。

表 10-1　C51 语言支持的基本数据类型

数 据 类 型		长　　度	取 值 范 围
字符型 char	unsigned char	8 位/1 字节	$0 \sim 2^8 - 1$
	signed char		$-2^7 \sim +(2^7 - 1)$
整型 int	unsigned int	16 位/2 字节	$0 \sim 2^{16} - 1$
	signed int		$-2^{15} \sim +(2^{15} - 1)$
长整型 long	unsigned long	32 位/4 字节	$0 \sim 2^{32} - 1$
	signed long		$-2^{31} \sim +(2^{31} - 1)$
浮点型 float	float	32 位/4 字节	$-3.4 \times 10^{-38} \sim 3.4 \times 10^{38}$
	double	64 位/8 字节	$-1.7 \times 10^{-308} \sim 1.7 \times 10^{308}$
指针	普通指针	1~3 字节	$0 \sim 2^{16} - 1$

　　为了能够对 51 单片机中的硬件资源进行访问,C51 语言中增加了几个特殊的数据类型,分别用 sfr、sfr16、sbit 和 bit 关键字进行定义。

　　1. sfr 和 sfr16

　　sfr 和 sfr16 这两个关键字用于定义 51 单片机内部的特殊功能寄存器,其中 **sfr** 定义的为字节型特殊功能寄存器类型,占一个内存单元,可以访问 51 单片机内部的所有特殊功能寄存器;**sfr16** 定义的为双字节型特殊功能寄存器类型,占两字节单元,可以访问 51 单片机内部所有两字节的特殊功能寄存器。

　　两个关键字定义的基本语法格式为:

```
sfr/sfr16   寄存器名 = 特殊功能寄存器的地址;
```

　　需要注意的是,在该语句中,等号右侧的常数代表寄存器的地址,而不是普通 C 语言的变量定义语句中为变量赋的初值。

　　例如,如下两条语句分别将地址为 0x90 和 0xe0 的两个内部 RAM 单元定义为寄存器 P1 和 ACC:

```
sfr  P1 = 0x90;
sfr  ACC = 0xe0;
```

　　在 reg51.h 头文件中,用这两个关键字将 51 单片机中的特殊功能寄存器定义为相应的寄存器名称,在头文件中定义的所有寄存器名称与附录 A 中的名称完全一样。因此,在 C51 程序中,只需要导入该头文件,就可以采用与汇编语言一样的方法通过名称对这些特殊功能寄存器进行访问,而不用知道它们的实际单元地址。

　　另外,在 reg51.h 和 reg52.h 头文件中,将 DPTR 的高字节和低字节分别定义为 DPH 和 DPL 两个 8 位的特殊功能寄存器,而没有用 sfr16 关键字将高/低字节合并定义为一个 16 位的特殊功能寄存器。这就意味着,在 C51 程序中,不能直接访问 16 位的 DPTR。如果需要,可以自行用 sfr16 关键字进行定义,例如:

```
sfr16  DPTR = 0x82;
```

其中,0x82 是 DPL 所在的内部 RAM 单元地址,而 DPH 位于下一个内部 RAM 单元,其地址为 0x83。

　　需要注意的是,上述语句必须放在所有函数之外,一般放在程序的最前面。

　　2. sbit 和 bit

　　关键字 **sbit** 用于将 51 单片机中可以进行位寻址的位单元定义为一个位变量,而 **bit** 关键字用于在程序中定义普通的临时位变量。

　　用 sbit 关键字定义的位变量其位地址是固定不变,一般用于对能够进行位寻址访问的特殊功能寄存器中所需要的位单元进行定义。例如,在 reg51.h 头文件中,用如下语句将特殊功能寄存器 TCON 中位地址为 0x8F 的位单元定义为位变量 TF1:

```
sbit  TF1 = 0x8F;
```

用关键字 bit 定义的位变量一般会在编译时自动为其分配 51 单片机中位于位寻址区中的相应位单元，其位地址不是固定不变的。例如，在程序中用如下语句定义了一个临时位变量 keydown，为该变量分配存储单元可能是 51 单片机内部 RAM 中位寻址区的某个位单元。

```
bit  keydown = 0;
```

执行该条语句时，将等号右侧的常数 0 赋给该位变量，也就是将所分配的位单元清零。注意到在该语句中，等号右侧的常数是作为所定义的位变量 keydown 的初值，而不是 51 单片机中某个位单元的地址。

需要注意的是，在 reg51.h 和 reg52.h 头文件中，没有为 4 个并口定义位变量。如果需要，可以在程序中用 sbit 关键字自行定义。例如，在动手实践 **10-1** 的程序中，如下语句：

```
sbit led = P1^7;
```

或者

```
sbit led = 0x97;
```

将并口 P1 的 D7 位定义为位变量 led。注意第一条语句右侧的表达式写法，第二条语句右侧的常数是 P1.7 对应的位单元地址。

10.2.2 C51 程序中的变量和存储类型

在 C51 程序中，变量（Variable）定义的完整格式为：

```
[存储种类] 数据类型 [存储类型] 变量名表 = 表达式
```

其中，数据类型是必需的，可以是标准 C 语言中的各种基本数据类型或者 C51 语言中扩充的 4 个数据类型。对于 char、int 等基本数据类型和 bit 类型变量，右侧表达式的值是变量的初值。对于 C51 语言中扩充的 sfr、sfr16 和 sbit 数据类型，等号右侧的表达式是所定义的特殊功能寄存器单元或位单元地址。

需要注意的是，C 语言是区分大小写的高级语言，变量名可以是由字母、数字和下画线等组成的字符串，变量名中的各字符必须正确区分大小写。变量值以及程序中的其他常数可以是各种进制，常用的是十进制和十六进制。对十六进制常数，必须在常数前面添加 **0x** 前缀，后面不加 H 后缀，数据中的 a~f 习惯用小写字母书写。此外，十六进制常数的最高位为字母时，不需要在前面再添加 0。

这里首先介绍变量的存储类型和存储模式，变量的存储种类将在后面结合函数的概念再做介绍。

1. 变量的存储类型

与标准 C 语言一样，C51 程序在进行编译连接和运行时，都将为其中的各变量分配一定的存储单元。在 51 单片机中，存储器有 4 个物理地址空间，C51 编译器通过为变量、常量定义不同存储类型的方法以便将指定的变量存放到不同的存储区。

表 10-2 给出了 C51 程序中变量的存储类型及其与 51 单片机存储空间的对应关系。

表 10-2　C51 程序中变量的存储类型及其与 51 单片机存储空间的对应关系

存储类型	对应的 51 单片机存储空间	寻址长度	寻址范围
data	片内 RAM 直接寻址区(低 128 字节)	8	0~255
bdata	片内 RAM 位寻址区(0x20~0x2f 的地址范围)	8	0~255
idata	片内 RAM 间接寻址区,利用 R0 或 R1 间接寻址	8	0~255
pdata	片外 RAM 中的一页(地址高 8 位相同的 256 字节单元,利用 R0 或 R1 间接寻址)	8	0~255
xdata	片外 RAM,共 64 KB,利用 DPTR 访问	16	0~65535
code	程序存储器,共 64 KB	16	0~65535

(1) 片内 RAM。

在 C51 程序中,将片内 RAM 分为 3 个区域,即低 128 字节的片内直接寻址区、位于字节地址范围为 0x20~0x2f 的片内位寻址区和地址范围为 00~0xff 的所有片内 RAM 单元,定义为 data、bdata 和 idata 存储类型的变量将分别存放到这 3 个区域中。

(2) 片外 RAM。

用 MOVX 指令访问片外 RAM 时,可以由 R0 或 R1 提供单元地址的低 8 位,也可以由 DPTR 提供完整的 16 位地址。据此将片外 RAM 分为 pdata 和 xdata 两种存储类型。对于位于 pdata 区的变量,访问时由 P2 口提供地址的高 8 位。

(3) ROM。

51 单片机中的片内和片外 ROM 采用相同的方法进行访问,最多可以用 64 KB 空间。ROM 一般用于存放程序代码,包括程序中定义的各种表数据。

在为变量定义存储类型时,通常遵循的原则是:只要条件满足,尽量选择内部直接寻址的存储类型 data,然后选择 idata 即内部间接寻址;对于那些经常使用的变量一般定义为 data、idata 存储类型,在内部数据存储区数量有限或不能满足要求的情况下才使用外部数据存储区;在必须定义为外部数据存储区时,优先选择 pdata 类型,再选用 xdata 类型。

2. 存储模式

如果在变量定义时不指定存储类型,编译器会自动确定默认的存储类型。变量的默认存储类型取决于 3 种不同的存储模式,即 SMALL、COMPACT 和 LARGE 模式。例如,若定义一个 char 数据类型的变量 var,则在 3 种存储模式下,变量 var 将被分别存放到 data、idata 和 xdata 存储区。

(1) SMALL:小编译模式,所有变量被默认存放到片内 RAM 单元,存储区类型为 data。这种模式下,变量访问的效率最高。

(2) COMPACT:紧凑编译模式,所有变量都默认存放到片外 RAM 的低 256 字节单元,存储区类型为 pdata。这种模式适用于变量不超过 256 字节的情况。

(3) LARGE:大编译模式,函数参数和变量被默认在片外 RAM 的 64K 字节单元,存储区类型为 xdata。这种变量通过数据指针 DPTR 进行访问,效率较低,特别是当变量为 2 字节或更多字节时,要比 SMALL 和 COMPACT 产生更多的代码,从而增加程序的长度。

在 Keil C51 工程配置选项对话框中,Target 选项卡下有一个 Memory Model 下拉列表,在其中可以选择指定 C51 编译器在对 C51 程序进行编译时所采用的存储模式，如图 10-5 所示。通过设置不同的存储模式，在反汇编窗口或者生成的列表文件中可以观察到为程序中各变量分配的存储单元和存储区。

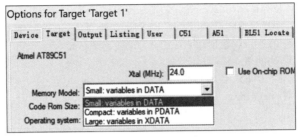

图 10-5　Keil C51 中存储模式的选择和配置

10.2.3　C51 程序中的基本运算

与标准 C 语言一样，C51 程序中有 4 大类基本的运算，即算术运算、关系运算、逻辑运算和位运算，每个运算都用专门的运算符表示，进而构成各种表达式。表 10-3 给出了所有的运算符，对这些运算符，做如下几点说明：

表 10-3　C51 程序中的运算符

运 算 类 型	运　　算	运 算 符	运 算 类 型	运　　算	运 算 符
算术运算	加	+	关系运算	大于	>
	减	—		小于	<
	乘	*		大于或等于	>=
	除取商	/		小于或等于	<=
	除取余数	%		等于	==
	递增运算	++		不等于	!=
	递减运算	——	位运算	位与	&
逻辑运算	逻辑与	&&		位或	|
	逻辑或	||		位异或	^
	逻辑非	!		位取反	~
				按位左移	>>
				按位右移	<<

（1）递增和递减运算符放在变量前面或者后面，代表的运算不同。例如，假设 x=10，则如下语句及其执行结果分别为：

```
y = x++;        // x = 11, y = 10
y = ++x;        // x = 11, y = 11
```

（2）用关系运算符构成的关系表达式结果只有两种取值，即 0（false）和 1（true）；逻辑运算用于对两个关系表达式的结果进行逻辑组合运算，结果也只有这两种取值。

（3）位运算是将参加的运算数据用二进制表示，对其中的各二进制数分别进行与、或、

异或或取反运算。例如,如下语句:

```
P1 = (P1 & 0xfe);
```

从51单片机的 P1 并口读取 8 位二进制数据,并与常数 0xfe 进行位与运算。运算结果的高7 位保持不变,而最低位复位为 0,再将运算结果输出,从而使 P1 口的最低位即 P1.0 输出低电平,而其他位输出电平的状态保持不变。

(4) 按位左移或右移运算符是将常数或者变量的值逐位左移或右移指定的位数,多余的位移出后自然丢失,空位用 0 补齐。例如,如下语句及其执行结果为:

```
char a = 0x1a;
char b;
b = (a>>2);          // b = 0x06
c = (a<<2);          // c = 0x68
```

10.2.4　指针与绝对地址访问

程序中的所有变量都将分配和占据相应的存储器单元,指针(Pointer)就是存放某个变量取值的存储单元的地址。指针本身也是一个变量,也需要为其分配相应的存储单元。

指针与其所指向的变量之间的关系如图 10-6 所示。图中假设在外部 RAM 地址为0x1235 的单元中存放了一个普通的变量 x。如果在程序中定义了一个指针 p 指向该变量,则该变量的地址将赋给指针 p,p 的值即变量 x 的地址将存放到另外的存储单元。由于 p的值为 16 位二进制数,因此将占用连续的两字节单元。图中假设 p 从地址为 0x40 的内部RAM 单元开始连续存放。

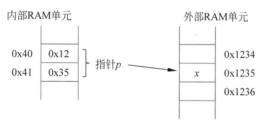

图 10-6　指针与变量的对应关系

1. 指针的定义及使用

在 C51 程序中,定义指针的一般格式为:

数据类型 [存储类型 1] * [存储类型 2] 指针名;

其中,数据类型指的是指针所指向变量的数据类型,存储类型 1 指的是变量所在的存储区,存储类型 2 指的是指针本身所存放的存储区。数据类型 1 和数据类型 2 都可以分别是data、idata、pdata、xdata 或 code。

存储类型 1 和存储类型 2 都是可选的,如果没有存储类型 1,即没有指定指针指向变量所在的存储区,则定义的指针称为一般指针,或者通用指针。如果给定了存储类型 1,则定义的指针称为基于存储区的指针。

例如，如下语句：

```
unsigned char xdata * p;
```

定义了一个基于存储区的指针 p，该指针指向的变量位于外部 RAM 中，并且是一个无符号字符型变量。该语句中没有指定指针 p 本身所存放的存储区。

对基于存储区的指针，其取值需要占用 1 或 2 字节单元，具体取决于指针的存储类型 1。对前面定义的指针 p，由于该指针指向外部 RAM 单元，而所有外部 RAM 单元的地址都为16 位二进制数，因此指针 p 本身需要占用两个存储单元，这两个存储单元位于哪个存储区，则由存储类型 2 决定。

对于普通指针，需要占用 3 个存储单元存放其取值，其中第一个存储单元中存放的是指针指向的存储区类型，后面两个存储单元存放指针的取值。

为了表示指针与其所指向的变量之间的关系，C51 程序中提供了两个专门的运算符" $*$ "和"&"。运算符" $*$ "用于提取指针所指向的变量的值；而运算符"&"用于提取变量所在存储单元的地址，再赋给指针。

例如，假设指针 p 的值为 0x2000，则如下语句：

```
char x = * p;
```

实现的功能就是读取指针 p 所指向变量的值，即地址为 0x2000 的存储单元中的数据，再赋给普通的 char 变量 x。而如下语句：

```
p = &x;
```

实现的功能是将变量 x 所在存储单元的地址赋给指针 p，从而使指针 p 指向变量 x。

在 C51 程序中，利用指针可以实现对任意指定的存储器单元进行访问。例如，在如下程序段中：

```
unsigned char a;
unsigned char xdata * p;
p = 0x1000;
*p = 0x30;
a = * p;
```

首先定义了一个普通字符型变量 a 和一个指针 p，并设置指针 p 的值为 0x1000；之后将常数 0x30 保存到指针 p 指向的单元，即外部 RAM 中地址为 0x1000 的单元；最后一条语句再将该单元中的数据读取出来赋给变量 a。

2. 绝对地址访问

将 51 单片机中内部和外部 RAM 单元的地址存入指针中，即可通过该指针访问指定的存储单元。在 C51 程序中实现对指定存储单元的访问，称为绝对地址访问。需要注意的是，为了实现绝对地址访问，在定义指针变量时，必须给定存储类型 1。

除了指针以外，在 C51 程序中还有另外两种方法可以实现绝对地址访问。

（1）预定义宏。

在头文件 **absacc. h** 中，提供了如下宏定义（Macro Definition），用于实现对不同存储区中单元的访问：

```
# define CBYTE ((unsigned char volatile code  * ) 0)
# define DBYTE ((unsigned char volatile data  * ) 0)
# define PBYTE ((unsigned char volatile pdata * ) 0)
# define XBYTE ((unsigned char volatile xdata * ) 0)
# define CWORD ((unsigned int volatile code  * ) 0)
# define DWORD ((unsigned int volatile data  * ) 0)
# define PWORD ((unsigned int volatile pdata * ) 0)
# define XWORD ((unsigned int volatile xdata * ) 0)
```

上述各条预定义宏的命令分别将 CBYTE、DBYTE 等定义为一个指针，这些指针分别指向 code、data 等存储区中的第一个单元（地址为 0）。其中名为"＊BYTE"和"＊WORD"的指针分别指向的是字节和字单元。

与标准 C 语言一样，指针与数组名具有同样的物理含义，因此也可以将上述预定义宏视为数组名，所有位于同一个存储区中的存储单元存放的是数组中的各元素。据此可以采用与数组一样的方法对存储单元进行访问。

例如，在某程序中有如下语句：

```
#define  BUF DBYTE[0x50]
BUF = 0x3d;
```

其中第一条语句将片内 RAM 中地址为 0x50 的字节单元视为数组 DBYTE 的第 0x50 个元素，并将其定义为常量 BUF。之后，即可利用第二条语句将数据 0x3d 存入常量 BUF 代表的该 RAM 单元。

再如，要求将无符号字节整数 0～10 依次存放到内部 RAM 中从地址为 0x40 开始的单元，可以编写如下 C51 程序：

```
# include < absacc. h>
void main(void){
    unsigned char i = 0x40;          //设置需要访问的数组元素下标初值
    unsigned char j;
    for(j = 0; j < = 10; j++){
        DBYTE[i++] = j;              //利用预定义宏 DBYTE 实现绝对地址访问
    }
}
```

如果用指针实现，则可以编写如下程序实现上述同样的功能：

```
void main(void){
    unsigned char data * p = 0x40;     //定义指针 p 指向内部 RAM 的 0x40 单元
    unsigned char j;
    for(j = 0; j < 10; j++){
```

```
        *p = j;          //利用指针 p 实现绝对地址访问
        p++;
    }
}
```

（2）关键字 _at_。

关键字 _at_ 的使用格式如下：

```
[存储类型] 数据类型说明符 变量名 _at_ 地址常数
```

其中地址常数的位数必须与存储类型相匹配。例如，如果存储类型为 data 和 xdata，则地址常数必须分别为 8 位和 16 位二进制数。

下面举例说明利用_at_关键字实现绝对地址访问的基本用法。

```
data unsigned char y1 _at_ 0x30;      //在 data 区定义字节变量 y1,地址为 0x30
xdata unsigned int y2 _at_ 0x1000;    //在 xdata 区定义字变量 y2,地址为 0x1000
void main(void){
    y1 = 0xff;                        //向地址为 30H 的 data 区存储单元存入常数 0xff
    y2 = 0x1234;                      //向地址为 0x1000 的外部 RAM 单元存入 0x1234
    …
}
```

注意上述程序中的变量 y2 为 int 型变量，其取值为 16 位二进制，存入存储器时需要占用两个连续的字节单元，其中高 8 位 0x12 存放在地址为 0x1000 的单元，而低 8 位存放在地址为 0x1001 的单元。

需要强调的是，使用预定义宏实现绝对地址访问，必须在程序开始导入 **absacc.h** 头文件；用_at_关键字定义的变量必须在所有函数之外，一般放在程序的最开始；用指针实现绝对地址访问，不需要导入任何头文件，并且指针可以在函数和程序的任何位置使用。

10.3 函数与中断服务函数

函数(Function)是一个完成一定相关功能的执行代码段。C51 语言中函数的数目是不限制的，但是一个 C51 程序必须至少有一个函数，以 main 命名，称为主函数，主函数是唯一的，整个程序从这个主函数开始执行。

10.3.1 函数的分类

从结构上分，C51 语言函数可分为主函数和普通函数两种，普通函数又分为标准库函数和用户自定义函数。

标准库函数是由 C51 编译器提供的。编程者在进行程序设计时，应该善于充分利用这些功能强大、资源丰富的标准库函数资源，以提高编程效率。用户可直接调用 C51 语言标准库函数而不需为这个函数写任何代码，只需要包含具有该函数说明的头文件即可。

用户自定义函数是用户根据需要所编写的函数。根据函数定义的形式又可分为无参函数和有参函数。无参函数是在被调用时既无参数输入，也不返回结果，只是为完成某种操作而编写的函数。有参函数在调用时，必须提供入口参数。

在动手实践 10-1 中定义的 delay 函数就是有参函数，延时的时间由入口参数 t 指定。如果调用子程序实现固定时间的延时，可以定义如下无参函数：

```
void delay(void){              //无参函数,延时固定的时间
  unsigned int i ;
  for( i = 0 ; i < 10000 ; i++);
}
```

在 C 语言程序中，所有函数都必须先定义再使用。如果函数的定义在调用该函数的函数后面，必须在调用该函数之前首先对被常用的函数进行声明。函数原型声明与函数的定义是完全不同的，函数的定义是对函数功能的确立，是一个完整的函数单位。函数原型声明中的类型标识符名、函数名、形式参数的数据类型名都要和函数中定义的一致（形式参数名可写可不写），在括号后面必须加分号（；）。

此外，如果程序中使用了库函数，或使用了在其他文件中定义的函数，则必须在程序的开始使用♯include 包含语句，将含有这些函数声明的头文件导入程序中。例如，前面介绍的 reg51.h 头文件、absacc.h 等。

10.3.2　函数的调用

在一个函数中需要用到某个函数的功能时，就调用该函数。调用者称为主调函数，被调用者称为被调函数。函数调用的一般形式为：

```
函数名　{实际参数列表};
```

C 语言采用函数之间传递参数的方式，使一个函数能对不同的变量进行功能相同的处理，从而大大提高了函数的通用性与灵活性。主调函数与被调函数之间通过实际参数和形式参数实现参数传递，被调函数的最后结果由被调函数的 return 语句返回给主调函数。

在被调函数中，函数名后面括号中的变量称为形式参数，简称形参。在函数调用时，主调函数名括号中的表达式称为实际参数，简称实参。在函数调用时，实参必须与形参的数据在数量、类型和顺序上完全一致。实参可以是常量、变量和表达式，实参对形参的数据是单向的，即只能将实参传递给形参。

函数的返回值是通过函数体中的 return 语句获得的。一个函数可以有一个以上的 return 语句，但是多于一个的 return 语句必须在选择结构（if 或 switch 语句）中使用，以确保每次调用函数只能有一个返回值。函数返回值的类型在定义函数时，由返回值的标识符指定。如果定义函数时没有指定函数的返回值类型，则默认返回值为整型类型。如果当函数没有返回值时，则必须用标识符 void 进行说明。

10.3.3　变量的存储种类

存储种类是指函数的参数以及程序中的变量在程序执行过程中的作用范围。在 C51 程序中，存储种类有 4 种，分别是 auto（自动）、extern（外部）、static（静态）和 register（寄存器）。

（1）**auto**：使用存储种类说明符 auto 定义的变量称为自动变量。自动变量作用范围在定义它的函数体或复合语句内部，在该函数体或复合语句被执行时，C51 程序才为该变量分配内存空间。当函数调用结束返回或复合语句执行结束时，自动变量所占用的内存空间被释放。

自动变量又称为局部变量。使用自动变量能最有效地使用 51 单片机中有限的存储器资源。定义变量时，如果省略存储种类，则该变量默认为自动变量。

（2）**extern**：使用 extern 定义的变量称为外部变量。在一个函数体内，要使用一个已在该函数体外或别的程序模块文件中定义过的外部变量时，该变量就必须定义为 extern 存储种类。外部变量被定义后，即分配了固定的内存空间，在程序的整个执行时间内都是有效的。

通常将多个函数或模块共享的变量定义为外部变量。外部变量是全局变量，在程序执行期间一直占有固定的内存空间。

（3）**static**：使用 static 定义的变量称为静态变量，其中又分为局部静态变量和全局静态变量。

局部静态变量是在两次函数调用之间仍能保持其值的局部变量，而使用全局变量又不能实现期望的功能，此时即可将其定义为局部静态变量。局部静态变量在编译时赋初值，即只赋初值一次。如果在定义局部变量时不赋初值，则对局部静态变量来说，编译时会自动赋初值 0（对数值型变量）或空字符（对字符型变量）。

（4）**register**：使用 register 定义的变量称为寄存器变量，这种变量存放在 CPU 内部的寄存器中，处理速度快，但数目少。C51 编译器编译时能自动识别程序中使用频率最高的变量，并自动将其作为寄存器变量，程序中无须专门声明。

10.3.4　中断服务函数

标准 C 语言中没有处理单片机中断的定义，为了能进行 51 单片机的中断处理，C51 编译器对函数定义进行了扩展，增加了一个扩展关键字 **interrupt**。使用关键字 interrupt 可将一个函数定义为中断服务函数。由于 C51 编译器在编译时对声明为中断服务程序的函数自动添加了相应的现场保护、阻断其他中断、返回时自动恢复现场等处理的程序段，因而在编写中断服务函数时可不必考虑这些问题，减小了用户编写中断服务程序的烦琐程度。

中断服务函数的一般形式为：

```
void　函数名(void)interrupt　m　[using n]
```

其中，m 是中断号，对于 51 单片机，其取值为 0～4，分别对应 51 单片机的外部中断 INT0、定时/计数中断 T0 中断、外部中断 INT1、定时器定时/计数 T1 中断和串口中断。n 用于指定工作寄存器组，如果没有使用 using 关键字，则中断函数中所有工作寄存器的内容将被保存到堆栈中。

例如，如下语句：

```
void int0Del(void) interrupt 1 using 2
```

声明了一个中断函数，函数名为 int0Del，参数 1 指定为定时/计数器 T0 的中断服务函数，参数 2 指定中断函数中分配变量存储单元时使用第 2 组工作寄存器。

在 C51 程序中，定义中断函数必须遵循如下规则：

(1) 中断函数不能进行参数传递。

(2) 中断函数没有返回值。

(3) 中断函数在任何时候都不能被调用。

10.4　C51 程序设计举例

前面对 C51 语言做了简要介绍，主要介绍了与标准 C 语言的主要区别，其他与标准 C 语言完全相同的内容，读者可以自行查阅相关资料。本章最后再通过几个典型的案例介绍 51 单片机系统中 C51 程序设计的基本方法。

动手实践 10-2：简易人机接口设计

本案例要求实现的功能是：通过 4×4 矩阵键盘连续输入若干数字 0～F，并将输入的数字字符在 8 位数码管上从右向左显示，原理图（参见文件 p10_2.pdsprj）如图 10-7 所示。图中用 51 单片机的 P1 和 P2 口分别输出 8 位数码管的字段码和位选码，P3 口的低 4 位用于 4×4 矩阵键盘的列扫描线，高 4 位用作行回读线。

本案例完整的 C51 程序参见文件 p10_2.c，这里对其中的主要代码进行简要介绍。

(1) 常量定义及函数声明。

在程序的最开始，导入 reg51.h 头文件，并用如下语句定义了 2 个新的数据类型：

```
#define uchar unsigned char
#define uint unsigned int
```

其中 uchar 定义为无符号字符型，uint 定义为无符号整型。

之后将数码管的字段码和位选码输出端口 P1 和 P2 定义为常量 codePort 和 bitSelPort，并将矩阵键盘的列扫描码输出和行回读端口 P3 定义为常量 key。

文件中，主函数 main() 将调用的函数 delay()、display()、chkKey()、keyScan() 都定义在 main() 函数后面，因此必须先对这些函数进行声明。

图 10-7　动手实践 10-2 原理图

此外，主函数之前还将数码管需要显示的 8 个字符定义为数组 disbuf，将字符 0～F 的字段码定义为数组 codetab。

（2）主函数。

在主函数 main() 中，主要实现的操作是通过死循环不断检测并读取按键，且更新数码管的显示缓冲区。其中的主要代码如下：

```
while(1){
    key = keyScan();              //键盘扫描
    if(key != 0xff){              //有键按下
        disbuf[7] = disbuf[6];    //则更新显示缓冲区
        disbuf[6] = disbuf[5];
        …
        disbuf[1] = disbuf[0];
        disbuf[0] = key;
    }
    display();                    //数码管显示
    delay(100);
}
```

在上述死循环中，首先调用 keyScan() 函数进行按键扫描，并读取按键的键码，存入变量 key 中。如果确实有键按下,则将显示缓冲区(即数组 disbuf)中原来存放的数据顺序后移,并将键码存入第一个单元。之后,调用 display()函数将显示缓冲区的字符显示到数码管上。

需要注意的是,为了保证数码管显示稳定并且清晰,需要适当修改调用 delay()函数时的实参值。

(3) 数码管显示函数。

数码管显示函数 display()的完整定义如下:

```
void display(void){
    uchar bitsel = 0x01;                    //定义位选码变量,并设初值为 0x01
    uchar i,p;
    for(i = 0; i < 8; i++){
        bitSelPort = ～(bitsel << i);        //送位选码
        p = disbuf[i];
        codePort = codetab[p];              //送字段码
        delay(2);                           //延时
    }
}
```

上述函数中,首先定义位选码变量,并设初值为 0x01。在后面的 for 循环中,每次循环将位选码左移 i 位,并按位取反;再由 bitSelPort 端口即 51 单片机的 P2 口输出到数码管;之后,取出显示缓冲区中的字符,并查 codetab 数组获取字段码,由 codePort 端口即 P1 口输出。

需要注意的是,位选码的初值设为 0x01,即 8 位二进制 00000001。在用"<<"将其左移 i 位时,空余的低位全部补零,例如左移一位后得到 00000010。因此,左移后通过"～"运算符将其按位取反得到 11111101,再送出到数码管,则只选中右侧第 2 位数码。

(4) 键盘全扫描函数。

键盘全扫描函数 chkKey()用于检测是否有键按下,其完整定义如下:

```
uchar chkKey(){
    uchar i;
    key = 0xf0;                             //送全扫描码
    if((key &0xf0) == 0xf0) return(0xff);   //无键按下,返回 0xff
    else return(0);                         //有键按下,返回 0x00
}
```

根据原理图可知,列扫描码由 51 单片机的 P3 口低 4 位输出,因此在上述函数中设置 key=0xf0,从而输出全扫描码。该全扫描码的高 4 位全为 1,因此将同时使得 4 根行回读线输出初始高电平。

如果有键按下,按键所在行对应的位将被复位为低电平,从而由 key 代表的 P3 口进行行回读时,返回结果的高 4 位将不全是 1。上述代码中 if 语句的条件表达式就是实现行回读,并判断有无键按下,并据此返回 0 或 0xff。

(5) 键盘逐列扫描函数。

键盘逐列扫描函数 keyScan()实现的主要功能是在有键按下时,识别按键,并返回键码。该函数的完整定义如下：

```
uchar keyScan(){
    uchar scancode,codevalue;
    uchar i,j,k,m;
    if(chkKey() == 0xff) return(0xff);              //全扫描检测有无键按下
    else{
        delay(20);                                  //延时消抖
        if(chkKey() == 0xff) return(0xff);          //再次检测有无按键
        else{
            scancode = 0xfe;                        //列扫描码赋初值
            for(i = 0; i < 4; i++){                 //列扫描
                k = 0x10;
                key = scancode;                     //送列扫描码
                m = 0x00;
                for(j = 0; j < 4; j++){
                    if((key & k) == 0){             //当前行有键按下
                        codevalue = m + i;          //则求编码
                        while(chkKey() != 0xff);    //等待按键释放
                        break;                      //退出逐列扫描
                    }
                    else{
                        k = k << 1; m = m + 4;  //否则,行码左移一位,计算下一行行首编码
                    }
                }
                scancode = scancode << 1;           //列扫描码左移一位,准备扫描下一列
            }
        }
        return(codevalue);                          //返回编码
    }
}
```

上述函数中主要是通过两层 for 循环实现按键识别。在送出一次列扫描码后，通过内层 for 循环，调用 chkKey() 函数执行行回读，判断当前列是否有键按下。如果没有，则修改 k 和 m 的值，以便进行后续扫描找到按键后正确计算得到键码。如果当前列有键按下，则求得键码 codevalue，并等待按键释放后，执行 break 语句立即退出循环。

注意上述函数中的按键扫描算法与 p4_2.asm 汇编语言程序中子程序 KEYIN 的异同，各按键的键码也与案例 ex4_2.pdsprj 有区别。此外，上述函数中也同时考虑了按键消抖的问题。

动手实践 10-3：定时/计数器中断服务函数的编写

在动手实践 5-2 中，利用查询方式和汇编语言程序实现了周期脉冲频率的测量，本案例要求改为用中断方式实现，并编写 C51 程序实现同样的功能。原理图参见文件 ex10_3.pdsprj，C51 程序如下（参见文件 p10_3.c）：

```
# include < reg51.h >
sbit SIG = P2^0;
```

```
# define led P1
/* ================================================================
 * 主函数
 * ================================================================ */
void main(void){
    TMOD = 0x60;          //设置 T0 工作在 0 定时方式,T1 工作在方式 2 计数方式
    TH0 = 0xe0;           //设置 T0 定时初值为 1 ms
    TL0 = 0x18;
    TH1 = 0x00;           //初始化 T1 计数初值为 0
    TL1 = 0x00;
    TR0 = 1;              //启动 T0 定时
    TR1 = 1;              //启动 T1 计数
    ET0 = 1;              //开 T0 中断
    EA = 1;
    while(1);             //等待中断
}
/* ================================================================
 * 定时计数器 T0 中断服务函数
 * ================================================================ */
void tdel(void) interrupt 1{
    unsigned char count;
    SIG = !SIG;           //输出定时 1ms 脉冲
    TR1 = 0;              //停止 T1 计数,以便读取结果
    count = TL1;
    led = ~count;         //输出显示测量结果
    TH0 = 0xe0;           //重设 T0 定时初值
    TL0 = 0x18;
    TH1 = 0x00;           //重设 T1 计数初值
    TL1 = 0x00;
    TR1 = 1;              //重新启动 T1 计数
}
```

通过该案例主要体会 C51 程序中中断服务函数的编写方法。主函数中的代码基本上与 p5_2.asm 中的汇编语言程序一样,只是将实现频率测量和结果显示的代码放到了中断服务函数中。在主函数中,主要进行定时/计数器 T0 和 T1 的初始化,在启动定时和计数后,还需要开定时/计数器 T0 的中断。

在 C51 程序中,定时/计数器 T0 的中断号为 1,因此在定义其中断服务程序时,interrupt 关键字后面必须指定常数 1。T0 每次定时 1 ms 到后,执行中断服务函数,首先将常量 SIG 代表的 P2.0 引脚输出电平取反,从而 51 单片机由该引脚输出周期脉冲。之后,停止 T1 计数,并从 TL1 读取计数值,按位取反后由 led 代表的 P1 口输出控制 LED 显示测量结果。

将上述程序与程序文件 p5_2.asm 中的汇编语言程序对比可见,在 C51 程序中引入 reg51.h 或 reg52.h 头文件后,对 51 单片机内部各种资源的访问大都采用变量赋值语句即可实现。从这个意义上说,在 51 单片机应用系统中,C51 程序与汇编语言程序并没有本质的区别。

动手实践 10-4:指针与 RAM 单元的绝对地址访问

在动手实践 6-1 中,用两片 6264 为 AT89C52 单片机系统扩展了 16 KB 的外部 RAM。并将从 1 开始的 100 个连续奇数依次存入第一片 6264 中地址从 4100H 开始的单元,再将

其中前 10 个数据复制到 51 单片机内部 RAM 中从 30H 开始的单元。

程序 **p6_1.asm** 用汇编语言实现了上述功能，现在改为用 C51 程序实现，原理图参见文件 **ex10_4.pdsprj**，完整的程序代码如下（参见文件 **p10_4.c**）：

```
#include < reg51.h >
#define uchar unsigned char      //定义新的数据类型 uchar
void main(void){
    uchar data * p;              //定义指向内部 RAM 单元的指针
    uchar xdata * xp;            //定义执行外部 RAM 单元的指针
    uchar i,j;
    p = 0x30;                    //设置外部 RAM 单元的起始地址
    xp = 0x4100;                 //设置外部 RAM 单元的起始地址
    j = 1;                       //设置待写数据的初值
    for(i = 0;i < 100;i++){      //向外部 RAM 写入 100 个连续的奇数
        * xp = j;
        j += 2;
        xp++;                    //修改指针
    }
    xp = 0x4100;                 //重设外部 RAM 单元指针
    for(i = 0; i < 10; i++){
        j = * xp;                //从外部 RAM 取一个数
        * p = j;                 //写入内部 RAM 单元
        p++;xp++;                //修改指针
    }
    while(1);
}
```

为了实现绝对地址访问，在上述主函数中，定义了两个指针 p 和 xp，分别指向题目要求的内部 RAM 和外部 RAM 单元。之后，利用第一个 for 循环向指定的外部 RAM 单元写入从 1 开始连续的 100 个奇数。

在第一个循环，每次循环将指针 xp 递增 1，因此循环结束后，需要将指针 xp 重新设为指向第一个外部 RAM 单元，再利用第二个 for 循环将前面的 10 个奇数读取出来，存入指定的内部 RAM 单元。

动手实践 10-5：串行扩展资源的访问

在动手实践 8-8 中，利用 PCF8591 实现模拟电压的测量，将其幅度减小一半后再转换为模拟电压输出。本案例的电路原理图如图 8-33 所示，或参见文件 **ex10_5.pdsprj**，编写的普通 C51 程序参见文件 **p10_5.c**。

在程序中首先 SCL、SDA 和 ACK 这 3 个位变量，对应的语句如下：

```
sbit SCL = P3^4;        //引脚定义
sbit SDA = P3^5;
bit ACK;                //定义应答位
```

注意到其中 ACK 定义为 bit 数据类型，编译连接后将为其随机分配 51 单片机内部位寻址区中的某个位单元,而 SCL 和 SDA 定义为 sbit 型,固定地代表 51 单片机的 P3.4 和 P3.5 两个引脚,这两个引脚与 PCF8591 的两根 I2C 总线信号引脚 SCL 和 SDA 相连接。

此外,程序中还用 define 语句定义了两个常量 WADD 和 RADD,分别代表 PCF8591 的写和读器件地址,另外定义了一个指针变量 p,指向 51 单片机内部 RAM 的 30H 单元。

该文件中的函数主要包括主函数和与 PCF8591 操作访问相关的函数。由于 PCF8591 采用 I2C 总线接口,因此程序中还定义了很多函数用于实现 I2C 总线控制和数据传输。

(1) 主函数。

主函数中的完整定义如下:

```
void main(void){
    while(1){
    start();                 //发 S 信号
        wByte(WADD);         //发写器件地址,以选中该片 PCF859
        while(!cACK()){};    //等待应答
        wByte(0x43);         //发 PCF8591 控制字,选择 ADC 模拟量输入通道
        while(!cACK()){};
        //启动 ADC、读操作时序
        start();             //发 S 信号
        wByte(RADD);         //发读器件地址,准备读
        while(!cACK()){};
        * p = rByte();       //读 ADC 结果,保存到内部 RAM 缓冲区
        mNACK();             //发非应答信号,令 PCF8591 释放总线
        stop();              //发 P 信号,结束读操作
        //写 D/A 转换数字量时序
        delay();
        start();
        wByte(WADD);         //发写器件地址
        while(!cACK()){};
        wByte(0x43);         //发控制字,允许 D/A 模拟的输出
        while(!cACK()){};
        wByte( * p>>1);
        mNACK();             //发非应答信号
        stop();              //发 P 信号,结束写操作
    }
}
```

由此可见,主函数中只是一个死循环,其中主要实现 3 项操作,依次是 PCF8591 及模拟量输入通道的选择、A/D 转换的启动和转换结果的读取、数字量的输出与 D/A 转换。

上述操作主要调用与 I2C 总线操作相关的 start()、cACK()、mNACK()、stop()函数以及与 PCF8591 读写操作相关的 wByte()和 rByte()函数实现。

(2) I2C 总线操作相关函数。

与 I2C 总线操作相关的函数有 start()、stop()、cACK()、mNACK()。这些函数的定义严格根据 I2C 总线协议和时序编写。

函数 start()、stop()和 mNACK()分别用于发送 I2C 总线 S 信号、P 信号和非应答信号。这 3 个函数的定义类似,以 start()函数为例,其完整定义如下:

```
void start(void){
    SDA = 1;
    _nop_();
    SCL = 1;
    _nop_();
    _nop_();
    _nop_();
    _nop_();
    _nop_();              //开始信号建立时间大于 4.7 μs,延时
    SDA = 0;              //发送开始信号
    _nop_();
    _nop_();
    _nop_();
    _nop_();
    _nop_();              //开始信号锁定时间大于 4 μs
    SCL = 0;              //钳住 I2C 总线,准备发送或接收数据
    _nop_();
}
```

函数 cACK()用于检查 PCF8591 是否有应答。如果有应答,在函数中返回一个 bit 型数值 1；否则返回 0。该函数的完整定义如下：

```
bit cACK(void){
    bit ACK;
    SDA = 1;
    _nop_();
    _nop_();
    SCL = 1;
    ACK = 0;
    _nop_();
    _nop_();
    if(SDA!= 1) ACK = 1;          //接收到应答信号,ACK = 1;否则,ACK = 0
    _nop_();
    SCL = 0;
    _nop_();
    return ACK;
}
```

在函数的声明中定义该函数返回值为 bit 型。在函数体中,首先将 SDA 置位。当 PCF8591 有应答时,自动将 SDA 信号线重新复位。因此,只需要在此期间检测 SDA 是否变为低电平,即可确定 PCF8591 是否接收到数据。

根据 I2C 总线信号的时序,在 AT24C02 将 SDA 复位后,51 单片机必须通过 SCL 信号线输出一个正脉冲,正脉冲的宽度至少为 4 μs。上述函数中多次调用_nop_()函数,就是为了满足 I2C 总线的这些时序要求。_nop_()函数是在头文件 **intrins.h** 中定义的库函数,因此,在程序最开始必须导入该头文件。

（3）PCF8591 操作相关函数。

对 PCF8591 的操作主要有：发 PCF8591 控制字、选择 ADC 模拟量输入通道、启动 A/D 转换并读取转换结果、输出数字量并进行 D/A 转换。

在程序中,将上述操作分别定义为 wByte() 和 rByte() 函数,这两个函数的完整定义如下:

```
void wByte(uchar data0){
    uchar i;
    uchar d;
    for(i = 0; i < 8; i++){
        d = data0 << i;
        if(d & 0x80) SDA = 1;              //写一位数据
        else SDA = 0;
        _nop_();
        SCL = 1;
        _nop_();
        SCL = 0;                           //产生 SCL 时钟负跳变
    }
}
uchar rByte(void){
    uchar i;
    uchar d = 0;
    for(i = 0; i < 8; i++){
        SDA = 1;
        _nop_();
        SCL = 1;                           //在 SCL 时钟正跳变时读取一位数据
        d = d << 1;
        if(SDA == 1) d = d + 1;            //读取数据存入 d
        SCL = 0;                           //产生 SCL 时钟负跳变,准备读取下一位
        _nop_();
        _nop_();
        _nop_();
    }
    return(d);
}
```

上述函数的定义严格按照 PCF8591 的读写时序编写,可以参看 p8_13.asm 中相关函数的解释和说明,并对比体会汇编语言程序和 C51 程序的异同。

动手实践 10-6:自定义库函数的创建及使用方法

　　C 语言具有良好的模块化结构。在单片机和高档的嵌入式系统中,都需要将底层与硬件相关的驱动代码封装为库函数,以提高程序开发的效率、增强程序的可移植性。这里以动手实践 8-8 中的 PCF8591 为例,简要体会自定义库函数的创建和使用方法。

　　本案例的原理图与文件 ex10_5.pdsprj 相同,C51 程序主要包括 3 个源程序文件,即主函数文件 p10_6.c、PCF8591 驱动库函数文件 PCF8591.c 和 I2C 总线操作库函数文件 I2C.c。调试时,需要将 3 个文件都添加到工程中,在 Keil C51 窗口左侧工程列表中的显示如图 10-8 所示。

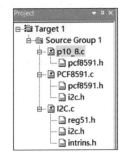

图 10-8　Keil C51 中的
工程列表

（1）主函数文件

主函数文件 p10_6.c 的完整代码如下：

```
#include < PCF8591.h >
/* ============================================
; 延时程序
; ============================================ */
void delay(void){
    uint i = 1000;
    while(i-- ){};
}
/* ============================================
* 主函数
* ============================================ */
void main(void){
    unsigned char data * p = 0x30;        //定义缓冲区单元地址
    while(1){
        *p = ADC(WADD,RADD);              //读 ADC 结果,保存到内部 RAM 缓冲区
        delay();
        DAC(WADD, *p >> 1);
    }
}
```

上述文件中主要包括一个延时函数 delay() 和一个主函数 main()。在 main() 函数中定义了一个指针 p，指向内部 RAM 地址为 0x30 的单元。之后通过死循环，不断调用 ADC() 和 DAC() 函数，读取 PCF8591 的 A/D 转换结果，将其右移一位（即减小一半）后，通过调用 DAC() 送往 PCF8591 进行 D/A 转换。

在上述程序中，调用的 ADC() 和 DAC() 函数都定义在文件 PCF8591.c 中，因此程序一开始必须导入 PCF8591.h 头文件，其中有这两个函数的原型声明。

（2）PCF8591 驱动库函数文件。

PCF8591 库函数文件名为 PCF8591.c，其中主要定义了控制 PCF8591 实现 A/D 转换并读取转换结果的 ADC() 函数和控制进行 D/A 转换的 DAC() 函数。以 ADC() 函数为例，其完整的定义如下：

```
uchar ADC(uchar wADD,uchar rADD){
    start();                  //发 S 信号
    wByte(wADD);              //发写器件地址,以选中该片 PCF8591
    while(!cACK()){};         //无应答则等待
    wByte(0x43);              //发 PCF8591 控制字,选择 ADC 模拟量输入通道
    while(!cACK()){};         //无应答则等待
    start();                  //发 S 信号
    wByte(rADD);              //发读器件地址,准备读
    while(!cACK()){};         //无应答则等待
    return(rByte());          //读并返回 ADC 结果
    mNACK();                  //发非应答信号,令 PCF8591 释放总线
    stop();                   //发 P 信号,结束读操作
}
```

该函数中封装了原文件 **p10_5.c** 中与 A/D 转换相关的所有操作,包括调用 wADD() 函数选择模拟量输入通道、启动 A/D 转换、读取 A/D 转换结果等。这些操作主要通过 I2C 总线的基本操作实现,因此在文件一开始,需要导入 I2C.h 头文件,其中有相关函数的原型声明。此外,ADC() 和 DAC() 函数的原型声明在 PCF8591.h 头文件中,因此也需要导入该头文件。该头文件的完整代码如下:

```
#define uchar unsigned char          //定义新的数据类型 uchar
#define uint unsigned int
#define WADD 0x90                     //定义 PCF8591 写器件地址
#define RADD 0x91
uchar ADC(uchar wADD,uchar rADD);     //函数原型声明
void DAC(uchar wAdd,uchar d);
```

(3) I2C 总线操作库函数文件。

PCF8591 采用 I2C 总线接口,因此对其进行的各种操作访问都需要按照 I2C 总线的协议进行,相关的操作在文件 I2C.c 中定义为各种库函数,例如 start()、cACK() 等,以及通过 I2C 总线传输一字节数据的 wByte() 和 rByte() 函数。这些函数的具体定义都与 p8_8.c 中的函数完全相同,只是需要在相应的头文件 I2C.h 中进行相应的原型声明。

本章小结

在熟悉了 51 单片机汇编语言程序设计的基础上,本章简要介绍了 C51 语言相关的基本概念及程序设计方法。

1. C51 程序及调试方法

(1) C51 语言的语法规定、程序结构及程序设计方法与标准的 C 语言相同,只是在库函数的定义、数据类型、变量的存储模式等方面稍微做了扩充,以便能够像汇编语言一样对 51 单片机的硬件资源、进行访问和控制。

(2) 在 Keil C51 编译器中,可以根据需要设置 C51 程序的存储模式,控制是否生成中间等效的汇编语言代码。通过观察分析列表文件或反汇编中等价的汇编语言程序,可以反过来辅助汇编语言程序的学习和编写。

2. C51 程序中的数据类型与变量

(1) C51 语言中除了允许使用标准 C 语言中的数据类型以外,另外增加了 sfr、sfr16、bit 和 sbit 数据类型,以便在 C51 程序中对 51 单片机内部重要的特殊功能寄存器及位单元进行访问。

(2) 任何程序中的变量在运行过程都需要占用和分配存储单元。为了充分利用 51 单片机有限的存储区资源,在 C51 程序中可以为变量设置多种不同的存储模式、存储类型和存储种类。

(3) 与标准 C 语言一样,C51 程序中有 4 大类基本的运算,即算术运算、关系运算、逻辑运算和位运算,特别注意其中位运算和逻辑运算在 51 单片机系统中的典型应用。

3. 指针与绝对地址访问

结合本书前面各章介绍的单片机硬件知识，可以更加形象直观地理解 C 语言程序中指针的概念及其作用。

（1）指针是用于存放存储单元地址的变量，因此利用指针可以保存普通变量所在存储单元的地址，也可以通过指针实现普通变量的访问。

（2）指针本身也是一个变量，因此也需要为其分配存储单元。与普通变量一样，也可以指定指针的存储类型、存储种类和数据类型。

（3）利用指针可以实现对特定存储单元的访问，称为绝对地址访问。存储单元和单片机中各种资源的绝对地址访问还可以利用_at_关键字或 absacc.h 头文件中定义各种预定义宏来实现。

4. 函数与中断服务函数

（1）C51 语言是以函数为程序的基本构成单位，任何一个 C51 程序必须至少含有主函数，主函数是唯一的，整个程序从这个主函数开始执行。

（2）每个函数的定义和声明中必须指定形参和返回值的数据类型，在函数调用时，实参必须与形参的数据在数量、类型和顺序上完全一致。

（3）C51 编译器中增加了一个扩展关键字 interrupt，专门用于定义中断服务函数。中断服务函数与普通函数的主要区别在于：中断服务函数不能有返回值，也不能在程序中显示调用。当系统中发生了相应的中断事件，在条件允许的情况下，单片机会自动响应并执行中断服务函数中规定的操作和功能。

思考练习

10-1 填空题

（1）C51 语言（程序）中定义的新数据类型有_____、_____、_____和_____。

（2）要将地址为 0xa0 的特殊功能寄存器定义为变量 dataB，相应的语句为_____。

（3）要将 P2.7 位单元定义为位变量 CE，相应的语句为_____。

（4）已知程序中有语句 sfr key＝P1，要使 51 单片机 P1 口高 4 位输出的高/低电平翻转，低 4 位输出电平保持不变，可以用如下语句：_____。

（5）存放在内部 RAM 中，存储类型为_____的变量用间接寻址方式进行访问；而存储类型为_____的变量用直接寻址进行访问。

（6）存储类型为 xdata 的变量都存放在_____存储单元。

（7）在 SMALL 存储模式下，变量默认分别存放在_____。

（8）在 C51 程序中，变量的存储种类默认为_____，并且使用比较频繁的变量将自动被编译为_____类型的变量。

（9）要在 C51 程序的中断服务函数 sDEL 中使用第 2 组工作寄存器，可以用如下语句进行该中断服务函数的定义：_____。

10-2　简述 sbit 和 bit 数据类型在用法上的区别。

10-3　在 C51 程序中,经常需要用到头文件 intrins.h,其中定义了如下两个常用库函数:

```
extern unsigned char _cror_  (unsigned char, unsigned char);
extern unsigned char _crol_  (unsigned char, unsigned char);
```

查阅资料总结上述两个库函数实现的功能,并分析比较如下语句的执行结果(假设 x=0x8f)。

```
a = _cror_(x,2);    b = _crol_(x,2);    c = x>>2;    d = x<<2;
```

10-4　在 C51 程序中,为了实现绝对地址访问,可以采用哪些方法?具体用法上分别有何特点?

10-5　将数据 100～109 存入地址从 0x30 开始的内部 RAM 单元,然后将其中的偶数取出来,顺序存入从地址为 0x1000 开始的外部 RAM 单元。为了实现上述功能,将下面的 C51 程序补充完整:

```
data unsigned char buf1[10] _at_ 0x30;       //定义数组 buf1
xdata unsigned char buf2[10] _at_ 0x1000;    //定义数组 buf2
void main(void){
    unsigned char i,j;
    for(i = 0; i < 10; i++){
        _____    //设置原始数据 100～109,存入内部 RAM 单元
    }
    j = 0;
    for(i = 0; i < 10; i++){
        if(buf1[i] % 2 == 0){
            _____    //将偶数取出存入外部 RAM 单元
            j++;
        }
    }
    while(1);
}
```

10-6　修改上述程序,要求其中的绝对地址访问分别用指针和预定义宏实现。

综合设计

10-1　修改动手实践 10-2 中的数码管显示函数 display()和键盘扫描函数 chkKey()、keyScan(),以便能够实现任意多位数码管的动态扫描显示和任意行列键盘的扫描。

10-2　修改动手实践 10-3 中的原理图和程序,以便能够对频率超过 255 kHz 的待测脉冲频率进行正确测量。

MCS-51 单片机的特殊

功能寄存器

字节地址	名　称	表示符号	位地址/位符号							
			D7	D6	D5	D4	D3	D2	D1	D0
80H	P0 口	P0	87H P0.7	86H P0.6	85H P0.5	84H P0.4	83H P0.3	82H P0.2	81H P0.1	80H P0.0
81H	堆栈指针	SP								
82H	数据指针低 8 位	DPL								
83H	数据指针高 8 位	DPH								
87H	电源控制	PCON	SMOD				GF1	GF0	PD	IDL
88H	定时/计数器控制	TCON	8FH TF1	8EH TR1	8DH TF0	8CH TR0	8BH IE1	8AH IT1	89H IE0	88H IT0
89H	定时/计数器方式	TMOD	GATE	C/T	M1	M0	GATE	C/T	M1	M0
8AH	定时/计数器 0 低字节	TL0								
8BH	定时/计数器 1 低字节	TL1								
8CH	定时/计数器 0 高字节	TH0								
8DH	定时/计数器 1 高字节	TH1								
90H	P1 口	P1	97H P1.7	96H P1.6	95H P1.5	84H P1.4	93H P1.3	92H P1.2	91H P1.1	90H P1.0
98H	串口控制	SCON	9FH SM0	9EH SM1	9DH SM0	9CH REN	9BH TB8	9AH RB8	99H TI	98H RI
99H	串口数据	SBUF								
A0H	P2 口	P2	A7H P2.7	A6H P2.6	A5H P2.5	A4H P2.4	A3H P2.3	A2H P2.2	A1H P2.1	A0H P2.0
A8H	中断允许控制	IE	AFH EA	AEH	ADH ET2	ACH ES	ABH ET1	AAH EX1	A9H ET0	A8H EX0
B0H	P3 口	P3	B7H P3.7	B6H P3.6	B5H P3.5	B4H P3.4	B3H P3.3	B2H P3.2	B1H P3.1	B0H P3.0
B8H	中断优先级控制	IP			BDH PT2	BCH PS	BBH PT1	BAH PX1	B9H PT0	B8H PX0

续表

字节地址	名　称	表示符号	位地址/位符号							
			D7	D6	D5	D4	D3	D2	D1	D0
C8H	定时/计数器2控制	T2CON	CFH TF2	CEH EXF2	CDH RCLK	CCH TCLK	CBH EXEN2	CAH TR2	C9H C/T2	C8H CP/RL2
CAH	定时/计数器2重装低字节	RLDL								
CBH	定时/计数器2重装高字节	RLDH								
CCH	定时/计数器2低字节	TL2								
CDH	定时/计数器2高字节	TH2								
D0H	程序状态寄存器	PSW	D7H C	D6H AC	D5H F0	D4H RS1	D3H RS0	D2H OV	D1H	D0H P
E0H	累加器	A	E7H ACC.7	E6H ACC.6	E5H ACC.5	E4H ACC.4	E3H ACC.3	E2H ACC.2	E1H ACC.7	E0H ACC.0
F0H	辅助寄存器	B	F7H	F6H	F5H	F4H	F3H	F2H	F1H	F0H

附录 B

MCS-51 单片机的指令系统

指令系统中的符号标识包括如下内容：

Rn：工作寄存器 R0～R7；　　　　　　　Ri：工作寄存器 R0 和 R1；

@Ri：间接寻址的 RAM 单元；　　　　　♯data8：8 位立即数；

♯data16：16 位立即数；　　　　　　　　addr16：16 位目标地址；

addr11：11 位目标地址；　　　　　　　　rel：8 位有符号数偏移量；

bit：位地址；　　　　　　　　　　　　　dir：内部 RAM 的 8 位直接地址；

$：本条指令的起始位置。

注意：表中的常数都是十六进制。

助记符		机器码	机器周期数	操作和功能	本书首次出现该指令的章节
数据传输指令（29 条）					
MOV A	Rn	E8～EF	1	工作寄存器送累加器	2.4.2
	dir	E5 dir	1	直接寻址内部 RAM 单元送累加器	
	@Ri	E6\E7	1	间接寻址内部 RAM 单元送累加器	
	♯data8	74 data8	1	8 位立即数送累加器	
MOV Rn,	A	F8～FF	1	累加器送工作寄存器	
	dir	A8 dir	2	直接寻址内部 RAM 单元送工作寄存器	
	♯data8	78 data8	1	8 位立即数送工作寄存器	
MOV dir,	A	F5 dir	1	累加器送直接寻址内部 RAM 单元	
	Rn	88～8F dir	2	工作寄存器送直接寻址内部 RAM 单元	
	dir1	85 dir1 dir	2	两个直接寻址内部 RAM 单元传输	
	@Ri	86\87 dir	2	间接寻址内部 RAM 单元送直接寻址内部 RAM 单元	
	♯data8	75 dir data8	2	8 位立即数送直接寻址内部 RAM 单元	
MOV @Ri,	A	F6 F7	1	累加器送间接寻址内部 RAM 单元	
	dir	A6 A7 dir	2	直接寻址内部 RAM 单元送间接寻址内部 RAM 单元	
	♯data8	76 76 data8	1	8 位立即数送间接寻址内部 RAM 单元	
MOV DPTR,♯data16		90 dataH dataL	2	16 位立即数送 DPTR	

续表

助记符		机器码	机器周期数	操作和功能	本书首次出现该指令的章节
MOVX A,	@Ri	E2\E3	2	外部 RAM 单元(8 位地址)送累加器	6.3.3
	@DPTR	E0	2	外部 RAM 单元(16 位地址)送累加器	
MOVX @Ri,	A	F2\F3	2	累加器送外部 RAM 单元(8 位地址)	
MOVX @DPTR,		F0	2	累加器送外部 RAM 单元(16 位地址)	
SWAP A		C4	1	累加器高/低 4 位交换	2.4.4
XCHD A,@Ri		D6\D7	1	间接寻址内部 RAM 单元与累加器低 4 位交换	
XCH A,	Rn	C8~CF	1	工作寄存器与累加器交换	
	dir	C5 dir	1	直接寻址内部 RAM 单元与累加器交换	
	@Ri	C6\C7	1	间接寻址内部 RAM 单元与累加器交换	
MOVC A,	@A+DPTR	93	2	以 DPTR 为基址查表	4.3.1
	@A+PC	83	2	以 PC 为基址查表	
PUSH dir		D0 dir	2	入栈	3.3.5
POP dir		C0 dir	2	出栈	
算术运算指令(24 条)					
ADD A,	Rn	28~2F	1	工作寄存器内容加	2.4.3
	dir	25 dir	1	直接寻址内部 RAM 单元内容加	
	@Ri	26\27	1	间接寻址内部 RAM 单元内容加	
	#data8	24 data8	1	立即数加	
ADDC A,	Rn	38~3F	1	寄存器内容带进位加	
	dir	35 dir	1	直接寻址内部 RAM 单元内容带进位加	
	@Ri	36\37	1	间接寻址内部 RAM 单元内容带进位加	
	#data8	34 data8	1	立即数带进位加	
INC	A	04	1	累加器内容递增	
	Rn	08~0F	1	工作寄存器内容递增	
	dir	05 dir	1	直接寻址内部 RAM 单元内容递增	
	@Ri	06\07	1	间接寻址内部 RAM 单元内容递增	
	DPTR	A3	1	DPTR 递增	
DA A		D4	1	BCD 码加法调整	
SUBB A,	Rn	98~9F	1	工作寄存器内容带借位减	
	dir	95 dir	1	直接寻址内部 RAM 单元内容带借位减	
	@Ri	96\97	1	间接寻址内部 RAM 单元内容带借位减	
	#data8	94 data8	1	立即数带借位减	
DEC	A	14	1	累加器内容递减	
	Rn	18~1F	1	工作寄存器内容递减	
	dir	15 dir	1	直接寻址内部 RAM 单元内容递减	
	@Ri	16\17	1	简介寻址内部 RAM 单元内容递减	
MUL AB		A4	4	乘法运算	
DIV AB		84	4	除法运算	

续表

助记符		机器码	机器周期数	操作和功能	本书首次出现该指令的章节
逻辑运算指令（20 条）					
CLR A		E4	1	累加器清零	
CPL A		F4	1	累加器内容逐位取反	
ANL A，	Rn	58～5F	1	工作寄存器内容逻辑与	
	dir	55 dir	1	直接寻址内部 RAM 单元内容逻辑与	
	@Ri	56\57	1	间接寻址内部 RAM 单元内容逻辑与	
	#data8	54 data8	1	立即数逻辑与	
ANL dir，	A	52 dir	1	累加器与直接寻址内部 RAM 单元内容逻辑与	
	#data8	53 dir data8	2	立即数与直接寻址内部 RAM 单元内容逻辑与	
ORL A，	Rn	48～4F	1	工作寄存器内容逻辑或	
	dir	45 dir	1	直接寻址内部 RAM 单元内容逻辑或	
	@Ri	46\47	1	间接寻址内部 RAM 单元内容逻辑或	
	#data8	44 data8	1	立即数逻辑或	2.4.3
ORL dir，	A	42 dir	1	累加器与直接寻址内部 RAM 单元内容逻辑或	
	#data8	43 dir data8	2	立即数与直接寻址内部 RAM 单元内容逻辑或	
XRL	Rn	68～6F	1	工作寄存器内容逻辑异或	
	dir	65 dir	1	直接寻址内部 RAM 单元内容逻辑异或	
	@Ri	66\67	1	间接寻址内部 RAM 单元内容逻辑异或	
	#data8	64 data8	1	立即数逻辑异或	
XRL dir，	A	62 dir	1	累加器与直接寻址内部 RAM 单元内容逻辑异或	
	#data8	63 dir data8	2	立即数与直接寻址内部 RAM 单元内容逻辑异或	
循环移位指令（4 条）					
RL A		23	1	小循环左移	
RLC A		33	1	大循环左移	4.3.2
RR A		03	1	小循环右移	
RRC A		13	1	大循环右移	

续表

助记符		机器码	机器周期数	操作和功能	本书首次出现该指令的章节
控制转移指令(17 条)					
LJMP　addr16		02 addrH addrL	2	长转移	
AJMP　addr11		addrH ＊ 20 ＋1 addrL	2	绝对转移	2.4.1
SJMP　rel		80 rel	2	短转移	
JMP　@A＋DPTR		73	2	相对转移	
JZ　rel		60 rel	2	累加器 A＝0 跳转	
JNZ　rel		70 rel	2	累加器 A≠0 跳转	
CJNE　A,dir,rel		B5 dir rel	2	累加器 A 与内部 RAM 单元不相等跳转	
CJNE　A,♯data8,rel		B4 data8 rel	2	累加器 A 与立即数不相等跳转	3.3.3
CJNE　Rn,♯data8,rel		B8～BFdata8 rel	2	工作寄存器与立即数不相等跳转	
CJNE　@Ri,♯data8,rel		B6\B7 data8 rel	2	间接寻址单元不等于立即数跳转	
DJNZ　Rn,rel		D8～DF rel	2	工作寄存器减 1 不等于 0 跳转	
DJNZ　dir,rel		D5 dir rel	2	直接寻址内部 RAM 单元减 1 不等于 0 跳转	
ACALL addr11		addrH ＊ 20 ＋11 addrL	2	子程序绝对调用	
LCALL addr16		12 addrH addrL	2	子程序长调用	3.3.5
RET		22	2	子程序返回	
RETI		32	2	中断服务程序返回	3.3.6
NOP		00	1	空操作	7.3.1
位操作指令(17 条)					
CLR　C		C3	1	进位标志位清零	
CLR　bit		C2 bit	1	位单元位清零	
SETB　C		D3	1	进位标志位置位	
SETB　bit		D2 bit	1	位单元位置位	
CPL　C		B3	1	进位标志位取反	
CPL　bit		B2 bit	1	位单元位取反	3.3.2
ANL　C,	bit	82 bit	2	进位标志位与位单元位与	
	/bit	B0 bit	2	进位标志位与位单元的反位与	
ORL　C,	bit	72 bit	2	进位标志位与位单元位或	
	/bit	A0 bit	2	进位标志位与位单元的反位或	
MOV　C,bit		A2 bit	1	位单元送进位标志	
MOV　bit,C		92 bit	2	进位标志送位单元	

续表

助记符	机器码	机器周期数	操作和功能	本书首次出现该指令的章节
JC rel	40 rel	2	进位标志位等于 1 时跳转	3.3.3
JNC rel	50 rel	2	进位标志位等于 0 时跳转	
JB bit,rel	20 bit rel	2	位单元位等于 1 时跳转	
JNB bit,rel	10 bit rel	2	位单元位等于 0 时跳转	
JBC bit,rel	30 bit rel	2	位单元位等于 1 跳转，并将位单元清零	

附录C

实验项目参考

在本书所附电子版教学资源中,给出了本课程完整的实验大纲和实验讲义,这里列出部分实验项目供读者参考。编者在教学过程中采用的实验箱为 DICE-5210K 多功能单片机实验箱,开发板为普中 A2 型嵌入式实验开发板。

实验1　单片机 I/O 口应用实验

1. 仿真实验

模仿动手实践 3-1～3-4(参见理论课讲义),自拟题目,在 Keil C51 和 Proteus 软件中调试。

2. 实验箱实验

利用并口字节操作驱动 8 个 LED 循环点亮,每按一次按钮,切换一次 8 个 LED 循环点亮的方向。要求采用中断方式检测按钮。

3. 开发板实验

利用并口位操作使某一个 LED 闪烁,每按一次按钮,LED 在闪烁、常亮、闪烁、……之间重复。要求采用中断方式检测按钮。

实验2　键盘输入和数码管显示设计实验

1. 仿真实验

模仿动手实践 4-1 和 4-2(参见理论课讲义),自拟题目,在 Keil C51 和 Proteus 软件中调试。

2. 实验箱实验

(1) 利用程序向内部 RAM 缓冲区中任意存入 6 个字符,并将这 6 个字符顺序显示在数码管上。

(2) 在键盘上依次按下 6 个按键,将各按键对应的字符顺序存入内部 RAM 的缓冲区。

3. 开发板实验

将键盘上每次输入的字符显示到 8 位数码管的最右侧,并将数码管上原来显示的字符顺序移动。

实验 3　LCD 显示设计实验

1. 仿真实验

模仿动手实践 4-3 和 4-4（参见理论课讲义），自拟题目，在 Keil C51 和 Proteus 软件中调试。

2. 实验箱实验

利用单片机的 P1 口作为数据线，P3 口作为控制线，在 LCD12864 液晶屏上显示期望的图形和字符。

3. 开发板实验

在 LCD1602 上显示任意两行字符。

实验 4　波形产生实验

1. 仿真实验

模仿动手实践 5-1、5-6 或 5-8（参见理论课讲义），自拟题目，在 Keil C51 和 Proteus 软件中调试。

2. 实验箱实验

利用单片机内部的定时/计数器产生周期方波脉冲，由 P1.7 引脚输出，要求每按动一次实验箱中的按钮，输出脉冲的频率在两种频率之间切换一次。

3. 开发板实验

利用单片机内部的定时/计数器产生给定频率或周期的周期方波脉冲，由 P1.7 引脚输出，要求每按动一次开发板上的独立按键，输出脉冲的占空比在两种频率之间切换一次。

实验 5　波形测量实验

1. 仿真实验

模仿实践案例 5-2 或 5-5（参见理论课讲义），自拟题目，在 Keil C51 和 Proteus 软件中调试。

2. 实验箱实验

将实验箱中时钟与单脉冲模块产生的 250 kHz、125 kHz、62.5 kHz 和 31.25 kHz 的方波脉冲作为待测脉冲，测量其周期，并将测量结果保存到内部 RAM 单元。

3. 开发板实验

利用开发板上的独立按键 K3 或 K4 产生任意宽度的脉冲，用单片机内部的定时/计数器 T0 或 T1 测量其宽度，并将测量结果用二进制形式控制 8 个 LED 的亮灭。

实验 6　串行通信接口实验

1. 仿真实验

模仿动手实践 5-3、5-4 或 5-7，自拟题目在 Keil C51 和 Proteus 软件中调试。

2. 实验箱实验

利用两台实验箱实现双机点-点通信,用一台实验箱中的 8 个开关控制另一台实验箱中 8 个 LED 的亮灭。

3. 开发板实验

开发板与 PC 之间的串行通信,利用串口调试助手向开发板发送数据,开发板收到后原样发回 PC,并显示在串口调试助手中。

实验7　并行 D/A 转换实验

1. 仿真实验

模仿动手实践 8-1、8-2、8-5 和 8-6,自拟题目,在 Keil C51 和 Proteus 软件中调试。

2. 实验箱实验

利用实验箱中提供的 DAC0832 输出任意期望的波形。

3. 开发板实验

利用开发板上提供的 PWM 模块,模拟实现 D/A 转换的功能。

实验8　并行 A/D 转换实验

1. 仿真实验

模仿动手实践 8-3 和 8-4,自拟题目,在 Keil C51 和 Proteus 软件中调试。

2. 实验箱实验

利用实验系统上的 ADC0809 实现 A/D 转换,由实验系统中的电位器提供模拟量输入。编制程序,将输入模拟电压转换为数字量,转换结果用 8 个 LED 以二进制形式显示。

3. 开发板实验

利用开发板上提供的 12 位 ADC 芯片 XPT2046 采集电位器电压值,并将其用一位整数和一位小数的十进制形式在数码管上显示。

参 考 文 献

[1] 宋雪松.手把手教你学 51 单片机 C 语言版[M].2 版.北京：清华大学出版社,2020.

[2] 谢维成,杨加国.单片机原理与应用及 C51 程序设计[M].3 版.北京：清华大学出版社,2014.

[3] 林立,张俊亮.单片机原理及应用——基于 Proteus 和 Keil C[M].4 版.北京：电子工业出版社,2018.

[4] 唐颖.单片机原理与应用及 C51 程序设计[M].北京：北京大学出版社,2008.

[5] 胡汉才.单片机原理及其接口技术[M].北京：北京大学出版社,1996.

[6] 李华.MCS-51 系列单片机实用接口技术[M].北京：北京航空航天大学出版社,1993.

[7] 潘新民,王燕芳.单片微型计算机实用系统设计[M].北京：人民邮电出版社,1992.

[8] 杨振江.A/D、D/A 转换器接口技术与实用线路[M].西安：西安电子科技大学出版社,1996.

[9] 张靖武,周灵彬,方曙光.单片机原理、应用与 Proteus 仿真[M].2 版.北京：电子工业出版社,2011.

[10] 袁东.51 单片机应用开发实战手册[M].北京：电子工业出版社,2011.

[11] 蒋辉平,周国雄.基于 Proteus 的单片机系统设计与仿真实例[M].北京：机械工业出版社,2009.